Empfehlungen des Arbeitskreises Baugrunddynamik

Empfehlungen des Arbeitskreises Baugrunddynamik

Herausgegeben von der
Deutschen Gesellschaft für Geotechnik e. V. (DGGT)
Arbeitskreis 1.4 „Baugrunddynamik"

3. Auflage

Ernst & Sohn
A Wiley Brand

Herausgegeben von der Deutschen Gesellschaft für Geotechnik Arbeitskreis 1.4 „Baugrunddynamik“

3. Auflage

Obmann:
Univ. Prof. Dr.-Ing. Stavros A. Savidis
Technische Universität Berlin
Fachgebiet Grundbau und Bodenmechanik
und
GuD Geotechnik und Dynamik Consult GmbH
Darwinstraße 13
10589 Berlin

Titelbild: Wellenausbreitung im homogenen Halbraum unter einem dynamisch belasteten Fundament (Grafik: Dr.-Ing. Winfried Schepers)

Umschlaggestaltung: Design Pur GmbH, Berlin

Satz: Newgen KnowledgeWorks (P) Ltd., Chennai, India

Druck und Bindung:

Bibliografische Information der Deutschen Nationalbibliothek
Die Deutsche Nationalbibliothek verzeichnet diese Publikation in der Deutschen Nationalbibliografie; detaillierte bibliografische Daten sind im Internet über http://dnb.d-nb.de abrufbar.

Print ISBN: 978-3-433-3460-6
ePDF ISBN: 978-3-433-61220-0
ePub ISBN: 978-3-433-61219-4
oBook ISBN: 978-3-433-612217

Vorwort des Obmanns des Arbeitskreises

Der Arbeitskreis „Baugrunddynamik" der DGGT wurde im Jahr 1980 im Rahmen der Baugrundtagung konstituiert. Ergebnisse seiner Arbeit wurden als Empfehlungen in der Vergangenheit in der Zeitschrift „Die Bautechnik" veröffentlicht und später auch durch Anwendungsbeispiele ergänzt. Im Dezember 2002 wurde die erste Ausgabe der Empfehlungen im Eigenverlag des Grundbauinstituts der Technischen Universität Berlin herausgegeben. Im Mai 2018 wurde die 2. Auflage der Empfehlungen im Verlag Ernst & Sohn herausgegeben.

Die Empfehlungen haben das Ziel, die Vorgehensweise bei baugrunddynamischen Aufgaben für die praktische Anwendung zusammenzustellen. Ferner geben sie Hinweise, wie durch angemessene baugrunddynamische Untersuchungen Schäden an Bauwerken und Anlagen sowie störende Einwirkungen auf Menschen und Geräte vermieden werden können.

Die vorliegenden Empfehlungen basieren auf wissenschaftlichen Erkenntnissen und stellen den neuesten Stand der Technik auf dem Gebiet der Baugrunddynamik dar. Sie beruhen auf gesicherten Erkenntnissen, die einen empirischen Nachweis einschließen, d. h. für diese Empfehlungen liegen auch praktische Erprobungen vor.

In der vorliegenden 3. Auflage wurden die Empfehlungen aus der 2. Auflage umfangreich überarbeitet und um ein weiteres Kapitel zum Erschütterungsschutz ergänzt. Sie gliedern sich wie folgt:

E1 Wellenausbreitung im Baugrund
E2 Bodendynamische Kennwerte
E3 Dynamisch belastete starre Fundamente
E4 Bleibende Verformungen
E5 Dynamisch belastete Pfahlgründungen
E6 Ausbreitung und Übertragung von Erschütterungen

Im Folgenden werden die wesentlichen Änderungen bzw. Ergänzungen gegenüber der 2. Auflage kurz erläutert.

Zu E1: Keine wesentlichen Änderungen. Das Bild E1–4 wurde zum besseren Verständnis ausführlich erläutert. Tabelle E1–1 und Tabelle E1–2 sowie Bild E1–5 wurden neu erstellt und ausführlich diskutiert.

Zu E2: Die Empfehlung wurde vollständig überarbeitet. Die Feldversuche wurden mit weiteren Verfahren ergänzt, die sich in den letzten Jahren zum Stand der Technik entwickelt haben. Die Laborversuche wurden ausführlich beschrieben und mit Versuchsergebnissen ergänzt, aus denen die dynamischen Bodenkennwerte ermittelt werden können.

Zu E3: Die den Impedanzkurven der 2. Auflage der Empfehlungen zugrundeliegenden Literaturquellen wurden einer intensiven Prüfung unterzogen. Es ergaben sich insbesondere bei den Steifigkeitskoeffizienten von Rechteckfundamenten Inkonsistenzen und erheblich von numerischen Verifikationsberechnungen abweichende Werte. Deren Ursache wurde nachgegangen und es werden nun gegenüber der 2. Auflage geringfügig abweichende Impedanzkurven zur Anwendung empfohlen und entsprechende Quellen korrigiert bzw. präzisiert angegeben. Um den Anwendern einen Eindruck von einer möglichen Bandbreite der Impedanzwerte zu verschaffen, werden nunmehr nicht mehr nur die empfohlenen Impedanzkurven abgedruckt, sondern auch die Bandbreite derjenigen Impedanzkurven, die zur Bildung des empfohlenen Wertes herangezogen wurden.

Zu E4: Die Empfehlungen zum Thema bleibende Bodenverformungen sind vollständig überarbeitet worden. Für die Scherdehnungsgrenze γ_{tv} wird eine Bandbreite angegeben, unterhalb der keine Akkumulation bleibender Verformungen zu erwarten ist. Diese Grenze muss bei der Ermittlung bleibender Verformungen rechnerisch berücksichtigt werden. Die Ermittlung der Scherdehnungen und Spannungen für niedrige Anregungsfrequenzen wurde ergänzt und im Berechnungsbeispiel für das direkt erregte Maschinenfundament aufgezeigt. Die Ermittlung bleibender Verformungen für grobkörnige Böden mit dem HCA-Modell wurde in Beispielen ausführlich dargestellt. Die Ermittlung bleibender Verformungen nach Byrne & McIntyre (Abschnitt 2.5 der 2. Auflage) wurde entfernt, da sie nur auf Versuchen mit geringer Zyklenzahl und lediglich einem Boden basiert und deshalb eine Übertragung auf alle grobkörnigen Böden und eine Extrapolation auf Millionen Lastwechsel problematisch ist. Bei der indirekten Anregung wird der Bezug zur DIN 4150-3 hergestellt und im Berechnungsbeispiel einer Spundwandrammung gezeigt, welche akkumulierten Verformungen für das in der Nähe befindliche Fundament zu erwarten sind. Außerdem erfolgten Korrekturen gegenüber der 2. Auflage, z. B. bei der Ermittlung der totalen Dehnung.

Zu E5: Es wurde der Abschnitt 2 „Steifigkeit und Dämpfung des Einzelpfahls“ ergänzt. Im Abschnitt 3 „Steifigkeit und Dämpfung von Pfahlgruppen“ wurden textliche Ergänzungen und eine Korrektur der Dämpfungsdiagramme durchgeführt. Der Abschnitt 5 „Leitfaden für den Anwender für vertikale Anregung“ wurde ebenfalls überarbeitet. Der Abschnitt 6 „Direkt und indirekt angeregte Pfahlgründungen“ ist neu. Alle Diagramme wurden zur verbesserten Darstellung farbig angelegt.

Zu E6: Die Empfehlung E6 ist neu erstellt worden. Darin werden in der Praxis anzutreffende Schwingungs- bzw. Erschütterungsquellen wie Schienenverkehr, Baubetrieb und Abbruchsprengungen charakterisiert, die daraus resultierende Schwingungsausbreitung im Boden und schlussendlich die Boden-Bauwerk-Interaktion bzw. die Übertragung der Schwingungen in benachbarte Gebäude beschrieben. Es wird weiterhin auf die im Erschütterungsschutz gültigen Anforderungen eingegangen und es werden Angaben zu möglichen konstruktiven Maßnahmen an der Quelle, auf dem Übertragungsweg oder am Gebäude zur Schwingungsminderung gemacht.

Der Arbeitskreis ist an kritischen und anregenden Stellungnahmen aus dem Kreis der Kolleginnen und Kollegen sehr interessiert, um die vorliegenden Empfehlungen fortschreiben zu können.

Berlin, Dezember 2025

Prof. Dr.-Ing. habil. Stavros A. Savidis
(Obmann des Arbeitskreises)

Mitglieder des Arbeitskreises

Zum Zeitpunkt der Herausgabe der vorliegenden Veröffentlichung setzte sich der Arbeitskreis „Baugrunddynamik“ wie folgt zusammen:

Dr.-Ing. Silke Appel, Berlin
Dr.-Ing. Robert Borsutzky, Frankfurt am Main
Dr.-Ing. Klaus Friedrich, Essen
Dr.-Ing. Jörg Gattermann, Braunschweig
Dr.-Ing. Hans-Georg Hartmann, Frankfurt am Main
Prof. Dr.-Ing. Wolfgang Haupt, Schwabach
Dr.-Ing. Kira Holtzendorff, Hamburg
Prof. Dr.-Ing. Thomas Neidhart, Regensburg
Prof. Dr.-Ing. Frank Rackwitz, Berlin
Dr.-Ing. Peter Rangelow, Zürich
Dipl.-Ing. Marc Oliver Rosenquist, Hamburg
Prof. Dr.-Ing. Werner Rücker, Berlin
Prof. Dr.-Ing. Stavros Savidis (Obmann seit 1992), Berlin
Dr.-Ing. Winfried Schepers, Berlin
Dr.-Ing. Hans-Gottfried Schmidt, Weimar
Prof. Dr.-Ing. Christos Vrettos, Kaiserslautern
Dr.-Ing. Thomas Weber, Zürich
Dr.-Ing. Dirk Wegener, Dresden
Prof. Dr.-Ing. Torsten Wichtmann, Bochum
Dipl.-Ing. Bernd Worms, Leverkusen
Prof. Dr.-Ing. Frank Wuttke, Kiel

Weitere Mitwirkende an dieser Auflage waren:

Dr.-Ing. Georgia Efthymiou, Frankfurt am Main
Dr.-Ing. Nikianna Fontara, Frankfurt am Main
Prof. Dr.-Ing. Ralf Glasenapp, Berlin
Dr.-Ing. Till Heiland, Bochum
Dr.-Ing. Lutz Karl, Neuwied
M. Eng. Dennis Kulke, Berlin

Dr.-Ing. Viet Hung Le, Berlin
Prof. Dr.-Ing. Jan Machaček, Darmstadt
M. Sc. Clarissa Rapps, Höchberg
Prof. Dr.-Ing. Patrick Staubach, Weimar

Frühere Mitglieder bzw. Mitwirkende waren:

Dr. Hans-Joachim Alheid, Hannover
Prof. Dr.-Ing. Hansgeorg Balthaus, Düsseldorf
Prof. Dr.-Ing. Ingomar Belz, Stuttgart
Dr.-Ing. Stefan Bergmann, Berlin
Dr.-Ing. habil. Ingeborg Göbel, Hannover
Prof. Dr.-Ing. Jürgen Grabe, Hamburg
Dr.-Ing. Ulrich Güttler, Essen
Dr.-Ing. Reinhold Hirschauer, Berlin
Dr. rer. nat. Hans-Werner Kebe, Hamburg
Prof. Dr.-Ing. Günter Klein, Hannover (†)
Prof. Dr.-Ing. Helmut Kramer (Obmann von 1980 bis 1992), Hamburg (†)
Prof. Dr.-Ing. Jan Laue, Luleå, Schweden
Dipl.-Geophys. Werner Palloks, Berlin
Prof. Dr.-Ing. Hamid Sadegh-Azar, Kaiserslautern
Prof. Dr. Günther Schmid, Bochum
Dipl.-Ing. Werner Schütz, Offenbach
Dipl.-Ing. Heinz Schwab, Darmstadt
Prof. Dr.-Ing. Joachim Stahlmann, Braunschweig
Prof. Dr.-Ing. Theodor Triantafyllidis, Karlsruhe
Dr. Günter Waas, Frankfurt
Prof. Dr.-Ing. M. Sc. Jimmy Wehr, Erfurt
Dr.-Ing. Uwe Zerrenthin, Berlin

Inhaltsverzeichnis

E1

Wellenausbreitung im Baugrund

1 Grundlagen

Ein durch stationäre oder impulsförmige dynamische Kräfte belasteter Gründungskörper an der Baugrundoberfläche oder im Untergrund (Fundament, Pfahlgründung, unterirdisches Bauwerk) führt aufgrund der Interaktion mit dem Boden Schwingungen aus. Diese Schwingungen breiten sich von der Schwingungsquelle in Form von Wellen im umgebenden Untergrund aus.

Im Folgenden wird die Wellenausbreitung in homogenen und inhomogenen Medien behandelt. Der Baugrund wird dabei als ein Halbraum mit horizontaler Oberfläche betrachtet.

Wenn das Material des Baugrunds sich entsprechend einem elastischen Spannungs- Verzerrungs-Gesetz verformt, pflanzen sich Schwingungen als elastische Wellen fort. Bei der Fortpflanzung von elastischen Wellen wird nur Energie transportiert, aber keine Masse. Im Folgenden werden nur Wellen in einem linearelastischen Material (Hookesches Gesetz) – im Abschnitt E1–4.1 auch mit Dämpfung – betrachtet.

2 Wellenarten im homogenen Halbraum

2.1 Vorbemerkungen

Die einfachste Wellenart ist die so genannte eindimensionale, harmonische Welle. Sie wird mathematisch dargestellt durch die Beziehung:

$$a(x,t) = A \cdot \cos(\omega t - kx) \tag{E1–1}$$

mit

$\omega = 2\pi \cdot f = 2\pi/T$	Kreisfrequenz
f	Frequenz
$T = 1/f$	Periode
$k = 2\pi/\lambda$	Wellenzahl

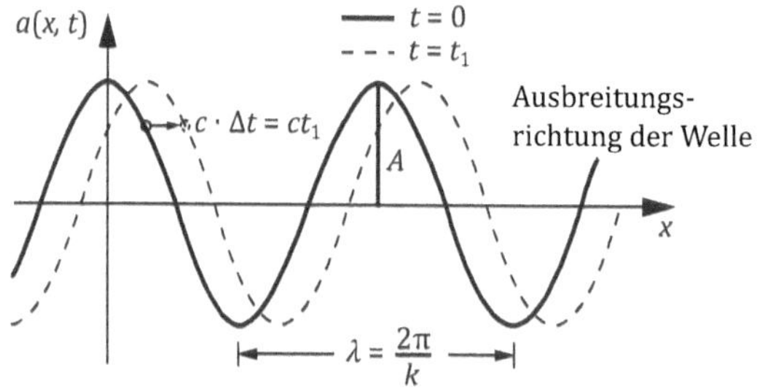

Bild E1–1 Eindimensionale harmonische Welle zu den Zeitpunkten $t = 0$ und $t = t_1$

$\lambda = 2\pi/k$	Wellenlänge
$c = f \cdot \lambda = \omega/k$	Ausbreitungsgeschwindigkeit der Welle (Wellengeschwindigkeit)
x	Ortskoordinate
t	Zeit

Die Beziehung (E1–1) stellt die sich in der positiven x-Richtung fortpflanzende physikalische Größe $a(x, t)$ – z. B. Verschiebung, Geschwindigkeit, Beschleunigung, Verformung, Spannung – dar, die die Form einer harmonischen Welle (Sinus bzw. Cosinus) hat. A ist die Amplitude (maximaler Ausschlag) der Größe $a(x, t)$. Kreisfrequenz ω und Wellenzahl k sind konstante Größen, sodass auch deren Verhältnis, die Wellengeschwindigkeit, konstant ist.

Bild E1–1 gibt die Darstellung einer eindimensionalen harmonischen Welle zu zwei verschiedenen Zeitpunkten $t = 0$ und $t = t_1$ an.

Bei einer dreidimensionalen Wellenausbreitung ist die mathematische Darstellung komplizierter, da die eindimensionale Koordinate x in (E1–1) durch einen dreidimensionalen Ortsvektor zu ersetzen ist [1]. Statt der hier gewählten Schreibweise mit reellen Größen ist auch die Darstellung mit komplexen Größen möglich und oft vorteilhaft.

2.2 Raumwellen

In einem unbegrenzten elastischen homogenen isotropen Körper (Vollraum) können lediglich zwei Typen von Wellen, die so genannten Raumwellen, unabhängig voneinander existieren (Bild E1–2):

- Kompressionswelle (P-Welle, Druckwelle, Longitudinalwelle),
- Scherwelle (S-Welle, Schubwelle, Transversalwelle).

Die Wellengeschwindigkeiten ergeben sich entsprechend (E1–2) und (E1–3).
Kompressionswelle:

$$c_P = \sqrt{\frac{E_{Sd}}{\rho}} = \sqrt{\frac{E_d}{\rho} \cdot \frac{1-\nu}{(1+\nu)(1-2\nu)}} = \sqrt{\frac{G_d}{\rho} \cdot \frac{2(1-\nu)}{1-2\nu}} \qquad \text{(E1–2)}$$

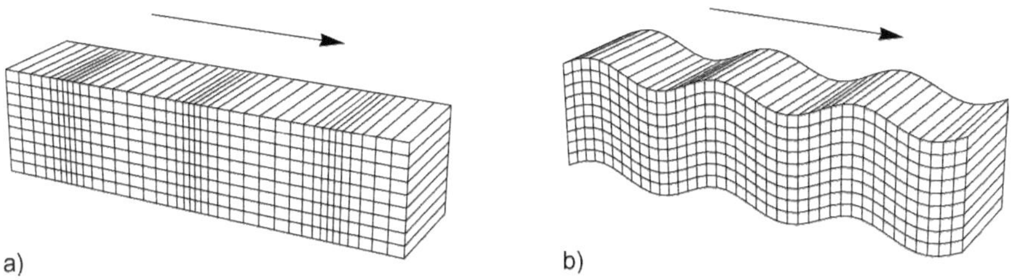

Bild E1–2 Raumwellentypen: Kompressionswelle (a), Scherwelle (b)

Scherwelle:

$$c_S = \sqrt{\frac{G_d}{\rho}} = \sqrt{\frac{E_d}{\rho} \cdot \frac{1}{2(1+\nu)}} = \sqrt{\frac{E_{Sd}}{\rho} \cdot \frac{1-2\nu}{2(1-\nu)}} \tag{E1–3}$$

mit

c_P	Geschwindigkeit der Kompressionswelle
c_S	Geschwindigkeit der Scherwelle
E_{Sd}	dynamischer Steifemodul
E_d	dynamischer Elastizitätsmodul
G_d	dynamischer Schubmodul
ν	Querdehnzahl
ρ	Materialdichte

In einem Halbraum treten zusätzlich Oberflächenwellen auf (s. Abschnitt E1–2.3).

2.3 Oberflächenwellen

Ein Baugrund mit einer annähernd ebenen Oberfläche kann als ein unendlich ausgedehnter, mit einer freien Fläche begrenzter Körper (Halbraum) abgebildet werden. In einem solchen System pflanzen sich Schwingungen entlang der Oberfläche als Oberflächenwellen fort. Im homogenen Halbraum werden sie Rayleighwellen genannt und haben folgende Eigenschaften:

- Sie breiten sich parallel zur Oberfläche mit der konstanten Wellengeschwindigkeit c_R aus.
- Die Teilchenbewegung besteht aus einer Kombination von Vertikal- und Horizontalschwingungen, die in der Ausbreitungsrichtung eine Ellipsenbahn bildet.
- Die Amplitude der Vertikal- bzw. der Horizontalschwingung nimmt mit der Tiefe rasch ab (Bild E1–3a).
- Für die effektive Eindringtiefe der Rayleighwelle in den Halbraum wird rund eine Wellenlänge $\lambda_R = c_R/f$ angesetzt (Bild E1–3a).

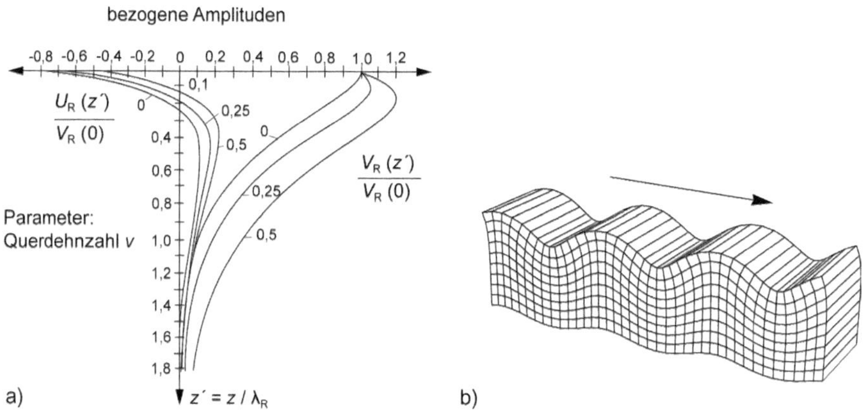

Bild E1–3 a) Verlauf der horizontalen und vertikalen Schwingamplituden $U_R(z')$ und $V_R(z')$ der Rayleigh-Welle über die Tiefe $z' = z/\lambda_R$ bezogen auf die vertikale Schwingamplitude an der Oberfläche $V_R(0)$; b) Darstellung der Rayleighwelle

- Die Ausbreitungsgeschwindigkeit c_R der Rayleighwelle hängt von der Dichte ρ und den Elastizitätsparametern G und ν ab und kann durch folgende Gleichung näherungsweise bestimmt werden [2]:

$$c_R \approx c_S \cdot \frac{0{,}87 + 1{,}12\,\nu}{1 + \nu} \qquad \text{(E1–4)}$$

Grundwasser beeinflusst die Ausbreitung der Oberflächenwellen nur in geringem Maß.

In geschichteten Medien können weitere Typen von Oberflächenwellen, z. B. Love-Wellen, auftreten.

3 Wellenausbreitung im homogenen Halbraum

3.1 Quelle an der Oberfläche

Bei einer stationären Wellenquelle an der Oberfläche – z. B. einem schwingenden Fundament (Bild E1–4 aus [3]) – bestimmen im Nahfeld überwiegend Raumwellen (P-, S-Wellen) die Ausbreitungscharakteristik, wohingegen ab einer Entfernung von rund einer Wellenlänge λ_R von der Quelle (Fernfeld) sich die Schwingungen an der Oberfläche hauptsächlich in Form von Rayleighwellen ausbreiten. Diese Zusammenhänge gelten bei impulsförmiger Erregung für die der vorherrschenden Frequenz entsprechenden Wellenlänge. Bei breitbandigem Frequenzspektrum eines Impulses kann ein solcher Zusammenhang nicht angegeben werden.

Die Abnahme der Amplitude an der freien Oberfläche mit der Entfernung r von der Wellenquelle aufgrund der Ausbreitung – auch geometrische Dämpfung oder Abstrahlungsdämpfung genannt – kann näherungsweise mit der Beziehung

$$A(r) = A_0(r_0)\left(\frac{r}{r_0}\right)^{-n} \tag{E1–5}$$

beschrieben werden. Darin ist r die Entfernung des betrachteten Punktes (Amplitude A) und r_0 die eines Referenzpunktes (Amplitude A_0) von der Wellenquelle.

In Tabelle E1–1 und Tabelle E1–2 sind die Exponenten von (E1–5) angegeben. Der Exponent n ist abhängig von:

- dem Typ der Schwingungen: harmonisch/stationär (HS), impulsförmig (I),
- der Form der Wellenquelle: Punktquelle (PQ), Linienquelle (LQ),
- dem Wellentyp: Raumwellen (P-/S-Welle), Oberflächenwellen (R)

Bild E1–4 zeigt das Wellenfeld um ein kreisförmiges Fundament, das durch eine vertikale harmonische Kraft angeregt wird [3, 4]. Das Fundament ist auf der Oberfläche eines linear-elastischen, homogenen Halbraums mit einer Querdehnzahl $\nu = 0{,}25$ gegründet und kann als Punktquelle betrachtet werden. Das Wellenfeld wird in einem Abstand von etwa der 2,5-fachen Wellenlänge vom Fundament

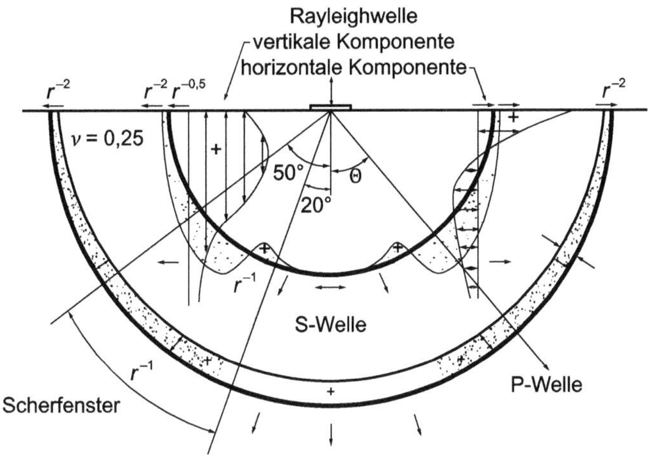

Bild E1–4 Wellentypen an einem stationär harmonisch schwingenden Fundament (Punktquelle) [3, 4]

Tabelle E1–1 Exponent n zu (E1–5) für einen homogenen Halbraum und harmonische Erregung

Homogener Halbraum, harmonische/stationäre (HS) Erregung			
	P-, S-Welle		
Wellenquelle	**Oberfläche**	**Im Inneren**	**R-Welle**
Punktquelle PQ	2	1	0,5
Linienquelle LQ	1	0,5	0

Tabelle E1-2 Exponent *n* zu (E1-5) für natürlich anstehenden Baugrund und impulsförmige Erregung (Näherung)

Natürlich anstehender Baugrund, impulsförmige (I) Erregung			
	P-, S-Welle		
Wellenquelle	**Oberfläche**	**Im Inneren**	**R-Welle**
Punktquelle PQ	2,0 ... 2,5	1,5	1,0
Linienquelle LQ	1,5	1,0	0,5

dargestellt. Die in den Boden eingeleitete Energie wird durch eine Kombination von P-, S- und R-Wellen in der Umgebung des Fundamentes übertragen. Im Bild findet eine „fiktive Aufspaltung" der Wellenfronten der drei in Wirklichkeit gleichzeitig auftretenden Wellenarten statt. Die Entfernung der jeweiligen Wellenfront (fett gezeichnete Linien) zur Quelle gibt qualitativ einen Hinweis auf die relative Größe der Wellengeschwindigkeiten an. Die P-Welle ist am schnellsten, es folgen die S- und die R-Welle. Die Raumwellen breiten sich entlang einer halbkugelförmigen Wellenfront und die Rayleighwellen entlang einer zylindrischen Wellenfront (nicht fett gezeichnet) von der Quelle radial nach außen aus. Alle Wellen treffen auf ihrem Weg nach außen auf ein immer größeres Bodenvolumen, so dass die Energiedichte bzw. die Schwingungsamplitude jeder Welle mit zunehmender Entfernung r von der Quelle abnimmt (geometrische Dämpfung). Dabei nimmt die Amplitude der Raumwellen in der Tiefe proportional zu $1/r$ und auf der Oberfläche mit $1/r^2$ ab. Die Amplitude der Rayleighwellen nimmt mit $1/r^{0,5}$ ab.Die schattierten Bereiche entlang der Raumwellenfronten zeigen die relative Amplitude der Bodenpartikelverschiebung als Funktion des Winkels Θ. Der Bereich der Scherwellenfront, in dem der größte Teil der Scherwellenenergie auftritt, wird als Scherfenster bezeichnet. Die Verteilung der gesamten Eingangsenergie auf die drei Wellenarten wurde nach [5] wie folgt ermittelt: 67 % Rayleighwelle, 26 % Scherwelle und 7 % Kompressionswelle. Die Tatsache, dass ca. zwei Drittel der gesamten Eingangsenergie von einem vertikal schwingenden Fundament durch die Rayleigh-Welle übertragen werden und dass die Rayleigh-Welle mit zunehmender Entfernung viel langsamer abklingt als die Raumwellen, deutet darauf hin, dass in solchen Fällen die Rayleighwelle bei der Schwingungsausbreitung des dynamisch erregten Fundamentes von vorrangiger Bedeutung ist.

Die Erhöhung der Exponenten bei impulsförmiger Erregung ergibt sich aus den frequenzabhängigen Eigenschaften des natürlichen Baugrunds (Dispersion). Es handelt sich um experimentell ermittelte Näherungswerte. Bei Gewinnungssprengungen wurden aus Erschütterungsmessungen auch in größerer Entfernung für Impulserregung/Punktquelle/R-Welle Exponenten größer als 1,0 ermittelt [6].

Bei in ihrer Ausdehnung begrenzten Linienquellen (lange Fundamente) entspricht der Exponent in unmittelbarer Nähe dem der Linienquelle und nähert sich mit wachsender Entfernung dem der Punktquelle an [7]. Fundamente mit Seitenabmessungen in der Größenordnung von mehr als einer halben Wellenlänge können nicht mehr als eine Punktquelle betrachtet werden. Züge können als eine Kette von Punktquellen (nichtphasengleiche Anregung) dargestellt werden, für die der Exponent im Fernfeld zwischen 0,3 und 0,5 liegt [8], es sei denn, die Quelle ist ortsfest (z. B. eine Weiche), dann gilt eher Impulserregung/Punktquelle/R-Welle.

Im Bild E1–5 sind in Zylinderkoordinaten (r, φ, z ins Innere positiv) die horizontalen (w_r, w_φ) und vertikalen (w_z) Amplituden der Verschiebungen an der Oberfläche eines linear-elastischen homogenen Halbraums infolge Belastung durch horizontal (P_r) und vertikal (P_z) wirkende Punktquellen (Einzellasten) auf der Halbraumoberfläche dargestellt. Bei der Bezeichnung der Verschiebungen w_{jPi} gibt der erste Index j die Richtung der Verschiebung ($j = r, \varphi$ oder z) und der zweite Index P_i die Richtung der Einzellast an ($i = r, \varphi$ oder z). So ist z. B. w_{rPz} die radiale Verschiebung w_r infolge einer vertikalen Punktlast P_z. Die anderen Verschiebungskomponenten sind sinngemäß zu interpretieren [7].

Im Bild E1–5 sind auf der Abszisse die dimensionslose Entfernung $\bar{r} = r\,\omega/c_S = r\,2\pi/\lambda_S$ und auf der Ordinate die dimensionslosen Amplituden $w_{jPi}\,G\,r/P_j$ in logarithmischen Maßstab aufgetragen, mit

r	Abstand zur Punktlast
ω	Erregerkreisfrequenz
c_S	Ausbreitungsgeschwindigkeit der Scherwelle
λ_S	Wellenlänge der Scherwelle
G	Schubmodul

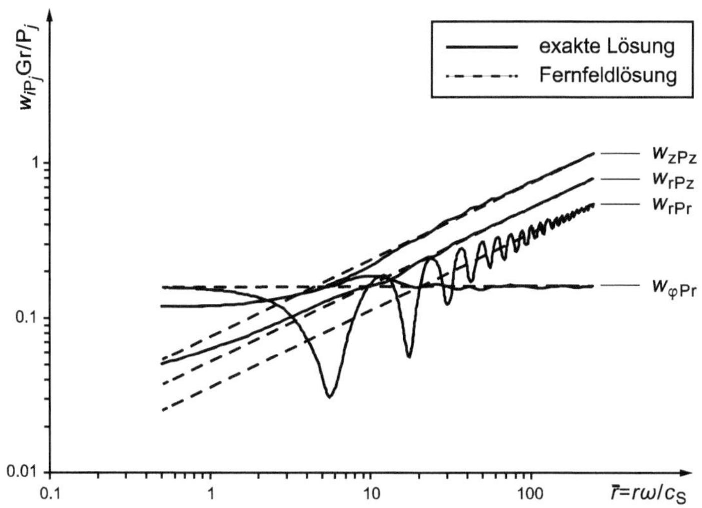

Bild E1–5 Amplitudenverlauf der Verschiebungen infolge von harmonischen Punktquellen an der Halbraumoberfläche; Poissonzahl $\nu = 0{,}25$ [7]

Durch die Multiplikation der Amplituden w mit dem Radius r zur Bildung der dimensionslosen Amplitude stellen sich in Bild E1–5 Wellen, die mit $1/r$ abnehmen, durch horizontale Geraden, und Wellen, die mit $1/\sqrt{r}$ abnehmen, durch ansteigende Geraden dar.

Die im Bild E1–5 dargestellten Verschiebungsfelder zeigen wichtige Phänomene der Schwingungsausbreitung im homogenen Halbraum:

- Bei gleicher Lastintensität in vertikaler und in radialer Richtung ($P_z = P_r$) ist die vertikale Verschiebung w_{zPz} infolge vertikaler Last P_z immer größer als die radiale Verschiebung w_{rPr} infolge radialer Last P_r.
- Bei alleiniger vertikaler oder radialer Belastung existiert auch eine Verschiebung $w_{rPz} = -w_{zPr}$ in der jeweils anderen Richtung. Die Amplituden dieser Koppelkomponente sind immer kleiner als die Amplituden der Hauptkomponente in vertikaler Richtung und immer größer als die Werte der Hauptkomponente in radialer Richtung.
- Die radiale Verschiebung w_{rPr} infolge radialer Last P_r zeigt ein starkes Interferenzbild, das durch Interferenzen der Rayleighwelle mit der an der Oberfläche entlanglaufenden Kompressionswelle zustande kommt, da beide Wellentypen Verschiebungskomponenten in radialer Richtung haben.
- Das Verschiebungsfeld bei reiner radialer Belastung besteht in horizontaler Richtung aus zwei Komponenten, der radialen Komponente w_{rPr} und der tangentialen Komponente $w_{\varphi Pr}$. Die Amplitudenabnahme der radialen Komponente w_{rPr} ist die einer Oberflächenwelle (Abnahme $1/r^{0,5}$) und die Abnahme der tangentialen Komponente die einer Raumwelle (Abnahme $1/r$). Dieses Verhalten ist besonders bei einer messtechnischen Ermittlung von Amplitudenabnahmegesetzen von Bedeutung, da man, je nachdem in welcher Richtung man zur Lastrichtung misst, sehr unterschiedliche Abnahmegesetzmäßigkeiten ermitteln kann.

Weiterhin sind im Bild E1–5 gestrichelt diejenigen Amplituden eingetragen, die sich bei alleiniger Berücksichtigung der Oberflächenwelle ergeben. Man erkennt, dass sich ab einer Entfernung von etwa einer Wellenlänge ($r \approx \lambda_S$, $\bar{r} \approx 2\pi$) die exakten Amplituden nur noch gering (mit Ausnahme der radialen Komponente) von denjenigen der Oberflächenwelle allein unterscheiden. Das Ausbreitungsverhalten kann deshalb in zwei Bereiche, in ein Nahfeld (z. B. $r < \lambda_S$) und ein Fernfeld (z. B. $r > \lambda_S$), eingeteilt werden. Die Bereiche sind so gekennzeichnet, dass im Nahfeld die Ausbreitung überwiegend in Form von Raumwellen und im Fernfeld überwiegend durch Oberflächenwellen erfolgt.

3.2 Quelle im Untergrund

Dazu gehören typischerweise Erschütterungen aus unterirdischen Verkehrswegen in Tunnelbauwerken oder bei Rammarbeiten ab einer gewissen Eindringtiefe des Rammguts. Die entstehenden Wellen breiten sich zunächst in Form von P- und S-Raumwellen aus; erst beim Eintreffen in einiger Entfernung an der Oberfläche entstehen Oberflächenwellen.

4 Weitere Einflüsse

4.1 Materialdämpfung

Der natürliche Boden weist neben seinen elastischen Eigenschaften immer auch Materialdämpfung auf (siehe auch Abschnitt E2–2.4). Daher nehmen die Amplituden bei der Wellenausbreitung neben der Abminderung infolge Abstrahlungsdämpfung auch aufgrund von Energiedissipation im Material (Materialdämpfung) ab.

Im Nahbereich einer Schwingungsquelle wirkt sich die Materialdämpfung gegenüber der Amplitudenabnahme durch Ausbreitung nur wenig aus. Im Fernfeld kann sie allerdings insbesondere für Oberflächenwellen von entscheidender Bedeutung sein (Bild E1–6).

Die Beziehung (E1–5) erweitert sich in diesem Fall um einen Term entsprechend

$$A(r) = A_0(r_0)\left(\frac{r}{r_0}\right)^{-n} e^{-\alpha(r-r_0)} \qquad \text{(E1–6)}$$

mit

α Abklingkoeffizient

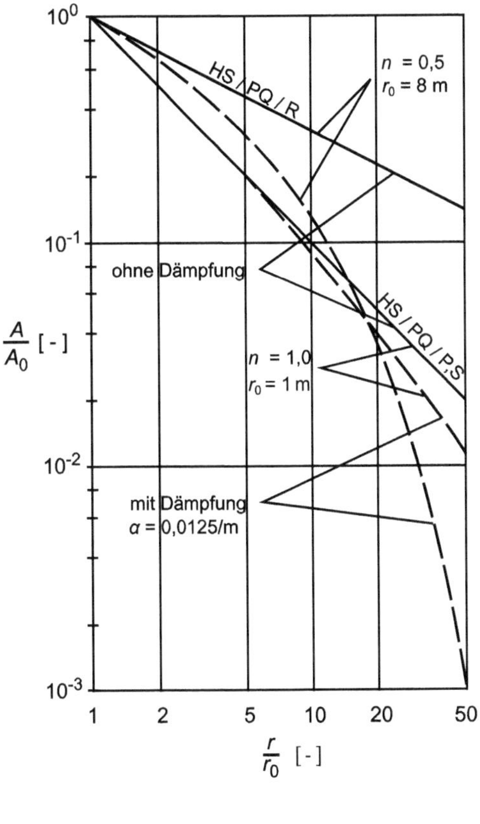

Bild E1–6 Einfluss der Materialdämpfung auf die Abnahme der Amplituden von Oberflächenwelle und Raumwelle bei gleicher Frequenz und Wellenlänge in homogenem Boden. Durchgezogene Linien: ohne Dämpfung, gestrichelte Linien: mit α = 0,0125/m

Der Abklingkoeffizient α ist keine reine Materialgröße, sondern hängt auch von der Wellenlänge λ und somit auch von der Frequenz ab. Es gilt die Beziehung

$$\alpha \approx \frac{\Psi}{2\lambda};\ \alpha \approx 2\pi\frac{D}{\lambda} \qquad \text{(E1–7)}$$

mit

Ψ	Dämpfungskapazität, siehe E2–2.4
λ	Wellenlänge
D	Dämpfungsgrad, siehe auch (E2–8)

Aus der Beziehung (E1–7) folgt, dass bei gegebener Dämpfungskapazität die Wirkung der Materialdämpfung mit abnehmender Wellenlänge, d. h. wachsender Frequenz, zunimmt (siehe auch Bild E1–9 für inhomogene Böden). Bei impulsförmigen Vorgängen ist wiederum die vorherrschende Frequenz anzusetzen.

4.2 Schichtung, Inhomogenität

Treffen elastische Scher- oder Kompressionswellen im Baugrund auf eine Schichtgrenze zwischen Böden mit unterschiedlichen Ausbreitungsgeschwindigkeiten, so werden sie – außer in Sonderfällen – teilweise zurückgeworfen (Reflexion) sowie teilweise in die andere Schicht hineingebrochen (Refraktion). Gleichzeitig entsteht in beiden Schichten auch der jeweils andere Wellentyp. Mehrfache Vorgänge der Wellenbrechung macht man sich bei der Refraktionsmessung zunutze, siehe Abschnitt E2–3.2.3.

Im natürlichen Untergrund nimmt die Wellengeschwindigkeit wegen der Spannungsabhängigkeit des dynamischen Schub- bzw. Elastizitätsmoduls im Allgemeinen mit der Tiefe zu. An Schichtgrenzen treten meist mehr oder weniger sprunghafte Änderungen der Wellengeschwindigkeit auf. Ein freier Grundwasserspiegel wirkt sich nur hinsichtlich der Kompressionswelle in gleicher Weise aus. Die Schwerwellengeschwindigkeit ändert sich geringfügig wegen der Änderung der Dichte.

Infolge einer Bodeninhomogenität (Änderung der Scherwellengeschwindigkeit über die Tiefe) oder einer Bodenschichtung ist die Ausbreitungsgeschwindigkeit der Oberflächenwellen nicht mehr konstant, sondern von der jeweiligen Anregungsfrequenz abhängig. Dieses Phänomen wird als Dispersion bezeichnet.

In Bild E1–7 und Bild E1–8 ist aus numerischen Berechnungen für verschiedene typische Standardfälle von tiefenabhängigen c_S-Untergrundprofilen die frequenzabhängige Ausbreitungsgeschwindigkeit der Oberflächenwelle in Form von c_R-f-Diagrammen bei stationärer, harmonischer Anregung an der Oberfläche dargestellt. Diese Kurven werden als Dispersionskurven bezeichnet.

Das c_S-Profil in Bild E1–8a entspricht (E1–3) und (E2–2), d. h $c_S \sim z^{0,25}$. Bei einem Profil mit kontinuierlicher Zunahme der Scherwellenge- schwindigkeit mit der

Tiefe kann die Scherwellengeschwindigkeit $\bar{c}_S$ in einer repräsentativen Tiefe z_{rep} mit der gemessenen Ausbreitungsgeschwindigkeit der Oberflächenwelle mit der Gleichung

$$c_R \approx 0{,}93 \cdot \bar{c}_S \qquad \text{(E1–8)}$$

approximiert werden.

Die repräsentative Tiefe z_{rep} ergibt sich zu

$$z_{rep} = \beta \cdot \lambda_R \qquad \text{(E1–9)}$$

wobei $\lambda_R = c_R / f$ die Wellenlänge der Oberflächenwelle ist und β je nach Frequenz, Querdehnzahl und Verlauf der Inhomogenität bzw. Schichtung zwischen 0,25 und 0,5 liegen kann, siehe [9]. Für die praktische Anwendung kann ein Wert von $\beta = 0{,}3$ angesetzt werden.

In Bild E1–7a beträgt die Rayleighwellen-Geschwindigkeit bei Frequenzen oberhalb von ca. 10 Hz etwa 140 m/s, was dem c_S-Wert in der oberen „langsamen" Schicht entspricht. Bei 10 Hz ist ein Wert von $c_R \approx 160$ m/s abzulesen, die Wellenlänge beträgt somit $\lambda_R \approx 16$ m, was einem Wert von $\beta \approx 0{,}5$ entspricht. Bei abnehmender Frequenz steigt c_R gemäß dem unterliegenden „schnellen" Halbraum an, bis im Extremfall $c_R \approx 0{,}93 \cdot 600 = 560$ m/s ($f \rightarrow 0$ Hz) erreicht wird.

Bei dem Profil in Bild E1–7b wird c_R oberhalb von 10 Hz ebenfalls von der Scherwellengeschwindigkeit dicht unterhalb der Geländeoberfläche bestimmt.

Das c_S–Profil in Bild E1–8a entspricht (E1–3) in Verbindung mit (E2–2) bei linear zunehmendem Überlagerungsdruck, d. h. in diesem Fall beträgt die repräsentative Tiefe $z_{rep} \approx 0{,}3\ \lambda_R$ [9], unabhängig von der Frequenz. Bei zunehmender Querdehnungszahl des Bodens bis $\nu \rightarrow 0{,}5$ steigt $z_{rep} \rightarrow 0{,}5\ \lambda_R$.

Theoretisch existieren bei einem tiefenabhängigen c_S-Profil neben der Dispersionskurve zur dominanten Grundeigenform (unterste fett gestrichelte Linien in Bild E1–7 und Bild E1–8) auch Dispersionskurven zu höheren Eigenformen (übrige gestrichelte Linien), die nur in Sonderfällen angeregt werden.

Eine messtechnische Ermittlung der Dispersion in-situ unter Nutzung von Methoden gemäß Abschnitt E2–3.2 würde Dispersionskurven liefern, welche nahe an den fett durchgezogenen Linien in Bild E1–7 und Bild E1–8 liegen. Bei den c_S-Profilen im Bild E1–7 und im Bild E1–8a, bei denen die Scherwellengeschwindigkeit mit der Tiefe zunimmt, stimmen die gemessenen Dispersionskurven mit denjenigen der Grundeigenformen überein. Bei dem c_S-Profil in Bild E1–8b mit eingelagerter Schicht geringerer Steifigkeit ergibt sich die gemessene Ausbreitungsgeschwindigkeit der Oberflächenwelle aufgrund energetischer Zusammenhänge durch die als durchgezogene Linie dargestellte effektive Dispersionskurve, welche die Dispersionskurven der höheren Eigenformen schneidet.

Inhomogenitäten beeinflussen nicht nur die Ausbreitungsgeschwindigkeit der Oberflächenwelle, sondern auch deren Amplituden. Durch Refraktion und Reflexion kommt es zu Überlagerungen von Wellen, so dass die an der Oberfläche gemessenen Amplituden selbst bei kontinuierlicher Zunahme der Scherwellengeschwin-

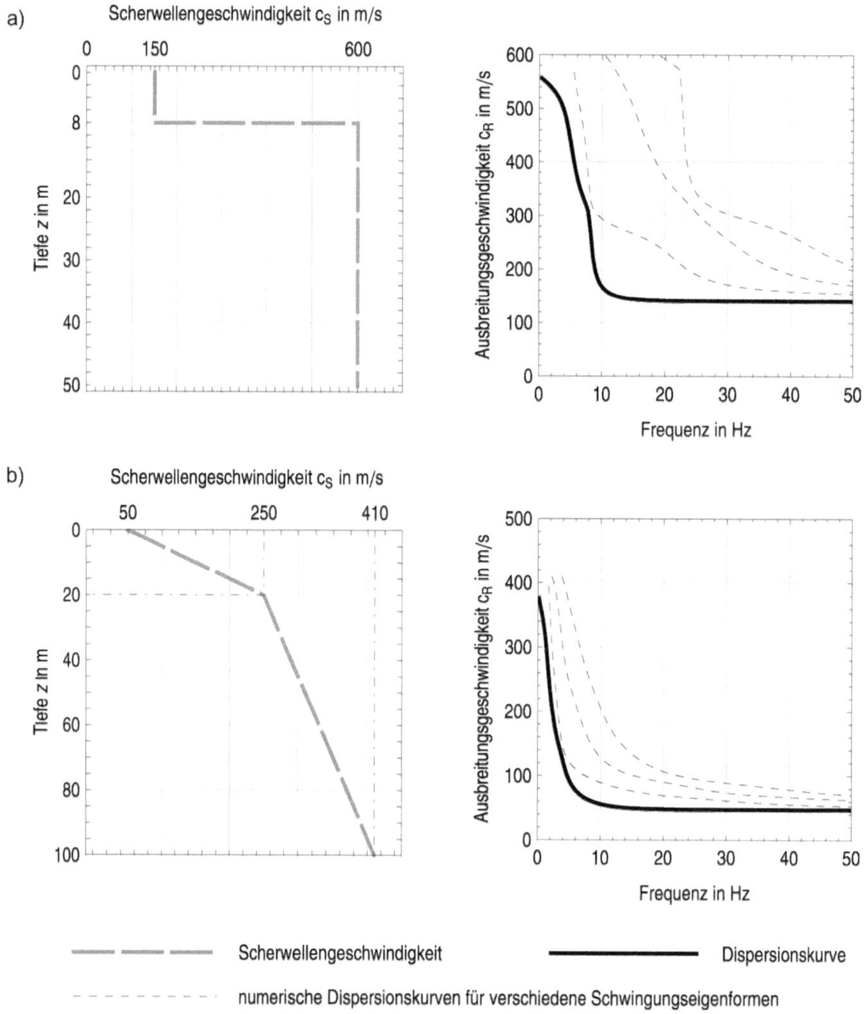

Bild E1–7 Inhomogene Bodenprofile und zugehörige Oberflächenwellendispersionskurven, ρ = 1,75 t/m³, ν = 0,33. a) Weiche Schicht auf Halbraum; b) Lineare Zunahme von c_S

digkeit mit der Tiefe deutlich von den theoretischen Abnahmebeziehungen nach Abschnitt E1–3.1 abweichen können. Einen Eindruck vom Ausmaß der Abweichungen vermitteln die Messergebnisse bei stationärer, harmonischer Anregung in Bild E1–9 nach [10]. Bei impulsförmiger Anregung sind die Auswirkungen der genannten Inhomogenitäten erfahrungsgemäß geringer.

Aus Bild E1–9 geht ferner hervor, dass die Inhomogenität des Bodens auch Einfluss auf den Dämpfungs-Abnahmekoeffizienten α hat. Im Gegensatz zu einem homogenen Boden steigt α nicht mehr nur linear mit der Frequenz, sondern wesentlich stärker an. Durch die Inhomogenität entsteht eine zusätzliche Frequenzabhängigkeit der Dämpfung.

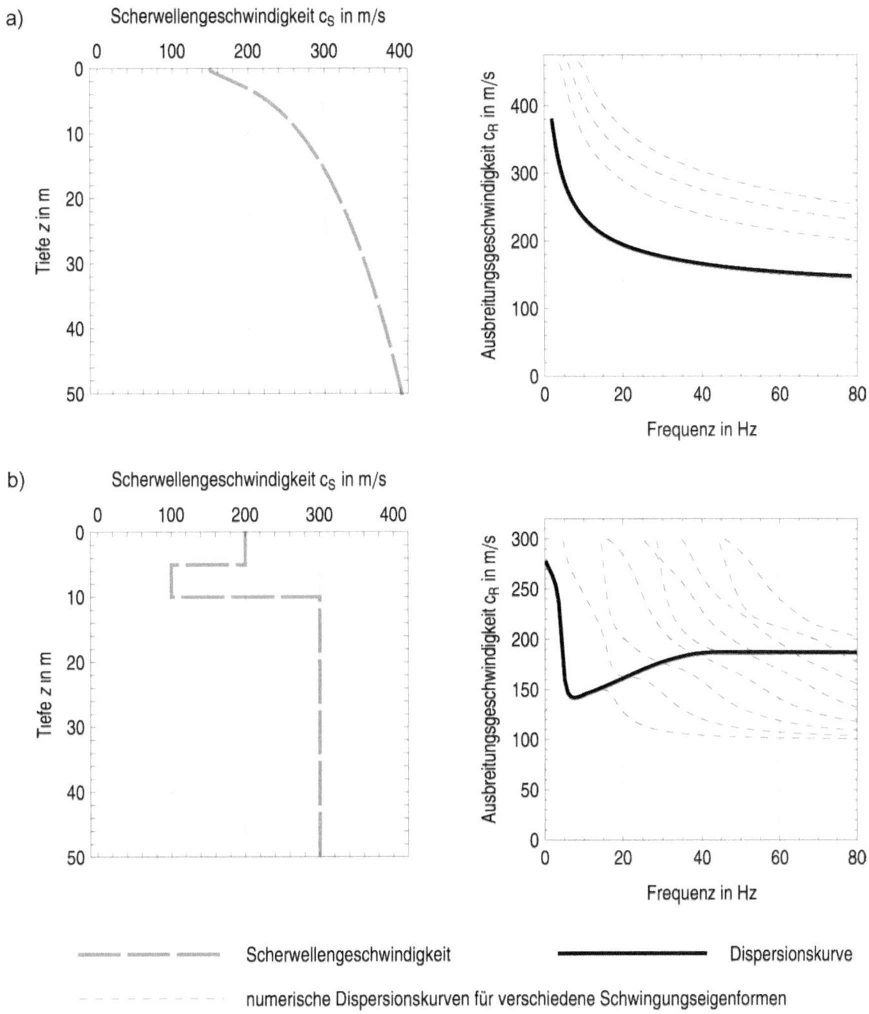

Bild E1–8 Inhomogene Bodenprofile und zugehörige Oberflächenwellendispersionskurven, ρ = 1,75 t/m³, ν = 0,33. a) Zunahme von c_S proportional zur vierten Wurzel von z; b) Unregelmäßige Schichtung

Theoretische Untersuchungen haben gezeigt, dass in einem System mit einer Bodenschicht über einem sehr (theoretisch unendlich) steifen Halbraum bei Unterschreitung der Grenzfrequenz f_c (cut-off frequency)

$$f_{cS} = \frac{c_S}{4H} \text{ bzw. } f_{cP} = \frac{c_P}{4H} \tag{E1–10}$$

mit

c_S Scherwellengeschwindigkeit in der Schicht
c_P Kompressionswellengeschwindigkeit in der Schicht

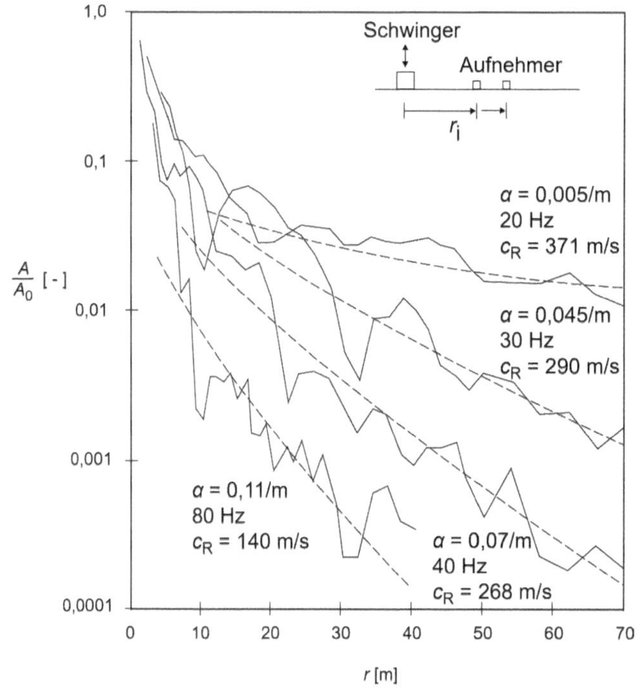

Bild E1–9 Ausbreitung stationärer, harmonischer Wellen in Sandboden (Messungen) [10]

H	Schichtdicke
f_{cS}, f_{cP}	Grenzfrequenzen

in der Schicht (theoretisch) keine Wellenausbreitung mehr stattfindet. Dies ist wichtig im Hinblick auf die Dämpfung eines schwingenden Fundaments infolge Wellenabstrahlung.

4.3 Einschlüsse und Oberflächenmorphologie

Starke Abweichungen von der theoretischen Ausbreitungscharakteristik können sich durch natürliche oder künstliche Einschlüsse [11, 12], Bebauung [13] und morphologische Unregelmäßigkeiten, z. B. Gräben oder Dämme [7, 14], künstlich geformte Bodenwellen [15] und massereiche Körper auf der Oberfläche [16, 17]. ergeben. Dabei ist ihre Wirkung auf das Wellenfeld im Allgemeinen umso stärker, je größer ihre Abmessungen im Verhältnis zur Wellenlänge des betrachteten Wellentyps sind.

Störkörper der vorgenannten Typen haben im Allgemeinen eine abschirmende Wirkung auf die Wellenausbreitung. Den besten Erfolg bei der Abschirmung von Oberflächenwellen würde man mit offenen Schlitzen erzielen [4, 18]. Für eine ausreichende Wirkung, d. h. eine Amplitudenabnahme auf 20–30 %, sind jedoch Schlitztiefen erforderlich, die sich bei üblichen Problemstellungen nicht herstellen bzw. nicht offenhalten lassen [18]. Weiterhin wird über theoretische und experimentelle Untersuchungen mit eingestellten luftgefüllten Matten [19] sowie mit Schaumfüllungen [20, 21] berichtet.

Massive Einbauten (Schlitzwände, Betonplatten) müssen zum Erzielen einer deutlichen Abminderung der Amplituden sehr große Abmessungen im Verhältnis zur Wellenlänge aufweisen [13, 22, 23].

5 Literatur

1 Savidis, S. (1978) *Analytical methods for the computation of wavefields* in *Dynamical Methods in Soil and Rock Dynamics*. Rotterdam: A.A. Balkema

2 Graff, K. F. (1991) *Wave Motions in Elastic Solids*. New York: Dover Publications

3 Richart, F. E.; Hall, J. R.; Woods, R. D. (1970) *Vibrations of Soils and Foundations*. Englewood Cliffs, N.J.: Prentice-Hall

4 Woods, R. D. (1968) *Screening of surface waves in soils*. J Soil Mech Found Div 94, H. SM4, S. 951–979. doi 10.1061/JSFEAQ.0001180

5 Miller, G. F.; Pursey, H. (1954) *On the partition of energy between elastic waves in a semi-infinite solid*. Proc R Soc Lond A Math Phys Sci 233, H. 1192, S. 55–69. doi 10.1098/rspa.1955.0245

6 Splittgerber, H. (1977) *Einflüsse auf die Stärke von Erschütterungen bei Gewinnungssprengungen*. Schriftreihe der Landesanstalt für Immissionsschutz Nordrhein-Westfalen, Heft 42

7 Rücker, W. (1989) *Schwingungsausbreitung im Untergrund*. Bautechnik 66, H. 10, S. 343–350

8 Haupt, W. (1988) *Ausbreitung von Erschütterungen an Schienenverkehrswegen* in Steinwachs, M. [Hrsg.] *Ausbreitung von Erschütterungen im Boden und Bauwerk*. DGEB Deutsche Gesellschaft für Erdbebeningenieurwesen und Baudynamik, Publikation Nr. 1, ISBN 0-87849-078-7

9 Vrettos, C. (1990) *In-plane vibrations of soil deposits with variable shear modulus: I. Surface waves*. Int J Numer Anal Methods Geomech 14, S. 209-222. doi 10.1002/nag.1610140304

10 Haupt, W. (1986) *Ausbreitung von Wellen im Boden* in Haupt, W. [Hrsg.] *Bodendynamik, Grundlagen und Anwendung*. Braunschweig: Vieweg-Verlag

11 Chouw, N.; Le, R.; Schmid, G. (1991) *Verfahren zur Reduzierung von Fundamentschwingungen und Bodenerschütterungen mit dynamischem Übertragungsverhalten einer Bodenschicht*. Bauingenieur 66

12 Haupt, W. (1980) *Abschirmung von Gebäuden gegen Erschütterungen im Boden*. Vorträge der Baugrundtagung 1980 in Mainz. Essen: DGGT Deutsche Gesellschaft für Geotechnik

13 Kramer, H. (1985) *Einwirkung von Bodenerschütterungen auf Bauwerke*. Bauingenieur 60, H. 7, S. 281–285

14 Schepers, W. (2015) *Erdwälle als Minderungsmaßnahme gegen Verkehrserschütterungen*. Bauingenieur 90, H. 11, S. S7–S10

15 Persson, P.; Persson, K.; Sandberg, G. (2014) *Reduction in ground vibrations by using shaped landscapes*. Soil Dyn Earthq Eng 60, S. 31–43. doi 10.1016/j.soildyn.2014.01.009

16 Mhanna, M.; Shahrour, I.; Sadek, M.; Dunez, P. (2014) *Efficiency of heavy mass technology in traffic vibration reduction: Experimental and numerical investigation.* Comp Geotech 55, S. 141–149. doi 10.1016/j.compgeo.2013.08.002

17 Dijckmans, A.; Coulier, P.; Jiang, J.; Toward, M.G.R.; Thompson, D.J.; Degrande, G.; Lombaert, G. (2015) *Mitigation of railway induced ground vibration by heavy masses next to the track.* Soil Dyn Earthq Eng 75, S. 158–170. doi 10.1016/j.soildyn.2015.04.003

18 Dolling, H. J. (1970) *Abschirmung von Erschütterungen durch Bodenschlitze.* Die Bautechnik 47, S. 151–158 und S. 193–204

19 Massarsch, K. R. (2004) *Mitigation of Traffic-Induced Ground Vibrations.* 11th International Conference on Soil Dynamics & Earthquake Engineering, January 7-9, 2004, Berkeley, CA, USA

20 Sadegh-Azar, P. R.; Ziegler, M. (2009) *Wirksame Erschütterungsreduktion durch einfach herzustellende Isolierkörper im Boden.* Bauingenieur 84, S. 101–109

21 Alzawi, A.; El Naggar, H. M. (2011) *Full scale experimental study on vibration scattering using open and in-filled (GeoFoam) wave barriers.* Soil Dyn Earthq Eng 31, H. 3, S. 306–317. doi 10.1016/j.soildyn.2010.08.010

22 Haupt, W. (1995) *Wave propagation in the ground and isolation measures (State-of-the-Art-Report)* Third Int. Conf. on Rec. Adv. in Geotech. Earthq. Engng. and Soil Dyn., St. Louis (MO)

23 Coulier, P.; Cuéllar, V.; Degrande, G.; Lombaert, G. (2015) *Experimental and numerical evaluation of the effectiveness of a stiff wave barrier in the soil.* Soil Dyn Earthq Eng 77, S. 238–253. doi 10.1016/j.soildyn.2015.04.007

E2

Bodendynamische Kennwerte

1 Baugrundmodell

1.1 Voraussetzungen und Anwendungsgrenzen

Für die dynamische Berechnung von Bauwerken werden dynamische Baugrundkennwerte benötigt, um den Baugrund durch ein Feder-Dämpfer-System ersetzen bzw. auf ein Kontinuumsmodell abbilden und damit sein dynamisches Verhalten rechnerisch erfassen zu können. Die Abbildung des Baugrunds auf ein adäquates Rechenmodell wird erschwert durch Inhomogenitäten des Baugrunds (Kornverteilung, Wassergehalt, Schichtung und ähnliches), durch Einflüsse aus dem vorhandenen bzw. einwirkenden Spannungszustand sowie der Spannungsgeschichte und bei größeren Verformungen – wie z. B. in der Nähe der Erregerquelle oder bei Erdbeben oder Sprengungen – durch ein stark nichtlineares Verhalten. Es sind daher Idealisierungen vorzunehmen sowie Voraussetzungen und Anwendungsgrenzen zu definieren.

In dieser Empfehlung E2 werden nur solche Vorgänge betrachtet, bei denen der Boden seine Eigenschaften während der Beanspruchung infolge statischer oder dynamischer Lasten nicht wesentlich ändert. Unter dieser Voraussetzung ist das Verhalten des Bodens unabhängig von der Anzahl der Belastungszyklen, und seine dynamischen Eigenschaften sind zeitlich konstant.

Bei gut dimensionierten Maschinenfundamenten und Bauwerksgründungen auf ausreichend dicht gelagertem nichtbindigen oder festem bindigen Boden kann der Baugrund in der Regel als ein linear-elastisches und mit Dämpfung versehenes Material angenommen werden. In die Bestimmung der zugehörigen Kenngrößen gehen dessen bodenphysikalische Eigenschaften, der lokale Spannungszustand und die Größe der zu erwartenden Verformungen ein.

Vorgänge, bei denen diese Annahmen nicht erfüllt sind, z. B. bleibende Setzungen infolge zyklischer oder dynamischer Einwirkungen oder Sackungen infolge von Erschütterungen, werden in Empfehlung E4 behandelt.

1.2 Kenngrößen

Das dynamische Verhalten des Bodenmaterials wird durch folgende Kenngrößen beschrieben:

dynamischer Schubmodul G_d,
Dichte des Bodens ρ,
Querdehnzahl ν,
Dämpfungsgrad (Dämpfungsverhältnis) D.

Diese Kenngrößen können näherungsweise aus bodenmechanischen und bodenphysikalischen Kennwerten ermittelt werden (siehe Abschnitt E2-2). Die damit erzielte Genauigkeit ist ausreichend für Vorentwürfe und für Konstruktionen, bei denen eine genauere Berechnung des Schwingungsverhaltens nicht erforderlich ist. Unsicherheiten können durch die Wahl entsprechender Streubreiten erfasst werden.

Genauer können diese Kenngrößen aus bodendynamischen Feld- und Laborversuchen bestimmt werden (siehe Abschnitt E2-3). Solche Untersuchungen sind immer dann erforderlich, wenn aus wirtschaftlichen oder sicherheitstechnischen Gründen höhere Anforderungen an die Genauigkeit der Berechnungsergebnisse gestellt werden.

2 Ermittlung aus bodenmechanischen und bodenphysikalischen Kennwerten

2.1 Schubmodul bei dynamischer Beanspruchung G_d

Der Boden wird als nichtlinear-elastisches Material betrachtet, der sich nur bei sehr kleinen Scherdehnungen quasi linear-elastisch verhält. Die Nichtlinearität ergibt sich aus dem nichtlinearen Verlauf der Schubspannungs-Scherdehnungs-Beziehung, was in Bild E2–1 als Ergebnis eines Einfachscherversuchs qualitativ dargestellt wird. Bei einer monoton zunehmenden Erstbelastung verringert sich bei diesem Versuch zwischen den Belastungspunkten ⓪ und ① kontinuierlich die Bodensteifigkeit. Sie kann durch die Tangente am Belastungspunkt (Tangentenmodul) oder durch die Sekante zwischen dem Ursprung und dem Belastungspunkt (Sekantenmodul) beschrieben werden.

Die maximale Steifigkeit ist am Belastungsanfang als der Tangentenmodul G_{max} zu finden. Er ist der maximale Schubmodul für eine monotone Erstbelastung bei kleinen Verformungen. Er wird in diesen Empfehlungen als G_{d0} bezeichnet. Der Index „d“ steht dabei für dynamische Beanspruchung und wird hier verwendet, um die Unterscheidung zu dem üblicherweise in Baugrundgutachten angegebenen statischen Modul, z. B. dem Steifemodul für Setzungsberechnungen, hervorzuheben. Der Index „0“ weist darauf hin, dass es sich um den Schubmodul bei kleinen auftretenden Verformungen handelt, wie zum Beispiel bei dem Schubmodul, den man aus Scherwellengeschwindigkeitsmessungen ermitteln kann.

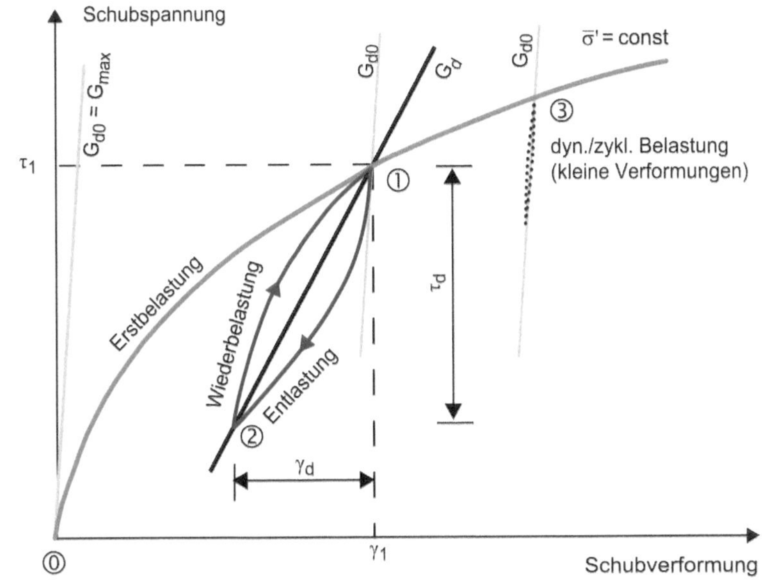

Bild E2–1 Qualitatives Bodenverhalten bei monotoner Erstbelastung und zyklischer Ent- und Wiederbelastung unter reiner Scherbelastung mit konstanter mittlerer Normalspannung

Bei einer zyklischen Belastung, z. B. am Punkt ①, ergibt sich aus der Hystereseschleife bei großen Verformungen γ_d ein Sekantenmodul G_d, der kleiner als G_{d0} ist. Bei kleinen zyklischen Verformungen, z. B. am Punkt ③, ergibt sich ein Sekantenmodul, der näherungsweise gleich dem maximalen Modul $G_{d0} = G_{max}$ ist. Daraus erkennt man, dass der Schubmodul des Bodens bei dynamischer Beanspruchung, G_d, ausgehend von einem Maximalwert G_{d0} bei sehr kleinen Scherdehnungen, mit zunehmender Scherdehnungsamplitude γ_d abnimmt. Es sei angemerkt, dass eine Hystereseschleife stets mit einer Tangentensteigung $G_{d0} = G_{max}$ beginnt.

Eine Unterscheidung zwischen statischem und dynamischem Schubmodul ist physikalisch nicht begründet, sondern je nach vorhandenem Belastungszustand, Art der aufzubringenden Belastung (monoton oder zyklisch) und der Größe der dabei auftretenden Verformungen können unterschiedliche Schubmoduln auftreten.

Es ist wichtig zu beachten, dass die oben beschriebenen Schubmoduln G_{d0} und G_d auch von der mittleren effektiven allseitigen Spannung

$$\bar{\sigma}' = \frac{\sigma'_x + \sigma'_y + \sigma'_z}{3} \qquad \text{(E2–1)}$$

abhängen, mit σ'_x, σ'_y und σ'_z den effektiven Spannungen in den drei Achsrichtungen. Mit zunehmender mittlerer allseitiger Spannung bleibt die Form der Spannungs-Dehnungs-Beziehung erhalten, die Schubmoduln werden hingegen größer.

Darüberhinaus sollte darauf hingewiesen werden, dass nur in einem Einfachscherversuch eine Entfestigung der Probe mit zunehmender Schubspannung wie in Bild E2–1 beobachtet wird. In einem Ödometerversuch hingegen kommt es mit zunehmender vertikaler Spannung wegen der seitlichen Dehnungsbehinderung zu einer Versteifung der Probe. Mittlere Werte für den dynamischen Schubmodul finden sich in Tabelle E2–1. Ein wesentlicher Nachteil aller Tabellen sind die große Streubreite der Werte und die fehlenden Informationen über Art und Bedingungen ihrer Ermittlung. Zudem finden äußere Parameter (Spannungszustand, dynamische Verformung) keine Berücksichtigung. Es können daher durchaus Werte außerhalb der in Tabelle E2–1 angegebenen Grenzen auftreten. Weiterführende Hinweise finden sich in [24].

Wenn die bodenmechanische Beschreibung des Baugrunds vorliegt, kann der zugehörige Schubmodul G_{d0} nach experimentell gefundenen Beziehungen bestimmt werden. Bei nichtbindigen Böden nimmt der Schubmodul mit wachsender Lagerungsdichte zu. Eckige Kornform erhöht den Schubmodul gegenüber runder Kornform. Bei bindigen Böden hat der Überkonsolidierungsgrad in Verbindung mit der Plastizitätszahl I_P Einfluss auf den Wert von G_{d0}.

Wesentliche Auswirkungen auf den Schubmodul G_{d0} hat der statische Spannungszustand im Boden, der durch die mittlere, allseitige, effektive Spannung $\bar{\sigma}'$ nach (E2–1) beschrieben wird. Der statische Schubspannungszustand im Boden ist von geringem Einfluss, solange sich der Boden nicht in der Nähe des Bruchzustands befindet.

Tabelle E2–1 Untere bis mittlere Anhaltswerte für den dynamischen Schubmodul G_{d0}

Bodenart	G_{d0} [MN/m²]
nichtbindige Böden	
Sand, locker	50–120
Sand, mitteldicht	70–170
Kies, sandig, dicht	100–300
bindige Böden	
Schlick, Klei	3–10
Lehm, weich bis steif	20–50
Ton, halbfest bis hart	80–300
Fels	
geschichtet, brüchig	1000–5000
massiv	4000–20 000

Die Größe des dynamischen Schubmoduls G_{d0} kann mit empirisch ermittelten Formeln abgeschätzt werden, von denen die am häufigsten verwendete lautet [25]:

$$G_{d0} = 625 \cdot \frac{p_a}{0,3 + 0,7e^2} \left(\frac{\bar{\sigma}'}{p_a} \right)^{0,5} \cdot OCR^k \quad \text{(E2–2)}$$

mit

$$k = \frac{I_p}{\sqrt{1 + 3I_p^2}} \leq 0,50$$

Darin sind

G_{d0}	Maximalwert von G_d
p_a	atmosphärischer Druck als Bezugsspannung, $p_a = 100$ kN/m²
e	Porenzahl
$\bar{\sigma}'$	mittlere allseitige effektive Spannung nach (E2–1)
I_P	Plastizitätszahl (Dezimalwert)
OCR	Überkonsolidierungsgrad

Nach (E2–2) kann eine Abschätzung des dynamischen Schubmoduls G_{d0} auf Basis der Porenzahl e und der in-situ vorhandenen mittleren effektiven Spannung $\bar{\sigma}'$ vorgenommen werden.

Die Gleichung (E2–2) liefert im Allgemeinen kleinere Werte als in-situ-Messungen. Sie basiert auf dynamischen Laborversuchen an Tonen, Schluffen und Sanden aus der Literatur in einem Porenzahlbereich $0,3 < e < 1,2$ und sollte daher nur in diesem Porenzahlbereich angewendet werden.

Die mittlere effektive Spannung wird nach (E2–1) ermittelt. Da die Porenzahl e nach (E2–2) einen wesentlichen Einfluss auf die Größe des Schubmoduls G_{d0} hat, ist eine zutreffende Dichte- und Wassergehaltsbestimmung, vorzugsweise mit direkten Verfahren erforderlich. Die Porenzahl e oder alternativ die Feststoffdichte ρ_s und die Dichte bei Wassersättigung ρ_{sat} einschließlich eines Streubereiches soll vom Baugrundgutachter angegeben werden. Dadurch lassen sich nach (E2–2) ein Mittelwert sowie ein oberer und unterer Grenzwert des dynamischen Schubmoduls abschätzen.

Beziehungen, welche einen geringen Absicherungsgrad besitzen oder z. B. nur für spezielle Sande gültig sind, sind in [27] zu finden. Korrelationen zwischen Drucksondierergebnissen und G_{d0} bzw. der Scherwellengeschwindigkeit c_S, aus der mittels (E1–3) G_{d0} ermittelt werden kann, finden sich in [25].

In den Veröffentlichungen [26, 28, 29] werden die Ergebnisse umfangreicher Laborversuche mit vier reinen Sanden, deren Sieblinien in Bild E2–2 dargestellt sind, vorgestellt und diskutiert. Für diese Sande wird die Abhängigkeit zwischen G_{d0}, der Porenzahl e und der allseitigen mittleren Spannung $\bar{\sigma}'$durch

$$G_{d0} = A_G \cdot \frac{(a_G - e)^2}{1 + e} \cdot p_a \cdot \left(\frac{\bar{\sigma}'}{p_a} \right)^{n_G} \quad \text{(E2–3)}$$

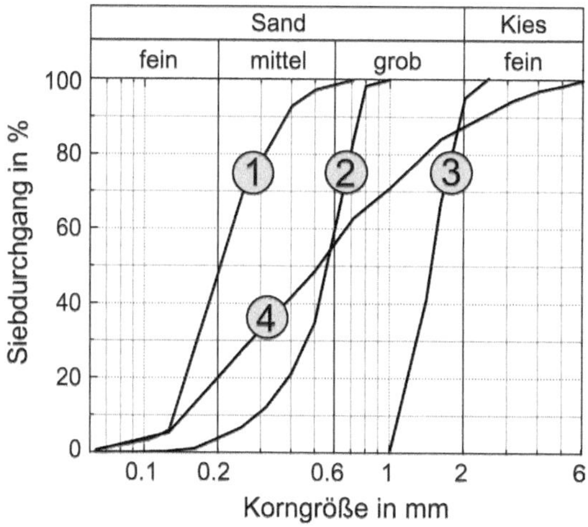

Bild E2–2
Korngrößenverteilung der untersuchten Sande, nach [26]

ausgedrückt. Die dimensionslosen Parameter für die vier untersuchten reinen Sande sind in Tabelle E2–2 enthalten.

Die Beziehung zwischen dem dynamischen Schubmodul G_d, dem dynamischen Steifemodul E_{Sd} und dem dynamischen Elastizitätsmodul E_d ergibt sich aus der Elastizitätstheorie zu

$$G_d = E_{Sd}\frac{1-2\nu}{2(1-\nu)} \quad \text{und} \quad E_d = E_{Sd}\frac{(1+\nu)(1-2\nu)}{1-\nu} \tag{E2–4}$$

Bei größeren Schubverzerrungen, wie z. B. bei Erdbeben, nimmt der Schubmodul wie in Bild E2–1 dargestellt ab. Den qualitativen Verlauf des Streubereiches des normierten Schubmoduls in Abhängigkeit von der dynamischen Schubverzerrungsamplitude γ_d zeigt Bild E2–3. Dabei liegen Sande und Kiese eher an der unteren Grenze, bindige Böden eher an der oberen Grenze des Bandes. Für stark tonige Böden können die Werte auch darüber liegen [30].

Der Schubmodul kann, wenn keine spezifischen Untersuchungen vorliegen, näherungsweise nach der in (E2–5) dargestellten Abhängigkeit von der Scherdehnung abgeschätzt werden [25].

$$\frac{G_d}{G_{d0}} = \frac{1{,}03}{1+\dfrac{19\cdot\gamma_d^{0{,}8}}{1+(I_P/15)^{1{,}3}}} \quad \text{für } \gamma_d \leq 1\% \tag{E2–5}$$

Die Scherdehnungsamplitude γ_d und die Plastizitätszahl I_P sind in Prozent einzusetzen. Rollige Böden entsprechen dem Grenzfall $I_P = 0$. Ergibt sich rechnerisch $G_d/G_{d0} > 1$, so wird $G_d = G_{d0}$ gesetzt.

Weitere experimentell ermittelte Kurven für spezifische Bodenarten können der Fachliteratur entnommen werden. Für Fels können keine empirischen

Tabelle E2-2 Dimensionslose Konstanten für die vier getesteten Sande zur Verwendung in (E2-3)

Korngrößenverteilung nach Bild E2-2	A_G	a_G	n_G
1	1196	1,84	0,45
2	2513	1,46	0,43
3	1288	1,90	0,42
4	1409	1,47	0,53

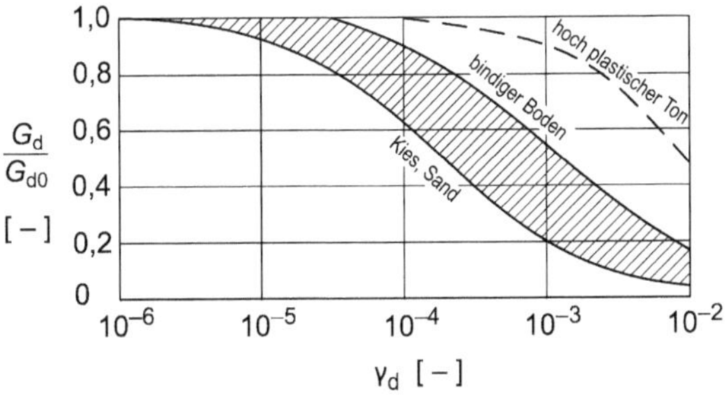

Bild E2-3 Qualitativer Streubereich des normierten Schubmoduls in Abhängigkeit von der dynamischen Schubverzerrungsamplitude γ_d

Zusammenhänge wie für Lockergesteine angegeben werden, weil die elastischen Kennwerte hier in starkem Maße von der Klüftigkeit, dem Kluftmaterial und dem Grad der Anisotropie abhängen. Wegen der höheren Steifigkeit im Verhältnis zur Bauwerkssteifigkeit sind hier jedoch Fehleinschätzungen weniger gravierend.

Anwendungsbeispiele

Für die Ermittlung des dynamischen Schubmoduls G_{d0} ist im Folgenden jeweils ein Beispiel für 1) mitteldicht gelagerten, normalkonsolidierten Sand (SE/SU) und 2) für leicht überkonsolidierten Ton/Schluff (TL/TM/UL/UM) mit steifer Konsistenz angegeben.

2.2 Dichte des Bodens

Für den Zusammenhang zwischen Scherwellengeschwindigkeit und Schubmodul ist bei Wassersättigung die Dichte des wassergesättigten Bodens zu verwenden, ansonsten die Feuchtdichte des Bodens. Sie ergibt sich aus den üblichen bodenmechanischen Feld- und Laborversuchen. Ungenauigkeiten in der Bestimmung der Dichte sind i. A. von untergeordneter Bedeutung.

Beispiel 1)

Ermittlung von G_{d0} für mitteldicht gelagerten, normalkonsolidierten Sand (SE/SU)

Gegebene Bodenkennwerte

ρ	$= 1{,}80\ t/m^3$	Dichte, erdfeucht über GW
ρ_{sat}	$= 2{,}00\ t/m^3$	Dichte, wassergesättigt
ρ_s	$= 2{,}65\ t/m^3$	Feststoffdichte
ρ_w	$= 1{,}00\ t/m^3$	Dichte des Wassers
φ'	$= 32{,}5°$	Reibungswinkel

Vorhandener Grundwasserstand: $h_w = 3{,}0$ m unter Geländeoberkante (GOK)

Gesucht: G_{d0} in $h = 5{,}0$ m Tiefe unter GOK

Ermittlung der Vertikalspannung σ'_z

$$\begin{aligned}\sigma'_z &= [h_w \cdot \rho + (h - h_w) \cdot (\rho_{sat} - \rho_w)] \cdot g \\ &= [3{,}0 \cdot 1{,}80 + (5{,}0 - 3{,}0) \cdot (2{,}00 - 1{,}00)] \cdot 9{,}81 \\ &= 72{,}6\ kN/m^2\end{aligned}$$

Ermittlung der Horizontalspannungen σ'_x, σ'_y

$$\begin{aligned}\sigma'_x &= \sigma'_v = K_0 \cdot \sigma'_z \\ &= (1 - \sin \varphi') \cdot \sigma'_z \\ &= (1 - \sin 32{,}5°) \cdot 72{,}6 \\ &= 33{,}6\ kN/m^2\end{aligned}$$

Ermittlung der mittleren effektiven Spannung $\bar{\sigma}'$ nach (E2-1)

$$\begin{aligned}\bar{\sigma}' &= (\sigma'_x + \sigma'_v + \sigma'_z)/3 \\ &= (2 \cdot 33{,}6 + 72{,}6)/3 \\ &= 46{,}6\ kN/m^2\end{aligned}$$

Ermittlung der Porenzahl e

$$\begin{aligned}e &= (\rho_s - \rho_w)/(\rho_{sat} - \rho_w) - 1 \\ &= (2{,}65 - 1{,}00) / (2{,}00 - 1{,}00) - 1 \\ &= 0{,}65\end{aligned}$$

Ermittlung des Schubmoduls G_{d0} nach (E2-2)

$$\begin{aligned}G_{d0} &= 625 \cdot p_a/\left(0{,}3 + 0{,}7 \cdot e^2\right) \cdot (\bar{\sigma}'/p_a)^{0{,}5} \\ &= 625 \cdot 0{,}1/\left(0{,}3 + 0{,}7 \cdot 0{,}65^2\right) \cdot (46{,}6 / 100)^{0{,}5} \\ &= 71{,}6\ MN/m^2\end{aligned}$$

Beispiel 2)

Ermittlung von G_{d0} für leicht überkonsolidierten Ton/Schluff (TL/TM/UL/UM) mit steifer Konsistenz

Gegebene Bodenkennwerte

ρ	$= 1{,}90\ \mathrm{t/m^3}$	Dichte, erdfeucht über GW
ρ_{sat}	$= 2{,}00\ \mathrm{t/m^3}$	Dichte, wassergesättigt
ρ_s	$= 2{,}70\ \mathrm{t/m^3}$	Feststoffdichte
ρ_w	$= 1{,}00\ \mathrm{t/m^3}$	Dichte des Wassers
φ'	$= 27{,}5°$	Reibungswinkel
I_P	$= 10\ \%$	Plastizitätszahl
OCR	$= 2{,}0$	Überkonsolidierungsgrad

Vorhandener Grundwasserstand: $h_w = 3{,}0$ m unter Geländeoberkante (GOK)

Gesucht: G_{d0} in $h = 5{,}0$ m Tiefe unter GOK

Ermittlung der Vertikalspannung σ'_z

$$\begin{aligned}\sigma'_z &= [h_w \cdot \rho + (h - h_w) \cdot (\rho_{sat} - \rho_w)] \cdot g \\ &= [3{,}0 \cdot 1{,}90 + (5{,}0 - 3{,}0) \cdot (2{,}00 - 1{,}00)] \cdot 9{,}81 \\ &= 75{,}5\ \mathrm{kN/m^2}\end{aligned}$$

Ermittlung der Horizontalspannungen σ'_x, σ'_y

$$\begin{aligned}\sigma'_x &= \sigma'_y \\ &= K \cdot \sigma'_z \\ &= (1 - \sin\varphi') \cdot OCR^{\sin\varphi'} \cdot \sigma'_z \\ &= (1 - \sin 27{,}5°) \cdot 2{,}0^{\sin 27{,}5°} \cdot 75{,}5 \\ &= 56{,}0\ \mathrm{kN/m^2}\end{aligned}$$

Ermittlung der mittleren effektiven Spannung $\bar{\sigma}'$ nach (E2–1)

$$\begin{aligned}\bar{\sigma}' &= (\sigma'_x + \sigma'_y + \sigma'_z)/3 \\ &= (2 \cdot 56{,}0 + 75{,}5)/3 \\ &= 62{,}5\ \mathrm{kN/m^2}\end{aligned}$$

Ermittlung der Porenzahl e

$$\begin{aligned}e &= (\rho_s - \rho_w)/(\rho_{sat} - \rho_w) - 1 \\ &= (2{,}70 - 1{,}00)/(2{,}00 - 1{,}00) - 1 \\ &= 0{,}70\end{aligned}$$

Ermittlung des Faktors k zur Berücksichtigung des Überkonsolidierungsgrades zu (E2–2)

$$k = I_P/(1 + 3 \cdot I_P^2)^{0,5} \leq 0,50$$
$$= 0,10/(1 + 3 \cdot 0,10^2)^{0,5}$$
$$= 0,099$$

Ermittlung des Schubmoduls G_{d0} nach (E2–2)

$$G_{d0} = 625 \cdot p_a/\left(0,3 + 0,7 \cdot e^2\right) \cdot (\bar{\sigma}'/p_a)^{0,5} \cdot OCR^k$$
$$= 625 \cdot 0,1/\left(0,3 + 0,7 \cdot 0,70^2\right) \cdot (62,5/100)^{0,5} \cdot 2,0^{0,099}$$
$$= 82,3 \text{ MN/m}^2$$

2.3 Querdehnzahl

In der Regel wird mit den statischen Querdehnzahlen gerechnet. Anhaltswerte sind für

Sand und Kies	$\nu = 0,25 \ldots 0,35$
Schluff, je nach Sand- und Tongehalt	$\nu = 0,35 \ldots 0,45$
Ton, je nach Wassergehalt	$\nu = 0,45 \ldots 0,49$

Die vorstehend empfohlenen Werte liefern für praktische Zwecke ausreichend genaue Ergebnisse. Bei höheren Frequenzen vergrößert sich der Einfluss der Querdehnzahl.

In Lockerböden unter Grundwasser kann der besonders großen Differenz zwischen Kompressions- und Scherwellengeschwindigkeit durch den Ansatz von $\nu = 0,49$ Rechnung getragen werden.

Bei Vorliegen von dynamischen Feld- und Laborversuchen gemäß Abschnitt E2-3 ergibt sich die Querdehnzahl aus den Wellengeschwindigkeiten der Kompressions- und der Scherwelle entsprechend

$$\nu = \frac{c_P^2 - 2c_S^2}{2(c_P^2 - c_S^2)} \qquad \text{(E2–6)}$$

mit

c_P Kompressionswellengeschwindigkeit,

c_S Scherwellengeschwindigkeit.

2.4 Materialdämpfung

Im Vergleich zur Dämpfung durch Energieabstrahlung infolge Wellenausbreitung in den Untergrund spielt die Materialdämpfung des Bodens bei Schwingungen von Bauwerken und Fundamenten eine untergeordnete Rolle und wird in der Regel vernachlässigt.

Bei geschichtetem Baugrund kann sie jedoch für die Amplitudenberechnung wichtig sein. Für diesen Fall darf ohne weiteren Nachweis die frequenzabhängige Abstrahlungsdämpfung um 1 % bei Sand und Kies und um 3 % bei tonigen Böden – jeweils bezogen auf die kritische Dämpfung des viskos gedämpften Feder-Massen-Systems – erhöht werden.

Wenn höhere als die genannten Dämpfungswerte in Ansatz gebracht werden sollen, sind diese durch Feld-oder Laborversuche gemäß Abschnitt E2-3 nachzuweisen. Dabei ergibt sich die Materialdämpfung aus dem Verhältnis der pro Zyklus dissipierten Energie ΔW zur elastischen Speicherenergie W. Die Dämpfungskapazität Ψ errechnet sich gemäß Bild E2–4 aus

$$\Psi = \frac{\Delta W}{W} \tag{E2–7}$$

Häufig wird die Dämpfung auch in der Form des Dämpfungsgrades (Dämpfungsverhältnisses) D mit

$$D = \frac{\Psi}{4\pi} = \frac{\Delta W}{4\pi W} \tag{E2–8}$$

angegeben. Bei dieser Definition entspricht D im Resonanzfall $\Omega = \omega = \sqrt{k/m}$ eines Einmassenschwingers mit frequenzabhängiger Dämpfung $c = 2\,k\,D/\Omega$ seinem Lehrschen Dämpfungsmaß $D_L = c/c_{krit}$ mit $c_{krit} = 2\sqrt{km}$. Dieser Zusammenhang wird beispielsweise im Resonant-Column-Versuch ausgenutzt, um den Dämpfungsgrad eines Bodens experimentell zu ermitteln, siehe Abschnitt E2-3.3.3.

Der Dämpfungsgrad nimmt mit wachsender zyklischer Schubverzerrungsamplitude γ_d zu, siehe Bild E2–5. Dabei liegen Kiese und Sande eher im unteren Bereich, bindige Böden eher im oberen Bereich des in diesem Bild dargestellten Bandes [30].

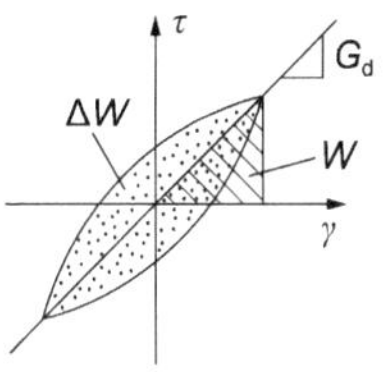

Bild E2–4 Hysteretische Spannungs-Verzerrungskurve bei zyklischer Bodenbelastung, z. B. aus dem zyklischen Triaxialversuch, siehe Abschnitt E2-3.3.2

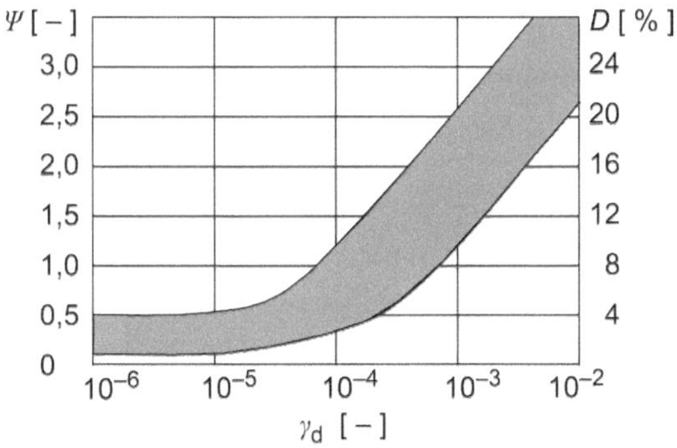

Bild E2–5 Dämpfungskapazität Ψ und Dämpfungsgrad D in Abhängigkeit von der Schubverzerrungsamplitude γ_d

In [26] wird eine Approximationsgleichung für den Dämpfungsgrad D angegeben.

$$D = 2 + \frac{24{,}5 - (I_P/5)}{1 + \dfrac{1}{(7{,}4 - (I_P/5))\,\gamma_d^{0{,}8}}} \qquad \text{(E2–9)}$$

Die zyklische Scherdehnungsamplitude γ_d und die Plastizitätszahl I_P sind in Prozent einzusetzen, und man erhält den Dämpfungsgrad D ebenfalls in Prozent.

3 Bestimmung aus bodendynamischen Versuchen

3.1 Vorbemerkungen

Feldversuche bieten den Vorteil, dass die dynamischen Bodenkennwerte relativ großräumig im ungestörten Untergrund ermittelt werden können. Nachteilig ist allerdings, dass in der Regel keine Erkenntnisse über die Wirkung von wesentlichen Einflussgrößen wie Spannungszustand und dynamischer Schubverzerrungsamplitude auf die erhaltenen Kennwerte gewonnen werden [31].

In Laborversuchen kann die Abhängigkeit der dynamischen Bodenkennwerte von diesen Einflussgrößen genauer erfasst werden. Als Nachteil ist allerdings die stichprobenhafte Untersuchung des Baugrunds zu werten. Außerdem wird durch die Entnahme der Proben und den Einbau in das Versuchsgerät das Bodenmaterial gestört. Während bei Kies und Sand die sich daraus ergebenden Auswirkungen üblicherweise gering sind, wenn im Labor die im Untergrund vorhandene Dichte reproduziert wird, kann dies bei Ton zu erheblichen Abweichungen zwischen den Ergebnissen von Feld- und Laborversuchen führen.

Eine aussagekräftige und zuverlässige Bestimmung der dynamischen Bodenkennwerte sollte daher sowohl Feld- als auch Laborversuche einschließen.

Die bodendynamische Versuchstechnik ist derzeit nur bedingt normungsfähig. Die grundlegenden Versuchsprinzipien sind in technisch unterschiedlichen Verfahren und Geräten verwirklicht. Zum Teil sind diese Entwicklungen an einzelne Institutionen gebunden [30]. Die Durchführung und Auswertung bodendynamischer Versuche erfordert spezielle Kenntnisse und große Erfahrung, sie sollten daher in jedem Fall von Fachlaboratorien vorgenommen werden. Den Versuchsergebnissen ist stets auch die Beschreibung der Versuchsdurchführung beizufügen. Die im Folgenden beschriebenen Untersuchungen können derzeit als Standardverfahren verstanden werden [31].

Ungefähre Anhaltswerte für den mit den einzelnen Verfahren bzw. Geräten üblicherweise abdeckbaren Bereich der dynamischen Verzerrung (Längsdehnung bzw. Schubverzerrung) sowie typische Anregungsfrequenzen sind in Tabelle E2–3 zusammengestellt. Vergleichende Untersuchungen von Feld- und Labormessungen wurden z. B. vom Arbeitskreis 1.4 durchgeführt [32].

Dynamische Labor- und Feldversuche stellen hohe Anforderungen an die messtechnische Ausrüstung der durchführenden Institute. Der Versuchsaufwand und

Tabelle E2-3 Bereiche der Verzerrungsamplituden und typischen Anregungsfrequenzen verschiedener Versuche

Verfahren	Verzerrungsamplitude γ [–]	Frequenzbereich in Hz
Feldversuche	$10^{-7} \dots 10^{-5}$	$3 \dots 120$ [a)]
Zyklische Laborversuche	$10^{-4} \dots 5 \cdot 10^{-2}$	$0{,}1 \dots 5$
Resonant-Column-Versuche	$10^{-7} \dots 5 \cdot 10^{-3}$	$30 \dots 250$
Durchschallungsmessungen	10^{-6}	$1 \cdot 10^{3} \dots 100 \cdot 10^{3}$

a) Die Anregungsfrequenzen hängen bei impulsförmiger oder stationärer Anregung von deren Art ab.

die Ermittlungstiefe der bodendynamischen Untersuchungen sollten sich daher an der erforderlichen Genauigkeit der dynamischen Bodenparameter und der Bedeutung des Projektes orientieren.

Bei kleinen und relativ unkritisch dynamisch belasteten Gründungen und einfachem Untergrundaufbau kann mit sinnvoll gewählten und innerhalb einer großzügigen Bandbreite variierten Werten aus Tabelle E2-1 bzw. nach (E2-2) bis (E2-6) oder Beziehungen aus [27, 30, 31, 33] gerechnet werden.

Fundamente für empfindliche Maschinen und Einrichtungen mit strengen Immissionsbedingungen erfordern für eine zutreffende Berechnung in jedem Fall eine experimentelle Bestimmung der dynamischen Bodenparameter mittels Messungen im Gelände: An der Oberfläche sind die tomographische Refraktionsseismik und Oberflächenwellen-basierte Messungen wie CSW, SASW, MASW und Passiv-Array-Messungen, mit größerer Tiefe sind Down-Hole und Cross-Hole-Messungen üblich, siehe Abschnitt E2-3.2. Auch Korrelationen mit Sondierergebnissen können hilfreich sein, siehe Abschnitt E2-3.2.8. In Fällen, in denen eine komplizierte Schichtung vorliegt oder die Baustelle beengt ist, sollten Cross-Hole-Messungen durchgeführt werden [34]. Mit diesen Versuchen wird jeweils c_{S0} bzw. G_{d0} ermittelt. Der Einfluss der Scherdehnung kann nach (E2-5) abgeschätzt werden.

Bei Erdbebenanalysen von sicherheitsrelevanten Bauwerken und Anlagen sind unabhängig vom Untergrundaufbau die vorstehend genannten Felduntersuchungen und zusätzlich Laborversuche zur Bestimmung der Spannungs- und Schubverzerrungsabhängigkeit der dynamischen Kennwerte sowie des Verdichtungs- und Verflüssigungspotenzials in einer der Fragestellung angemessenen Anzahl vorzunehmen.

Für die Durchführung von Felduntersuchungen sollte der Untergrundaufbau mindestens in groben Umrissen (Schichtung, Bodenart, Grundwasser) aus Bohrungen bekannt sein. Bei Oberflächenmessungen können dann die Messabstände so gewählt werden, dass Aussagen über den Boden bis in ausreichende Tiefe möglich sind. Bei allen Bohrlochmessungen kann mit der Wahl der Abstände zwischen Schwingungsquelle und Messpunkt sichergestellt werden, dass auch dünnere steifere oder weichere Bodenschichten, d. h. unter Umständen kritische Bodenschichten, sicher erfasst werden.

Die Entnahme und Behandlung von Bodenproben für dynamische Laborversuche haben sorgfältig zu erfolgen (Güteklasse 1 nach DIN EN 1997-2:2010-10 [35]). Das Gleiche gilt für die Herstellung von Probekörpern und deren Einbau in das Versuchsgerät, weil das Maß der Probenstörung, das heißt die Abweichung von den natürlichen Lagerungsbedingungen, entscheidenden Einfluss auf die Zuverlässigkeit der erhaltenen Bodenparameter aus Laborversuchen hat. Die Art des Versuchs und sein Ablauf sind der Fragestellung anzupassen.

Die Messung von dynamischen Parametern im Fels kann in situ oder im Labor erfolgen. Die Messungen im Feld folgen dabei einer analogen Anordnung zu Messungen in Lockergesteinen. Im Unterschied zu Lockergesteinen ist eine deutlich höhere Wellengeschwindigkeit und eine mitunter ausgeprägte Anisotropie des Felses zu erwarten. Zusätzlich kann das Wellenfeld durch die vorhandenen Verwerfungen und Brüche im Fels erhebliche Störungen beinhalten.

Die Messung im Labor an Felsproben erfolgt in der Regel an entnommenen Festgesteinsproben im ResCol-Gerät oder per Ultraschall (Abschnitt E2-3.3.3). Bei letzterem werden die Proben mit dem vorhandenen Umgebungsdruck in der Tiefe der Bodenprobe belastet und durchschallt. Zur Bestimmung der anisotropen Materialeigenschaften werden neben P-Wellen unterschiedlich polarisierte S-Wellen in den unterschiedlichen Koordinatenrichtungen durch das Material gesendet.

Im Folgenden werden ausschließlich Lockergesteine (Böden) behandelt.

3.2 Feldversuche

3.2.1 Allgemeines

Bei der Bestimmung der dynamischen Bodeneigenschaften durch Feldversuche wird ein Wellenfeld im Untergrund oder an der Oberfläche des Baugrunds gemessen.

Im einfachsten Fall erfolgt dies durch Messung der Laufzeit einer durch einen Impuls erzeugten Körperwelle (P-Welle oder S-Welle) zwischen zwei Punkten im Untergrund, wobei aus dem Abstand der beiden Punkte auf die Wellengeschwindigkeit geschlossen werden kann. Dagegen wird bei oberflächenwellenbasierten Methoden ausgenutzt, dass sich die Eindringtiefe der Oberflächenwellen mit der Wellenlänge und damit mit der Frequenz ändert. Durch Auswertung der Phasenverschiebung zwischen benachbarten Messpunkten kann die Abhängigkeit der Phasengeschwindigkeit (Ausbreitungsgeschwindigkeit) von der Frequenz ermittelt und als Dispersionsspektrum dargestellt werden. Aus diesem Spektrum wird mittels numerischer Methoden ein Baugrundprofil der Scherwellengeschwindigkeit rückgerechnet.

Für die Ermittlung realitätsnaher, dehnungsabhängiger Bodensteifigkeiten, in den weiteren Ausführungen unter Verwendung seismischer Standortuntersuchungen, für geotechnische Berechnungen unter statischen und dynamischen Einwirkungen sind in [36] Hinweise gegeben.

3.2.2 Wellengeschwindigkeit

Durch geeignete Art der Impulsanregung und der Schwingungsaufnehmerwahl können sowohl die Kompressionswellengeschwindigkeit als auch die Scherwellengeschwindigkeit mit geophysikalischen Feldversuchen gemessen werden. Für die gemessenen Geschwindigkeiten gelten (E1–2) und (E1–3).

Die Messung der Scherwellengeschwindigkeit ist immer vorteilhaft, weil damit der dynamische Schubmodul direkt, ohne Verwendung der Querdehnzahl, ermittelt werden kann. Unterhalb des Grundwasserspiegels erhält man aus der Messung der Kompressionswellengeschwindigkeit nur dann Informationen, wenn diese Geschwindigkeit im Korngerüst des Bodens größer ist als im Wasser (im Mittel ca. 1440 m/s). Andernfalls muss die Scherwellengeschwindigkeit ermittelt werden.

3.2.3 Refraktionsseismik

Bei diesem Verfahren wird ein Impuls an der Erdoberfläche (z. B. durch Hammerschlag oder Fallgewicht) erzeugt und mit Schwingungsaufnehmern, die in verschiedenen Abständen ebenfalls an der Erdoberfläche angeordnet sind (sog. Auslage), registriert. Bei geschichtetem Untergrund lassen sich die Schichtgrenzen sowie die Wellengeschwindigkeiten in tieferen Schichten ermitteln, wobei diese Wellengeschwindigkeiten größer als in den darüber liegenden Schichten sein müssen. Bei der Refraktionsseismik werden in der Regel nur P-Wellen betrachtet. In einem ersten Auswerteschritt werden die Ersteinsätze der P-Wellen in einem Laufzeitdiagramm dargestellt. In geringer Entfernung von der Impulsquelle wird der Ersteinsatz von der direkten Welle bestimmt. Ab einem bestimmten Abstand weist aber die an Grenzschichten geführte und an die Oberfläche zurückgeworfene Welle kürzere Laufzeiten als die direkte Welle auf. Die entstehenden Unstetigkeitsstellen in den Laufzeitdiagrammen werden zur Bestimmung der Schichtmächtigkeit verwendet.

Zur Auswertung sind verschiedene analytische und numerische Verfahren gebräuchlich. Zu den analytischen Verfahren zählen die Intercept-Zeit-Methode, die General Reciprocal Method (GRM) und das Wellenfrontenverfahren. Zu den numerischen Verfahren werden Vorwärtsmodelliertechniken mit manueller Anpassung und die Refraktionstomographie gerechnet. Eine grundlegende Darstellung der aufgeführten Methoden ist in [37] zu finden. Nachfolgend werden die Intercept-Zeit-Methode (ASTM D5777 [38]) als einfaches Verfahren und die Refraktionstomographie als numerisches Verfahren beschrieben.

3.2.3.1 Intercept-Zeit-Methode

Bei der Intercept-Zeit-Methode werden die Bereiche der Laufzeitdiagramme zwischen den Unstetigkeitsstellen den Schichten im Untergrund zugeordnet. Die Interceptzeit t_i für eine Schicht erhält man dabei aus dem Schnittpunkt der Verlängerung der Laufzeitgeraden dieser Schicht mit der Zeitachse am Punkt der Anregung. Die Schichtgeschwindigkeiten ergeben sich aus den Anstiegen der Laufzeitgeraden, die Schichtmächtigkeiten aus den Grenzabständen r_c oder den Interceptzeiten, siehe Bild E2–6.

Für die Intercept-Zeit-Methode wird bei horizontal geschichtetem Untergrund nur ein Anregungspunkt am Anfang der Auslage benötigt. Bei einer Schichtneigung können Schichtgeschwindigkeiten und -mächtigkeiten durch Hinzufügen eines Anregungspunktes am Ende der Auslage und Rückmessung bestimmt werden.

Die Messung kann mit einem oder mehreren Empfängern ausgeführt werden. Je größer die Anzahl der eingesetzten Empfänger ist, desto weniger Umbauten der Auslage sind nötig und die Anzahl der Anregungen reduziert sich.

Die geometrische Modellvorstellung, auf der die Auswertung basiert, beschränkt die Anwendbarkeit auf Untergründe mit homogenen, isotropen Schichten, deren Grenzflächen annähernd eben sind. Störungen entlang der Schichtgrenzen und mit der Tiefe graduell zunehmende Geschwindigkeiten finden keine Berücksichtigung.

Wegen des wachsenden Drucks $\bar{\sigma}'$ mit der Tiefe z unterhalb der Erdoberfläche nimmt nach (E2–2) auch der E-Modul bzw. der Schubmodul mit der Tiefe zu, und somit auch die Wellengeschwindigkeiten. Hieraus folgt, dass bei Laufzeitmessungen der Weg der Wellen im Untergrund mit der kürzesten Laufzeit zwischen Schlagpunkt und Empfängerposition konvex in den Untergrund gebogen ist, siehe Bild E2–7. Bei der Intercept-Zeit-Methode ergibt sich bei der üblichen Annahme eines geradlinigen Wellenweges an der Oberfläche eine Wellengeschwindigkeit, die der Tiefe von $z_{eq} = (0{,}07 \ldots 0{,}08) \cdot L$ entspricht [39]. Die Auswirkung des gebogenen

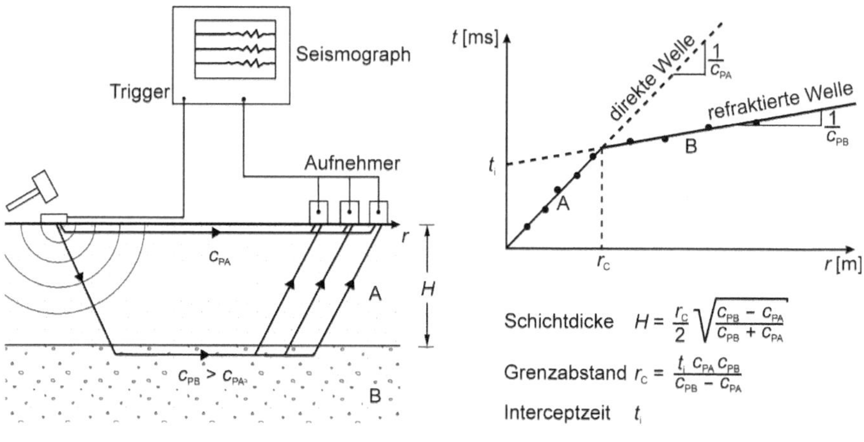

Bild E2–6 Intercept-Zeit-Methode: a) geometrisches Modell und b) Laufzeitdiagramm

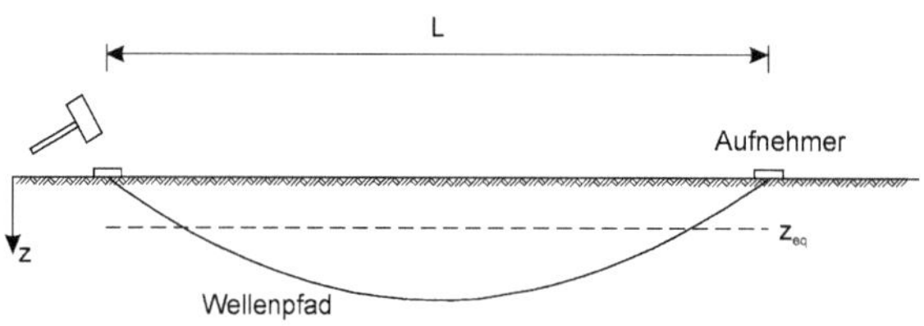

Bild E2–7 Gebogene Wellenwege im realen Baugrund bei mit der Tiefe zunehmender Bodensteifigkeit

Wellenweges gilt auch für die Cross-Hole-Messung (Abschnitt E2–3.2.4), aber mit zunehmender Tiefe in abnehmendem Maße [40].

3.2.3.2 Refraktionstomographie

Die Refraktionstomographie, häufig auch Tauchwellentomographie genannt, ist ein iteratives, numerisches Verfahren zur Berechnung kontinuierlicher 2D Geschwindigkeitswerte entlang eines Messprofils. Für die Methode wird der Untergrund modellhaft in Zellen mit gleicher Größe und konstanter seismischer Geschwindigkeit eingeteilt. Ausgehend von einem Startmodell werden durch einen Strahlverfolgungsalgorithmus für gekrümmte Wellenwege die Laufwege durch das Modell bestimmt und synthetische Laufzeitdiagramme berechnet. Die Abweichungen der synthetischen Laufzeiten zu den gemessenen Laufzeiten werden entlang der Strahlen verteilt und zur Anpassung des Modells benutzt. Der Vorgang der Strahlverfolgung mit anschließender Fehlerverteilung wird so lange wiederholt, bis die summierten Restfehler unter ein bestimmtes Niveau fallen. Das Modell der letzten Iterationsstufe bildet das Ergebnis der Tomographie.

Zur Erstellung des Startmodells können Informationen aus Bohrprofilen oder einer Intercept-Zeit-Auswertung herangezogen werden. Im Allgemeinen ist auch die Annahme eines Untergrundes mit nach unten stetig zunehmender Geschwindigkeit ausreichend.

Bild E2–8a zeigt die Strahlverläufe für ein Startmodell mit linearer Geschwindigkeitszunahme und ein Ergebnismodell mit zwei Schichten, wobei die Geschwindigkeiten innerhalb der Schichten nichtlinear nach unten zunehmen (Bild E2–8b). In Bild E2–8c sind die Laufzeitdiagramme beider Modelle für einen Anregungspunkt dargestellt.

Durch die zweidimensionale Diskretisierung des Untersuchungsgebietes ist die Methode auch auf Untergründe mit unebenen und stark geneigten Schichtgrenzen anwendbar. Außerdem kann sie geologische Situationen abbilden, bei denen die Geschwindigkeitsübergänge über größere Tiefenbereiche erfolgen und keine eigentlichen Schichtgrenzen vorhanden sind.

Für die Refraktionstomographie ist eine möglichst gleichmäßige Durchstrahlung des Untersuchungsgebietes erforderlich, weshalb eine größere Anzahl von Messpunkten notwendig ist. In der Regel werden Schallimpulse im Abstand von bis zu drei Aufnehmerpositionen entlang der Auslagenlänge und auch darüber hinaus erzeugt.

3.2.3.3 Beispiel Refraktionstomographie

Im Vorfeld des Baus einer Ortsumfahrung wurde über einem verfüllten Steinbruch eine Refraktionstomographie durchgeführt. Zur Anregung wurde ein Fallgewicht mit 20 kg Masse und ein seismisches Impulsgerät mit Treibladungskartuschen verwendet. Als Empfänger wurden Steckgeophone mit einer Eigenfrequenz von 10 Hz eingesetzt. Der Abstand der Anregungspunkte betrug 9 m, der der Empfänger 3 m. Zur Qualitätsverbesserung wurden die Signale beim Fallgewicht 6- bis 8-mal, bei der Kartuschenquelle 2-mal gestapelt. Bild E2–9 zeigt den Datensatz bei der

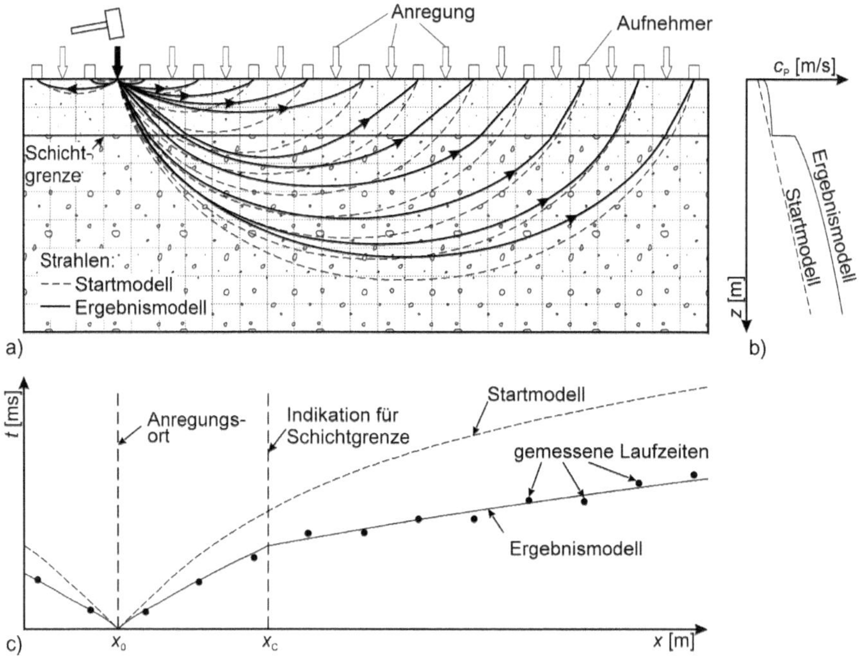

Bild E2–8 Refraktionstomographie: a) diskretisierter Untergrund mit Laufwegen der kürzesten Laufzeiten für Start- und Ergebnismodell, b) Vertikalprofile der seismischen Geschwindigkeiten, c) zugehörige Laufzeitdiagramme

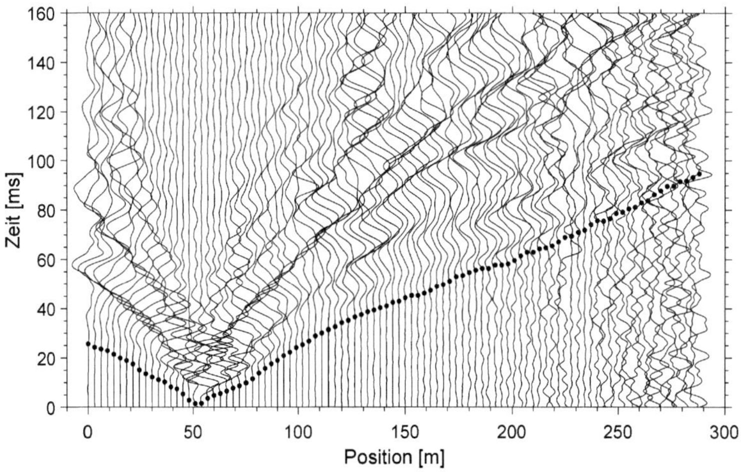

Bild E2–9 Seismogramm mit Anregung bei Position 54 m mit gekennzeichneten Ersteinsätzen (•)

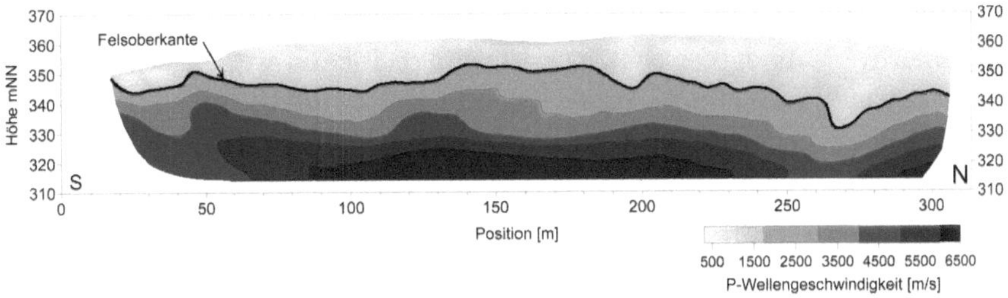

Bild E2–10 Refraktionstomogramm mit identifiziertem Felshorizont bei 1700 m/s

Anregungsposition 54 m mit auf die jeweiligen Maximalamplituden normierten seismischen Spuren.

Das in einem Anschnitt im Steinbruch sichtbare Profil des Untergrundes zeigt Lockersedimente über Kalkstein und Dolomit. In größeren Tiefen werden letztere von Tonschiefer und Grauwacke abgelöst. Durch Vergleich mit der Tiefenlage im Anschnitt wurde für die Felsoberkante eine P-Wellengeschwindigkeit von 1700 m/s abgeschätzt. Bild E2–10 zeigt das Refraktionstomogramm mit deutlichen Unstetigkeitsstellen im Felshorizont.

3.2.4 Bohrlochmessungen

Bohrlochversuche nutzen seismische Quellen und Empfänger in Bohrlöchern und basieren auf der Messung von P- und S-Wellengeschwindigkeiten zwischen diesen Bohrlöchern oder auch zwischen Bohrlöchern und der Oberfläche. Durch das Einbringen der Messgeräte in den Boden und dem vergleichsweisen geringen Abstand zwischen Quelle und Empfänger können Wellenlaufzeiten im Boden in der Regel auf geraden Strahlen bestimmt werden, ohne auf Refraktions-, Reflexions- oder Dispersionseffekte zurückgreifen zu müssen, wie es bei oberflächenbasierten Messmethoden erforderlich ist. Dies vereinfacht die Auswertemethoden, reduziert erforderliche Grundannahmen über die Schichtung des Bodens und führt zu einer hohen Genauigkeit und Zuverlässigkeit der Ergebnisse.

Der im Vergleich zu reinen Oberflächenmethoden erhöhte technische und finanzielle Aufwand kann häufig durch die Einbeziehung von vorhandenen Erkundungsbohrungen und Grundwassermessstellen gemindert werden. Für seismische Bohrlochmessungen sind im nichtstandfesten Boden mit Kunststoff verrohrte Bohrungen erforderlich. Eine Stahlverrohrung führt in der Regel zu starken und schnellen Rohrwellen, die die durch den Boden laufenden Wellen überlagern und die Messergebnisse verfälschen können. Der Mindestinnendurchmesser der Verrohrung liegt zwischen 50 mm und 80 mm (2 bis 3 Zoll).

Insbesondere bei Messungen der Scherwellengeschwindigkeit und oberhalb des Grundwasserspiegels ist auf eine durchgängige Hinterfüllung des Ringraumes zwischen der Außenseite der Verrohrung und dem anstehenden Boden zu achten. Die Steifigkeit des Füllmaterials sollte die des umgebenden Bodens nicht wesentlich übersteigen. Im Lockergestein ist eine Mischung aus Bentonit, Portlandzement und

Wasser für eine optimale Verfüllung empfehlenswert. Eine geometrische Messung des Bohrlochverlaufs und dessen Berücksichtigung bei der Auswertung wird empfohlen, da nicht auszuschließen ist, dass die Bohrungen von der Vertikalen abweichen.

Bei den Bohrlochquellen wird zwischen reinen P-Wellenquellen und Scherwellenquellen mit horizontaler (SH) oder vertikaler (SV) Polarisation unterschieden. Scherwellenquellen erzeugen häufig auch eine nutzbare P-Wellenkomponente. Die Wirkmechanismen sind vielfältig und reichen von elektrischen Entladungsquellen (Sparker), über elektromechanische Quellen, zu rein mechanischen Anregungsquellen. Fallgewichte am Bohrlochgrund sind ebenfalls im Gebrauch. In der Regel ist die Anregung stoßförmig. Bohrlochquellen mit Oszillationsanregung werden aktuell kaum verwendet. Scherwellenquellen besitzen in der Regel die Möglichkeit die Anregungsrichtung um 180° zu ändern, um eine Polarisationsänderung der S-Welle zu erreichen. Diese erleichtert im Allgemeinen das Erkennen der Scherwellen und die Bestimmung der Laufzeiten.

Als Bohrlochempfänger sind für P-Wellen Hydrophone gebräuchlich, da sie die Kompressionswellen omnidirektional aufnehmen und meist in Ketten von 12 oder 24 Elementen angeordnet sind. Zur Aufzeichnung von S-Wellen werden Geophone oder Beschleunigungsaufnehmer verwendet, die eine Richtungsempfindlichkeit aufweisen. Diese werden meist zu Triaxial-Sensoren kombiniert. Es sind auch Bohrlochgeophone mit mehr als zwei horizontalen Komponenten zur besseren Erkennung der Scherwellen in Gebrauch. Scherwellenempfänger sind meist als Einzel- oder Doppelstationen zu finden. Eine Anordnung in größeren Ketten für Tomographieanwendungen ist möglich, jedoch aufwändig in der Handhabung.

Zur Verbesserung des Signal-Rausch-Verhältnisses sind bei Bohrlochmessungen in der Regel drei bis fünf Wiederholungen der Signalanregung notwendig.

Liegt der Ort der Impulserzeugung und -registrierung in unterschiedlichen Bohrlöchern spricht man vom Crosshole-Test (CHT), bei einer Anregung an der Oberfläche und Registrierung im Bohrloch vom Downhole-Test (DHT). Die Anregung im Bohrloch und Registrierung an der Oberfläche ist weniger gebräuchlich und wird als Uphole-Test bezeichnet.

3.2.4.1 Crosshole-Test (CHT)

Für einen Crosshole-Test werden in der Regel ein Quell- und ein Empfängerbohrloch benötigt. Die seismische Schallquelle und eine Empfängerstation werden auf gleicher Tiefe angeordnet (ASTM D4428 [41]). In dieser Tiefe werden P- und S-Wellen angeregt und aufgezeichnet. Anschließend werden Quelle und Empfänger um die gleiche Tiefe versetzt, wobei zur Bestimmung von dynamischen Parametern vertikale Messpunktabstände von 1 bis 2 m üblich sind. Aus den aufgezeichneten seismischen Signalen werden die Erstankunftszeiten der Wellenkomponenten bestimmt und unter Benutzung des Abstandes der Bohrung die seismischen Geschwindigkeiten berechnet. Ergebnis des Crosshole-Tests sind genaue vertikale Geschwindigkeitsprofile von S- und P-Welle [34]. Bild E2–11 zeigt den typischen Testaufbau bei Verwendung einer Scherwellenquelle und eines Bohrlochgeophones.

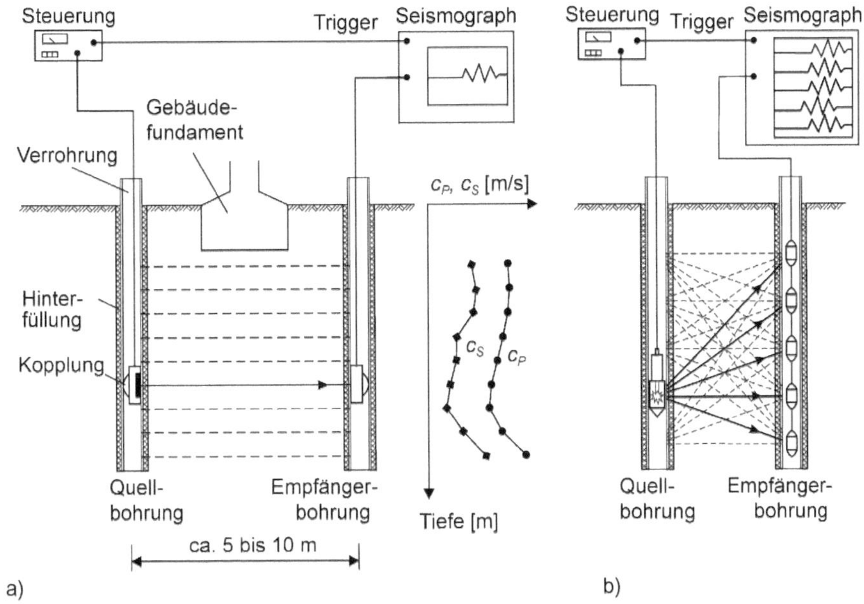

Bild E2-11 Messaufbau für Crosshole-Test: a) zur Ermittlung vertikaler Geschwindigkeitsprofile auf horizontalen Strahlwegen, b) für die tomographische Auswertung mit geneigten Strahlwegen

Nach ASTM D4428 werden Bohrlochabstände von 3 m bis 4,5 m empfohlen. Messtechnisch sind jedoch auch wesentlich größere Abstände bei guter Signalqualität möglich, so dass praktisch Abstände von 5 bis 10 m üblich sind. Bei größeren Abständen in Verbindung mit großen vertikalen Geschwindigkeitskontrasten besteht die Gefahr, dass die direkte Welle von an Schichtgrenzen refaktierten Wellen überholt wird. In diesem Fall ist eine analytische oder numerische Strahlverfolgung erforderlich.

Bestehen Zweifel an der Reproduzierbarkeit des Triggersignals der seismischen Quelle, kann durch Hinzufügen eines zweiten Empfängerbohrloches, in einer Linie mit den anderen Bohrlöchern, die Genauigkeit und die Zuverlässigkeit der Messergebnisse erhöht werden. Die Geschwindigkeiten werden in diesem Fall aus der Laufzeitdifferenz zwischen den beiden Empfängern bestimmt.

Sollen auch laterale Geschwindigkeitsänderungen zwischen den Bohrlöchern erfasst werden, kann der Crosshole-Test zur Bohrlochtomographie erweitert werden. In diesem Fall werden zusätzlich zu den horizontalen Strahlen auch Laufzeiten von geneigten Strahlen bestimmt. Die Auswertung beruht, wie bei der Refraktionstomographie, auf einem Strahlverfolgungsalgorithmus und der iterativen Anpassung eines Startmodells mit berechneten Laufzeiten an die tatsächlich gemessenen Laufzeiten. Wegen der großen Zahl von seismischen Spuren ist eine wirtschaftliche Messdurchführung nur durch den Einsatz von Aufnehmerketten möglich. Im Bereich der Erkundung von Untergrundstrukturen wird wegen der einfacheren

Handhabbarkeit von Hydrophonketten im Vergleich zu Geophonketten als Aufnehmer fast ausschließlich die P-Wellentomographie angewandt. Zur Ermittlung von dynamischen Parametern wird die Bohrlochtomographie auch mit S-Wellen durchgeführt. Eine Skizze des prinzipiellen Testaufbaus kann Bild E2–11b entnommen werden.

3.2.4.2 Beispiel für Crosshole-Test (CHT)

Im Rahmen der Planungen zum Neubau einer Schleuse in Norddeutschland wurden Crosshole-Tests bis in eine Tiefe von 70 m durchgeführt. Der Baugrund bestand im Wesentlichen aus Fein- und Mittelsanden, die in einer Tiefe von 28 bis 39 m aus einer Abfolge von Kiesen und Schluffen unterbrochen wurden, siehe Bild E2–13c. Das Grundwasser stand in einer Tiefe von etwa 18 m an.

Der Test zur Bestimmung von P- und S-Wellengeschwindigkeitsprofilen wurde mit einer Bohrlochquelle zur Erzeugung von horizontal polarisierten Scherwellen durchgeführt. Auf gleicher Höhe im Empfängerbohrloch wurde ein Bohrlochgeophon mit Mehrkomponentengeophonen eingesetzt. Der horizontale Abstand der Bohrungen betrug etwa 5 m. Die Bohrlochquelle erzeugt zusätzlich zu den Scherwellen auch eine P-Wellenkomponente, die ebenfalls zur Auswertung genutzt wurde. Bild E2–12 zeigt exemplarisch seismische Signale für ausgewählte Tiefen oberhalb und unterhalb des Grundwasserspiegels für einen der Crosshole-Tests zwischen zwei Bohrungen. Die ermittelten Ersteinsätze von P- und S-Welle sind gekennzeichnet. Die Bild E2–13a und Bild E2–13b geben die Geschwindigkeitsprofile für die vollständige Messung wieder.

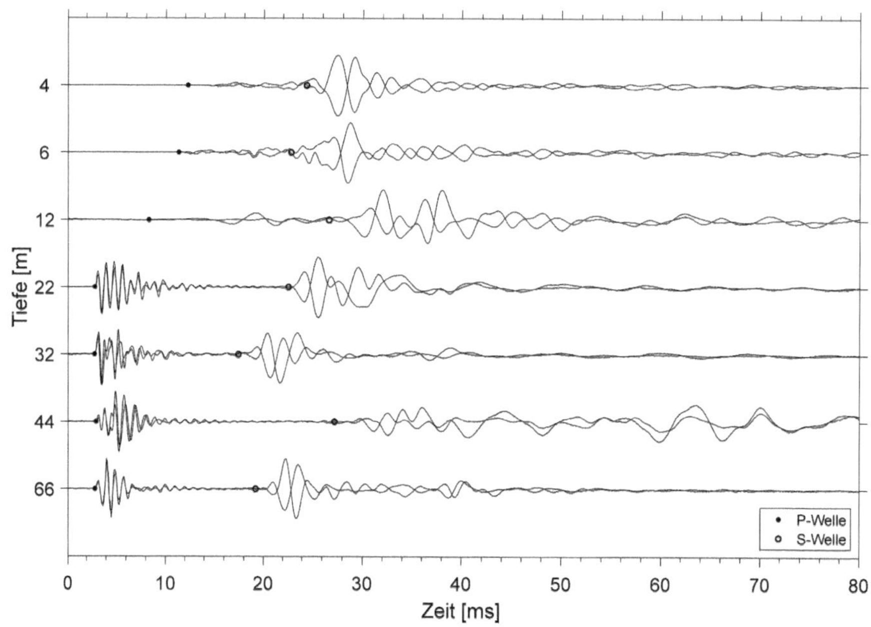

Bild E2–12 Seismogramme zum Crosshole-Test in ausgewählten Tiefen

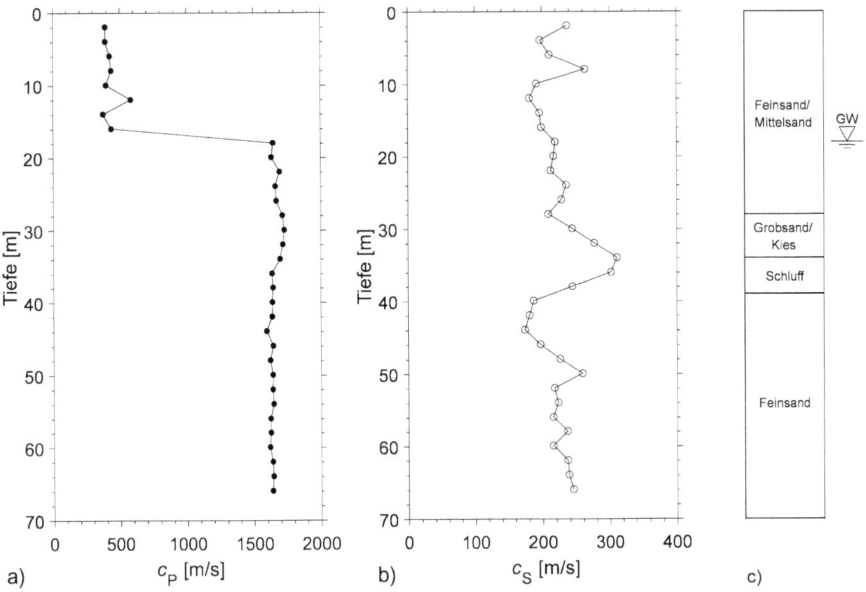

Bild E2–13 Geschwindigkeitsprofile: a) P-Welle, b) S-Welle; c) vereinfachtes Bodenprofil

Die Geschwindigkeit der S-Welle variiert im Bereich zwischen 180 m/s und 320 m/s. Die größten Geschwindigkeiten treten in der Tiefe des Grobsandes und Kieses auf. Darüber hinaus ist ein gradueller Anstieg mit der Tiefe erkennbar. Die P-Wellengeschwindigkeit oberhalb des Grundwasserspiegels liegt bei etwa 400 m/s und springt unterhalb des Grundwassers auf ca. 1600 m/s. In gesättigten Böden aus Lockersedimenten wird die P-Wellengeschwindigkeit wesentlich durch die Kompressionssteifigkeit des Porenwassers bestimmt und liegt im Bereich der P-Wellengeschwindigkeit des Wassers (im Mittel ca. 1440 m/s) bzw. leicht darüber. Auf die S-Wellengeschwindigkeit hat der Grundwasserspiegel nur indirekt Einfluss, so dass es hier zu keiner sichtbaren Änderung im Geschwindigkeitsprofil kommt.

Der Anstieg der P-Wellengeschwindigkeit an der Sättigungsgrenze wirkt sich auch auf das c_P/c_S-Verhältnis und damit die Querdehnzahl aus, wenn diese nach (E2–6) berechnet wird. Während für ungesättigtes Lockergestein Querdehnzahlen von 0,25 bis 0,45 üblich sind (Abschnitt E2–2.3), können die Querdehnzahlen in gesättigten Böden Werte von 0,49 erreichen.

3.2.4.3 Beispiel für Bohrlochtomographie

Zum Bau einer Flussbrücke wurde eine Bohrlochtomographie zwischen zwei Bohrungen durchgeführt. Der Untergrund besteht aus tiefgründigen alluvialen Sedimenten. Bis zu einer Tiefe von etwa 130 m dominiert Feinsand, darunter folgt Schluff mit wechselnden Beimengungen. Die Lagerungsdichte nimmt bis zur Endtiefe der Bohrungen bei 155 m stetig zu. Der Grundwasserspiegel liegt bei etwa 5 m Tiefe.

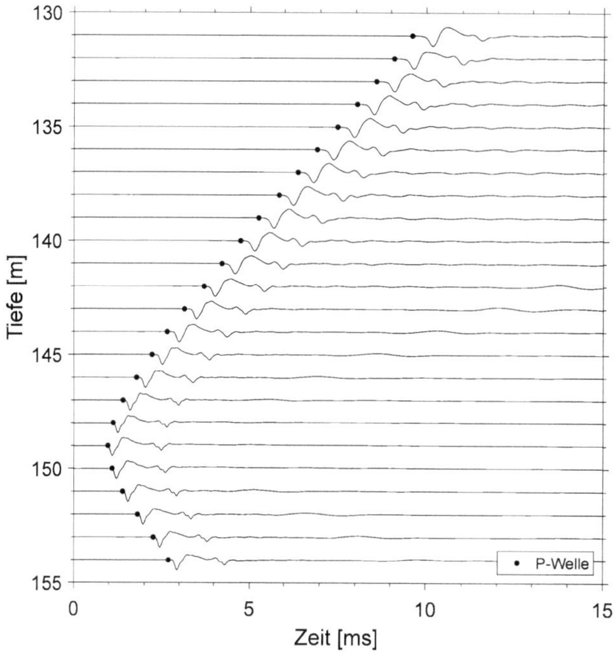

Bild E2–14 Seismogramme zur Bohrlochtomographie für die Anregungstiefe von 149 m und Empfangstiefen von 131 bis 154 m

Der Bohrlochabstand betrug im konkreten Beispiel an der Oberfläche etwa 6 m. Ab 90 m Tiefe zeigte die Messung des Bohrlochverlaufs eine stetige Verringerung des Abstandes, am unteren Ende der Bohrungen betrug er nur noch 1,8 m.

Als seismische Quelle diente ein Bohrlochsparker und als Empfänger eine Messkette mit 24 Hydrophonen im Abstand von einem Meter. Bild E2–14 zeigt exemplarisch die Aufzeichnung einer Kettenauslage für die Anregungstiefe 149 m. Für eine ausreichende Strahlüberdeckung wurde die Kette mehrfach entlang des Bohrloches versetzt.

Die im Zuge der Auswertung der Tomographie berechneten Strahlwege zeigt Bild E2–15a am Beispiel von fünf Anregungspunkten und einer reduzierten Anzahl von Empfangspunkten. Das Ergebnistomogramm ist in Bild E2–15b dargestellt. Die Schichtung ist erwartungsgemäß im Wesentlichen horizontal, nur an wenigen Stellen werden horizontale Variationen sichtbar.

3.2.4.4 Downhole-Test (DHT)

Beim Downhole-Test erfolgt die Anregung des seismischen Signals an der Oberfläche. Zur Erzeugung von P-Wellen haben sich vertikale Hammerschläge auf Schlagplatten oder Fallgewichte bewährt. Für größere Tiefen werden auch Vibratoren und Treibladungskartuschen eingesetzt. Horizontal polarisierte Scherwellen werden in der Regel durch Hammerschläge auf die Stirnseiten von Holzbalken oder

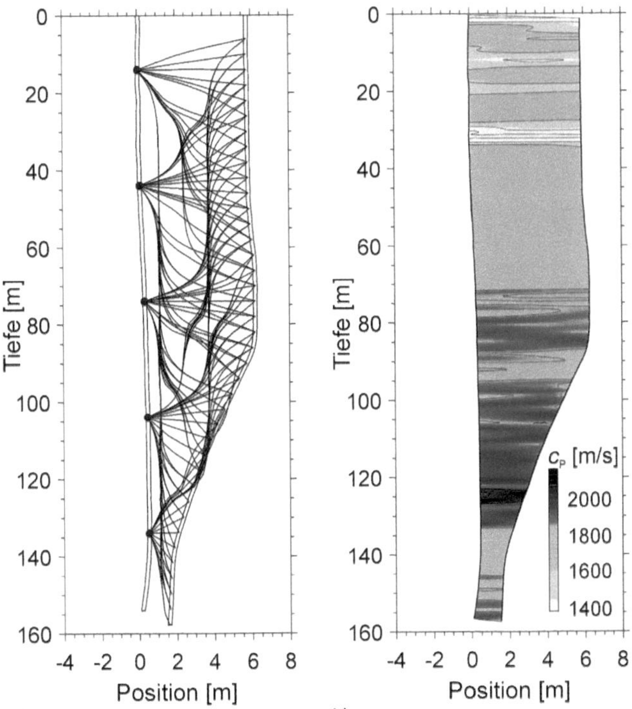

a) b)

Bild E2–15 a) Strahlwege für fünf Anregungstiefen in der Tomographieauswertung und b) Tomogramm der P-Wellengeschwindigkeit

Stahlträgern erzeugt. Die Stärke der S-Wellenkomponente ist hier wesentlich von der schubfesten Kopplung des Balkens an den Boden abhängig. Durch die Wahl der statischen Auflast auf den Balken kann die Kopplung günstig beeinflusst werden. S-Wellen mit sehr hohen Amplituden können auch durch horizontal wirkende Vibratoren erzeugt werden.

Die Registrierung in der Tiefe des Bohrlochs erfolgt mit Bohrlochgeophonen oder Hydrophonen in vertikalen Abständen von ca. 0,5 bis 2 m. Als lateraler Abstand (Quell-Offset) zwischen Impulsquelle und Bohrloch sollten etwa 1 bis 3 m gewählt werden, Bild E2–16. Dieser Offset verringert zum einen die Gefahr des Auftretens von Rohrwellen, zum anderen wird so der Einfluss von Refraktionen an Schichtgrenzen auf die Wellenlaufwege verringert. Das Quell-Offset ist bei der Berechnung der Laufwege zu berücksichtigen.

Die unmittelbare Bestimmung eines Geschwindigkeitsprofiles aus den Intervalllaufzeiten der seismischen Wellen zwischen zwei aufeinander folgenden Messtiefen führt, wegen des kurzen Laufwegunterschiedes, häufig zu stark streuenden Geschwindigkeiten. Deshalb ist meist eine Mittelung über mehrere Messtiefen erforderlich. Im Allgemeinen werden zur Auswertung die offset-korrigierten Laufzeiten über die Tiefe aufgetragen. Anschließend werden an die Datenpunkte

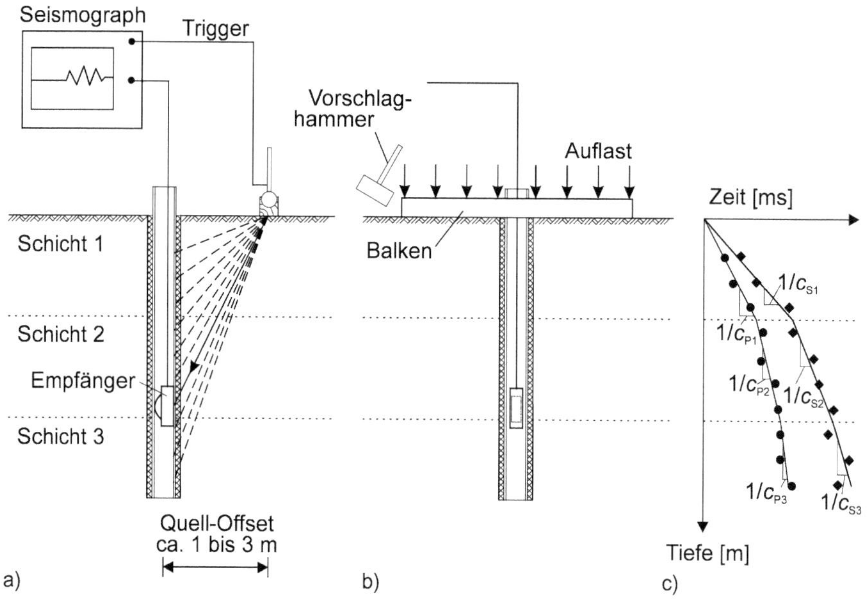

Bild E2–16 a) Messaufbau für Downhole-Test: Seitenansicht, b) Längsansicht und c) Geschwindigkeitsbestimmung durch abschnittsweise Geradenanpassung

Abschnittsausgleichsgeraden gelegt. Zur Festlegung der Abschnitte können bekannte Informationen zum Schichtaufbau herangezogen werden. Die Geschwindigkeiten ergeben sich aus den Anstiegen der Geraden.

Das Verfahren der Downhole-Messungen wird in [42] erläutert und bietet gegenüber den Crosshole-Messungen den Vorteil des geringeren technischen und finanziellen Aufwandes, da nur ein Bohrloch benötigt wird. Die Aussagekraft bzw. Genauigkeit der Messergebnisse ist jedoch etwas geringer. Dies gilt besonders bei komplexen Untergrundverhältnissen und Tiefen ab ca. 20 m.

3.2.4.5 Anwendungsbeispiel 1 zum Downhole-Test

Für die Erstellung eines Baugrundmodells im Rahmen des Neubaus eines hochwertigen Laborgebäudes waren bodendynamische Parameter wie die Scherwellengeschwindigkeit und die dynamische Bodensteifigkeit des Untergrunds erforderlich. Eine gängige Methode zur Bestimmung dieser Parameter sind downhole-seismische Messungen in Bohrlöchern.

Messdurchführung Gemessen wurde auf dem Baugrundstück in einem ca. 37 m tiefen Bohrloch. Ein 5-Komponenten-Bohrlochgeophon wurde in 0,5-m-Intervallen ab 2 m unter GOK bis in die (End-) Tiefe versetzt. Die Anregung mittels Impulshammer erfolgte auf einer Strikerplatte, die sich in einem horizontalen Abstand von ca. 1,5 m zum Bohrloch befand.

Aufbereitung der Messsignale Im Zuge der Datenbearbeitung wurden die horizontalen Kanäle mit den größten Amplituden und der maximalen, entgegengesetzten Polarität ausgewählt. Die wiederholten und entgegensetzt gerichteten Hammerschläge wurden für die ausgewählten Messkanäle zur Verbesserung des Signal-Rausch-Verhältnisses (S/N ratio) gestapelt (siehe Bild E2–17). Anschließend wurden die gestapelten Spuren aus den einzelnen Tiefenabschnitten zu einer seismischen Sektion zusammengefügt.

Messergebnisse Die gestapelten seismischen Sektionen für die Scherwellen-Anregungen sind für das Bohrloch mit einer Tiefe von 37 m im Bild E2–18 dargestellt. Die Festlegung von Intervallgrenzen im 1D-Geschwindigkeits-Tiefenmodell orientierte sich an den relevanten Schichtgrenzen aus dem Bohrprofil.

3.2.4.6 *Anwendungsbeispiel 2 zum Downhole-Test*

Für die Erweiterung eines Steinkohlekraftwerks sollten die seismischen Wellengeschwindigkeiten c_P und c_S des Untergrundes ermittelt werden. Dafür wurde eine vorhandene Erkundungsbohrung mit Kunststoffrohren ausgebaut und für die Durchführung eines Downhole-Tests verwendet. Im untersuchten Tiefenbereich bestand der Boden aus Sand, stellenweise mit Schluffeinlagerungen. Der Grundwasserspiegel am Standort lag bei etwa 7 m Tiefe.

Messdurchführung Ein 7-Komponenten-Bohrlochgeophon wurde in Meterintervallen bis in eine Tiefe von 14 m versetzt. Die Anregung erfolgte mittels eines Impulshammers. P- und S-Wellen wurden getrennt angeregt. Die P-Welle wurde durch vertikalen Schlag auf eine Kunststoffplatte erzeugt, die S-Welle durch horizontalen Schlag auf die Stirnseite eines Holzbalkens, der durch das Messfahrzeug belastet

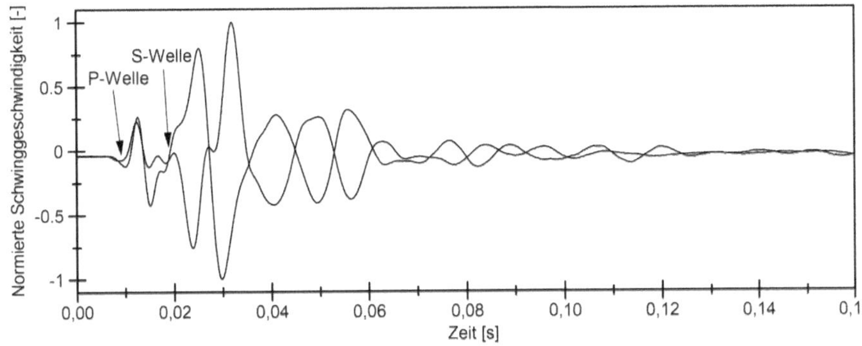

Bild E2–17 Gemessene Signalverläufe der Schwinggeschwindigkeit aus entgegengesetzten horizontalen Anregungen in 5 m Tiefe; Pfeile zeigen Ersteinsätze der Körperwellen

wurde. Der Anregungspunkt befand sich jeweils in einem horizontalen Abstand von 1,5 m vom Bohrloch.

Aufbereitung der Messsignale Auch hier wurden für die wiederholten Hammerschlaganregungen die horizontalen Kanäle mit den größten Amplituden und der maximalen, entgegengesetzten Polarität pro Tiefenabschnitt ausgewählt und zur Verbesserung des Signal-Rausch-Verhältnisses gestapelt (siehe Bild E2–19).

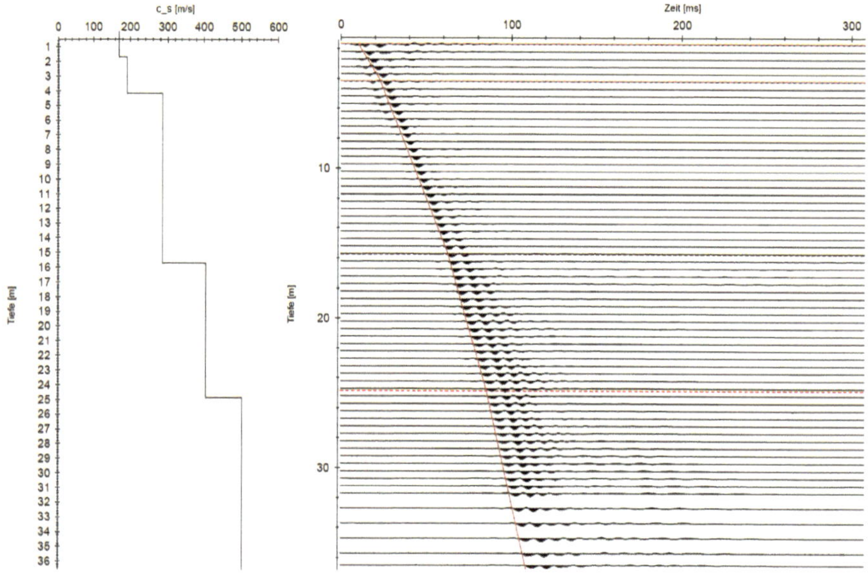

Bild E2–18 Seismische Sektion, Bohrloch 37 m nach horizontaler Anregung (rechts) und zugehöriges 1D-Geschwindigkeits-Tiefenmodell (links)

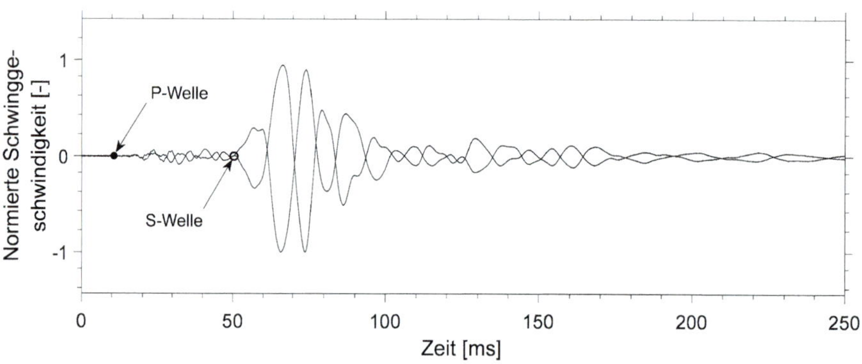

Bild E2–19 Gemessene Signalverläufe der Schwinggeschwindigkeit aus entgegengesetzten horizontalen Anregungen in 11 m Tiefe

Messergebnisse Die gestapelten Spuren aus den einzelnen Tiefenabschnitten wurden daraufhin zu einer seismischen Sektion in Bild E2–20 zusammengefügt. Die zugehörigen Geschwindigkeitsprofile für die Ersteinsätze aus P- und S-Wellenanregung sind im Bild E2–21 dargestellt.

3.2.5 Seismische Drucksonden-Messungen (S-CPT)

Ausgehend von den etablierten und gängigen Drucksonden-Messungen in der Geotechnik wurde unter Nutzung der oben genannten Down-Hole-Methode eine seismische Drucksonden-Methode entwickelt (S-CPT – Seismic Cone Penetration Test). Bei dieser Messung ist im Sondenkopf zusätzlich zu dem üblichen Equipment ein dreiaxiales Geophon eingebaut, welches der Registrierung des an der Oberfläche angeregten Wellenfeldes dient, siehe Bild E2–22a. Das Sondengestänge wird dabei kontinuierlich in die Tiefe gepresst und alle 0,5 m bis 1,0 m eine seismische Messung durchgeführt. Bei oberflächennahen, sehr weichen Schichten können Probleme mit der Messung auftreten, da der Anpressdruck zwischen Gestänge und Boden in dem Fall relativ klein sein kann. Diese Messmethode besitzt einen deutlichen Kostenvorteil, da auf die Erstellung von Bohrlöchern verzichtet werden kann. Bei der S-CPT-Methode werden in der Regel die indirekten Bodenkennwerte, wie Spitzendruck, Mantelreibung und Porenwasserdruck, neben den seismischen Geschwindigkeiten

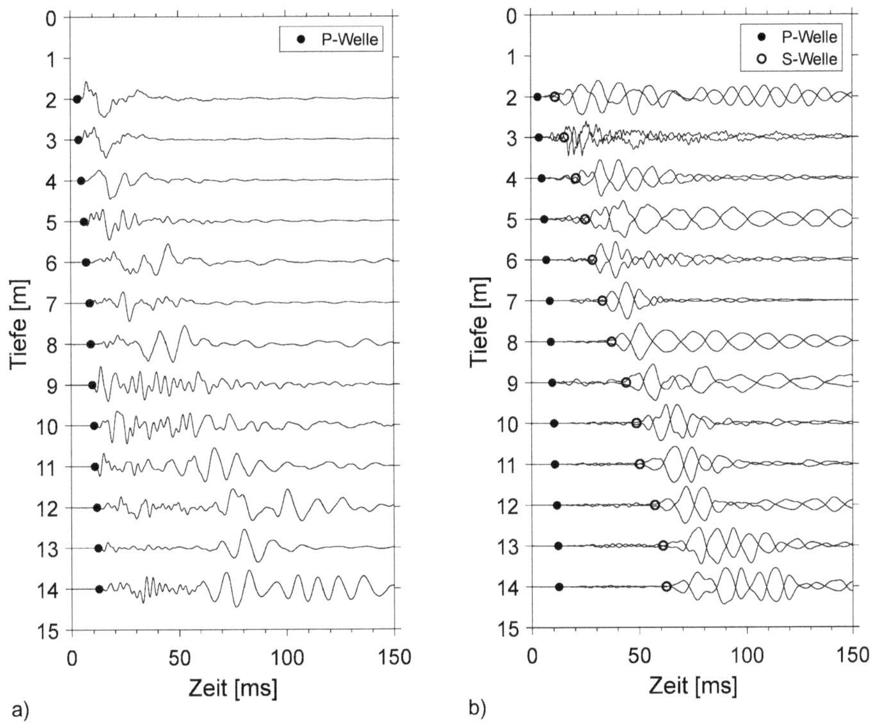

Bild E2–20 a) Seismische Sektion für P-Welle und b) S-Welle

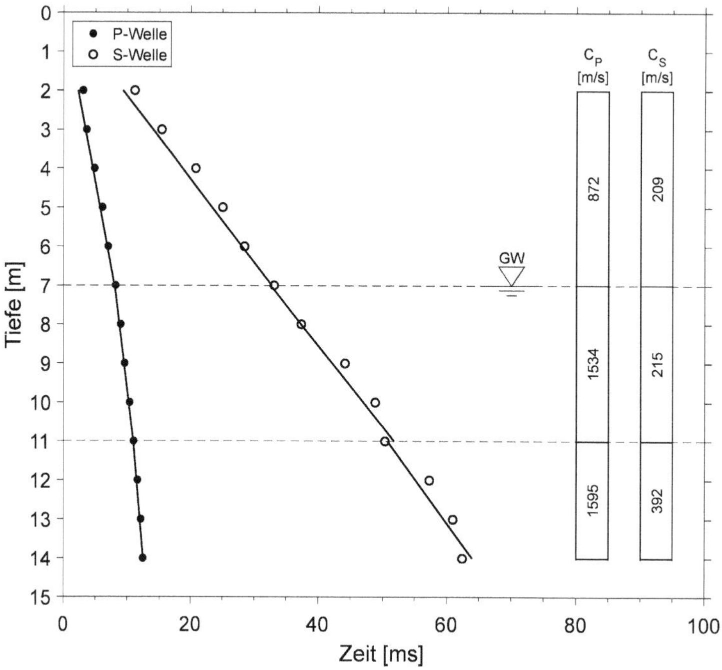

Bild E2–21 Geschwindigkeitsmodelle

für P und S-Welle mit aufgezeichnet. Diese Vielzahl der Kennwerte an einem Standort ist sehr hilfreich für die Verdichtung und Verbesserung der Messwertinterpretation für die Standortidentifikation [43].

3.2.6 Beispiel für seismische Drucksondenmessungen

Bei der seismischen Drucksondenmessung werden gleichzeitig die Spitzendrücke (Bild E2–23), Mantelreibungen, Porenwasserdrücke und die seismischen Geschwindigkeiten (Bild E2–24) über die Tiefe registriert. Zur Bestimmung der seismischen Geschwindigkeiten wird alle 0,5 m oder 1 m ein P- und S-Wellenimpuls von der Oberfläche gesendet. Das überlagerte seismische Profil ergibt die Laufzeit über die Tiefe (Bild E2–24). Zur Bestimmung des dynamischen Schubmoduls G_d bzw. des dynamischen Steifemoduls E_{Sd} muss die Dichte geschätzt werden. Sofern keine expliziten Messungen vorliegen, bietet es sich an, für die Abschätzung der Dichte Korrelationen für Spitzendruck und Mantelreibung heranzuziehen.

3.2.7 Oberflächenwellenbasierte Methoden

Wenn seismische Wellen an oder nahe der Erdoberfläche erzeugt werden, entstehen sowohl Körper- (P- und S-) als auch Oberflächenwellen (z. B. Rayleigh-, Love- usw.). Körperwellen breiten sich durch den gesamten Erdkörper aus, währenddessen sich Oberflächenwellen entlang (oder nahe) der Erdoberfläche fortbewegen. Da die

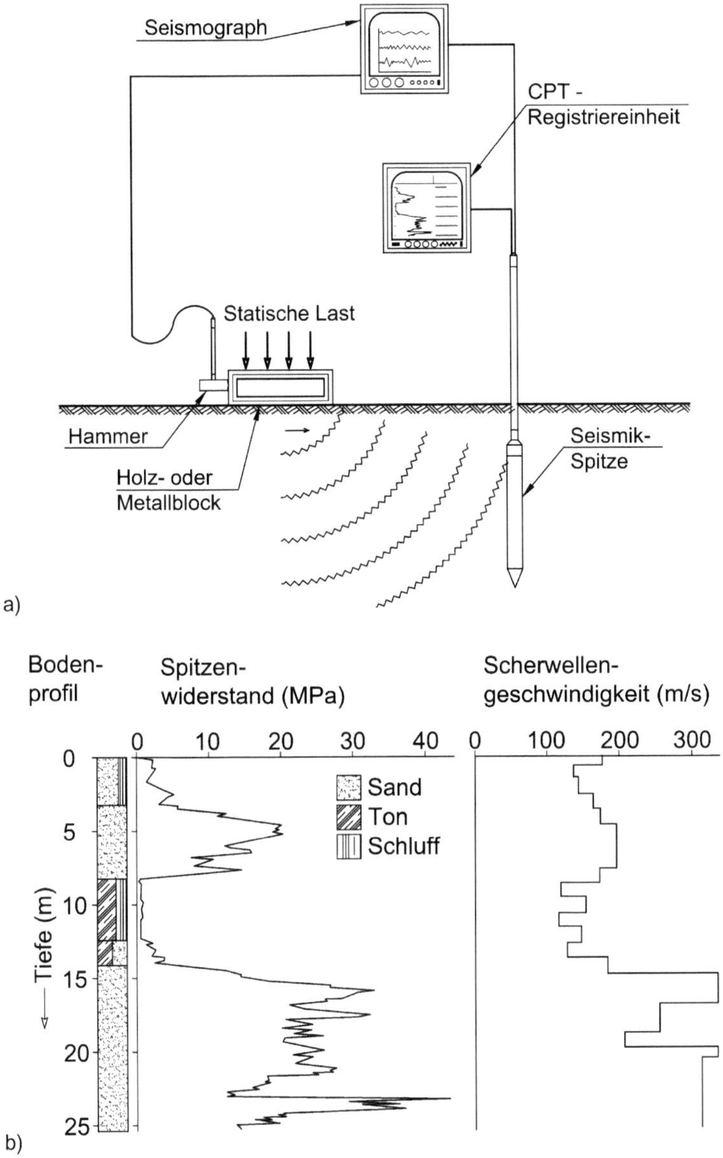

Bild E2–22 Seismic Cone Penetration Test (S-CPT): a) Prinzip und b) Geschwindigkeitsprofil [43]

Amplituden von Oberflächenwellen mit der Entfernung schwächer abnehmen als diejenigen der Körperwellen, erscheinen in Aufzeichnungen mit mehreren Messaufnehmern Oberflächenwellen in der Regel am deutlichsten.

Die maximale Tiefe des Bodenbereichs, der die Ausbreitungsgeschwindigkeit der Oberflächenwelle bestimmt (Eindringtiefe), nimmt mit zunehmender Wellenlänge zu. Die Ausbreitungsgeschwindigkeit der Oberflächenwelle hängt somit direkt von der Wellenlänge – und damit von der Frequenz – ab (Dispersion).

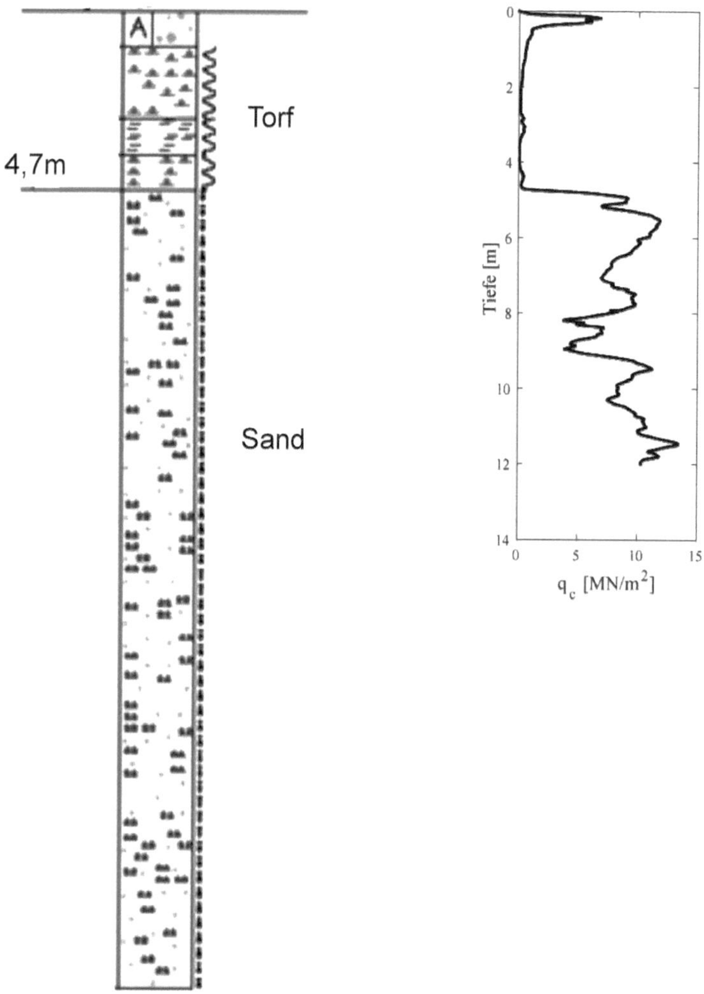

Bild E2-23 Ergebnis der Bodenansprache und der Auswertung des CPT-Spitzendrucks [44]

Im Folgenden werden verschiedene Mess- und Auswerteverfahren zur Analyse von Oberflächenwellen erläutert, die sich im Zeitaufwand und Nutzen unterscheiden. Bei allen oberflächenbasierten Methoden werden zuerst die seismischen Signale aus den dispersiven Oberflächenwellen an der Geländeoberfläche erfasst. Je nach Verfahren und Auswertung wird anschließend eine Dispersionskurve, d. h. eine Kurve der Ausbreitungsphasengeschwindigkeit der Oberflächenwelle über die Frequenz errechnet.

Unter Zugrundelegung einer geeigneten Parametrisierung des Baugrunds (Schichtaufbau) und unter Annahme der Poissonzahl und Dichte kann die Dispersionskurve invertiert und ein 1D-Untergrundmodell (Scherwellengeschwindigkeit c_S über die Tiefe) abgeleitet werden. Das Inversionsmodell beschreibt keine

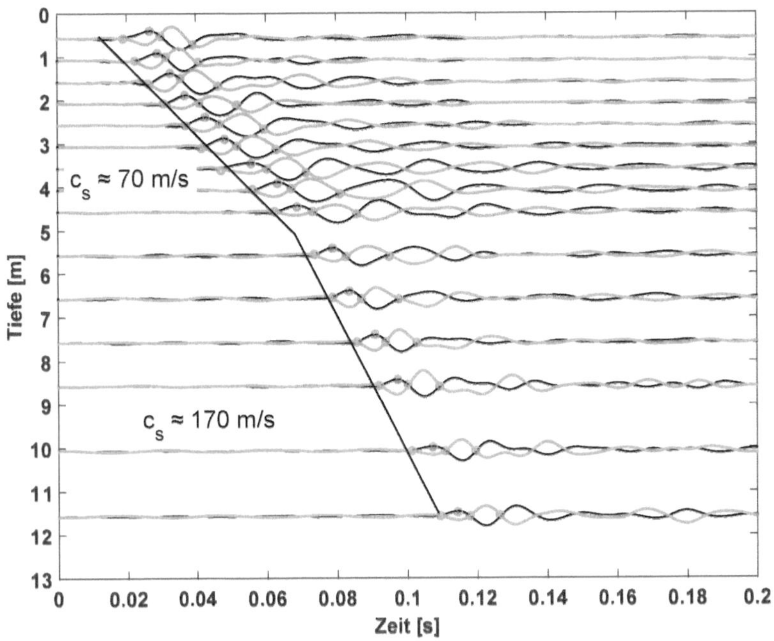

Bild E2-24 Beispiel für eine Downhole-S-CPT-Messung [44]

eindeutige Lösung, sondern wird von den gemessenen Daten (Dispersionskurve), dem Ausgangsmodell (bzw. der Parametrisierung) und vom Inversionsalgorithmus bestimmt. Eine schrittweise Aneinanderreihung von mehreren Messungen kann in einer Pseudo-2D-Sektion interpoliert dargestellt werden.

Die heutzutage gängigsten Oberflächenwellenverfahren sind die aktive MASW als auch passive Array-Messungen. Die Kombination von aktiven und passiven Oberflächenwellenverfahren ist vor allem vorteilhaft, um größere Erkundungstiefen zu erreichen. Darüber hinaus können eingelagerte Weichschichten mittels oberflächenwellenbasierter Methoden im Gegensatz zu refraktionsseismischen Messungen detektiert werden.

3.2.7.1 Oberflächenwellenmessung (CSW)

Mit einem Schwingungserreger wird ein zeitlich harmonisches, konzentrisches Wellenfeld einer bestimmten Frequenz an der Erdoberfläche erzeugt. Mit Schwingungsaufnehmern werden entlang verschiedener Radien in unterschiedlichen Entfernungen die Amplitude und die Phasenverschiebung, bezogen auf eine Referenzschwingung, gemessen. Aus der Kurve der Phasenverschiebung als Funktion der Entfernung wird die Geschwindigkeit der Oberflächenwelle c_R (*Rayleighwelle*, siehe Abschnitt E1-2.3), und aus der Kurve der Amplituden ebenfalls als Funktion der Entfernung das Dämpfungsverhalten des Untergrunds für die eingestellte Frequenz ermittelt.

Die gemessene Oberflächenwellengeschwindigkeit c_R ist im Allgemeinen von der Erregerfrequenz f abhängig. Wird diese Abhängigkeit in einem c_R-f-Diagramm aufgetragen, so erhält man die Dispersionskurve (siehe Abschnitt E1–4.2) des Messortes, mit deren Hilfe sich das Untergrundprofil (Verteilung von c_S über die Tiefe) ermitteln lässt. Hierzu wird zunächst für eine bestimmte Frequenz die dazugehörige Ausbreitungsgeschwindigkeit c_R abgelesen. Aus c_R ergibt sich die Scherwellengeschwindigkeit c_S aus der Beziehung (E1–8). Die so ermittelte Scherwellengeschwindigkeit ist eine Näherung für diejenige Scherwellengeschwindigkeit, die in der Tiefe z_{rep} nach (E1–9) vorhanden ist. Eine Anwendung dieser Näherung insbesondere bei Schichtungen mit sprunghafter Veränderung der Scherwellengeschwindigkeit (siehe Bild E1–7a) kann höchstens eine qualitative Abbildung des genauen Scherwellengeschwindigkeitsprofils liefern, genauere Untersuchungen mit den hier beschriebenen Methoden nach Abschnitt E2–3 sind erforderlich.

3.2.7.2 Spektrale Analyse von Oberflächenwellen (SASW)

Bei der Ausführungsvariante der Rayleighwellen-Dispersionsmessung, der Spectral-Analysis-of-Surface-Waves (SASW), wird aus dem Phasengang Θ_{ij} der Kreuzleistungsdichte R_{ij} eines Impulssignals, das an zwei in Ausbreitungsrichtung hintereinander gelegenen Messpunkten i und j mit der Distanz Δs aufgezeichnet wurde, über die Nutzung der Phasen-Entfernungsbeziehungen (E2–10) die Geschwindigkeit der Oberflächenwelle frequenzselektiv ermittelt [45]. Das Ergebnis dieser Messung liefert im ersten Schritt die Abbildung der Phasengeschwindigkeit c_R in Abhängigkeit von der Frequenz f.

$$c_R(f) = \frac{\Delta s \cdot 2\pi f}{\Theta_{ij}(f)} \qquad \text{mit } \Theta_{ij}(f) = \tan^{-1}\left(\frac{\mathrm{Im}\left(R_{ij}(f)\right)}{\mathrm{Re}\left(R_{ij}(f)\right)}\right) \tag{E2–10}$$

Die Berechnung von Θ_{ij} ist nur in den Frequenzbereichen gültig, in denen die seismische Quelle hinreichend Energie liefert. Diese Bereiche können durch die Kohärenzfunktion

$$\gamma_{ij}^2 = \frac{R_{ij}(f) \cdot R_{ij}^*(f)}{R_{ii}(f) \cdot R_{jj}(f)} \tag{E2–11}$$

abgeschätzt werden, die als Maß der Signalverwandtschaft zwischen den beiden Messpunkten dient. Hierin bezeichnen R_{ii} und R_{jj} die Autokorrelation der Eingangssignale i und j, R_{ij}^* die komplex Konjugierte der Kreuzleistungsdichte R_{ij}. Verwertbare Bereiche mit hoher Signalverwandtschaft haben eine Kohärenz nahe 1.

Für einfache Bodenprofile mit in der Tiefe zunehmender Steifigkeit (siehe Bild E1–7b und Bild E1–8a), kann die Scherwellengeschwindigkeit wie bei der Rayleighwellen-Dispersionsmessung aus der Dispersionskurve bestimmt werden. Sind im Untergrund Schichten kleinerer Wellengeschwindigkeiten eingebettet (siehe Bild E1–8b) müssen numerische Inversionsrechnungen durchgeführt werden.

3.2.7.3 Mehrkanalige Analyse von Oberflächenwellen (MASW)

Bei dem geophysikalischen Verfahren der aktiven MASW („multichannel analysis of surface waves") nach [46] und [47] werden seismische, dispersive Oberflächenwellen z. B. aus der Anregung per Hammerschlag, Fallgewicht oder Stoß mit einer Baggerschaufel mit einer Vielzahl an Geophonen in Abständen von ca. 0,5 bis 3 m in einem Profil gemessen (siehe Messkonfiguration in Bild E2–25). Bei vertikaler Anregung werden in vertikaler Richtung Rayleighwellen registriert; bei horizontaler Anregung quer zum Profil können in gleicher horizontaler Orientierung der Aufnehmer Love-Wellen detektiert werden. Die Oberflächenwellen sollten zur Vermeidung von Nahfeld-Effekten erst ab einem Abstand (Offset) entsprechend der halben Wellenlänge $\lambda/2$ zur Anregungsquelle registriert werden [46, 48].

Der von der Oberflächenwelle erfasste Tiefenbereich ist von ihrer Wellenlänge abhängig. Kleine Wellenlängen breiten sich nahe der Oberfläche aus, große Wellenlängen reichen bis in größere Tiefen. Die maximale Tiefe des Geschwindigkeitsprofiles, d. h. die Aussage- bzw. Erkundungstiefe der Methode, wird deshalb von den größten, erzeugten und erfassten Wellenlängen bestimmt. Eine quantitative Abschätzung dieser Tiefe ist über die repräsentative Tiefe z_{rep} möglich. Bei gleichmäßig aufgebautem, nicht ausgeprägt geschichtetem Baugrund beträgt $z_{rep} \approx \lambda/3$. Die Länge der Geophonauslage L (siehe Bild E2–25) muss mindestens der halben bis ganzen maximalen Wellenlänge entsprechen.

Mittels 2D-Wellenfeldtransformation (z. B. durch Frequenz-Wellenzahl-Analyse) kann aus den kohärenten Signalen ein f-k-Spektrum ermittelt und ein Dispersionsspektrum errechnet werden. Aus den jeweiligen Energiemaxima können Dispersionskurven (fundamentale Mode sowie höhere Moden) extrahiert und invertiert werden [49, 50].

Alternativ kann durch die sogenannte Slant-Stack- oder auch pi-omega-Wellenfeld-Transformation [51] mit anschließender Fouriertransformation über die Zeitachse ein Dispersionsspektrum errechnet werden.

Die Methodik der MASW ist im Vergleich zur SASW aufgrund der mehrkanaligen Messkonfiguration deutlich robuster gegenüber Störeinflüssen. Zudem muss die Messkonfiguration kaum umgebaut werden, sodass der Zeit- und Personalaufwand geringer ist.

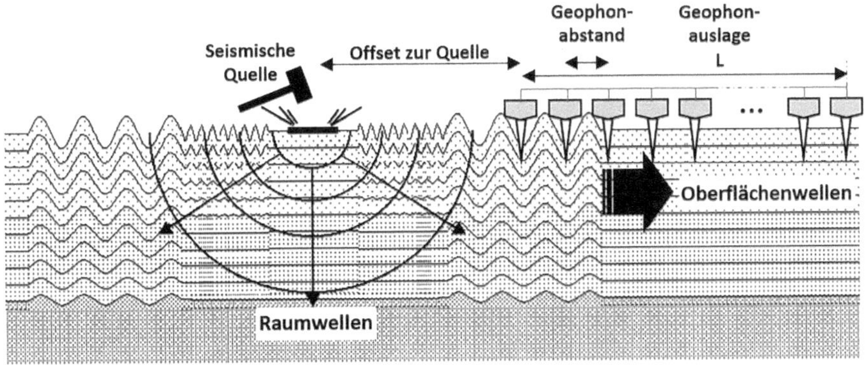

Bild E2–25 Exemplarische Messkonfiguration bei der MASW-Methode

3.2.7.4 Beispiel für Oberflächenwellenmessung (MASW)

Im Zuge strukturdynamischer Untersuchungen für einen Wohnkomplex sollten die bodendynamischen Parameter wie die Scherwellengeschwindigkeit und die dynamische Bodensteifigkeit des Untergrunds (bis in mindestens ca. 8 m Tiefe) mittels seismischen Oberflächenwellenmessungen (MASW) bestimmt werden.

In einem 2D-Messprofil wurden dabei in Abständen von ca. 2 m über eine Geophonauslage L von ca. 30 m und einem Offset von 12 m 4,5 Hz-Geophone an der Geländeoberfläche angekoppelt. Die Anregung erfolgte mittels 40 kg-Fallgewicht.

Die nach Impulsanregung gemessenen Baugrundschwingungen ergaben nach *f-k*-Analyse das folgende Dispersionsspektrum (siehe Bild E2–26). Das darin dargestellte Energiemaximum (fundamentale Mode in schwarz) war im Frequenzbereich von ca. 8 bis 70 Hz ausreichend aufgelöst, wurde extrahiert (siehe schwarze Punkte in Bild E2–26) und anschließend mittels geophysikalischer Inversion invertiert (siehe Ergebnis in Bild E2–27).

3.2.7.5 Passive Array-Messungen

Bei passiven Array-Messungen werden ambiente (zufällige) und richtungsunabhängige Anregungen von Oberflächenwellen, d. h. anthropogene Umgebungsschwingungen sowie Mikrotremor-Seismizität, im Frequenzbereich von ≈ 1 Hz ... 20 Hz in möglichst kreisförmigen Array-Anordnungen an der Geländeoberfläche über einen längeren Zeitraum gemessen. Es sind allerdings auch abweichende Messkonfigurationen sowie die Registrierung von tieffrequenten Zug- und Straßenverkehrsanregungen (z. B. in linearen Arrays) möglich. Die Array-Größen und die Abstände der Aufnehmer zueinander sollten in Abhängigkeit von den zu erfassenden Wellenlängen gewählt werden (je nach gewünschter Erkundungstiefe) und bis zu

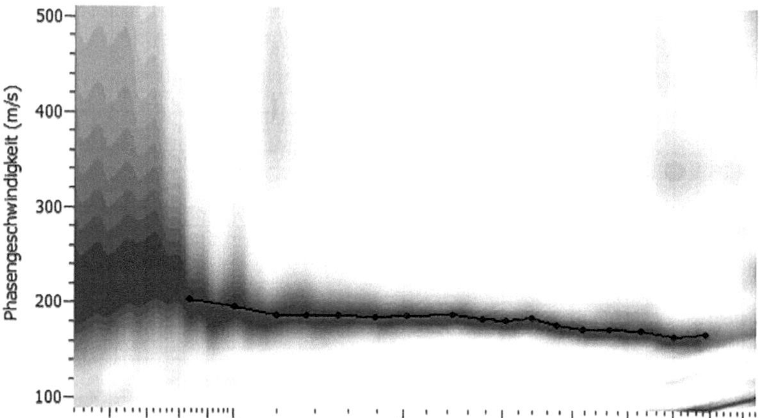

Bild E2–26 Dispersionsspektrum MASW mit gepickter Fundamentalmode – Fallgewicht in sandigem Baugrund

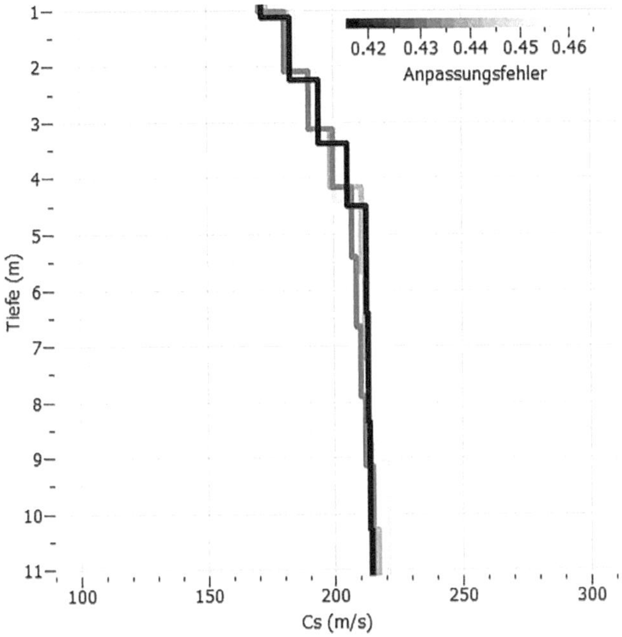

Bild E2–27 Invertiertes 1D- Scherwellengeschwindigkeits-Profil aus aktiver MASW

ca. 2λ ... 3λ betragen. Die repräsentative Tiefe bei gleichmäßig aufgebauten, nicht ausgeprägt geschichteten Baugrund lässt sich wiederum mit $z_{\text{rep}} \approx \lambda/3$ abschätzen. Dabei sollten lokale Anregungen im Nahfeld der Sensoren vermieden oder nachträglich exkludiert werden. Für die Registrierung der tieffrequenten Anregungen sollten Seismometer oder tieffrequente Geophone verwendet werden. Dabei können die Aufnehmer in den Baugrund gesteckt oder auch auf versiegelten Oberflächen aufgestellt werden.

Der Vorteil der Analyse von tieffrequenten Oberflächenwellen gegenüber höherfrequenten, aktiven Anregungen (wie z. B. bei aktiver MASW) liegt in der deutlich größeren Erkundungstiefe (> 40 m). Der oberflächennahe Bereich (ca. < 5 m ... 10 m) kann hingegen mangels höherfrequenter Signalanteile nicht ausreichend aufgelöst werden. Die Methodik der passiven Array-Messungen empfiehlt sich daher vor allem zur Baugrunderkundung bei tief gegründeten Bauwerken und in Kombination mit aktiver MASW.

Unter Anwendung der Methode SPAC („Spatial autocorrelation") nach [52] (und modifiziert nach [53]) werden aus den registrierten, korrelierenden Zeitsignalen der einzelnen Messpunkte Autokorrelationsfunktionen berechnet. Nach der modifizierten SPAC-Methode werden aus allen Messpunkten „Paare" gebildet und unter Berücksichtigung der Messpunktabstände Autokorrelationskurven nach [52] und [53] für mehrere Radien berechnet und daraus ein Dispersionsspektrum abgeleitet.

Alternativ kann eine Dispersionskurve auch per Frequenz-Wellenzahl-Analyse (*f*-*k*) errechnet werden (passive MASW).

3.2.7.6 Beispiel für passive Array-Oberflächenwellenmessung

Für die Erstellung eines Baugrundmodells im Rahmen des Neubaus eines tiefgegründeten Laborgebäudes waren Informationen zur tiefenabhängigen Scherwellengeschwindigkeit und die dynamische Bodensteifigkeit des Untergrunds erforderlich. Diese sollten mittels Oberflächenwellenmessungen bestimmt werden. Der Baugrund bestand vorwiegend aus schluffigem bis sandigem Lehm (verwitterte Molasse). Darunter stand das Grundgebirge in Form von schluffigem Sandstein an.

Messaufbau Für die größeren Erkundungstiefen wurden in einem weiten Array von über 80 m Durchmesser insgesamt 20 vertikale Schwingungsaufnehmer an der Geländeoberfläche aufgestellt, um möglichst viele verschiedene Abstände (und somit ein möglichst breites Frequenzband) zwischen den einzelnen Messpunkten abzudecken.

Datenaufbereitung Nach der modifizierten SPAC-Methode wurden aus allen Messpunkten „Paare" gebildet und aus deren kontinuierlichen Messwertaufzeichnungen Autokorrelationskurven nach [52] und [53] berechnet. Temporär auftretender, nicht korrelierender Noise wurde exkludiert. Die Autokorrelationskurven von mehreren „Messpunkt-Paaren" mit ähnlichen Abständen wurden zusammengefasst und aus allen Gruppen eine Dispersionskurve über den relevanten Frequenzbereich (ca. 4,5–18 Hz) abgeleitet.

Dispersionskurve Aus den errechneten Autokorrelationskurven wurde das in Bild E2-28 dargestellte Dispersionsspektrum ermittelt. Die Kurve mit der höchsten spektralen Dichte wurde als fundamentale Dispersionskurve ausgewählt und

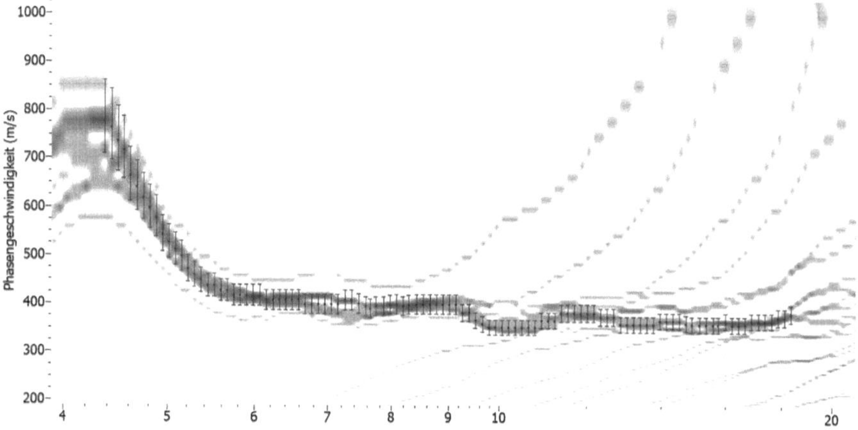

Bild E2-28 Dispersionsspektrum und gepickte, fundamentale Dispersionskurve mit 5 %-Fehlerintervall

mit rund 5 % Standardabweichung auf den Absolutwert der Phasengeschwindigkeit beaufschlagt.

Inversion Die anschließende Inversion der Dispersionskurve wurde mit einem „pseudorandom number generator“ (PRNG) nach dem „Direct search“-Prinzip durchgeführt [54, 55]. Zur Einschränkung der Inversion wurde eine für den Baugrund typische Parametrisierung (Schichtaufbau) auf Basis des zugehörigen Bohrprofils angenommen.

Das invertierte 1D-Scherwellengeschwindigkeits-Profil zeigt Bild E2–29. Dabei sind Kurven mit besserer Anpassung (kleinerem Misfit) und somit höherer Wahrscheinlichkeit der Realitätsabbildung dunkler gefärbt.

3.2.8 Korrelation aus statischen Feldversuchen

Es existiert eine Reihe von Korrelationen zwischen den bodendynamischen Kennwerten und den Ergebnissen von Sondierungen [25, 56]. Grundsätzlich sind diese empirischen Gleichungen mit Vorsicht anzuwenden, da sie standortbezogen sind und entsprechend den lokalen Bedingungen mehr oder weniger große Abweichungen entstehen können [57, 58].

Bei einem Vergleich mit seismischen Bohrlochmessungen [59] zeigte sich, dass durch statistisch ermittelte Korrelationen bei homogenen sandartigen Böden Scherwellengeschwindigkeiten mit einer Genauigkeit von ±20 % abgeschätzt werden

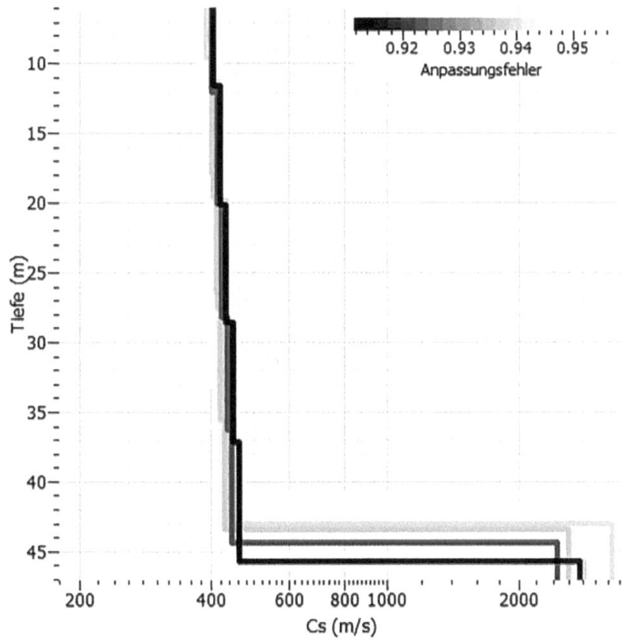

Bild E2–29 Invertiertes 1D- Scherwellengeschwindigkeits-Profil

können, welche mit der Genauigkeit der seismischen Verfahren übereinstimmt. Die mit einer Korrelation ermittelten dynamischen Bodensteifigkeiten waren tendenziell höher als die mit seismischen Methoden ermittelten. Mit zunehmenden Feinkornanteil werden die Unsicherheiten der statistischen Korrelationen größer. Bei stark überkonsolidierten glazialen Böden lassen sich allgemeingültige Korrelationen nicht anwenden.

Eine Kombination mit seismischen Messungen zur Validierung der CPT-Ergebnisse ist empfehlenswert.

3.3 Laborversuche

3.3.1 Allgemeines

Man unterscheidet zwischen

- zyklischen Versuchen, mit Frequenzen üblicherweise zwischen 0,1 Hz und 2 Hz (Abschnitt E2–3.3.2),
- dynamischen Versuchen, bei denen die Frequenz je nach Probe und Gerät meist zwischen 30 Hz und 250 Hz liegt und Trägheitskräfte eine wesentliche Einflussgröße sind (Abschnitt E2–3.3.3), sowie
- Laufzeit- und Impulsmessungen, mit Frequenzen im Kilohertz-Bereich (Abschnitt E2–3.3.4).

3.3.2 Zyklische Versuche

Diese Versuchsverfahren wurden aus den bekannten bodenmechanischen Laborversuchen

- Triaxialversuch
- Einfacher Scherversuch (Simple-Shear)
- Torsionsversuch

weiterentwickelt.

Das Verhalten des Bodens unter zyklischer Belastung hängt neben den Dränagebedingungen u. a. von der Geologie, der Zusammensetzung, der Granulometrie, der Dichte, dem Spannungszustand sowie der Vorbelastung ab. Mit den zyklischen Versuchsgeräten lassen sich sowohl die Einflüsse des statischen Spannungszustandes als auch die der zyklischen Beanspruchung erfassen. Sie sind darüber hinaus auch zur Bestimmung anderer Eigenschaften des Bodens geeignet, wie z. B. der dynamischen Festigkeit oder des Verflüssigungsverhaltens bei zyklischer Beanspruchung [60–63]. Bei wassergesättigten Proben ist das Bodenverhalten sowohl bei zyklischer Belastung wie auch bei statischer Belastung wesentlich von den Dränagebedingungen abhängig. Die Entwicklung des Porenwasserdrucks und der effektiven Spannungen spielt dabei eine entscheidende Rolle. In der Fachliteratur wird meist von einer geschlossenen Spannungs-Dehnungs-Hysterese ausgegangen (Bild E2–30). Dabei ist der dynamische Schubmodul als Sekante durch die Umkehrpunkte definiert und daher bei Be- und Entlastung identisch. Bei offener Hysterese, z. B. infolge

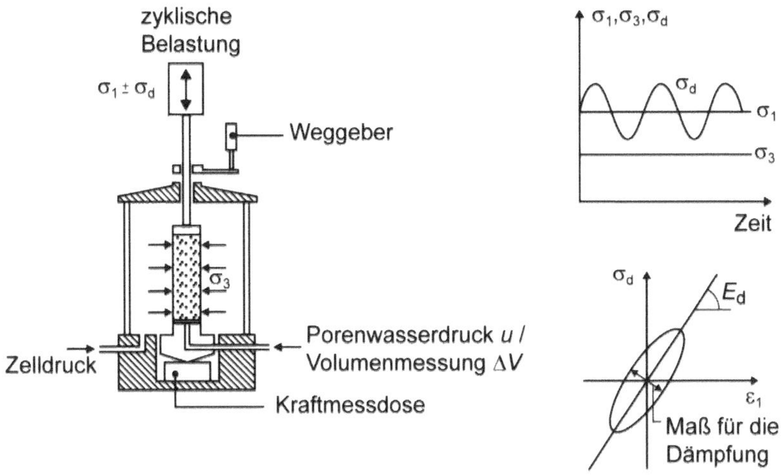

Bild E2–30 Zyklischer Triaxialversuch, Prinzipdarstellung mit vertikaler zyklischer Spannungsänderung σ_d

großer akkumulierter Dehnungen, lassen sich dynamische Schubmoduln für den Be- und Entlastungsast unterscheiden [64].

3.3.2.1 Zyklischer Triaxialversuch

Im zyklischen Triaxialversuch wird eine zylindrische Bodenprobe von einem innerhalb der Probe konstanten statischen Spannungszustand (σ_1, σ_3) ausgehend mit einer zyklischen Zusatzspannung σ_d kraftgesteuert belastet. Die häufigste Variante ist die Wahl einer vertikalen zyklischen Zusatzspannung, aber auch eine zyklische radiale Zusatzspannung, eine Kombination von vertikaler und radialer zyklischer Zusatzspannung, und eine zyklische Aufbringung einer vertikalen Dehnung ε_d sind möglich.

Aus den gemessenen Größen erhält man eine hysteretische Spannungs-Dehnungs-Beziehung, aus welcher der dynamische Elastizitätsmodul E_d bei unbehinderter Seitendehnung ermittelt wird. Das Versuchsprinzip für den Fall einer vertikalen zyklischen Zusatzspannung ist in Bild E2–30 dargestellt. Aus dem Flächeninhalt der Hysterese bei harmonischer Anregung errechnet sich – wie in Abschnitt E2–2.4 erläutert – der Dämpfungsgrad D. Für die Ermittlung des Schubmoduls G_d (siehe Anwendungsbeispiel unten) wird die deviatorische Dehnung $\varepsilon_q = 2/3\,(\varepsilon_1 - \varepsilon_3)$ oder die Scherdehnung $\gamma_c = (\varepsilon_1 - \varepsilon_3)$ verwendet. Dafür kann die axiale Dehnung ε_1 direkt aus der gemessenen Axialverformung der Probe bestimmt werden. Die radiale Dehnung ε_3 der Probe kann aus einer lokalen Messung unmittelbar an der Probe oder aus der gemessenen volumetrischen Dehnung ε_v und axialen Dehnung ε_1 über die Beziehung $\varepsilon_v = \varepsilon_1 + 2\varepsilon_3$ ermittelt werden.

Die Versuchsfrequenz für die zyklische Belastung ist abhängig von den Randbedingungen zu wählen. Wie auch bei statischen Triaxialversuchen gemäß [65] muss bei zyklischer Belastung die Belastungsgeschwindigkeit so eingestellt werden, dass bei dränierten Versuchen keine nennenswerten Porenwasserdruckveränderungen auftreten. Bei undränierten Versuchen, die im Regelfall mit einer höheren Versuchsfrequenz durchgeführt werden können, muss sich der Porenwasserdruck innerhalb des Probenvolumens ausgleichen können. Insbesondere bei Böden mit hohem Feinkornanteil ist aufgrund der geringen Wasserdurchlässigkeit die Versuchsfrequenz entsprechend niedrig zu wählen.

3.3.2.2 Beispiel für zyklischen Triaxialversuch

In Bild E2–31 sind exemplarisch die Ergebnisse von zwei zyklischen Triaxialversuchen mit im Labor aufbereiteten Proben aus Feinsand-Mittelsand dargestellt. Hierbei sind die Versuchsrandbedingungen wie die Präparationsmethode, die Anfangslagerungsdichte, der Anfangsspannungszustand und die zyklische vertikale Spannungsamplitude in beiden Versuchen identisch. Es wurde lediglich die Dränagebedingung während der zyklischen Belastung variiert.

Zur Vorbereitung der Proben wurde der Sand im Labor trocken in eine zylindrische Probenform mit einem Durchmesser von 50 mm und einer Höhe von 100 mm eingerieselt. Nach Einbau und vollständiger Wassersättigung des Materials unter einem aufgebrachten Sättigungsdruck (engl.: back pressure) als Porenwasserdruck $u_b = 500\,\text{kPa}$ erfolgte eine anisotrope Konsolidierung der Probe mit der lateralen effektiven Spannung $\sigma_3' = 150\,\text{kPa}$ (Zelldruck $\sigma_3 = 650\,\text{kPa}$ inkl. Sättigungsdruck) und einer vertikalen effektiven Spannung $\sigma_1' = 300\,\text{kPa}$ (vertikale Spannung $\sigma_1 = 800\,\text{kPa}$ inkl. Sättigungsdruck). Einbau, Wassersättigung und Konsolidierung der Proben wurde gemäß DIN EN ISO 17892-9 [65] durchgeführt. Die bezogene Lagerungsdichte des Sandes betrug nach Abschluss der Konsolidierung $I_{D0} = 0{,}60$. Im Ausgangszustand betrug die mittlere effektive Spannung $p' = (\sigma_1' + 2\sigma_3')/3 = 200\,\text{kPa}$ und die Deviatorspannung $q = (\sigma_1 - \sigma_3) = 150\,\text{kPa}$. Die zyklische Belastung wurde durch eine vertikale Spannungsamplitude in Höhe von $\sigma_d = 100\,\text{kPa}$ bei beiden Versuchen (dräniert und undräniert) mit einer Frequenz von 0,1 Hz aufgebracht. Die Belastung ist somit eine zyklische Schwellbelastung im Kompressionsbereich.

Nach Tabelle E2–1 kann bei dem hier verwendeten Boden mit einem Schubmodul in der Größenordnung von 100 MPa gerechnet werden. Bei der aufgebrachten deviatorischen Spannung von 150 kPa sind somit überschläglich Scherdehnungen in der Größenordnung von $1 \cdot 10^{-3}$ zu erwarten. Der Boden wird somit nach Bild E4–1 im Versuch ein ausgeprägt nichtlineares Verhalten aufweisen. Insbesondere ist mit einer Verdichtungstendenz der Probe zu rechnen.

Bereits bei Aufbringen des ersten Belastungszyklus zeigt sich der Einfluss der unterschiedlichen Dränagebedingungen. Im dränierten Versuch zeigt sich in Bild E2–31d links eine Akkumulation der volumetrischen Dehnungen (Volumenverkleinerung der Probe), und der Spannungspfad ist in allen Belastungszyklen nahezu identisch (Bild E2–31c links). Beim Versuch unter undränierten Bedingungen steigt hingegen durch die erzwungene Volumenkonstanz der Porenwasserdruck u in der Probe (Bild E2–31d rechts). Mit jedem weiteren Zyklus kommt es zu einer weiteren

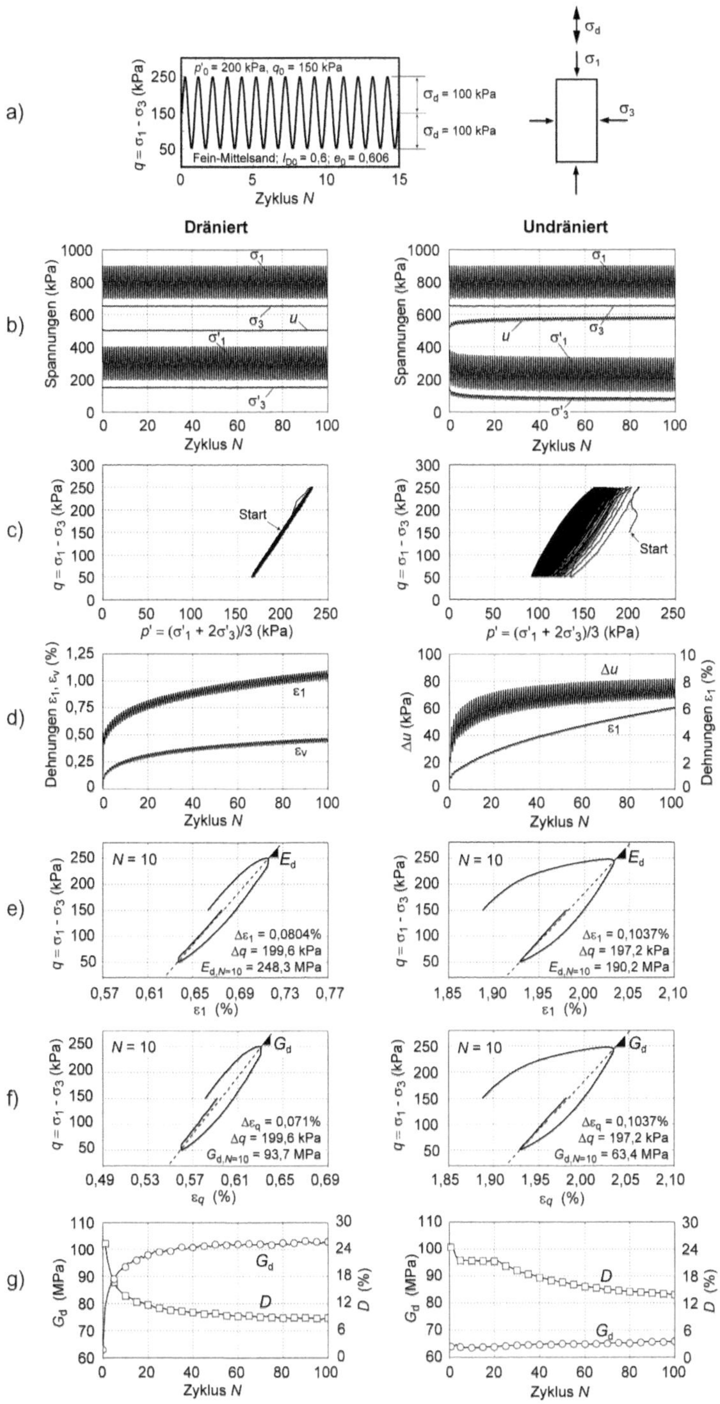

Bild E2–31 Ergebnisse eines anisotrop konsolidierten zyklischen Triaxialversuchs ($\sigma_3' = 150$ kPa, $\sigma_1' = 300$ kPa) mit Feinsand-Mittelsand ($I_{D0} = 0{,}60; e_0 = 0{,}606$) unter dränierten und undränierten Bedingungen mit einer zyklischen vertikalen Spannungsamplitude $\sigma_d = 100$ kPa, nach [63]

Reduktion der effektiven Spannungen, so dass die Spannungspfade in jedem Zyklus unterschiedlich sind (Bild E2–31c rechts).

Durch die Abnahme der effektiven Spannungen kommt es im undränierten Versuch zu einer deutlich stärkeren Zunahme der vertikalen Dehnungen ε_1 als beim dränierten Versuch (nach 100 Zyklen: $\varepsilon_{1,\text{undräniert}} \approx 6\,\% > \varepsilon_{1,\text{dräniert}} \approx 1\,\%$ siehe Bild E2–31d). Die aus der zyklischen Belastung resultierenden Porenwasserüberdrücke Δu nehmen wie die volumetrischen Dehnungen ε_v beim dränierten Versuch nach anfänglich großer Zunahme mit weiteren Belastungswiederholungen immer weniger zu (Bild E2–31d).

Die bodendynamischen Kennwerte E_d und G_d werden in beiden Versuchen anhand der Spannungs-Dehnungsbeziehung $q = \sigma_1 - \sigma_3$ vs. ε_1 ermittelt. Der dynamische Schubmodul G_d lässt sich nach (E2–14) aus dem dynamischen Elastizitätsmodul E_d und der Abschätzung der Querdehnzahl ν (Abschnitt E2-2.3) berechnen [64].

Exemplarisch sind die dynamischen Elastizitätsmoduln E_d für die beiden dargestellten Versuche im 10. Belastungszyklus anhand der Spannungs-Dehnungshysteresen im Bild E2–31e wie folgt berechnet:

$$E_{\text{d},N=10} = \frac{2\sigma_\text{d}}{\Delta\varepsilon_1} = \frac{\Delta q}{\Delta\varepsilon_1} = \frac{197{,}2\ \text{kPa}}{0{,}1037\,\%} = 190{,}2\ \text{MPa (undräniert)} \qquad \text{(E2–12)}$$

$$E_{\text{d},N=10} = \frac{2\sigma_\text{d}}{\Delta\varepsilon_1} = \frac{\Delta q}{\Delta\varepsilon_1} = \frac{199{,}6\ \text{kPa}}{0{,}0804\,\%} = 248{,}3\ \text{MPa (dräniert)} \qquad \text{(E2–13)}$$

Bei undränierten Versuchen kann unter Voraussetzung der vollständigen Wassersättigung der Probe unabhängig vom untersuchten Boden eine Querdehnzahl $\nu = 0{,}5$ angenommen werden (Volumenkonstanz). Gemäß [64] ergibt sich der dynamische Schubmodul G_d für den 10. Zyklus nach (E2–14).

$$G_{\text{d},N=10} = \frac{E_\text{d}}{2\,(1+\nu)} = \frac{190{,}2\ \text{MPa}}{2\,(1+0{,}5)} = 63{,}4\ \text{MPa (undräniert)} \qquad \text{(E2–14)}$$

Bei dränierten Versuchsbedingungen ist die Querdehnzahl ν nach Abschnitt E2-2.3 für die Berechnung von G_d sinnvoll abzuschätzen und liegt für den untersuchten Feinsand-Mittelsand im Wertebereich 0,25 ... 0,35. Weiterführende Untersuchungen zur Größe der Querdehnzahl bei verschiedenen nicht bindigen Böden enthält [66].

$$G_{\text{d},N=10} = \frac{E_\text{d}}{2\,(1+\nu)} = \frac{248{,}3\ \text{MPa}}{2\,(1+0{,}25\ \ldots\ 0{,}35)} = 92\ \ldots\ 99{,}3\ \text{MPa (dräniert)} \qquad \text{(E2–15)}$$

Die resultierenden dynamischen Schubmoduln G_d sind für beide Versuche jeweils bis zu Zyklus 100 in Bild E2–31g dargestellt. Unter dränierten Versuchsbedingungen steigt der Wert mit zunehmender Belastungswiederholung aufgrund der Verfestigung an. Beim undränierten Versuch hingegen bleibt der dynamische Schubmodul annähernd konstant über die 100 Belastungszyklen.

Alternativ kann der dynamische Schubmodul G_d mithilfe der Änderung der Deviatorspannung Δq und der zugehörigen Scherdehnung $\Delta\varepsilon_\text{q}$ eines

Zyklus nach (E2–16) direkt aus den Versuchsergebnissen in Bild E2–31 ermittelt werden [64].

$$G_d = \frac{\Delta q}{3 \cdot \Delta\varepsilon_q} \tag{E2–16}$$

Während die deviatorische Spannungsänderung Δq eines Zyklus direkt aus der zyklischen Belastung ermittelt werden kann, sind für den zugehörigen Wert der deviatorischen Dehnung $\Delta\varepsilon_q$ die resultierende axiale Dehnung ε_1 und radiale Dehnung ε_3 der Probe nach (E2–17) zu bestimmen.

$$\Delta\varepsilon_q = \frac{2}{3}(\Delta\varepsilon_1 - \Delta\varepsilon_3) = \frac{2}{3} \cdot \Delta\gamma_c \tag{E2–17}$$

Da die direkte Messung der radialen Dehnung ε_3 im Gegensatz zur axialen Dehnung ε_1 bei Triaxialversuchen relativ aufwendig ist, kann sie bei Kenntnis von ε_v und ε_1 aus folgender Beziehung ermittelt werden:

$$\varepsilon_v = \varepsilon_1 + 2 \cdot \varepsilon_3 \tag{E2–18}$$

Damit lassen sich für die in Bild E2–31 dargestellten Versuche die dynamischen Schubmoduln G_d für den 10. Zyklus wie folgt berechnen:

$$G_{d,N=10} = \frac{\Delta q}{3 \cdot \Delta\varepsilon_q} = \frac{197{,}2\ \text{kPa}}{3 \cdot 0{,}1037\,\%} = 63{,}4\ \text{MPa (undräniert)} \tag{E2–19}$$

$$G_{d,N=10} = \frac{\Delta q}{3 \cdot \Delta\varepsilon_q} = \frac{199{,}6\ \text{kPa}}{3 \cdot 0{,}071\,\%} = 93{,}7\ \text{MPa (dräniert)} \tag{E2–20}$$

Bei einer Rückrechnung aus (E2–15) ergibt sich für den dränierten Versuch eine Querdehnzahl von $\nu = 0{,}32$, was in dem angegebenen Wertebereich für den untersuchten Boden liegt.

Weiterhin kann aus den Spannungs-Dehnungshysteresen der zyklischen Triaxialversuche der Dämpfungsgrad D gemäß Abschnitt E2–2.4 ermittelt werden. Entgegen der idealisierten Darstellung in Bild E2–30 sind diese Hysteresen oft nicht geschlossen, weshalb eine Annahme für die Berechnung des Flächeninhalts erforderlich ist. Bei den in Bild E2–31 dargestellten Ergebnissen für den Dämpfungsgrad D wurden die Spannungs-Dehnungshysteresen vereinfacht durch eine direkte Verbindung zwischen den jeweiligen Anfangs- und Endpunkten geschlossen und die daraus resultierenden Flächeninhalte berechnet.

3.3.2.3 Zyklischer Einfachscherversuch

Im Einfachscherversuch wird eine gedrungene Bodenprobe bei behinderter horizontaler Dehnung und unter einer vertikal aufgebrachten Normalspannung σ_0 durch eine horizontal aufgebrachte zyklische Schubspannung τ_d (kraftgesteuert) oder Scherverformung γ_d (weggesteuert) belastet (Bild E2–32). Durch diese Versuchsbedingungen lässt sich z. B. das Bodenverhalten unter vertikal propagierenden S-Wellen (Erdbebeneinwirkung) simulieren. Bei behinderter horizontaler Dehnung ist die axiale Dehnung identisch mit der volumetrischen Dehnung ($\varepsilon_1 = \varepsilon_v$). Das

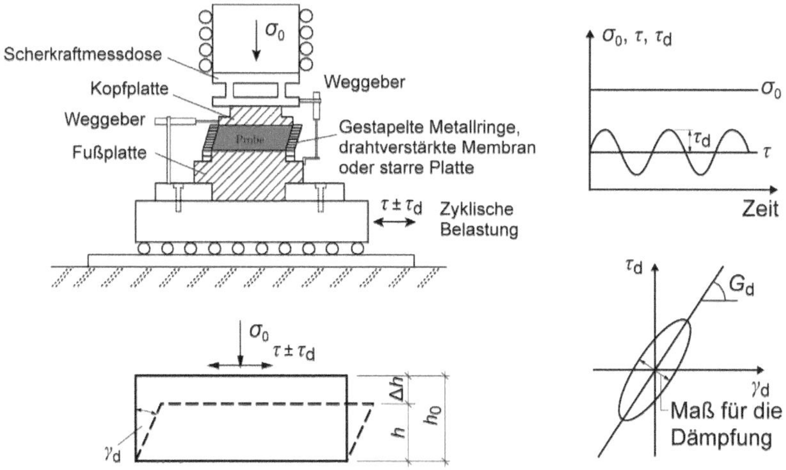

Bild E2–32 Prinzip des Einfachscherversuchs mit konstanter Normalspannung σ_0: Darstellung der Spannungen und Dehnungen bei Scherbelastung in horizontaler Richtung

Verhalten bei behinderter Dränage einer Bodenprobe kann durch die Konstanthaltung der Probenhöhe (konstantes Volumen) realisiert werden. Mit dieser Randbedingung kann die Änderung der Vertikalspannung bei volumenkonstantem Scheren einer trockenen Probe mit einer Porenwasserdruckänderung gleichgesetzt werden ($\Delta\sigma_0 = \Delta u$).

Der Versuch unter volumenkonstanten Bedingungen simuliert undränierte Randbedingungen. Zur Gewährleistung der Volumenkonstanz während der zyklischen Belastung (volumetrische Dehnung $\varepsilon_v = 0$) wird der Belastungsstempel durch eine aktive Steuerung in konstanter Position gehalten. Dies wird erreicht, indem die vertikale Spannung bei einem Verdichtungstrend entsprechend reduziert wird. Die Differenz der vertikalen Spannung $\Delta\sigma_0$ wird vereinfacht mit einem Porenwasserüberdruck Δu bei wassergesättigten Proben gleichgesetzt ($\Delta u = \Delta\sigma_0$). Mit dieser Vorgehensweise ist die aufwendige Sättigungsprozedur entbehrlich.

Die Umsetzung des Prinzips des Einfachscherversuchs im Laborversuch ist kompliziert und anspruchsvoll [67]. Abhängig von den Versuchsrandbedingungen und Bodenarten werden unterschiedliche Prozeduren verwendet. Allgemein sind bei der Vorbereitung und Durchführung des Einfachscherversuchs nachfolgende Aspekte zu berücksichtigen.

- Um die Reibung und eventuelle Einflüsse der Probenwände zu eliminieren, wird empfohlen, die Messung der Schubkraft direkt am Kopf der Probe mit einer Scherkraftmessdose durchzuführen.
- Die Messung der Verformungen (Höhenänderung der Probe und horizontaler Scherweg) sollte direkt an der Probe zwischen der Kopf- und Fußplatte erfolgen.
- Zur Gewährleistung der Scherkraftübertragung zwischen der Probe und den Kopf- und Fußplatten müssen die Kontaktflächen entsprechend ausgestattet sein (z. B. sehr rau bzw. mit Verzahnung).

- Die Probenzelle hat üblicherweise einen kreisrunden Grundriss. Die seitliche Stützung der Probe kann beispielsweise durch aufeinander gestapelte Metallringe oder eine drahtverstärkte Gummimembran (Geräte vom Typ NGI) gewährleistet werden.
- Der Probendurchmesser bzw. die kleinste horizontale Abmessung sollte nicht kleiner als 45 mm sein. Das Verhältnis Probendurchmesser zu Probenhöhe D/H sollte größer als 4 und die Probenhöhe nicht kleiner als der 10-fache maximale Korndurchmesser sein.

Aus dem Dehnungstensor lassen sich die deviatorischen Dehnungen ε_q in unterschiedlichen Laborversuchen umrechnen. So ergibt sich für die Dehnungen im zyklischen Triaxialversuch $\gamma_c = (\varepsilon_1 - \varepsilon_3)$ und die Scherdehnung γ_d im undränierten zyklischen Einfachscherversuch der Zusammenhang:

$$\varepsilon_q = \frac{2}{3}\gamma_c = \frac{1}{\sqrt{3}}\gamma_d \qquad \text{(E2–21)}$$

3.3.2.4 Beispiel für zyklischen Einfachscherversuch

In Bild E2–33 sind die Ergebnisse von zwei spannungsgesteuerten zyklischen Einfachscherversuchen bei konstanter Normalspannung (dräniert) und bei konstantem Volumen (undräniert) an einem Mittelsand dargestellt. Das verwendete Versuchsgerät entspricht dem Aufbau in Bild E2–32. Die seitliche Stützung der Probe erfolgt über aufgestapelte Metallringe. Der gedrungene zylindrische Probekörper hat einen Durchmesser von 90 mm und eine Höhe von 20 mm.

Bei den beiden Versuchen wurde der Mittelsand trocken eingerieselt und hatte nach Aufbringen der vertikalen Konsolidierungsspannung von 150 kPa jeweils eine bezogene Anfangslagerungsdichte $I_{D0} = 0{,}65$. Die zyklische Scherung wurde durch eine Schubspannungsamplitude $\tau_d = 7{,}5$ kPa um die Ausgangslage mit einer Frequenz von 0,5 Hz bei konstanter vertikaler Normalspannung (dräniert) und bei konstantem Volumen (undräniert) aufgebracht.

Unter Ansatz eines geschätzten Schubmoduls von 100 MPa ist überschläglich zu erwarten, dass bei der gewählten Schubspannungsamplitude Scherdehnungen in der Größenordnung von $1 \cdot 10^{-4}$ auftreten werden. Nach Bild E4–1 ist daher mit einem in geringem Maße nichtlinearen Verhalten der Probe zu rechnen. Der dynamische Schubmodul G_d lässt sich durch die Schubspannungsamplitude und die Scherdehnungsamplitude mit

$$G_d = \frac{\tau_d}{\gamma_d} \qquad \text{(E2–22)}$$

berechnen. Der Dämpfungsgrad D kann aus der Schubspannungs-Scherdehnungs-Hysterese ermittelt werden (siehe Abschnitt E2–2.4).

Beim dränierten Versuch ergibt sich im ersten Belastungszyklus die größte resultierende Scherdehnungsamplitude, was bei konstanter Schubspannungsamplitude mit der größten Hysterese einhergeht. Mit zunehmender Belastung kann eine Verfestigung beobachtet werden, was sich in einer abnehmenden Scherdehnungsamplitude

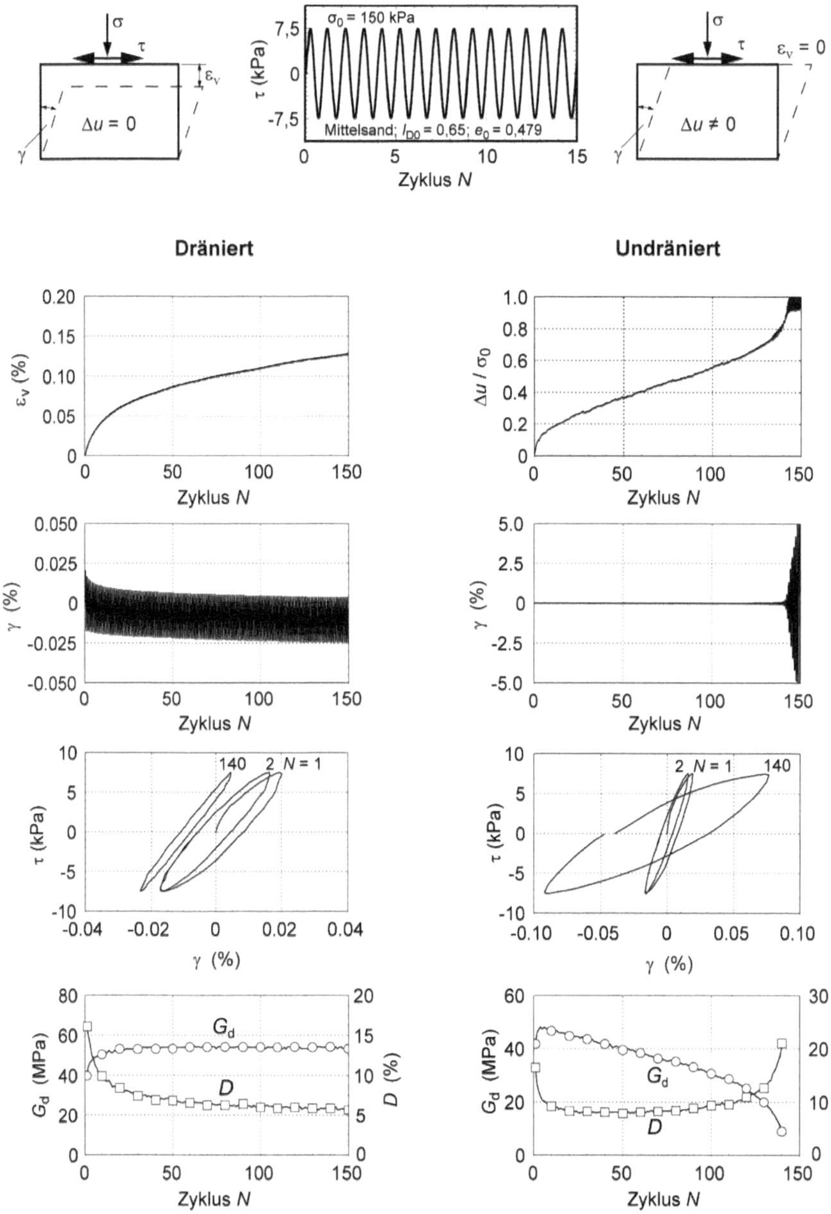

Bild E2-33 Ergebnisse eines zyklischen Einfachscherversuchs mit Mittelsand ($I_{D0} = 0{,}65$; $e_0 = 0{,}479$) unter dränierten (links) und volumenkonstanten bzw. undränierten (rechts) Bedingungen bei gleicher Konsolidierung und zyklischer schubspannungsgesteuerter Belastung ausdrückt. Weiterhin wird eine kontinuierliche Verdichtung des Sandes durch Akkumulation der volumetrischen Dehnung ε_v festgestellt.

Bei Auswertung der zyklischen Parameter des Sandes ergibt sich ein Schubmodul für den Entlastungsast $G_d \approx 39{,}8$ MPa im ersten Zyklus, der bei fortschreitender Belastung auf einen Wert $G_d \approx 54$ MPa nach 100 Zyklen ansteigt (Bild E2–33 links). Während der Dämpfungsgrad im ersten Belastungszyklus aufgrund der großen Hysterese bei $D \approx 16$ % liegt, reduziert sich der Wert kontinuierlich mit fortschreitender Wiederholung der Belastung, was sich auch in den schmaleren Hysteresen im Schubspannungs-Scherdehnungs-Diagramm zeigt.

Reduziert sich die vertikale Spannung auf Null, befindet sich die Probe im Verflüssigungszustand. Dabei verliert die Probe ihre Steifigkeit (der Schubmodul G_d strebt gegen Null) und die resultierende Scherdehnung γ steigt sprunghaft an (Bild E2–33 rechts).

Im Gegensatz zum dränierten Versuch vergrößert sich die Hysterese im undränierten Zustand während der zyklischen Belastung bzw. bei einsetzender Verflüssigung. Daraus resultieren eine Reduktion des Schubmoduls G_d und eine Zunahme des Dämpfungsgrads D.

3.3.3 Dynamische Versuche

3.3.3.1 Resonanzsäulenversuch (Resonant Column Test – ResCol-Versuch)

Bei der üblicherweise verwendeten Form des Resonanzsäulenversuchs (ResCol-Versuch) trägt eine vollzylindrische und auf der Grundplatte des Gerätes feststehende Bodenprobe am oberen freien Ende eine Antriebs- und Messapparatur (siehe Bild E2–34). Es handelt sich dabei um den sogenannten fest-freien Versuchstyp. Die

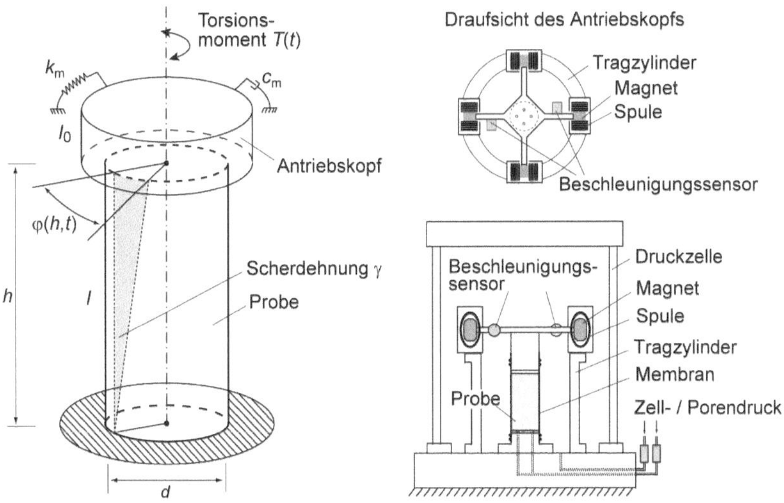

Bild E2–34 Verformung der zylindrischen Probe (links) und schematische Darstellung eines ResCol-Geräts (rechts), beim Typ fest-frei (fixed-free) ist $k_m = c_m = 0$

Probe ist in einer Druckzelle eingebaut und wird im Allgemeinen unter einem isotropen Spannungszustand ($\sigma_1 = \sigma_3 = \sigma_0$), Bezeichnungen siehe Bild E2–31, getestet. Eine vertikale axiale Belastung der Probe und somit die Erzeugung eines anisotropen Zustandes ($\sigma_1 \neq \sigma_3$) ist bei manchen Geräten auch möglich. Durch den elektrodynamischen Antrieb wird ein oszillierendes Drehmoment $T(t)$ erzeugt, mit dem die Bodenprobe in Torsionsschwingungen um die Längsachse versetzt wird. Durch Variation der Frequenz des antreibenden Torsionsmomentes wird die niedrigste Resonanzfrequenz f_R des schwingenden Systems gesucht. Der dabei auftretende Drehwinkel der Probe φ wird über die Beschleunigungssensoren am Probenkopf ermittelt. Aus der gemessenen Resonanzfrequenz f_R kann daraus unter Annahme der Theorie der Wellenausbreitung in einem linear elastischen Medium (Bodenprobe) und Verwendung der Proben- und Gerätedaten der dynamische Schubmodul G_d mit

$$G_d = \rho \cdot c_S^2 \tag{E2–23}$$

und

$$c_S = \frac{2\pi \cdot f_R \cdot h}{\beta} \tag{E2–24}$$

berechnet werden. Dabei ist ρ die Dichte der Probe, h die Probenhöhe und β ein Parameter, der iterativ aus der Funktion

$$\frac{I}{I_0} = \beta \cdot \tan\beta \tag{E2–25}$$

ermittelt wird. Darin sind I und I_0 die Massenträgheitsmomente der Probe und des Antriebskopfs. Neben der vorstehend beschriebenen Versuchsanordnung mit einer fest eingespannten und einer freien Stirnfläche der Probe (fest-frei bzw. fixed-free) gibt es auch Ausführungsvarianten mit den Randbedingungen frei-frei, fest-federnd, frei-federnd usw. Bei der Ausführungsvariante fest-federnd ist der Antriebskopf über Blattfedern mit dem Tragzylinder des ResCol-Geräts verbunden. In diesem Fall ist eine Federkonstante k_m und eine Dämpfungskonstante c_m zu berücksichtigen (Bild E2–34). Bei Vernachlässigung der Gerätedämpfung c_m wird (E2–25) erweitert zu

$$\frac{I \cdot \omega_R^2}{I_0 \cdot \omega_R^2 - k_m} = \beta \cdot \tan\beta \tag{E2–26}$$

mit $\omega_R = 2\pi \cdot f_R$.

Während der Torsionsschwingung, die bei der Resonanzfrequenz f_R stattfindet, ist die Scherdehnung γ der vollzylindrischen Probe über den Probenradius und die Probenhöhe nicht konstant. Der Mittelwert $\bar{\gamma}$ der Scherdehnung lässt sich aus der Probenhöhe h, dem Probendurchmesser d, dem Drehwinkel φ am Probenkopf und einem Faktor k wie folgt berechnen:

$$\bar{\gamma} = \frac{k \cdot d \cdot \varphi}{2h} \tag{E2-27}$$

Der Faktor k ergibt sich aus der Äquivalenz der inneren Arbeit des tatsächlichen Scherdehnungsverlaufes in einer Bodenprobe mit der inneren Arbeit einer über das gesamte Probenvolumen konstanten Scherdehnung. Er wird in der Literatur oft mit $k = 0{,}7$ [31, 55] oder mit $k = 0{,}8$ [68] angesetzt.

Der ResCol-Versuch liefert somit den dynamischen Schubmodul G_d als Funktion der Scherdehnung $\gamma_d = \bar{\gamma}$ und des in der Probe herrschenden isotropen oder anisotropen Spannungszustandes.

Die Materialdämpfung als Dämpfungsgrad D im ResCol-Versuch kann anhand der Ausschwingkurve (Bild E2–35) ermittelt werden. Bei dieser Methode wird die Probe mit der zuvor ermittelten Resonanzfrequenz f_R angeregt. Dabei wird der Drehwinkel φ gemessen und es wird nach (E2-27) die mittlere Scherdehnung $\bar{\gamma}$ bestimmt. Nach der Abschaltung der Anregung wird die Abnahme der Schwingungsamplitude beim Ausschwingen der Probe aufgezeichnet. Die Ermittlung des Dämpfungsgrads D (siehe Abschnitt E2–2.4) erfolgt über das logarithmische Dekrement δ aus der Abnahme der Amplituden über mehrere Zyklen n mit

$$\delta = \frac{1}{n}\ln\left(\frac{a_1}{a_{n+1}}\right) \tag{E2–28}$$

und

$$D = \sqrt{\frac{\delta^2}{(\delta^2 + 4\pi^2)}} \approx \frac{\delta}{2\pi} \tag{E2–29}$$

Aus der Darstellung des natürlichen Logarithmus $\ln|\varphi|$ des Drehwinkels φ (Bild E2–35 rechts) kann der Dämpfungsgrad D direkt aus der Steigung m der Abklingkurve ermittelt werden:

$$D = \frac{m}{\omega_R} = \frac{m}{2\pi \cdot f_R} \tag{E2–30}$$

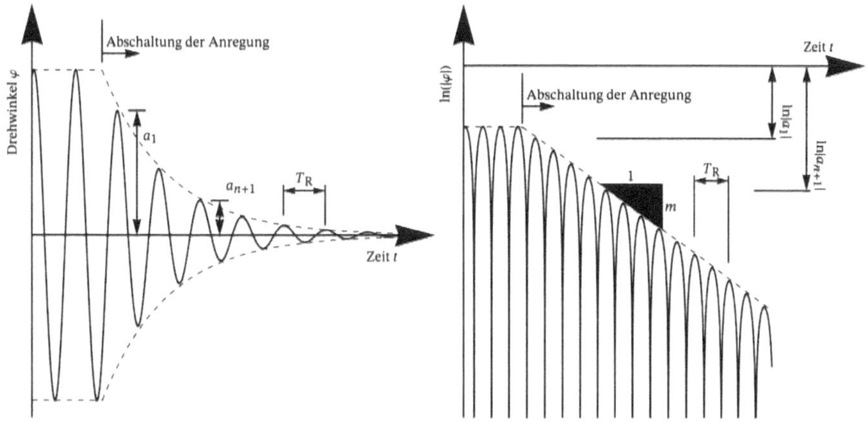

Bild E2–35 Ermittlung der Materialdämpfung anhand der Ausschwingkurve mit linearer (links) und natürlich-logarithmischer Darstellung des Drehwinkels (rechts)

Darin ist $m = \frac{\ln(a_{n+1}) - \ln(a_1)}{n \cdot T_R} = \frac{\ln(a_{n+1}/a_1)}{n \cdot T_R}$ mit der Periodendauer $T_R = \frac{1}{f_R}$, und $\omega_R = 2\pi f_R$.

Bei der in (E2–29) bzw. (E3–30) ermittelten Größe handelt es sich um den Dämpfungsgrad eines viskos gedämpften Einmassenschwingers, der mit dem hysteretischen Dämpfungsgrad nach (E2–8) zunächst nicht identisch ist. Der Dämpfungsgrad nach (E2–29) stellt jedoch eine ausreichend genaue Näherung dar. Bei Versuchen mit unterschiedlichen Versuchstypen mit identischen Randbedingungen [69] bzw. Ausschwingversuchen im ResCol-Gerät mit unterschiedlichen Amplitudenmaxima [70] hat sich gezeigt, dass der ermittelte Dämpfungsgrad stärker als die Differenz zwischen der Auswertung des ResCol-Versuchs mit hysteretischem und viskosem Ansatz für die Dämpfung variieren kann.

Beim ResCol-Versuch ist es möglich, den maximalen Schubmodul und die Materialdämpfung bei verschiedenen Konsolidierungsspannungen in einem einzigen Versuch (Mehrstufenversuch) zu ermitteln. Dabei wird die Probe unter einer isotropen Spannung konsolidiert, die von Stufe zu Stufe gesteigert wird. Die Anregungsamplitude darf dann nur so hoch gewählt werden, dass die Scherdehnung noch im linearen Bereich bleibt, siehe Bild E4–1. In jeder Stufe wird nach der Konsolidierung der Schubmodul und die Materialdämpfung des Probenmaterials ermittelt. Erst bei der höchsten Konsolidierungsstufe wird die Scherdehnungsamplitude stetig weiter erhöht, so dass die Probe auch plastische Verformungen erfährt und die Degradation des Schubmoduls ermittelt werden kann.

Allgemein sind bei der Vorbereitung und Durchführung des ResCol-Versuchs nachfolgende Punkte in Anlehnung an die Norm [68] zu berücksichtigen.

- Die Übertragung des Torsionsmoments vom Kopfstück auf die Probe muss durch eine entsprechende Ausführung der Kontaktfläche gewährleistet sein, z. B. durch Rauigkeit o. ä. Dabei soll die Steifigkeit der Endplatte und des Kopfstücks (bzw. des Fußstücks) mindestens das Zehnfache des zu testenden Materials betragen.
- Der Probendurchmesser soll mindestens 33 mm und nicht kleiner als der 10-fache maximale Korndurchmesser sein. Bei Proben mit Durchmessern größer als 70 mm soll der maximale Korndurchmesser des getesteten Probenmaterials ein Sechstel des Probendurchmessers nicht überschreiten.
- Das Verhältnis der Probenhöhe zum Probendurchmesser soll wie bei zylindrischen Proben für Triaxialversuche zwischen 2 und 3 liegen.

3.3.3.2 Beispiel für ResCol-Versuch

Das Bild E2–36 zeigt die Ergebnisse eines ResCol-Mehrstufenversuchs zur Ermittlung der dynamischen Parameter eines Feinsandes und deren Abhängigkeit von der Scherdehnungsamplitude $\bar{\gamma}$. Das verwendete Gerät entspricht der Anordnung in Bild E2–34 mit einer fest eingespannten Stirnfläche unten und einem freien Antriebskopf oben (fest-frei bzw. fixed-free). Die vollzylindrische Probe hat einen Durchmesser von 50 mm und eine Höhe von 100 mm. Der Feinsand wurde trocken eingerieselt. Probenpräparation, ggf. Sättigung und Konsolidierung wurden entsprechend den Vorgaben für Triaxialversuche nach [65] durchgeführt.

Zu Beginn wurde ein Zelldruck in Höhe von 50 kPa aufgebracht, der allseitig auf die Probe wirkte. Nachdem die niedrigste Resonanzfrequenz gefunden war, wurden für verschiedene Scherdehnungsamplituden im elastischen Dehnungsbereich des Probenmaterials bis maximal ca. $\gamma_d = 1{,}5 \cdot 10^{-5}$ der Schubmodul ermittelt. Er lag für alle Scherdehnungsamplituden bei $G_d \approx 79$ MPa. Danach wurde der Zelldruck zunächst auf 100 kPa und anschließend auf 200 kPa erhöht und die Prozedur jeweils wiederholt. Es ergaben sich wesentlich größere Schubmoduln von $G_d \approx 118$ MPa beim Zelldruck 100 kPa und $G_d \approx 172$ MPa beim Zelldruck 200 kPa. Bei der höchsten Konsolidierungsspannung mit einem Zelldruck von 400 kPa wurde zunächst wie zuvor die Scherdehnungsamplitude im elastischen Dehnungsbereich variiert. Es ergab sich ein Schubmodul $G_d \approx 249$ MPa. Anschließend wurde zusätzlich die Scherdehnungsamplitude bis auf $\gamma_d = 3 \cdot 10^{-4}$ erhöht, so dass die Probe auch plastische Verformungen erfuhr. Es zeigt sich eine Abnahme des Schubmoduls vom maximalen Niveau im elastischen Verformungsbereich auf einen Wert von $G_d = 203$ MPa bei der maximalen Scherdehnungsamplitude. Mit zunehmender plastischer Verformung der Probe erhöht sich auch der Dämpfungsgrad (Bild E2–36 rechts).

Die Ermittlung des Dämpfungsgrades mit der Ausschwingkurvenmethode bei kleiner Scherdehnungsamplitude im linear elastischen Bereich kann aufgrund nicht ausgeprägter Ausschwingcharakteristik und Unschärfen des Messsignals zu starken Streuungen der Messwerte führen. Für die Ermittlung des Mittelwertes der Scherdehnung wurde ein Faktor $k = 0{,}8$ nach (E2-27) verwendet.

Die beschriebene Versuchsprozedur wurde mit dem gleichen Feinsand für bezogene Lagerungsdichten von $I_{D0} = 0{,}91$ und 0,32 wiederholt. Das Bild E2–37 zeigt jeweils die Verläufe des Schubmoduls G_d der drei Versuche bei gleicher Konsolidierungsspannung $\sigma_0 = 400$ kPa. Es zeigt sich, dass mit größerer Lagerungsdichte der Schubmodul zunimmt. Bei locker bis mitteldicht gelagertem Feinsand mit $I_{D0} = 0{,}32$

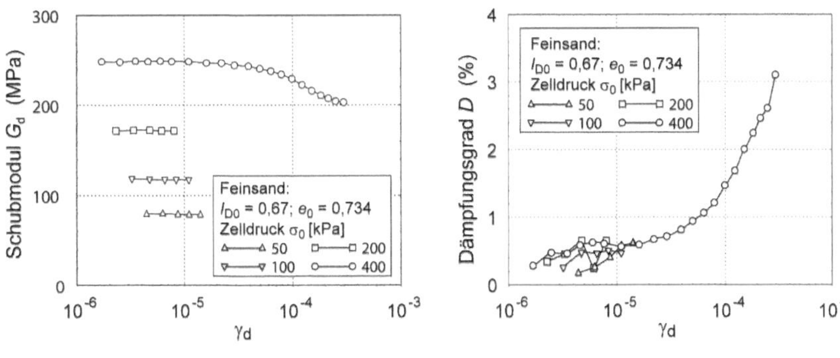

Bild E2–36 Ergebnisse eines ResCol-Mehrstufenversuchs mit Feinsand ($I_{D0} = 0{,}67$; $e_0 = 0{,}734$) bei verschiedenen Zelldrücken; links: Schubmodul G_d und rechts: Dämpfungsgrad D

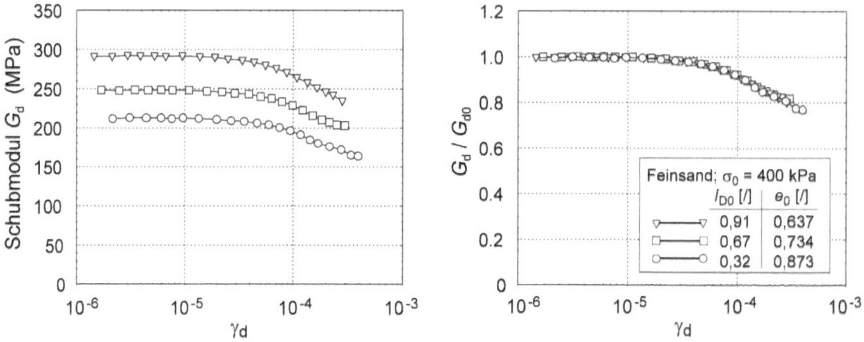

Bild E2–37 ResCol-Versuche mit Feinsand mit variierender bezogener Anfangslagerungsdichte I_{D0} unter einem Zelldruck von $\sigma_0 = 400$ kPa (links) und auf den jeweiligen Maximalwert normierte Darstellung (rechts)

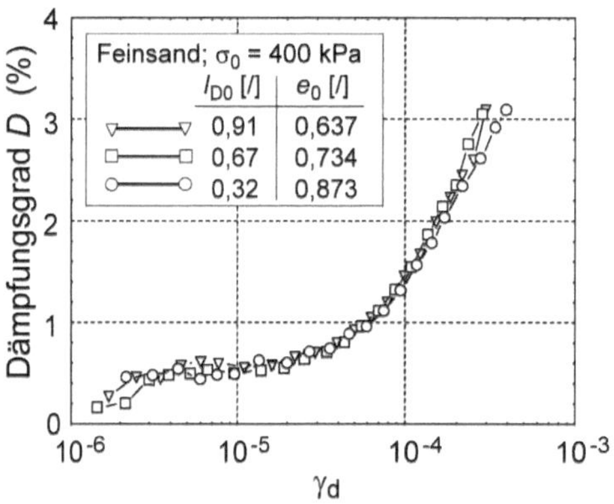

Bild E2–38 Dämpfungsgrad in ResCol-Versuchen mit Feinsand und variierender bezogener Anfangslagerungsdichte I_{D0} unter einem Zelldruck von $\sigma_0 = 400$ kPa

ist der maximale Schubmodul $G_{d0} = 213$ MPa. Bei $I_{D0} = 0{,}91$ ergibt sich ein wesentlich höherer Schubmodul mit $G_{d0} = 292$ MPa. Die Verläufe sind sehr ähnlich, was durch die Normierung der Kurven auf den jeweiligen Maximalwert bestätigt wird (Bild E2–37 rechts). Bild E2–38 stellt die Entwicklung der Dämpfungsgrad D bei unterschiedlichen Lagerungsdichten dar. Es ist festzustellen, dass die Lagerungsdichte keinen Einfluss auf den Dämpfungsgrad hat (Bild E2-38).

Als weiteres Beispiel werden die Ergebnisse aus der Untersuchung verschiedener Bodenproben im ResCol-Gerät in Bild E2–39 dargestellt. Es handelt sich dabei um unterschiedliche ungestörte marine Tonproben mit einer Plastizität im Bereich $I_P = 9{,}1\,\% \ldots 20{,}4\,\%$ [71]. Das verwendete Gerät und der Versuchsablauf entsprechen den zuvor beschriebenen Versuchen im Bild E2–36 und Bild E2–37. Die zylindrischen Probenkörper haben die gleichen Abmessungen von $d = 50$ mm und $h = 100$ mm. Die Degradation des Schubmoduls zeigt mit wachsender Scherdehnungsamplitude unterschiedliche Entwicklungen je nach Bodenart (Bild E2–39 links). Die

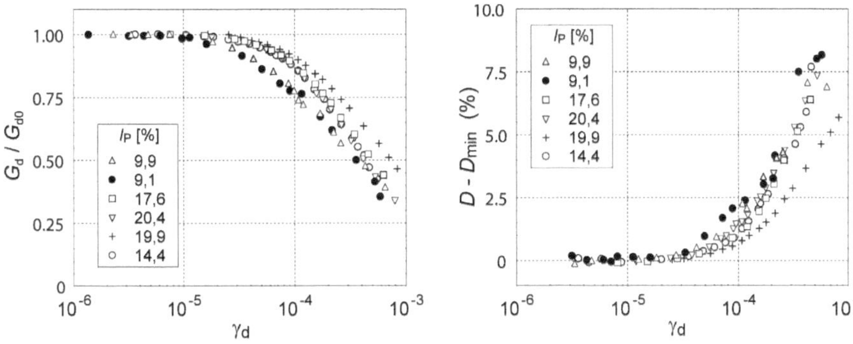

Bild E2–39 Normierte Schubmoduln (links) und Dämpfungsgrade (rechts) unterschiedlicher mariner Tonböden für mittlere effektive Spannungen σ_0' von 175 bis 225 kPa [71]

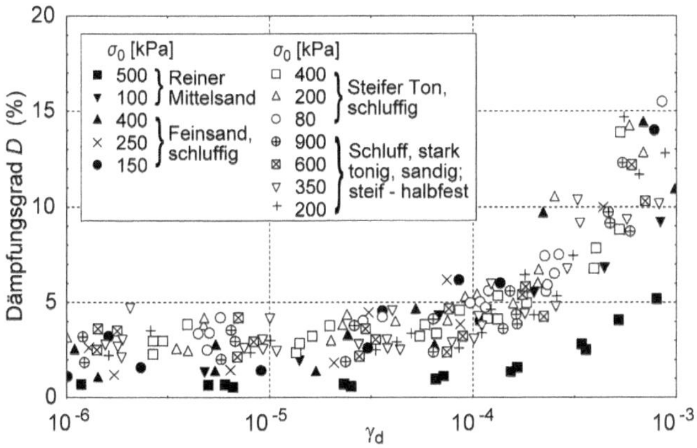

Bild E2–40 Dämpfungsgrad *D* verschiedener Bodenarten und bei unterschiedlichen Zelldrücken in Abhängigkeit von der Scherdehnungsamplitude [72]

Entwicklung des Dämpfungsgrades *D* bei zunehmender Scherdehnungsamplitude ist im Bild E2–39 rechts dargestellt.

Als weiteres Beispiel zeigt Bild E2–40 die Dämpfung verschiedener Bodenarten in Abhängigkeit von der Scherdehnungsamplitude und der Konsolidierungsspannung [72]. Bei kleiner Scherdehnungsamplitude im linear elastischen Bereich liegen die Dämpfungen in einer großen Brandbreite von ca. 0,5 bis 4,5 %. Mit zunehmender Scherdehnungsamplitude steigt der Dämpfungsgrad an. Die Dämpfung für steifen Ton bei einer Scherdehnungsamplitude $\gamma_d = 10^{-3}$ erreicht einen Wert von ca. 16 % und für reinen Mittelsand einen Wert von ca. 10 %.

3.3.4 Laufzeit- und Impulsmessungen

3.3.4.1 Piezo-Element Versuche (Bender Element Test)

Zur Ermittlung der Scher- bzw. Kompressionswellengeschwindigkeiten in Lockergesteinsböden können Piezo-Biege- bzw. Dehnelemente eingesetzt werden [24].

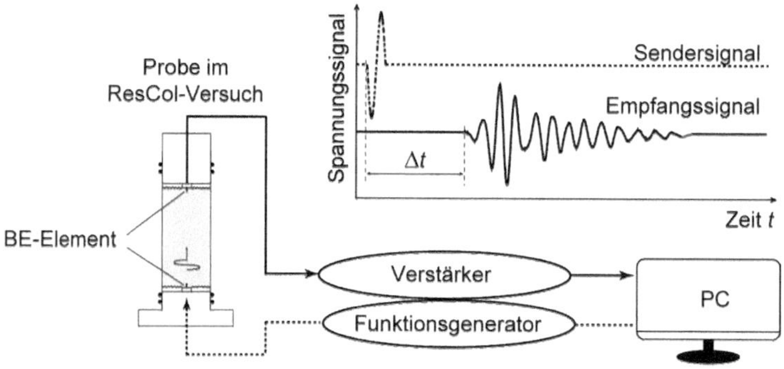

Bild E2–41 Schematische Darstellung des Piezo-Element Versuchs (BE-Elemente) installiert in einem ResCol-Versuch

Diese einfachen Elemente können in fast jedem üblichen geotechnischen Laborgerät installiert werden, z. B. im ResCol- oder im Triaxialgerät (Bild E2–41). Hierbei wird über die Messung der Laufzeit die Wellengeschwindigkeit bestimmt. Der mittels Piezo-Biegeelement Versuchen aus der Scherwellengeschwindigkeit ermittelte Schubmodul entspricht dem Wert bei sehr kleinen Dehnungen G_{d0}.

3.3.4.2 Beispiel für Piezo-Element Versuch

Innerhalb einer Triaxialzelle mit $\sigma_1 = \sigma_3 =$ konst. ist jeweils ein Piezo-Biegeelement in der Kopf- und Grundplatte zur Ermittlung der Scherwellengeschwindigkeit eingebaut. Die Anregungsfrequenz des Sendersignals (Bild E2–41) sollte so gewählt werden, dass sich mit der vorhandenen Wellengeschwindigkeit des Materials eine Wellenlänge ergibt, die kleiner als ein Drittel der Probenhöhe ist. Zusätzlich sollte die Wellenlänge größer als das 10-fache des größten Korndurchmessers sein, so dass die Wellenfront keine starke Streuung erfährt. Bei dem untersuchten Material in der Triaxialzelle wurde in Bild E2–42 zwischen dem Probeneintrittsimpuls (gestrichelter Zeitverlauf) und dem Probenaustrittssignal (durchgezogener Zeitverlauf) eine Zeitdifferenz $\Delta t = 0{,}0005$ s registriert. Mit dem Spitzenabstand zwischen den Piezo-Biegeelementen von $\Delta s = 0{,}184$ m ergibt sich eine Wellengeschwindigkeit von $c_S = 368$ m/s. Mit Hilfe der bekannten Probendichte kann der dynamische Schubmodul G_{d0} für den gegebenen konstanten allseitigen Druck $\sigma_1 = \sigma_3$ über (E2–23) bestimmt werden.

3.3.4.3 Durchschallungsmessungen

An Boden- und Felsproben kann mittels Ultraschall durch die Messung der Laufzeit von Impulsen die Kompressions- bzw. Scherwellengeschwindigkeit ermittelt werden. Die Durchschallungstechnik von Probekörpern beruht darauf, dass Impulse von einem elektroakustischen Sensor (Wandler) erzeugt und von einem zweiten Sensor, der sich in einem Abstand l vom sendenden Wandler entfernt befindet, empfangen und in elektrische Energie umgewandelt werden [73–75]. In der Regel

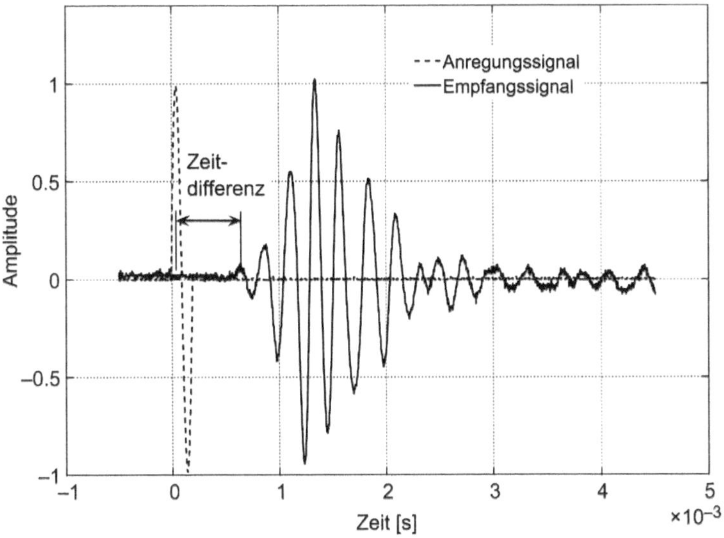

Bild E2-42 Beispiel für eine Messung im Piezo-Biegeelement-Versuch

werden Longitudinal- und Transversalwellen genutzt, die senkrecht oder unter einem bestimmten Winkel zum Probekörper abgestrahlt werden [76]. Die Durchlaufzeit *t* der Wellen durch den Probekörper wird elektronisch gemessen. Die Kompressionswellengeschwindigkeit c_P bzw. die Scherwellengeschwindigkeit c_S wird aus der Division des Sensorabstands *l* durch die Impulslaufzeit *t* berechnet. Der Elastizitäts- bzw. Schubmodul des Prüfkörpers im linear elastischen Bereich kann aus der zugehörigen Wellengeschwindigkeit und der Dichte des Materials ermittelt werden.

4 Literatur

24 Studer, J. A.; Laue, J.; Koller, M. G. (2007) *Bodendynamik*. 3. Auflage, Berlin: Springer-Verlag

25 Vrettos, C. (2008) *Bodendynamik* in Witt, K. J. [Hrsg.] *Grundbautaschenbuch Teil 1*, 7. Auflage, S. 451–500. Berlin: Ernst & Sohn

26 Wichtmann, T., Triantafyllidis, T. (2006) *Über die Korrelation der ödometrischen und der „dynamischen" Steifigkeit nichtbindiger Böden*. Bautechnik 83, H. 7, S. 482–491. doi 10.1002/bate.200610041

27 Haupt, W. (1986) *Dynamische Bodeneigenschaften und ihre Ermittlung* in Haupt, W. [Hrsg.] *Bodendynamik, Grundlagen und Anwendung*. Braunschweig: Vieweg-Verlag

28 Benz, T., Vermeer, P., Wichtmann, T., Triantafyllidis, T. (2007) *Zuschriften und Erwiderung zu: Wichtmann, T., Triantafyllidis, T.: Über die Korrelation der ödometrischen und der dynamischen Steifigkeit nichtbindiger Böden*. Bautechnik 84, H. 5, S. 361–366. doi 10.1002/bate.200790104

29 Wichtmann, T., Triantafyllidis, T. (2009) *On the correlation of 'static' and 'dynamic' stiffness moduli of non-cohesive soils.* Bautechnik 86, H. S1, S. 28–39. doi 10.1002/bate.200910039

30 Seed, H.B.; Idriss, I.M. (1970) *Soil Moduli and Damping Factors for Dynamic Response Analyses.* Report No. EERC 70-10, Earthqu. Eng. Res. Center, Univ. of Calif., Berkeley, Dec. 1970

31 Haupt, W.; Kumar, S. (1991) *Laboratory Measurement of the Dynamic Shear Modulus of Soils* in Krätzig, W. B. et al. [Eds.] *Structural Dynamics Vol. I*, S. 201–208. Boca Raton London New York: CRC Press

32 Kramer, H. (1991) *Forschungsarbeit „Erschütterungsschutz", Abschlußbericht.* Bundesminister für Raumordnung, Bauwesen und Städtebau, B I 5-80 01 88-12. Stuttgart: IRB-Verlag

33 Haupt, W.; Herrmann, R. (1987) *Querschnittsbericht 1986 „Dynamische Bodenkennwerte".* Veröffentlichung des Grundbauinstitutes der LGA, Heft 48. Nürnberg: Landesgewerbeanstalt

34 Haupt, W. (1978) *Ermittlung der dynamischen Bodenkennwerte für Maschinengründungen* in VDI [Hrsg.] *Schwingungen von Maschinen und Bauwerken.* Schwingungstagung, Karlsruhe, 1978, VDI-Berichte Nr. 320, ISBN 3-18-90320-1

35 DIN EN 1997-2:2010-10 Eurocode 7 *Entwurf, Berechnung und Bemessung in der Geotechnik – Teil 2: Erkundung und Untersuchung des Baugrunds*

36 Schmidt, H.-G.; F. Wuttke (2004) *Seismische Standorterkundung für Anwendungen in der Geotechnik* in *Fachseminar „Messen in der Geotechnik".* Braunschweig, 24.09.2004. TU Braunschweig, Mitteilungen des Institutes Grundbau und Bodenmechanik, H. 77, S. 153–172

37 Knödel, K.; Krummel, H.; Lange, G. [Hrsg.] (2005) *Handbuch zur Erkundung des Untergrundes von Deponien und Altlasten, Band 3, Geophysik.* Auflage 2. Berlin Heidelberg: Springer

38 ASTM D5777-18 *Standard Guide for Using the Seismic Refraction Method for Subsurface Investigation.* American Society for Testing and Materials

39 Vrettos, C. (1996) *Simple inversion procedure for shallow seismic refraction in continuously nonhomogeneous soils.* Soil Dyn Earthq Engng 15, S. 381–386

40 Haupt, W. (1973) *Discussion of "In situ shear wave velocity by cross hole method" by K.H. Stokoe, II and R.D. Woods.* J Soil Mech Found Div 99, S. 224–228

41 ASTM D4428/D4428M-25 *Standard Test Methods for Crosshole Seismic Testing* of Soil and Rock. American Society for Testing and Materials.

42 ASTM D7400/D7400M-19 *Standard Test Methods for Downhole Seismic Testing.* American Society for Testing and Materials.

43 Wuttke, F., Krumb, M. (2009) *SeismicCone & MagCone – Entwicklungen und Anwendungen in Cone Penetration Tests.* 5. Hans-Lorenz-Symposium, Berlin, 2009

44 Wuttke, F. (2005) *Beitrag zur Standortidentifizierung mit Oberflächenwellen.* Dissertation, Bauhaus-Universität Weimar

45 Stokoe, K. H.; Wright, S.G.; Bay, J.A.; Roesset, J.M. (1994) *Characterization of Geotechnical Sites by SASW Method* in *Geophysical Characterization of Sites. XIII ICSMFE*, New Dehli: Oxford & IBH Publishing Co. Pvt. Ltd.

46 Park, C. B.; Miller, R. D.; Xia, J. (1999) *Multichannel analysis of surface waves.* Geophysics 64, H. 3, S. 800–808. doi 10.1190/1.1444590

47 Xia, J.; Miller, R. D.; Park, C. (1999) *Estimation of near-surface shear-wave velocity by inversion of Rayleigh waves.* Geophysics 64, H. 3, S. 691–700. doi 10.1190/1.1444578

48 Basri, K.; Zainorabidin, A.; Abu Talib, M. K.; Wahab, N. (2020) *The Optimum Field Configuration for Active MASW Survey on Peat Soil.* Int J Integr Engng 12, H. 9, S. 121–130. doi 10.30880/ijie.2020.12.09.015

49 Wuttke, F.; Schmidt, H.-G.; Schanz, T. (2004) *Geotechnical Site Investigation of Subsurface by Surface Waves considering higher modes.* 13th World Conference on Earthquake Engineering: Vancouver, B.C., Canada, August 2004

50 Wuttke, F.; Schmidt, H.-G.; Schicht, T. (2006) *Implementierung geophysikalischer Methoden zur Ermittlung geotechnischer Strukturen und Kennwerte.* Fachseminar „Messen in der Geotechnik", Braunschweig 2006. TU Braunschweig, Mitteilung des Institutes für Grundbau und Bodenmechanik, H. 82, S. 359–377

51 Thorson J. R. Claerbout J. F. (1985) *Velocity-stack and slant-stack stochastic inversion.* Geophysics 50, S. 2727–2741. doi 10.1190/1.1441893

52 Aki, K. (1957) *Space and Time Spectra of Stationary Stochastic Waves, with Special Reference to Microtremors.* Bull Earthq Res Inst 35, S. 415–456

53 Bettig, B.; Bard, P.-Y.; Scherbaum, F.; Riepl, J.; Cotton, F.; Cornou, C.; Hatzfeld, D. (2001) *Analysis of dense array noise measurements using the modified spatial autocorrelation method (SPAC): Application to the Grenoble area.* Bollettino di Geofisica Teorica ed Applicata 42, H. 3–4, S. 281–304

54 Wathelet, M. (2008) *An improved neighborhood algorithm: Parameter conditions and dynamic scaling.* Geophys Res Lett. 35, L09301. doi 10.1029/2008GL033256

55 Vrettos, C.; Banzibaganye, G. (2022) *Effects of specimen size and inertia on resonant column tests applied to sands.* Soil Dyn Earthq Engng 155, Article No. 107136. doi 10.1016/j.soildyn.2021.107136

56 Wair, B. R.; DeJong, J. T.; Shantz, T (2010) *Guidelines for Estimation of Shear Wave Velocity Profiles.* PEER Report 2012/08, Pacific Earthquake Engineering Research Center, College of Engineering, University of California, Berkeley. Elektronische Ressource, http://peer.berkeley.edu/publications/peer_reports/reports_2012/web-PEER-2012-08-DeJong.pdf, letzter Zugriff 2016-08-04

57 McGann, C. R.; Bradley, B. A.; Taylor, M. L.; Wotherspoon, L. M.; Cubrinovski, M. (2015) *Development of an empirical correlation for predicting shear wave velocity of Christchurch soils from cone penetration test data.* Soil Dyn Earthq Engng 75, S. 66–75. doi 10.1016/j.soildyn.2015.03.023

58 McGann, C. R.; Bradley, B. A.; Taylor, M. L.; Wotherspoon, L. M.; Cubrinovski, M. (2015) *Applicability of existing empirical shear wave velocity correlations to seismic cone penetration test data in Christchurch New Zealand.* Soil Dyn Earthq Engng 75, S. 76–86. doi 10.1016/j.soildyn.2015.03.021

59 Schepers, W.; Kulke, D. (2023) *Cone penetration tests and dynamic soil properties.* EURODYN 2023, XII International Conference on Structural Dynamics, Delft, The Netherlands, 02–05 July 2023. doi 10.1088/1742-6596/2647/25/252005

60 Savidis, S.; Schuppe, R. (1982) *Dynamisches Triaxialgerät zur Untersuchung des Verflüssigungsverhaltens von isotrop und anisotrop konsolidierten Sanden.* Die Bautechnik 59, H. 1

61 Wichtmann, T.; Triantafyllidis, T. (2005) *Über den Einfluss der Kornverteilungskurve auf das dynamische und das kumulative Verhalten nichtbindiger Böden*. Bautechnik 82, H. 6, S. 378–386. doi 10.1002/bate.200590128

62 Le, V. H. (2015) *Zum Verhalten von Sand unter zyklischer Beanspruchung mit Polarisationswechsel im Einfachscherversuch*. Dissertation, Technische Universität Berlin. Veröffentlichungen des Fachgebiets Grundbau und Bodenmechanik, Technische Universität Berlin. Aachen: Shaker. ISBN 978-3-8440-4081-4

63 Glasenapp, R. (2016): *Das Verhalten von Sand unter zyklischer irregulärer Belastung*. Dissertation, Technische Universität Berlin. doi 10.14279/depositonce-5402

64 Le, V. H.; Glasenapp, R.; Rackwitz, F. (2024) *Cyclic Hysteretic Behavior and Development of the Secant Shear Modulus of Sand under Drained and Undrained Conditions*. Int J Geomech 24, H. 7. doi 10.1061/IJGNAI.GMENG-9380

65 DIN EN ISO 17892-9:2018-07 *Geotechnische Erkundung und Untersuchung – Laborversuche an Bodenproben – Teil 9: Konsolidierte triaxiale Kompressionsversuche an wassergesättigten Böden (ISO 17892-9:2018)*

66 Wichtmann, T.; Triantafyllidis, T. (2010) *On the influence of the grain size distribution curve on P-wave velocity, constrained elastic modulus Mmax and Poisson's ratio of quartz sands*. Soil Dyn Earthq Eng 30, S. 757–766

67 Le, V. H., Glasenapp, R. und Rackwitz, F. (2022) *Untersuchungen zur Zellenkonstruktion und Auswertung von monotonen Einfachscherversuchen mit Sand*. geotechnik 45, H. 4, S. 224–240. doi 10.1002/gete.202100027

68 ASTM D4015-21 *Standard Test Methods for Modulus and Damping of Soils by Fixed-Base Resonant Column Devices*. American Society for Testing and Materials

69 Lin, M.-L., Ni, S.-H., Wright, S. G. und Stokoe, K. H. (1988) *Characterization of Material Damping in Soil*. Proceedings of the Ninth World Conference on Earthquake Engineering, August 2-9, 1988. Tokyo-Kyoto, Japan. Vol. III, S. 5–10. Online verfügbar, Zugriff 02.06.2025, https://www.iitk.ac.in/nicee/wcee/article/9_vol3_5.pdf

70 Mog., K. ; Anbazhagan, P. (2022) *Evaluation of the damping ratio of soils in resonant column using different methods*. Soils Foundations 62, Paper No. 101091. doi 10.1016/j.sandf.2021.101091

71 Savidis, S.; Vrettos, C. (1998) *Untersuchungen zum dynamischen Verhalten von marinen Tonen*. Bautechnik 75, H. 6, S. 363–370. doi 10.1002/bate.199803060

72 Haupt, W. (1987) *Ermittlung der Bodendämpfung im ResCol-Gerät* in VDI-Gesellschaft Entwicklung, Konstruktion, Vertrieb [Hrsg.] *Dämpfung von Schwingungen bei Maschinen und Bauwerken*. Tagung, Nürnberg, 9./10. April 1987, S. 231–245. VDI-Berichte Nr. 627, ISBN 3-18-090627-8. Düsseldorf: VDI-Verlag

73 DIN EN ISO 5577:2017-05 *Zerstörungsfreie Prüfung – Ultraschallprüfung. Terminologie*

74 DIN EN ISO 16823:2014-07 *Zerstörungsfreie Prüfung – Ultraschallprüfung. Durchschallungstechnik*

75 Schiebold, K. (2015) *Zerstörungsfreie Werkstoffprüfung – Ultraschallprüfung*. Berlin Heidelberg: Springer

76 DIN EN ISO 16810:2014-07 *Zerstörungsfreie Prüfung – Ultraschallprüfung. Allgemeine Grundsätze*

5 Weiterführende Literatur

77 Haupt, W. (1973) *Discussion of "In situ shear wave velocity by cross hole method" by K.H. Stokoe, II and R.D. Woods.* J Soil Mech Found Div ASCE 99, S. 224–228. doi 10.1061/JSFEAQ.0001856

78 Richart, F. E.; Hall, J. R.; Woods, R. D. (1970) *Vibrations of Soils and Foundations.* Englewood Cliffs: N.J. Prentice-Hall Inc.

79 Vrettos, C. (2018) *Geotechnisches Erdbebeningenieurwesen* in Grundbau-Taschenbuch, Teil 2, 8. Auflage. Berlin. Ernst & Sohn, Berlin, S. 863–914.

80 Wathelet, M.; Jongmans, D.; Ohrnberger, M. (2004) *Surface-wave inversion using a direct search algorithm and its application to ambient vibration measurements.* Near Surface Geophysics 2, H. 4, S. 211–221. doi 10.3997/1873-0604.2004018

E3

Dynamisch belastete starre Fundamente

1 Allgemeines

Bei dynamischer Anregung bilden Bauwerke mit dem Baugrund ein gekoppeltes schwingungsfähiges System, bei dem die dynamischen Wechselwirkungen zwischen Bauwerk und Baugrund im allgemeinen Falle berücksichtigt werden müssen. Die Quelle der Erregung kann im Bauwerk sein, etwa wenn Maschinen im Bauwerk dynamische Kräfte auf ihre Auflager übertragen. Man spricht dann von *direkter Erregung*. Liegt die Quelle der Erregung außerhalb des Bauwerkes, etwa bei Verkehrserschütterungen, Baustellenbetrieb, Sprengungen oder Erdbeben, so spricht man von *indirekter Erregung*. Bei linearem Systemverhalten können mit Hilfe der Substrukturtechnik Bauwerk und Baugrund zunächst als Teilsysteme betrachtet werden, die anschließend entlang der Koppelfuge zwischen Bauwerk und Baugrund durch Verschiebungs- und Gleichgewichtsbedingungen gekoppelt werden. Der einfachste Fall eines „Bauwerkes" ist ein Fundament, das als starrer massebehafteter Block mit drei Verschiebungs- und drei Drehfreiheitsgraden modelliert wird. Das Teilsystem Boden wird in diesem Fall – bei vollständigem Kontakt zwischen Fundament und Boden – durch die Steifigkeit der starren Kontaktfläche zwischen Fundament und Baugrund gebildet. Diese Steifigkeit, die auch als dynamische Bodensteifigkeit bezeichnet wird, beschreibt das dynamische Verhalten des starren, masselosen Fundamentes auf dem Baugrund.

In der englischsprachigen Fachliteratur wird die dynamische Steifigkeit sowohl als „dynamic stiffness" bezeichnet, z. B. in [81–83], als auch als „Impedance", z. B. in [84–88]. In der deutschsprachigen Fachliteratur wird hingegen der Begriff „Impedanz" als das Verhältnis von Kraft zu Schwinggeschwindigkeit bezeichnet, z. B. [89]. Es zeigt sich jedoch die Tendenz, die dynamische Steifigkeit auch als Impedanz zu bezeichnen.

Bei dynamischen Berechnungen von Blockfundamenten kann für die betrachteten Freiheitsgrade das Verhalten des Baugrunds durch ein System von Ersatzfedern und Ersatzdämpfern dargestellt werden, die grundsätzlich frequenzabhängig sind. Die Federn beschreiben das elastische Verhalten des Baugrunds, die Dämpfer die Abstrahlung der Schwingungsenergie in den Baugrund. Die Materialdämpfung des

Bodens wird vernachlässigt. Die Ermittlung der Federsteifigkeit und der Abstrahlungsdämpfung des Baugrunds für starre Fundamente ist Gegenstand der Empfehlung E3.

Das vorgeschlagene Berechnungsverfahren verwendet Federsteifigkeiten und Dämpfungswerte, die sich aus dem Produkt von einem frequenzunabhängigen und einem frequenzabhängigen Anteil zusammensetzen. Für Überschlagsberechnungen von kreis- und rechteckförmigen Fundamenten kann der frequenzabhängige Anteil vernachlässigt werden [90]. Für eine genauere Analyse werden frequenzabhängige Federsteifigkeits- und Dämpfungsfunktionen zur Verfügung gestellt, die sich aus dem Vergleich der Ergebnisse mehrerer unabhängig voneinander ausgeführter Berechnungen ergeben haben ([81–87, 91–95]).

Im Arbeitskreis 1.4 der DGGT wurde auch im Rahmen eines Forschungsprojektes [96] das dynamische Verhalten dreier Blockfundamente aus Beton untersucht. In [97] werden die Grunddaten der Fundamente und des Bodens angegeben. Die vollständigen Daten der Versuche sind in den Berichten [96, 98–101] zu finden. Ziel des Projektes war erstens die experimentelle Ermittlung des Schwingungsverhaltens der Blockfundamente infolge dynamischer Erregung und zweitens die Bereitstellung von Daten zum Vergleich des wirklichen Schwingungsverhaltens mit theoretisch prognostizierten Werten, die etwa nach dem in diesen Empfehlungen gegebenen Verfahren ermittelt werden.

In der Veröffentlichung [97] werden die Daten der drei Fundamente aus [96] sowie aus einem weiteren Versuch mit einem Blockfundament in Berlin [102] verwendet, um daraus die dynamischen Steifigkeiten der Fundamente in Form frequenzabhängiger äquivalenter Federsteifigkeiten und Dämpfungen zu bestimmen. Der Vergleich ergibt, dass die dynamischen Steifigkeiten von Blockfundamenten bei kleinen Bodendeformationen durch die in diesen Empfehlungen gegebenen Beziehungen ermittelt werden können. Die Untersuchungen haben jedoch auch gezeigt, dass die tatsächlichen dynamischen Steifigkeiten durch die nichthomogenen Bodeneigenschaften unterhalb des Fundamentes und durch den ungleichförmigen Kontakt zwischen Fundament und Boden beeinflusst werden. Eine weitere Erkenntnis aus den Versuchsergebnissen war, dass das homogene Halbraummodell die Abstrahlungsdämpfung im sandigen Boden stark überschätzt. Dies gilt besonders für horizontale und vertikale Bewegungen. Die Untersuchung hat außerdem gezeigt, dass die experimentelle Ermittlung der dynamischen Steifigkeit eine genaue und sorgfältige Aufzeichnung der Fundamentbewegung und der Erregerkraft sowie gleichermaßen eine sorgfältige Auswertung der Ergebnisse verlangt.

Der Einfluss der Einbettung eines Fundaments in den Untergrund ist gekennzeichnet durch:

- Abnahme der Resonanzamplitude durch Erhöhung der Dämpfung,
- Erhöhung der Eigenfrequenz durch Zunahme der Federsteifigkeit.

Die durch die Einbettung hervorgerufene Steifigkeitszunahme ist dabei im Allgemeinen gering. Von größerer Bedeutung ist jedoch oftmals die nicht unbeträchtliche Zunahme der Dämpfung, insbesondere bei Kipp- und Torsionsschwingungen [87].

Im Vergleich zu Oberflächenfundamenten kommen bei eingebetteten Fundamenten zwei Parameter hinzu, und zwar die Tiefe der Einbettung und die Höhe der Kontaktfläche zwischen Fundamentseitenfläche und Boden. Die meisten der in der Literatur vorliegenden Untersuchungen gehen von einem vollen Kontakt zwischen Fundament und Boden über die gesamte Einbettungstiefe aus. Es ist daher zu betonen, dass die im folgenden aufgeführten dynamischen Steifigkeiten nur dann anwendbar sind, wenn stets ein voller Kontakt zwischen Fundamentseitenwand und Boden gewährleistet ist.

2 Voraussetzungen und Berechnungsverfahren

2.1 Annahmen

In diesen Empfehlungen werden nur sogenannte „starre" Fundamente mit endlicher Ausdehnung betrachtet. Auf diesen Fundamenten können sich starre oder elastische Aufbauten befinden. Zur Veranschaulichung des Verfahrens werden hier nur starre Aufbauten angenommen, sodass das Gesamtsystem als ein Körper mit 6 Freiheitsgraden angenommen werden kann, siehe Bild E3–1. Für die drei translatorischen Freiheitsgrade werden die Indizes „x", „y" und „z", und für die drei rotatorischen Freiheitsgrade die Indizes „φ_x", „φ_y" und „φ_z" verwendet.

Der Baugrund wird linear-elastisch, homogen, isotrop und mit unendlicher Ausdehnung angenommen. Die Baugrundoberfläche ist eben. Ein solches Kontinuum wird als linear-elastischer Halbraum bezeichnet, der durch die Kenngrößen dynamischer Schubmodul G_d, Querdehnzahl ν und Materialdichte ρ vollständig charakterisiert ist (siehe auch Empfehlung E2). Reale Bodenverhältnisse weichen wegen der Spannungsabhängigkeit des dynamischen Schubmoduls selbst bei Böden mit bis in große Tiefe gleichbleibender Kornzusammensetzung von dieser Idealisierung ab. Anwendungshinweise und Grenzen der Übertragbarkeit auf reale Bodenverhältnisse sind in Abschnitt E3–4 enthalten.

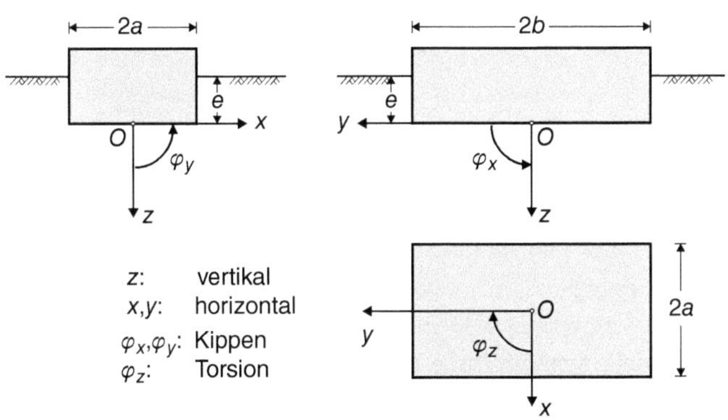

Bild E3–1 Starrkörperfreiheitsgrade eines eingebetteten Fundamentes

Über die gesamte Einbindetiefe des Fundamentes besteht ein voller, d. h. von Baugrundoberfläche bis Fundamentsohle reichender, dauerhafter Kontakt zwischen den Fundamentseitenflächen, der Fundamentsohle und dem umgebenden Boden.

Die nachfolgenden Ausführungen sind nicht auf elastische Fundamente übertragbar.

2.2 Direkte Erregung

Für einen starren Körper auf Federn und Dämpfern, der durch äußere Kräfte und Momente in seinen sechs Freiheitsgraden j (Bild E3–1) direkt erregt wird, ergibt sich in Matrizenschreibweise die das dynamische Verhalten beschreibende Bewegungsgleichung (E3–1).

$$\mathbf{M} \cdot \ddot{\mathbf{u}}(t) + \mathbf{C} \cdot \dot{\mathbf{u}}(t) + \mathbf{K} \cdot \mathbf{u}(t) = \mathbf{p}(t) \tag{E3–1}$$

Es wird ein harmonischer Erregervektor der Form

$$\mathbf{p}(t) = \{p_j(t)\} = \{P_j \cdot \cos(\Omega t + \alpha_{0,j})\} \tag{E3–2}$$

unterstellt. Um die Vorteile der komplexen Rechenweise nutzen zu können, wird der reellwertige Erregervektor $\mathbf{p}(t)$ nach (E3–2) zu einem komplexwertigen Vektor

$$\hat{\mathbf{p}}(t) = \hat{\mathbf{P}} \cdot \mathrm{e}^{\mathrm{i}\Omega t} \tag{E3–3}$$

erweitert, zweckmäßigerweise derart, dass

$$\mathbf{p}(t) = \mathrm{Re}(\hat{\mathbf{p}}(t)) = \mathrm{Re}(\hat{\mathbf{P}}) \cdot \cos(\Omega t) - \mathrm{Im}(\hat{\mathbf{P}}) \cdot \sin(\Omega t) \tag{E3–4}$$

gilt. Das ist erfüllt, wenn als komplexer Erregeramplitudenvektor

$$\hat{\mathbf{P}} = \{\hat{P}_j\} = \{P_j(\cos(\alpha_{0,j}) + \mathrm{i} \cdot \sin(\alpha_{0,j}))\} \tag{E3–5}$$

verwendet wird. Für die Verschiebung wird ein komplexwertiger harmonischer Ansatz der Form

$$\hat{\mathbf{u}}(t) = \hat{\mathbf{U}} \cdot \mathrm{e}^{\mathrm{i}\Omega t} \tag{E3–6}$$

gemacht. Mit diesem Ansatz ergibt sich aus (E3–1) die komplex erweiterte Bewegungsgleichung

$$\mathbf{M} \cdot \ddot{\hat{\mathbf{u}}}(t) + \mathbf{C} \cdot \dot{\hat{\mathbf{u}}}(t) + \mathbf{K} \cdot \hat{\mathbf{u}} = \hat{\mathbf{P}} \cdot \mathrm{e}^{\mathrm{i}\Omega t} \tag{E3–7}$$

Durch Einsetzen des komplexwertigen Ansatzes aus (E3–6) in (E3–7) und nach Kürzen des gemeinsamen Zeitfaktors $e^{\mathrm{i}\Omega t}$ erhält man folgende zeitunabhängige Gleichung

$$-\mathbf{M}\Omega^2\hat{\mathbf{U}} + (\mathbf{K} + \mathrm{i}\Omega\mathbf{C})\,\hat{\mathbf{U}} = \hat{\mathbf{P}} \tag{E3–8}$$

woraus die komplexe Verschiebungsamplitude $\hat{U}$ gemäß

$$\hat{\mathbf{U}} = \left[\mathbf{K} - \Omega^2\mathbf{M} + \mathrm{i}\Omega\mathbf{C}\right]^{-1} \cdot \hat{\mathbf{P}} \tag{E3–9}$$

berechnet werden kann. Die reellwertige Lösung $\mathbf{u}(t)$ der Bewegungsgleichung (E3–1) ergibt sich anschließend aus der Beziehung

$$\mathbf{u}(t) = \mathrm{Re}(\hat{\mathbf{u}}(t)) = \mathrm{Re}(\hat{\mathbf{U}}) \cdot \cos(\Omega t) - \mathrm{Im}(\hat{\mathbf{U}}) \cdot \sin(\Omega t) \tag{E3–10}$$

In (E3–1) bis (E3–10) sind

$\mathrm{i} = \sqrt{-1}$	imaginäre Einheit
$\mathbf{M}$	Matrix der translatorischen Massen und rotatorischen Massenträgheitsmomente des Gesamtsystems
$\mathbf{K}$	Matrix der translatorischen und rotatorischen Steifigkeit des Baugrundes
$\mathbf{C}$	Matrix der translatorischen und rotatorischen Dämpfung des Baugrundes
Ω	Erregerkreisfrequenz
α_j	Phasenwinkel der Verschiebungen bzw. Verdrehungen des Freiheitsgrades j
$\alpha_{0,j}$	Nullphasenwinkel der Erregerkraft bzw. des Erregermomentes des Freiheitsgrades j
$\mathbf{u}(t)$, $\mathbf{p}(t)$	Spaltenvektoren (6 × 1) der zeitabhängigen, reellen Verschiebungen und Verdrehungen bzw. der reellen äußeren Kräfte und Momente
$\hat{\mathbf{u}}(t)$, $\hat{\mathbf{p}}(t)$	Spaltenvektoren (6 × 1) der zeitabhängigen, komplexen Verschiebungen und Verdrehungen bzw. der komplexen äußeren Kräfte und Momente
$\mathbf{U}$, $\mathbf{P}$	Spaltenvektoren (6 × 1) der zeitunabhängigen, reellen Amplituden der Verschiebungen und Verdrehungen bzw. der reellen äußeren Kräfte und Momente
$\hat{\mathbf{U}}$, $\hat{\mathbf{P}}$	Spaltenvektoren (6 × 1) der zeitunabhängigen, komplexen Amplituden der Verschiebungen und Verdrehungen bzw. komplexen der äußeren Kräfte und Momente.

Für jeden Freiheitsgrad j lässt sich die komplexe Amplitude wie folgt definieren:

$$\hat{U}_j = U_j^{\mathrm{Re}} + \mathrm{i}U_j^{\mathrm{Im}} = |\hat{U}_j| e^{\mathrm{i}\alpha_j} = U_j \cdot e^{\mathrm{i}\alpha_j} \tag{E3–11}$$

wobei

$$U_j = |\hat{U}_j| = \sqrt{\left(\left(U_j^{\mathrm{Re}}\right)^2 + \left(U_j^{\mathrm{Im}}\right)^2\right)} \tag{E3–12}$$

$$\alpha_j = \arctan \frac{U_j^{\mathrm{Im}}}{U_j^{\mathrm{Re}}} \tag{E3–13}$$

mit

U_j Amplitude (max. Auslenkung) der Verschiebungen bzw. der Verdrehungen

α_j Phasenwinkel

Alle hier verwendeten Größen müssen bezüglich ein und desselben Bezugspunktes formuliert werden.

K und **C** sind die Matrizen der im Allgemeinen frequenzabhängigen Federsteifigkeiten und Dämpfungen des Baugrundes, die man in der Baugrunddynamik üblicherweise als dynamische oder komplexe Steifigkeitsmatrix **S** in der Form

$$\mathbf{S}(\Omega) = \mathbf{K}(\Omega) + \mathrm{i}\Omega\mathbf{C}(\Omega) \tag{E3–14}$$

schreibt.

Im allgemeinen Fall hängen diese komplexen Steifigkeiten in jedem Freiheitsgrad von der Fundamentgeometrie, dem Schubmodul G_d, der Querdehnzahl ν und Dichte ρ des Baugrunds sowie von der Erregerkreisfrequenz Ω ab.

Die in diesen Empfehlungen angegebenen Federsteifigkeiten und Dämpfungen des masselosen, starren, im Baugrund eingebetteten Rechteckfundamentes sind auf den Mittelpunkt der Sohlfläche und auf Bewegungsrichtungen parallel zu den Symmetrieachsen des Fundamentes bezogen, siehe Bild E3–1. Die Matrizen **K** und **C** sind dann folgendermaßen belegt:

$$\mathbf{K}(\Omega) = \begin{bmatrix} K_{xx}(\Omega) & 0 & 0 & 0 & K_{x\varphi_y}(\Omega) & 0 \\ 0 & K_{yy}(\Omega) & 0 & K_{y\varphi_x}(\Omega) & 0 & 0 \\ 0 & 0 & K_{zz}(\Omega) & 0 & 0 & 0 \\ 0 & K_{\varphi_x y}(\Omega) & 0 & K_{\varphi_x\varphi_x}(\Omega) & 0 & 0 \\ K_{\varphi_y x}(\Omega) & 0 & 0 & 0 & K_{\varphi_y\varphi_y}(\Omega) & 0 \\ 0 & 0 & 0 & 0 & 0 & K_{\varphi_z\varphi_z}(\Omega) \end{bmatrix} \tag{E3–15}$$

$$\mathbf{C}(\Omega) = \begin{bmatrix} C_{xx}(\Omega) & 0 & 0 & 0 & C_{x\varphi_y}(\Omega) & 0 \\ 0 & C_{yy}(\Omega) & 0 & C_{y\varphi_x}(\Omega) & 0 & 0 \\ 0 & 0 & C_{zz}(\Omega) & 0 & 0 & 0 \\ 0 & C_{\varphi_x y}(\Omega) & 0 & C_{\varphi_x\varphi_x}(\Omega) & 0 & 0 \\ C_{\varphi_y x}(\Omega) & 0 & 0 & 0 & C_{\varphi_y\varphi_y}(\Omega) & 0 \\ 0 & 0 & 0 & 0 & 0 & C_{\varphi_z\varphi_z}(\Omega) \end{bmatrix} \tag{E3–16}$$

Die Matrizen (E3–15) und (E3–16) sind symmetrisch, so dass bei den Matrixelementen, die nicht auf der Hauptdiagonalen liegen, die Indizes vertauschbar sind:

$$K_{x\varphi_y}(\Omega) \equiv K_{\varphi_y x}(\Omega),\; K_{y\varphi_x}(\Omega) \equiv K_{\varphi_x y}(\Omega) \tag{E3–17}$$

$$C_{x\varphi_y}(\Omega) \equiv C_{\varphi_y x}(\Omega),\; C_{y\varphi_x}(\Omega) \equiv C_{\varphi_x y}(\Omega) \tag{E3–18}$$

Bei Kreisfundamenten gilt aus Symmetriegründen ferner:

$$K_{yy}(\Omega) \equiv K_{xx}(\Omega),\; K_{y\varphi_x}(\Omega) = -K_{x\varphi_y}(\Omega) \tag{E3–19}$$

$$C_{yy}(\Omega) \equiv C_{xx}(\Omega)\,,\; C_{y\varphi_x}(\Omega) = -C_{x\varphi_y}(\Omega) \tag{E3–20}$$

Wenn die Bewegungsgleichung (E3–1) nicht bezüglich des Mittelpunktes der Fundamentsohle aufgestellt wird, muss die dynamische Steifigkeitsmatrix auf den gewählten Bezugspunkt transformiert werden. Die Transformation der komplexen Steifigkeitsmatrix (E3–14) auf andere Punkte – wie beispielsweise auf den Fundamentschwerpunkt – lässt sich zweckmäßig über eine Koordinatentransformation durchführen. Es ist

$$\mathbf{S}_B \cdot \hat{\mathbf{U}}_B = \hat{\mathbf{P}}_B \tag{E3–21}$$

die auf den Mittelpunkt „B" der Fundamentfläche bezogene komplexe zeitunabhängige Bewegungsgleichung eines starren masselosen Fundamentes nach (E3–8), und

$$\mathbf{S}_S \cdot \hat{\mathbf{U}}_S = \hat{\mathbf{P}}_S \tag{E3–22}$$

das Gegenstück bezogen auf den Fundamentschwerpunkt „S". Die Koeffizienten der auf die Punkte „B" und „S" bezogenen Freiheitsgrade lassen sich stets über eine Transformationsmatrix $\mathbf{T}_{BS}$ ineinander überführen, für die folgende Beziehung gilt:

$$\hat{\mathbf{U}}_B = \mathbf{T}_{BS} \cdot \hat{\mathbf{U}}_S \quad \hat{\mathbf{P}}_S = \mathbf{T}_{BS}^T \cdot \hat{\mathbf{P}}_B \tag{E3–23}$$

Man erhält die komplexe Steifigkeitsmatrix bezüglich des Schwerpunktes:

$$\mathbf{S}_S = \mathbf{T}_{BS}^T \cdot \mathbf{S}_B \cdot \mathbf{T}_{BS} \tag{E3–24}$$

Eine Anwendung der Vorgehensweise ist im Beispiel in Abschnitt E3-7.3 zu finden.

2.3 Indirekte Erregung

2.3.1 Oberflächenfundamente

Für ein indirekt über Bodenschwingungen $\mathbf{u}_0(t)$ erregtes Fundament, dessen Abmessungen klein gegenüber der Wellenlänge der Bodenschwingung sind, lautet die Bewegungsgleichung

$$\mathbf{M}\ddot{\mathbf{u}}(t) + \mathbf{C}[\dot{\mathbf{u}}(t) - \dot{\mathbf{u}}_0(t)] + \mathbf{K}[\mathbf{u}(t) - \mathbf{u}_0(t)] = 0 \tag{E3–25}$$

Hierin ist $\mathbf{u}_0(t)$ der Spaltenvektor der Verschiebung der freien Bodenoberfläche (Freifeldverschiebung) vor der Fundamentaufstellung und $\mathbf{u}(t)$ ist der Spaltenvektor der Verschiebung des Fundamentes.

Bei einer harmonischen Oberflächenerregung $\hat{\mathbf{u}}_0(t) = \hat{\mathbf{U}}_0 \cdot e^{i\Omega t}$ ergibt sich analog zu (E3–8) aus (E3–25) die zeitunabhängige algebraische Gleichung

$$-\mathbf{M}\Omega^2\hat{\mathbf{U}} + (\mathbf{K} + i\Omega\mathbf{C})\,\hat{\mathbf{U}} = (\mathbf{K} + i\Omega\mathbf{C})\,\hat{\mathbf{U}}_0 \tag{E3–26}$$

Gleichung (E3–26) kann nach $\hat{\mathbf{U}}$ aufgelöst werden. Durch das indirekt angeregte Fundament wird die Schwingung des ursprünglichen Freifeldes nicht nur am Ort des Fundamentes, sondern auch in seiner Umgebung verändert.

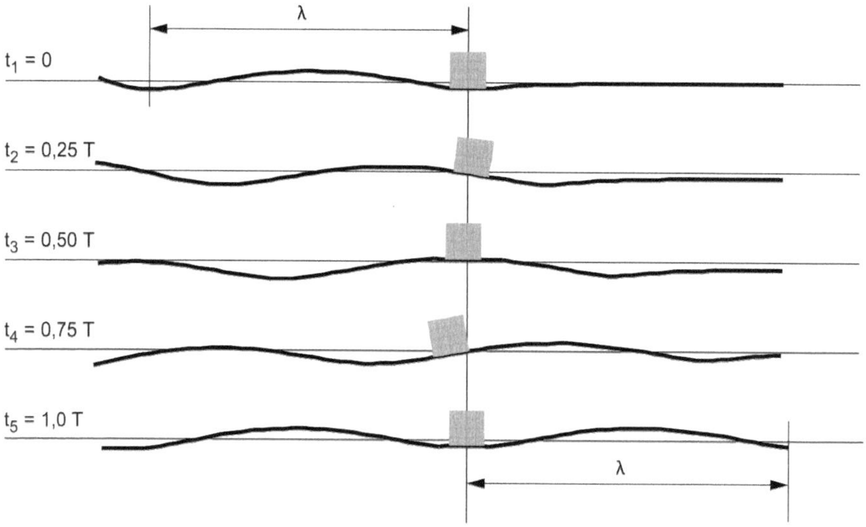

Bild E3–2 Kipp- und Horizontalschwingungen eines indirekt erregten Oberflächenfundamentes innerhalb einer Periode der Länge T

Sind die Abmessungen des Fundamentes in einer ähnlichen Größenordnung wie die halbe Wellenlänge der Bodenschwingung oder kleiner, so ergeben sich bei Erregung durch Oberflächenwellen sowohl vertikale Schwingungen, als auch Kippschwingungen und Horizontalschwingungen (Bild E3–2). Ein Beispiel für eine Berechnung der resultierenden Kippschwingungen findet sich in [103].

Ist die halbe Wellenlänge der Bodenschwingung klein gegenüber den Abmessungen des Fundamentes, so sind genauere Untersuchungen der sich ergebenden indirekten Erregung notwendig.

2.3.2 Eingebettete Fundamente

Durch die Einbettung eines Fundamentes wird die Ausbreitung einer induzierten Bodenschwingung erheblich gestört. Die bei Oberflächenfundamenten benutzte Vorgehensweise liefert nur bei sehr geringen Einbindetiefen eine brauchbare Näherung. Im Allgemeinen müssen die effektiven Fußpunkterregungen gesondert ermittelt werden.

2.4 Notation

Die Bezeichnungen dimensionsbehafteter Größen beginnen jeweils mit einem Großbuchstaben, und zwar „K“ für Steifigkeiten und „C“ für Dämpfungen. Der untere Index gibt neben der Bezeichnung des Freiheitsgrades an, ob es sich um eine statische Steifigkeit (Index „0“) oder um eine frequenzabhängige Steifigkeit bzw. Dämpfung (Index „Ω“) handelt. Der obere Index schließlich gibt mit einer Kombination aus einem Groß- und einem Kleinbuchstaben an, ob es sich um die Steifigkeit bzw. Dämpfung eines Kreisfundamentes („K“) oder eines Rechteckfundamentes („R“) an der Oberfläche („s“) oder mit Einbettung („e“) handelt.

Die Bezeichnungen dimensionsloser Größen beginnen dagegen stets mit einem Kleinbuchstaben. Der Buchstabe „k“ steht für einen Steifigkeitskoeffizienten, und „d“ für einen Dämpfungskoeffizienten. Ein Steifigkeitskoeffizient ist stets das Verhältnis zweier Steifigkeiten. Ein Dämpfungskoeffizient ist das Verhältnis zwischen einer Dämpfung und einer korrespondierenden statischen Steifigkeit, das noch mit einem Faktor mit der Dimension „1/Zeit“ multipliziert wird, damit es dimensionslos wird. Im oberen und unteren Index werden durch einen Pfeil getrennt Angaben zu Art der bezogenen Größe und der Bezugsgröße gemacht. Links des Pfeils stehen jeweils die Art derjenigen dimensionsbehafteten Größe, auf welche die dimensionslose Größe bezogen wird, während rechts des Pfeils die Parameter derjenigen dimensionsbehafteten Größe stehen, die berechnet werden soll. Die dabei benutzten Symbole haben die gleiche Bedeutung wie bei den dimensionsbehafteten Größen.

Beispiele:

1. $k_{\mathrm{zz},0\rightarrow\Omega}^{\mathrm{Ks}\rightarrow\mathrm{Rs}} = \dfrac{K_{\mathrm{zz},\Omega}^{\mathrm{Rs}}}{K_{\mathrm{zz},0}^{\mathrm{Ks}}}$

   mit $K_{\mathrm{zz},\Omega}^{\mathrm{Rs}}$ der dynamischen Steifigkeit des Oberflächenrechteckfundamentes und $K_{\mathrm{zz},0}^{\mathrm{Ks}}$ der statischen Steifigkeit des korrespondierenden Oberflächenkreisfundamentes.

2. $d_{\mathrm{zz},0\rightarrow\Omega}^{\mathrm{Ks}\rightarrow\mathrm{Rs}} = \dfrac{C_{\mathrm{zz},\Omega}^{\mathrm{Rs}}}{K_{\mathrm{zz},0}^{\mathrm{Ks}}} \cdot \dfrac{\Omega}{a_0}$

   Bei der Dämpfung muss stets berücksichtigt werden, dass die dimensionslose Größe zwei dimensionsbehaftete Größen mit unterschiedlicher Dimension miteinander kombiniert. Dadurch ergibt sich der zusätzliche Faktor auf der rechten Seite.

3. $k_{\mathrm{x}\varphi_\mathrm{y},0\rightarrow\Omega}^{\mathrm{Ks}\rightarrow\mathrm{Re}} = \dfrac{K_{\mathrm{x}\varphi_\mathrm{y},\Omega}^{\mathrm{Re}}}{r_{0\mathrm{x}} \cdot K_{\mathrm{xx},0}^{\mathrm{Ks}}}$

   Bei den Koppelgliedern wird als Bezugsgröße das Produkt aus der Bezugssteifigkeit des translatorischen Freiheitsgrades und dem Ersatzradius eines flächengleichen Kreisfundamentes benutzt. Für die dimensionslose Dämpfung wird dieselbe Bezugsgröße verwendet.

Für die Darstellung der Federsteifigkeiten und Dämpfungen hat sich die Verwendung folgender bezogener Größen als zweckmäßig erwiesen:

Bezogene Fundamentlänge: $b_0 = b/a \quad b \geq a$ (E3–27)

Bezogene Einbettungstiefe: $e_0 = e/a$ (E3–28)

Bezogene Anregungsfrequenz Kreisfundament: $a_0 = \dfrac{r \cdot \Omega}{c_\mathrm{S}}$ (E3–29)

Bezogene Anregungsfrequenz Rechteckfundament: $a_0 = \dfrac{a \cdot \Omega}{c_\mathrm{S}}$ (E3–30)

3 Homogener Baugrund

3.1 Analytische Lösungen für Federsteifigkeiten und Dämpfungen

In [90] sind Näherungswerte für Federsteifigkeiten (Federkonstanten) und Dämpfer (Dämpferkonstanten) kreisförmiger starrer masseloser Oberflächenfundamente wie folgt angegeben:

vertikal

$$K^{\mathrm{Ks}}_{\mathrm{zz},0} = \frac{4G_{\mathrm{d}}r}{1-\nu} \tag{E3–31}$$

$$C^{\mathrm{Ks}}_{\mathrm{zz},0} = \frac{3{,}4 \cdot r^2}{1-\nu}\sqrt{\rho G_{\mathrm{d}}} \tag{E3–32}$$

horizontal

$$K^{\mathrm{Ks}}_{\mathrm{xx},0} = K^{\mathrm{Ks}}_{\mathrm{yy},0} = \frac{8G_{\mathrm{d}}r}{2-\nu} \tag{E3–33}$$

$$C^{\mathrm{Ks}}_{\mathrm{xx},0} = C^{\mathrm{Ks}}_{\mathrm{yy},0} = \frac{4{,}6r^2}{2-\nu}\sqrt{\rho G_{\mathrm{d}}} \tag{E3–34}$$

Kippen

$$K^{\mathrm{Ks}}_{\varphi_{\mathrm{x}}\varphi_{\mathrm{x}},0} = K^{\mathrm{Ks}}_{\varphi_{\mathrm{y}}\varphi_{\mathrm{y}},0} = \frac{8G_{\mathrm{d}}r^3}{3\,(1-\nu)} \tag{E3–35}$$

$$C^{\mathrm{Ks}}_{\varphi_i\varphi_i,0} = \frac{0{,}8r^4}{(1-\nu)\left(1+B_{\varphi_i}\right)}\sqrt{\rho G_{\mathrm{d}}}, \quad B_{\varphi_i} = \frac{3(1-\nu)\,\theta_i}{8\rho r^5}, \quad i = \mathrm{x,y} \tag{E3–36}$$

Torsion

$$K^{\mathrm{Ks}}_{\varphi_{\mathrm{z}}\varphi_{\mathrm{z}},0} = \frac{16G_{\mathrm{d}}r^3}{3} \tag{E3–37}$$

$$C^{\mathrm{Ks}}_{\varphi_{\mathrm{z}}\varphi_{\mathrm{z}},0} = \frac{2{,}3r^4}{1+2B_{\varphi_{\mathrm{z}}}}\sqrt{B_{\varphi_{\mathrm{z}}}\rho G_{\mathrm{d}}}, B_{\varphi_{\mathrm{z}}} = \frac{\theta_{\mathrm{z}}}{\rho r^5} \tag{E3–38}$$

Darin sind

$K^{\mathrm{Ks}}_{jj,0}$	Federkonstante für den Freiheitsgrad *jj*. Dimension: Kraft/Weg (translat.) bzw. Moment/Drehwinkel (rotat.)
$C^{\mathrm{Ks}}_{jj,0}$	Dämpferkonstante für den Freiheitsgrad *jj*. Dimension: Moment/Geschwindigkeit (translat.) bzw. Moment/Winkelgeschwindigkeit (rotat.)

r	Radius des Kreisfundaments. Dimension: Länge
G_d	Dynamischer Schubmodul des Baugrunds. Dimension: Spannung/Dehnung
ν	Querdehnzahl des Baugrunds. Dehnung/Dehnung.
ρ	Materialdichte des Baugrunds. Dimension: Masse/Volumen
θ_j	Massenträgheitsmomente um die jeweilige Achse j durch den Mittelpunkt der Grundfläche. Dimension: Masse · Länge^2

Die Koppelsteifigkeiten von Oberflächenfundamenten sind sehr gering und können vernachlässigt werden.

Die angegebenen Steifigkeiten und Dämpfungen wurden nach [90] so gewählt, dass die Verschiebung eines Einmassenschwingers mit den o. a. Federsteifigkeiten und Dämpfungswerten eine gute Übereinstimmung mit den entsprechenden Verschiebungen eines Kreisfundamentes auf einem homogenen Halbraum ergeben. Die Federsteifigkeiten entsprechen dabei genau den statischen Steifigkeiten eines Kreisfundamentes auf einem homogenen Halbraum. Daraus folgt, dass für überschlägliche Berechnungen die statische Steifigkeit eines masselosen Oberflächenfundamentes eine gute Näherung für dessen dynamische Steifigkeit ist.

Dynamische Steifigkeiten von Oberflächenfundamenten mit rechteckigem Grundriss können für eine überschlägliche Berechnung näherungsweise aus den Beziehungen (E3–31) bis (E3–38) für kreisförmige Oberflächenfundamente ermittelt werden, indem man das Rechteckfundament durch sein korrespondierendes Kreisfundament mit Ersatzradius r_{0j} nach (E3–39) bis (E3–42) ersetzt. Als Ersatzradius r_{0j} eines zu einem Rechteckfundament mit den Kantenlängen $2a$ und $2b$ (siehe Bild E3–3) korrespondierenden Oberflächen-Kreisfundaments wird verwendet:

Translation

$$r_{0x} = r_{0y} = r_{0z} = \sqrt{\frac{4ab}{\pi}} \qquad \text{(E3–39)}$$

Kippen um x

$$r_{0\varphi_x} = \sqrt[4]{\frac{16ab^3}{3\pi}} \qquad \text{(E3–40)}$$

Kippen um y

$$r_{0\varphi_y} = \sqrt[4]{\frac{16a^3b}{3\pi}} \qquad \text{(E3–41)}$$

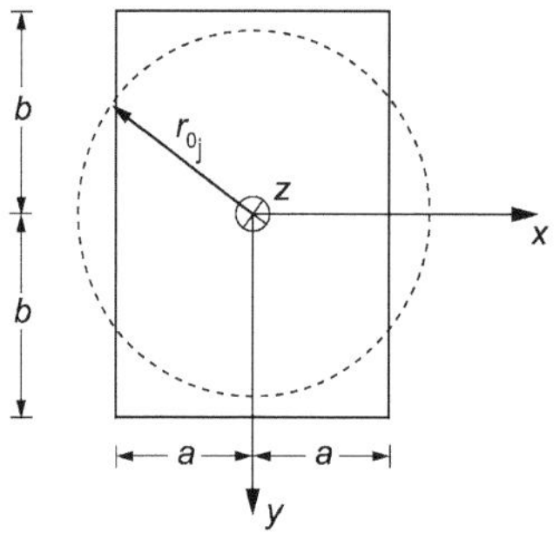

Bild E3–3 Rechteckfundament mit Ersatzradius r_{0j} des korrespondierenden Kreisfundamentes

Torsion

$$r_{0\varphi_z} = \sqrt[4]{\frac{8ab\,(a^2 + b^2)}{3\pi}} \qquad \text{(E3–42)}$$

Es gilt: $b \geq a$; die x-Achse verläuft parallel zur kürzeren Fundamentkante, siehe Bild E3–3.

Die hier angegebenen analytischen Lösungen für Kreis- und Rechteckfundamente sind für dynamische Berechnungen nur näherungsweise gültig. Mit zunehmender Erregerfrequenz kommen mehr und mehr die Trägheit und die Wellenabstrahlung des Baugrunds zum Tragen. Bei einem unendlich ausgedehnten Kontinuum bewirken diese Effekte eine Abhängigkeit von Federsteifigkeit und Dämpfung von der Anregungsfrequenz.

Für genauere Berechnungen zum Einfluss von Anregungsfrequenz und Einbettung können die in den Abschnitten E3-3.2.2 bis E3-3.2.8 dargestellten Steifigkeits- und Dämpfungskoeffizienten herangezogen werden. Es handelt sich durchgängig um bezogene Größen. Als Bezugsgröße dient für jeden Freiheitsgrad die statische Steifigkeit des korrespondierenden Oberflächenkreisfundamentes. Dessen Ersatzradius kann bei Rechteckfundamenten nach (E3–39) bis (E3–42) ermittelt werden. Bei eingebetteten Kreisfundamenten ist dessen Radius r gleichzeitig der Radius des korrespondierenden Oberflächenfundamentes. Die Koppelsteifigkeiten und -dämpfungen zwischen Momentenbelastung und horizontaler Verschiebung bzw. horizontaler Belastung und Rotation eines Oberflächenfundamentes sind vernachlässigbar gering und somit als Bezugsgröße ungeeignet. Für eingebettete Fundamente wird als Ersatz für ein korrespondierendes Oberflächenfundament das Produkt aus translatorischer Steifigkeit des korrespondierenden Oberflächenfundamentes des beteiligten translatorischen Freiheitsgrades mit dem dazugehörigen Ersatzradius zurückgegriffen.

3.2 Impedanzkurven

Die in den Abschnitten E3-3.2.2 bis E3-3.2.8 aufgeführten Impedanzen sind überwiegend Mittelwerte aus in der Fachliteratur veröffentlichten Formeln und grafischen Darstellungen für die dynamischen Steifigkeiten eingebetteter Kreis- bzw. Rechteckfundamente. Statische Steifigkeiten und Steifigkeiten von

Oberflächenfundamenten werden aus den dynamischen Steifigkeiten als Sonderfälle mit Anregungsfrequenz $\Omega = 0$ bzw. Einbettungstiefe $e = 0$ ermittelt, so dass jeweils eine Konsistenz gegeben ist.

Für Kreisfundamente wird als Empfehlung der Mittelwert der Lösungen nach Apsel und Luco [86] und nach Pais und Kausel [83] verwendet.

Ausgangspunkt für die Empfehlungen zu Rechteckfundamenten sind die Lösungen nach Gazetas [87] und nach Pais und Kausel [83]. Eine sorgfältige Prüfung deckte jedoch mehrere Inkonsistenzen und unplausible Werte bei den Steifigkeitskoeffizienten auf, die mit Hilfe weiterer Literatur [82, 95, 104–108],

Tabelle E3-1 Für die Festlegung der empfohlenen Werte für die einzelnen bezogenen dynamischen Steifigkeiten von Rechteckfundamenten verwendete Literaturquellen (✓ = wurde verwendet, ✗ = wurde nicht verwendet)

	Quelle						
Koeffizient	**Gazetas [87]**	**Pais & Kausel [83]**	**Ahmad & Geazetas [106]**	**Hatzikonstantinou et al. [104]**	**Schepers [110]**	**Schmid et al. [109]**	**AK 1.4**
$k_{xx,0\to\Omega}^{Ks\to Re}$	✓	✗	✗	✗	✓	✓	✗
$k_{yy,0\to\Omega}^{Ks\to Re}$	✓	✗	✗	✗	✓	✓	✗
$k_{zz,0\to\Omega}^{Ks\to Re}$	✓	✓	✗	✗	✗	✗	✗
$k_{\varphi_x\varphi_x,0\to\Omega}^{Ks\to Re}$	✗	✓	✗	✓	✗	✗	✗
$k_{\varphi_y\varphi_y,0\to\Omega}^{Ks\to Re}$	✓	✓	✗	✗	✗	✗	✗
$k_{\varphi_z\varphi_z,0\to\Omega}^{Ks\to Re}$	✗	✗	✓	✗	✓	✗	✓
$k_{\varphi_y x,0\to\Omega}^{Ks\to Re}$	✓	✗	✗	✗	✓	✓	✓
$k_{\varphi_x y,0\to\Omega}^{Ks\to Re}$	✓	✗	✗	✗	✓	✓	✗
$d_{xx,0\to\Omega}^{Ks\to Re}$	✓	✓	✗	✗	✗	✗	✗
$d_{yy,0\to\Omega}^{Ks\to Re}$	✓	✓	✗	✗	✗	✗	✗
$d_{zz,0\to\Omega}^{Ks\to Re}$	✓	✓	✗	✗	✗	✗	✗
$d_{\varphi_x\varphi_x,0\to\Omega}^{Ks\to Re}$	✓	✓	✗	✗	✗	✗	✗
$d_{\varphi_y\varphi_y,0\to\Omega}^{Ks\to Re}$	✓	✓	✗	✗	✗	✗	✗
$d_{\varphi_z\varphi_z,0\to\Omega}^{Ks\to Re}$	✓	✓	✗	✗	✗	✗	✗
$d_{\varphi_y x,0\to\Omega}^{Ks\to Re}$	✓	✓	✗	✗	✗	✗	✗
$d_{\varphi_x y,0\to\Omega}^{Ks\to Re}$	✓	✓	✗	✗	✗	✗	✗

Vergleichsberechnungen durch Mitglieder des Arbeitskreises [109, 110] sowie speziell durch den Arbeitskreis für die Empfehlungen hergeleiteter Lösungen korrigiert wurden. Anschließend wurde der arithmetische Mittelwert der als plausibel erachteten Lösungen gebildet. Dieser Mittelwert wird vom Arbeitskreis zur Anwendung empfohlen. Dessen Zusammensetzung kann Tabelle E3–1 entnommen werden.

In den grafischen Darstellungen der Impedanzkurven werden die zur Anwendung empfohlenen Impedanzkurven als dicke Linie dargestellt. Darüber hinaus wird die Bandbreite der für die Mittelwertbildung verwendeten Kurven in Form einer farbigen Fläche mit zusätzlichen Kurven für den maximalen und minimalen Wert aller in den Mittelwert eingegangenen Lösungen dargestellt.

3.2.1 Statische Steifigkeiten für kreisförmige Oberflächenfundamente

Die in Abschnitt E3-3.1 in (E3–31), (E3–33), (E3–35) und (E3–37) angegebenen statischen Steifigkeiten für kreisförmige Oberflächenfundamente entsprechen nach [90] genau den statischen Steifigkeiten eines Kreisfundamentes auf einem homogenen Halbraum. Sie können unverändert verwendet werden.

3.2.2 Statische Steifigkeiten für kreisförmige eingebettete Fundamente

Für eingebettete Kreisfundamente sind im Gegensatz zu den Kreisfundamenten auf der Oberfläche keine geschlossenen Formeln für Federsteifigkeiten bekannt. Mit den in Bild E3–4 enthaltenen Verläufen der dimensionslosen Steifigkeitskoeffizienten können die Steifigkeiten eingebetteter Kreisfundamente näherungsweise ermittelt werden.

Es gilt:

$$K_{jj,0}^{\mathrm{Ke}} = K_{jj,0}^{\mathrm{Ks}} \cdot k_{jj,0\to 0}^{\mathrm{Ks}\to\mathrm{Ke}} \text{ bzw. } K_{ji,0}^{\mathrm{Ke}} = r \cdot K_{jj,0}^{\mathrm{Ks}} \cdot k_{ji,0\to 0}^{\mathrm{Ks}\to\mathrm{Ke}} \tag{E3–43}$$

Darin sind:

$K_{jj,0}^{\mathrm{Ke}}, K_{ji,0}^{\mathrm{Ke}}$	Federkonstante eines eingebetteten Kreisfundamentes für das Hauptdiagonalglied *jj* bzw. das Koppelglied *ji*
$K_{jj,0}^{\mathrm{Ks}}$	Federkonstante des korrespondierenden Oberflächenkreisfundamentes
$k_{jj,0\to 0}^{\mathrm{Ks}\to\mathrm{Ke}}$	Bezogene Federsteifigkeit gemäß Bild E3–4
$k_{ji,0\to 0}^{\mathrm{Ks}\to\mathrm{Ke}}$	Bezogene Federsteifigkeit gemäß Bild E3–4
r	Fundamentradius

$jj = \mathrm{xx}, \mathrm{zz}, \varphi_{\mathrm{y}}\varphi_{\mathrm{y}}, \varphi_{\mathrm{z}}\varphi_{\mathrm{z}}, ji = \mathrm{x}\varphi_{\mathrm{y}}$

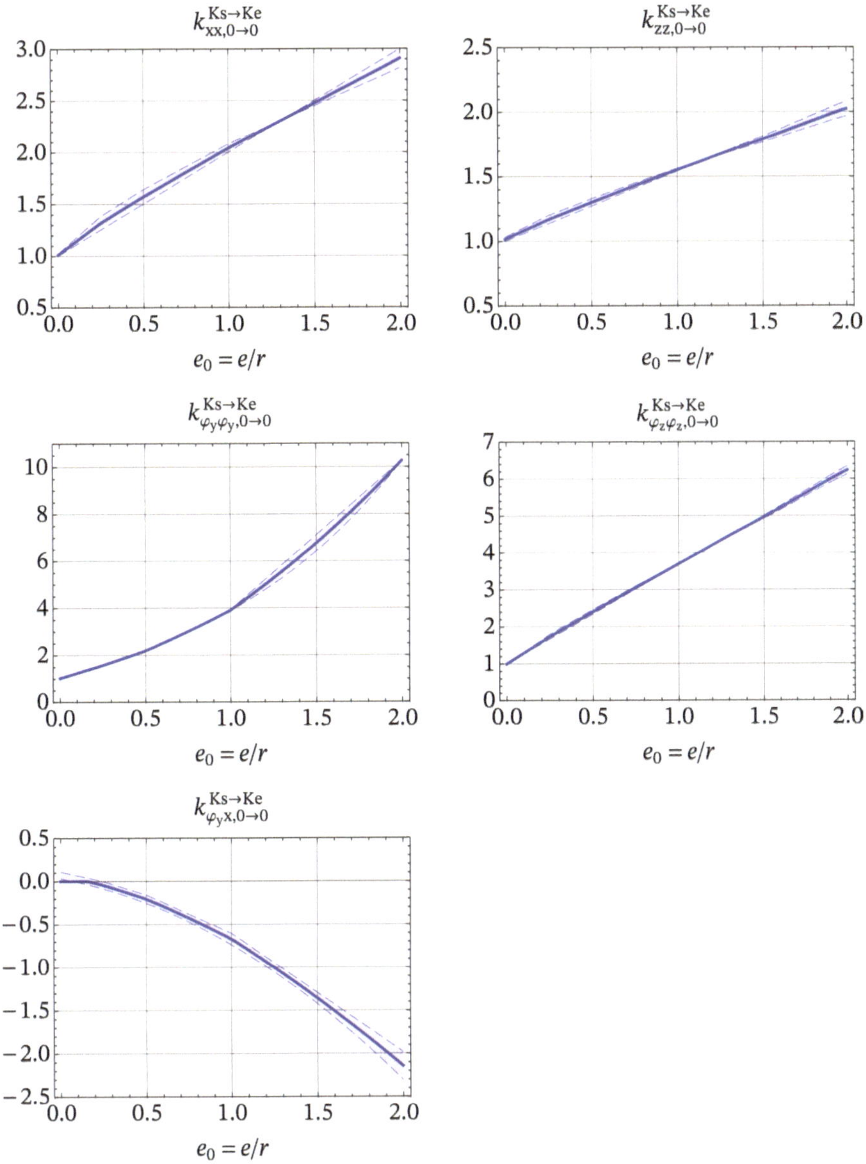

Bild E3-4 Empfohlener Wert und Bandbreite der dimensionslosen Koeffizienten zur Berechnung der statischen Steifigkeit eines eingebetteten Kreisfundamentes, $\nu \leq 0{,}4$

3.2.3 Statische Federsteifigkeiten für rechteckförmige Oberflächenfundamente

Für eine genauere Berechnung als mit den Näherungen nach Abschnitt 3.1 lassen sich die statischen Steifigkeiten für rechteckförmige Oberflächenfundamente mit Hilfe von Bild E3-5 ermitteln. Es gilt:

$$K^{Rs}_{jj,0} = K^{Ks}_{jj,0} \cdot k^{Ks \to Rs}_{jj,0 \to 0} \qquad \text{(E3-44)}$$

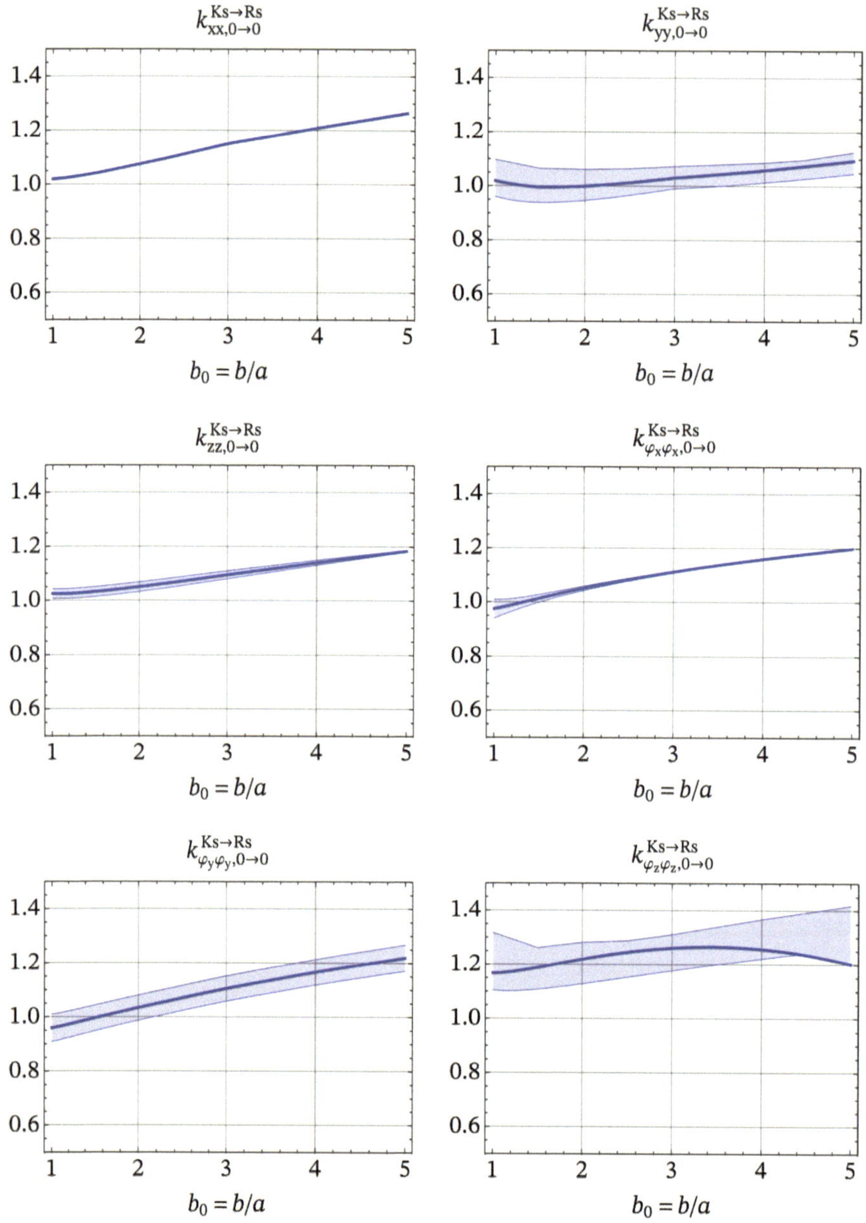

Bild E3-5 Empfohlener Wert und Bandbreite der dimensionslosen Koeffizienten zur Berechnung der statischen Steifigkeit eines Oberflächenrechteckfundamentes, $\nu \leq 0{,}4$

Darin sind:

$K_{jj,0}^{\mathrm{Rs}}$	Federkonstante eines rechteckförmigen Oberflächenfundamentes für das Hauptdiagonalglied *jj*
$K_{jj,0}^{\mathrm{Ks}}$	Federkonstante des korrespondierenden Oberflächenkreisfundamentes mit Radius r_{0j}
$k_{jj,0\to 0}^{\mathrm{Ks}\to\mathrm{Rs}}$	Bezogene Federsteifigkeit gemäß Bild E3-5
r_{0j}	Radius des korrespondierenden Oberflächenkreisfundamentes nach Abschnitt 3.1

$jj = \mathrm{xx, yy, zz}, \varphi_{\mathrm{x}}\varphi_{\mathrm{x}}, \varphi_{\mathrm{y}}\varphi_{\mathrm{y}}, \varphi_{\mathrm{z}}\varphi_{\mathrm{z}}$

3.2.4 Statische Steifigkeiten für rechteckförmige eingebettete Fundamente

Für eingebettete Rechteckfundamente lassen sich die statischen Federsteifigkeiten mit Hilfe von Bild E3-6 und Bild E3-7 ermitteln.

Es gilt:

$$K_{jj,0}^{\mathrm{Re}} = K_{jj,0}^{\mathrm{Ks}} \cdot k_{jj,0\to 0}^{\mathrm{Ks}\to\mathrm{Re}} \text{ bzw. } K_{ji,0}^{\mathrm{Re}} = r \cdot K_{jj,0}^{\mathrm{Ks}} \cdot k_{ji,0\to 0}^{\mathrm{Ks}\to\mathrm{Re}} \qquad \text{(E3-45)}$$

Darin sind:

$K_{jj,0}^{\mathrm{Re}}, K_{ji,0}^{\mathrm{Re}}$	Federkonstante eines eingebetteten Rechteckfundamentes für das Hauptdiagonalglied *jj* bzw. das Koppelglied *ji*
$K_{jj,0}^{\mathrm{Ks}}$	Federkonstante des korrespondierenden Kreisfundamentes mit Ersatzradius r_{0j} für den Freiheitsgrad *jj*
$k_{jj,0\to 0}^{\mathrm{Ks}\to\mathrm{Re}}$	Bezogene Federsteifigkeit gemäß Bild E3-6
$k_{ji,0\to 0}^{\mathrm{Ks}\to\mathrm{Re}}$	Bezogene Federsteifigkeit gemäß Bild E3-7
r_{0j}	Ersatzradius des korrespondierenden Oberflächenkreisfundamentes nach Abschnitt 3.1

$jj = \mathrm{xx, yy, zz}, \varphi_{\mathrm{x}}\varphi_{\mathrm{x}}, \varphi_{\mathrm{y}}\varphi_{\mathrm{y}}, \varphi_{\mathrm{z}}\varphi_{\mathrm{z}}$

$ji = \mathrm{x}\varphi_{\mathrm{y}}, \mathrm{y}\varphi_{\mathrm{x}}$

3.2.5 Dynamische Steifigkeiten für kreisförmige Oberflächenfundamente

Die dynamischen Steifigkeiten kreisförmiger Oberflächenfundamente sind ein Sonderfall der dynamischen Steifigkeiten eingebetteter Kreisfundamente. Sie können Abschnitt 3.2.6 entnommen werden.

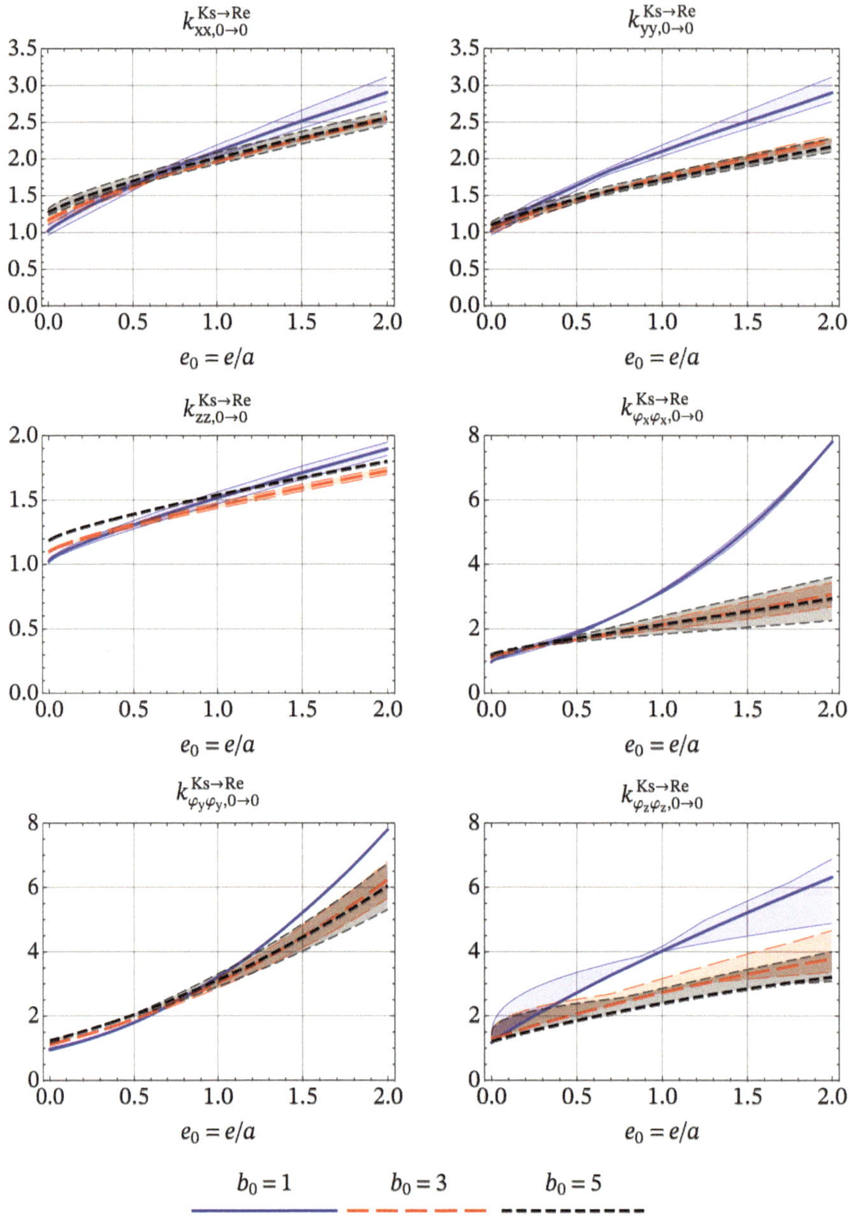

Bild E3-6 Empfohlener Wert und Bandbreite der dimensionslosen Koeffizienten zur Berechnung der statischen Federsteifigkeit eines eingebetteten Rechteckfundamentes. $\nu \leq 0{,}4$; *translatorische und rotatorische Freiheitsgrade*

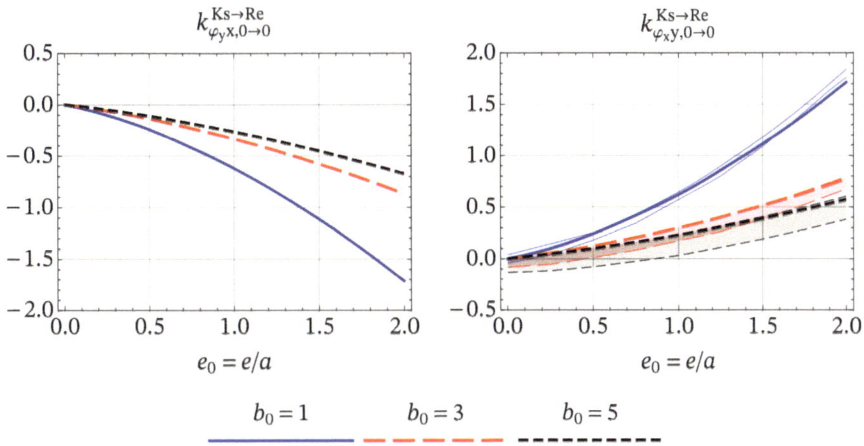

Bild E3–7 Empfohlener Wert und Bandbreite der dimensionslosen Koeffizienten zur Berechnung der statischen Federsteifigkeit eines eingebetteten Rechteckfundamentes. $\nu \leq 0{,}4$; *Koppelglieder*

3.2.6 Dynamische Steifigkeiten für kreisförmige eingebettete Fundamente

Die beiden Teile der dynamischen Steifigkeiten für kreisförmige Fundamente berechnen sich für die Hauptdiagonalglieder der komplexwertigen Steifigkeitsmatrix zu

$$K^{\mathrm{Ke}}_{jj,\Omega}(\Omega) = K^{\mathrm{Ks}}_{jj,0} \cdot k^{\mathrm{Ks \to Ke}}_{jj,0 \to \Omega}(e_0, a_0) \tag{E3–46}$$

$$\Omega C^{\mathrm{Ke}}_{jj,\Omega}(\Omega) = K^{\mathrm{Ks}}_{jj,0} \cdot a_0 \cdot d^{\mathrm{Ks \to Ke}}_{jj,0 \to \Omega}(e_0, a_0) \tag{E3–47}$$

$$jj \in \left\{\mathrm{xx, zz}, \varphi_y\varphi_y, \varphi_z\varphi_z\right\}$$

und für die Koppelglieder zu

$$K^{\mathrm{Ke}}_{ji,\Omega}(\Omega) = r \cdot K^{\mathrm{Ks}}_{jj,0} \cdot k^{\mathrm{Ks \to Ke}}_{ji,0 \to \Omega}(e_0, a_0) \tag{E3–48}$$

$$\Omega C^{\mathrm{Ke}}_{ji,\Omega}(\Omega) = r \cdot K^{\mathrm{Ks}}_{jj,0} \cdot a_0 \cdot d^{\mathrm{Ks \to Ke}}_{ji,0 \to \Omega}(e_0, a_0) \tag{E3–49}$$

$$ji = \mathrm{x}\varphi_y$$

mit

$K^{\mathrm{Ke}}_{jj,\Omega}(\Omega)$	frequenzabhängige Federsteifigkeit auf der Hauptdiagonale der Steifigkeitsmatrix
$K^{\mathrm{Ke}}_{ji,\Omega}(\Omega)$	frequenzabhängige Federsteifigkeit der Koppelglieder der Steifigkeitsmatrix
$C^{\mathrm{Ke}}_{jj,\Omega}(\Omega)$	frequenzabhängige Dämpfung auf der Hauptdiagonale der Steifigkeitsmatrix
$C^{\mathrm{Ke}}_{ji,\Omega}(\Omega)$	frequenzabhängige Dämpfung der Koppelglieder der Steifigkeitsmatrix

$K_{jj,0}^{\mathrm{Ks}}$	Federsteifigkeit des korrespondierenden Kreisfundaments
$k_{jj,0\rightarrow\Omega}^{\mathrm{Ks}\rightarrow\mathrm{Ke}}(e_0, a_0)$	die im Bild E3–8 und im Bild E3–9 dargestellten bezogenen frequenzabhängigen Federsteifigkeiten der Hauptdiagonalglieder der Steifigkeitsmatrix
$k_{ji,0\rightarrow\Omega}^{\mathrm{Ks}\rightarrow\mathrm{Ke}}(e_0, a_0)$	die im Bild E3–9 dargestellten bezogenen frequenzabhängigen Federsteifigkeiten der Koppelglieder der Steifigkeitsmatrix
$d_{jj,0\rightarrow\Omega}^{\mathrm{Ks}\rightarrow\mathrm{Ke}}(e_0, a_0)$	die im Bild E3–8 und im Bild E3–9 dargestellten bezogenen frequenzabhängigen Dämpfungskennwerte der Hauptdiagonalglieder der Steifigkeitsmatrix
$d_{ji,0\rightarrow\Omega}^{\mathrm{Ks}\rightarrow\mathrm{Ke}}(e_0, a_0)$	die im Bild E3–9 dargestellten bezogenen frequenzabhängigen Dämpfungskennwerte der Hauptdiagonalglieder der Steifigkeitsmatrix
e	Einbettungstiefe
r	Fundamentradius
$e_0 = e/r$	Einbettungsverhältnis
Ω	Erregerkreisfrequenz
c_S	Scherwellengeschwindigkeit
$a_0 = \dfrac{r\Omega}{c_S}$	dimensionslose Frequenz

Alle im Bild E3–8 und im Bild E3–9 dargestellten bezogenen Federsteifigkeiten und Dämpfungen gelten für eine Querdehnzahl von $\nu \leq 0{,}4$.

3.2.7 Dynamische Steifigkeiten für rechteckförmige Oberflächenfundamente

Die dynamischen Steifigkeiten rechteckiger Oberflächenfundamente sind ein Sonderfall der dynamischen Steifigkeiten eingebetteter Rechteckfundamente. Sie können Abschnitt 3.2.8 entnommen werden.

3.2.8 Dynamische Steifigkeiten für rechteckförmige eingebettete Fundamente

Die beiden Teile der komplexen Steifigkeitsfunktionen für eingebettete Rechteckfundamente berechnen sich für jedes Hauptdiagonalelement jj der Steifigkeitsmatrix zu

$$K_{jj,\Omega}^{\mathrm{Re}}(\Omega) = K_{jj,0}^{\mathrm{Ks}}\left(r_{0j}\right) \cdot k_{jj,0\rightarrow\Omega}^{\mathrm{Ks}\rightarrow\mathrm{Re}}(b_0, e_0, a_0) \qquad \text{(E3–50)}$$

$$\Omega C_{jj,\Omega}^{\mathrm{Re}}(\Omega) = K_{jj,0}^{\mathrm{Ks}}\left(r_{0j}\right) \cdot a_0 \cdot d_{jj,0\rightarrow\Omega}^{\mathrm{Ks}\rightarrow\mathrm{Re}}(b_0, e_0, a_0) \qquad \text{(E3–51)}$$

$$jj = \mathrm{xx}, \mathrm{yy}, \mathrm{zz}, \varphi_x\varphi_x, \varphi_y\varphi_y, \varphi_z\varphi_z$$

bzw. für jedes Koppelglied ji der Steifigkeitsmatrix zu

$$K_{jj,\Omega}^{\mathrm{Re}}(\Omega) = r_{0j} \cdot K_{jj,0}^{\mathrm{Ks}}\left(r_{0j}\right) \cdot k_{ji,0\rightarrow\Omega}^{\mathrm{Ks}\rightarrow\mathrm{Re}}(b_0, e_0, a_0) \qquad \text{(E3–52)}$$

$$\Omega C_{ji,\Omega}^{\mathrm{Re}}(\Omega) = r_{0j} \cdot K_{ji,0}^{\mathrm{Ks}}\left(r_{0j}\right) \cdot a_0 \cdot d_{ji,0\rightarrow\Omega}^{\mathrm{Ks}\rightarrow\mathrm{Re}}(b_0, e_0, a_0) \qquad \text{(E3–53)}$$

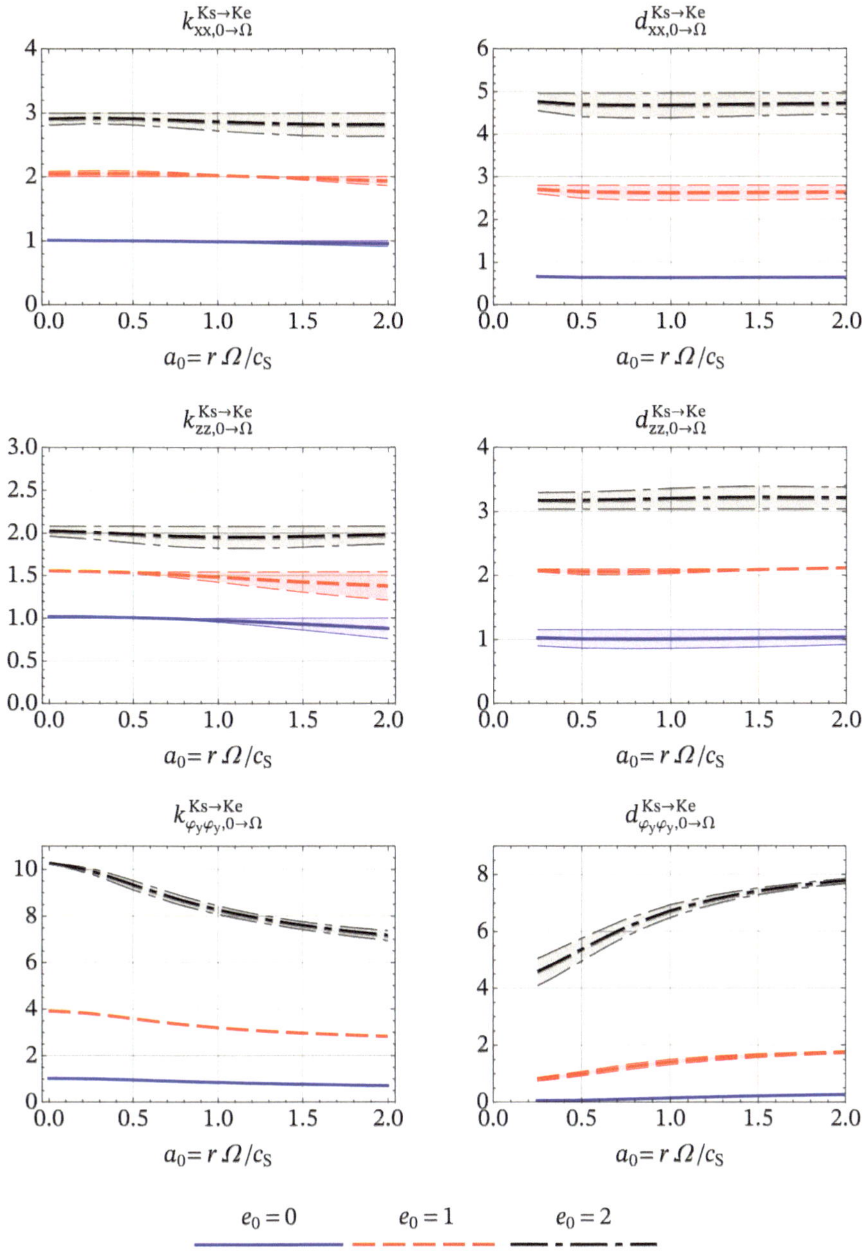

Bild E3–8 Mittelwert und Bandbreite der dimensionslosen Koeffizienten zur Berechnung der dynamischen Steifigkeit eines eingebetteten Kreisfundamentes. $\nu \leq 0{,}4$, *translatorische Koeffizienten und Kippsteifigkeitskoeffizienten*

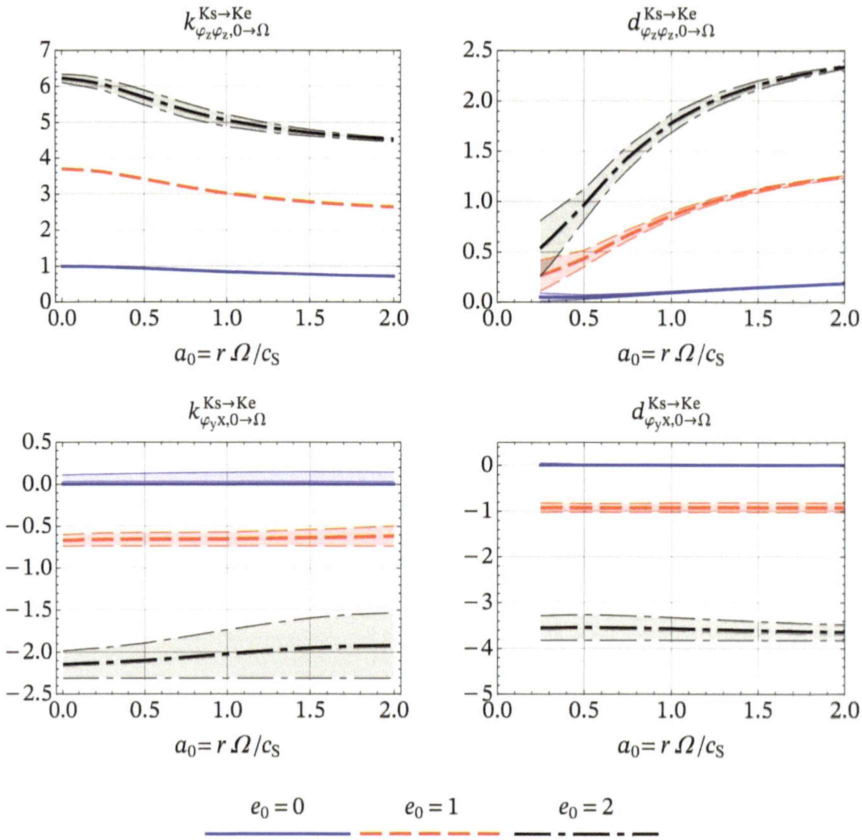

Bild E3-9 Mittelwert und Bandbreite der dimensionslosen Koeffizienten zur Berechnung der dynamischen Steifigkeit eines eingebetteten Kreisfundamentes. $\nu \leq 0{,}4$, *Torsionssteifigkeitskoeffizienten und Koppelsteifigkeitskoeffizienten*

$$ji = \mathrm{x}\varphi_\mathrm{y}, \mathrm{y}\varphi_\mathrm{x}$$

mit

$K^{\mathrm{Re}}_{jj,\Omega}(\Omega)$	frequenzabhängige Federsteifigkeit der Hauptdiagonalglieder der Steifigkeitsmatrix
$K^{\mathrm{Re}}_{ji,\Omega}(\Omega)$	frequenzabhängige Federsteifigkeit der Koppelglieder der Steifigkeitsmatrix
$C^{\mathrm{Re}}_{jj,\Omega}(\Omega)$	frequenzabhängige Dämpfung der Hauptdiagonalglieder der Steifigkeitsmatrix
$C^{\mathrm{Re}}_{ji,\Omega}(\Omega)$	frequenzabhängige Dämpfung der Koppelglieder der Steifigkeitsmatrix
$K^{\mathrm{Ks}}_{jj,\Omega}(r_{0j})$	Federsteifigkeit des korrespondierenden Oberflächenkreisfundamentes nach Abschnitt 3.1

r_{0j}	Radius des korrespondierenden Oberflächenkreisfundamentes nach Abschnitt 3.1
$k_{jj,0\to\Omega}^{\mathrm{Ks}\to\mathrm{Re}}(b_0, e_0, a_0)$	die in Bild E3–10 bis Bild E3–18 dargestellten dimensionslosen Steifigkeitskoeffizienten der Hauptdiagonalglieder der Steifigkeitsmatrix von eingebetteten Rechteckfundamenten
$k_{ji,0\to\Omega}^{\mathrm{Ks}\to\mathrm{Re}}(b_0, e_0, a_0)$	die in Bild E3–10 bis Bild E3–18 dargestellten dimensionslosen Steifigkeitskoeffizienten der Koppelglieder der Steifigkeitsmatrix von eingebetteten Rechteckfundamenten
$d_{jj,0\to\Omega}^{\mathrm{Ks}\to\mathrm{Re}}(b_0, e_0, a_0)$	die in Bild E3–10 bis Bild E3–18 dargestellten dimensionslosen Dämpfungskoeffizienten der Hauptdiagonalglieder der Steifigkeitsmatrix von eingebetteten Rechteckfundamenten
$d_{ji,0\to\Omega}^{\mathrm{Ks}\to\mathrm{Re}}(b_0, e_0, a_0)$	die in Bild E3–10 bis Bild E3–18 dargestellten dimensionslosen Dämpfungskoeffizienten der Koppelglieder der Steifigkeitsmatrix von eingebetteten Rechteckfundamenten
$b_0 = b/a$	Seitenlängenverhältnis gemäß Abschnitt 2.4
$e_0 = e/a$	dimensionslose Einbettung
e	Einbettung
a	kürzere halbe Fundamentbreite
Ω	Erregerkreisfrequenz
c_S	Scherwellengeschwindigkeit
$a_0 = a \cdot \Omega / c_S$	dimensionslose Frequenz

Alle in Bild E3–10 bis Bild E3–18 dargestellten dimensionslosen Federsteifigkeiten und Dämpfungen gelten für eine Querdehnzahl von $\nu = 0{,}4$.

Da bei Fundamenten mit größerem Seitenverhältnis die in den obigen Ergebnissen vorausgesetzte Bedingung der Starrheit insbesondere bei Oberflächenfundamenten im Allgemeinen nicht mehr erfüllt ist, können diese Beziehungen nur bis $b/a = 5$ angewandt werden. Weitere Kurven hierzu, auch zum Einfluss weiterer Parameter, siehe z. B. in [84, 85, 111–114].

4 Inhomogener Baugrund

Ein in der Natur vorkommender Untergrund weicht stets vom Idealfall eines homogenen Halbraums ab. Selbst in einem Boden mit bis in große Tiefe unveränderlicher Kornzusammensetzung und konstanter Dichte ergibt sich durch das Eigengewicht

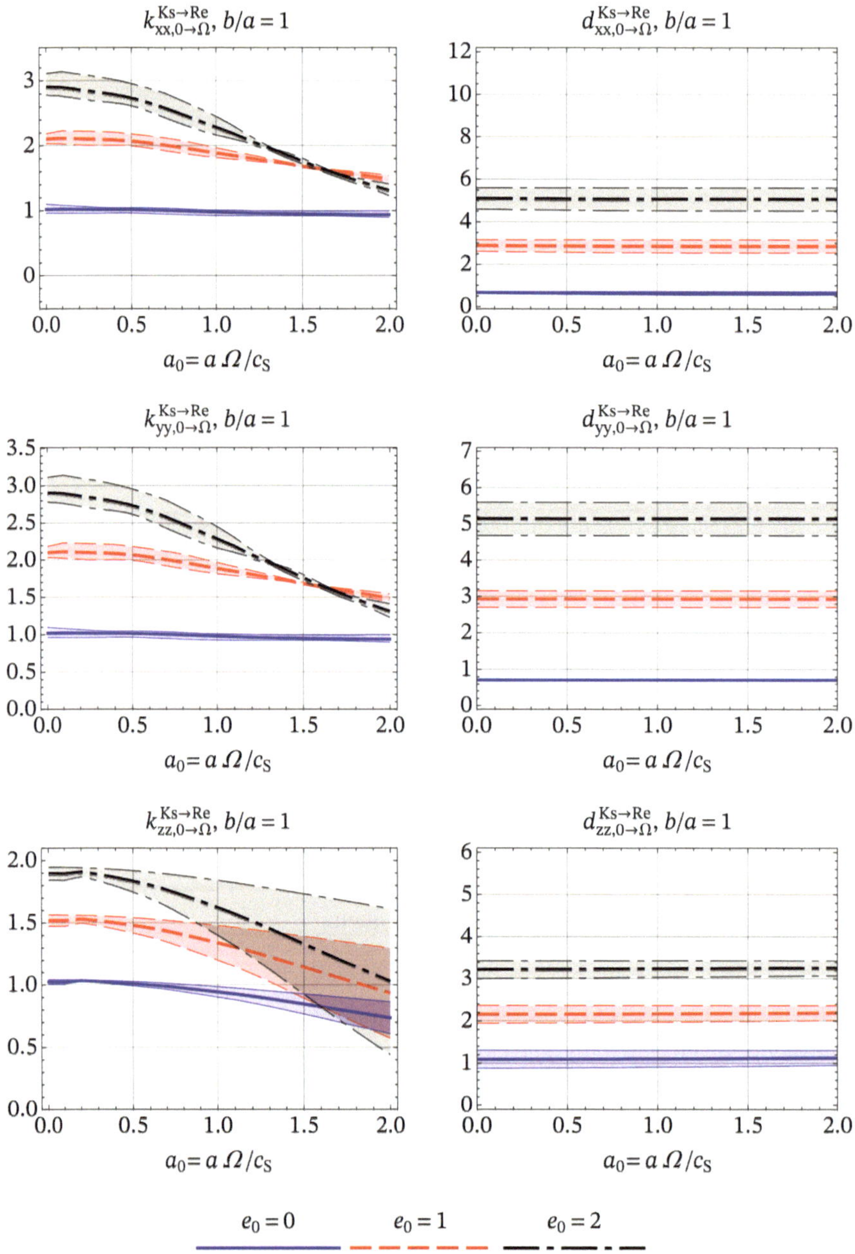

Bild E3–10 Dimensionslose Koeffizienten zur Berechnung der Federsteifigkeiten und Dämpfungen von Rechteckfundamenten, ν = 0,4, b_0 = 1; *translatorische Freiheitsgrade*

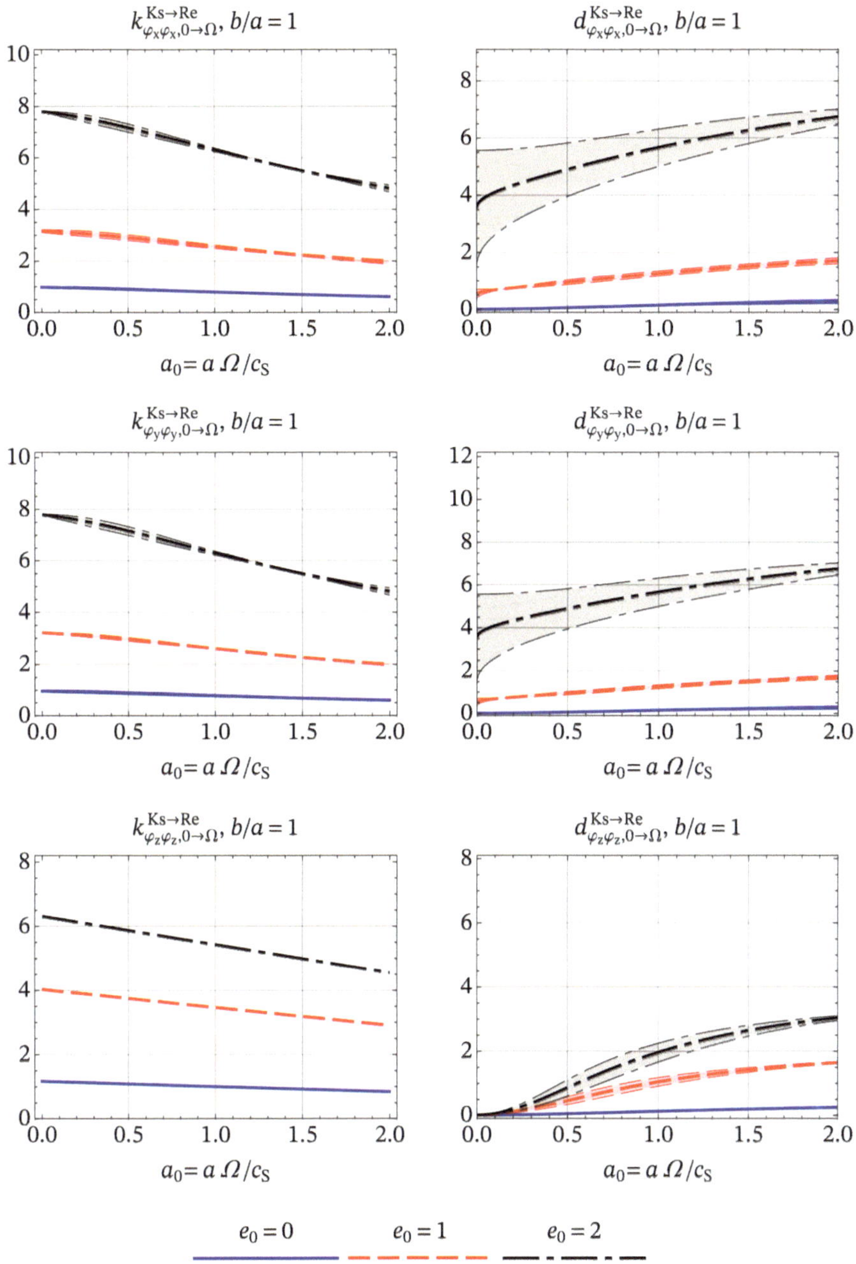

Bild E3-11 Dimensionslose Koeffizienten zur Berechnung der Federsteifigkeiten und Dämpfungen von Rechteckfundamenten, ν = 0,4, b_0 = 1; *rotatorische Freiheitsgrade*

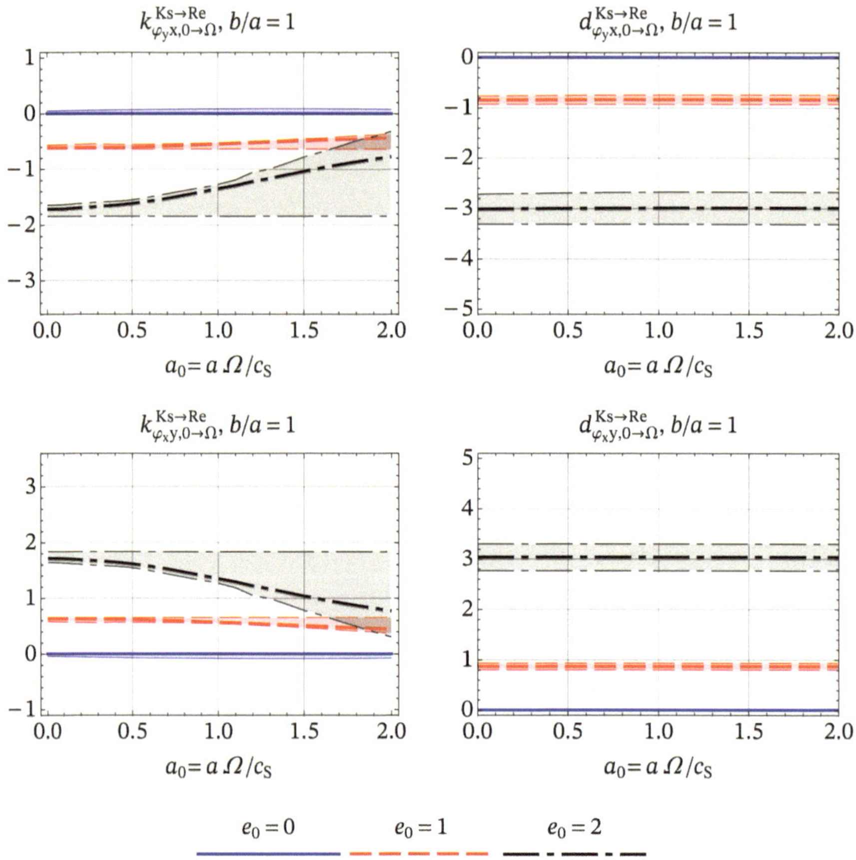

Bild E3–12 Dimensionslose Koeffizienten zur Berechnung der Federsteifigkeiten und Dämpfungen von Rechteckfundamenten, ν = 0,4, b_0 = 1; *Koppelglieder*

eine lineare Zunahme der vertikalen Spannungen mit der Tiefe, und dadurch nach (E2–2) ein zur Quadratwurzel der Tiefe proportionaler Schubmodul bzw. eine zur vierten Wurzel der Tiefenkoordinate proportionale Scherwellengeschwindigkeit. Hinzu kommen bei Maschinengründungen die Spannungen aus Eigengewicht von Gründung und Maschine, wodurch sich eine zusätzliche Inhomogenität des Bodens einstellt, insbesondere eine erhöhte Steifigkeit des Bodens in unmittelbarer Nähe zur Fundamentsohle. Änderungen der Lagerungsdichte und der Kornzusammensetzung können zu einer deutlich ausgeprägten Schichtung des Bodens führen, die mit Sprüngen in der Bodensteifigkeit an den Schichtgrenzen einhergeht.

Es hat sich gezeigt, dass Böden mit kontinuerlicher Zunahme der Bodensteifigkeit, die näherungsweise der Zunahme des Schubmoduls proportional zur Quadratwurzel der Tiefenkoordinate entspricht oder einen geringeren Gradienten aufweist, mit ausreichender Genauigkeit durch einen äquivalenten Halbraum abgebildet werden können. Bei deutlich ausgeprägten Schichtgrenzen treten Resonanzeffekte

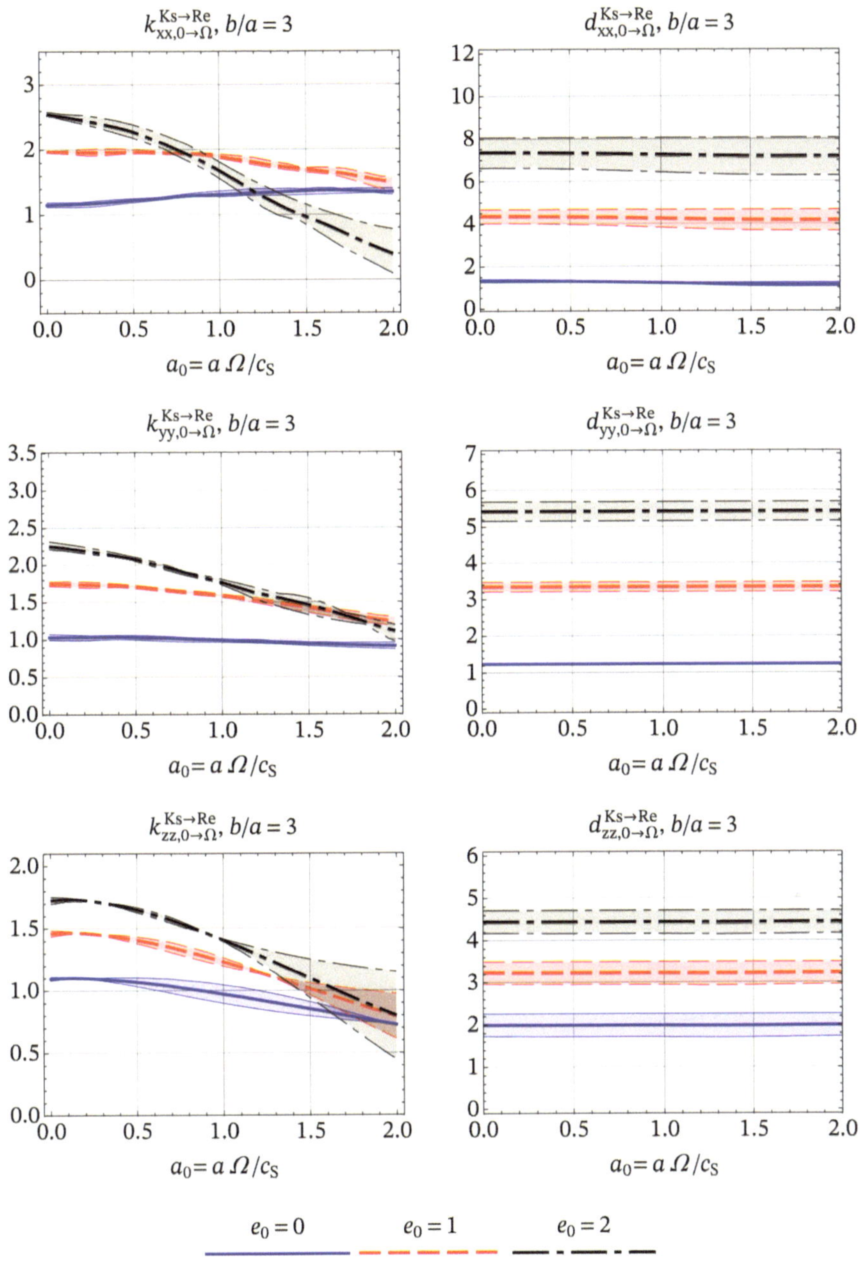

Bild E3-13 Dimensionslose Koeffizienten zur Berechnung der Federsteifigkeiten und Dämpfungen von Rechteckfundamenten, $\nu = 0{,}4$, $b_0 = 3$; *translatorische Freiheitsgrade*

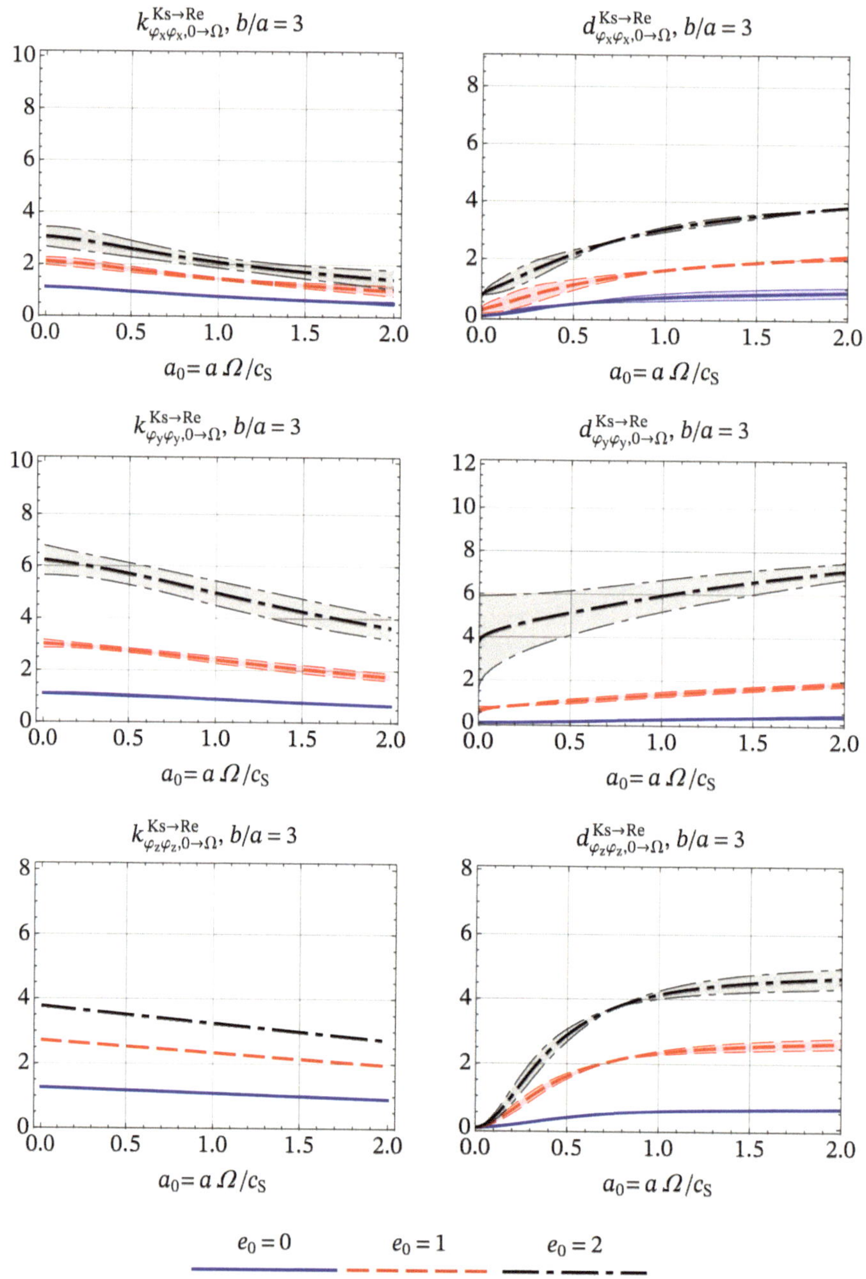

Bild E3–14 Dimensionslose Koeffizienten zur Berechnung der Federsteifigkeiten und Dämpfungen von Rechteckfundamenten, $\nu = 0{,}4$, $b_0 = 3$; *rotatorische Freiheitsgrade*

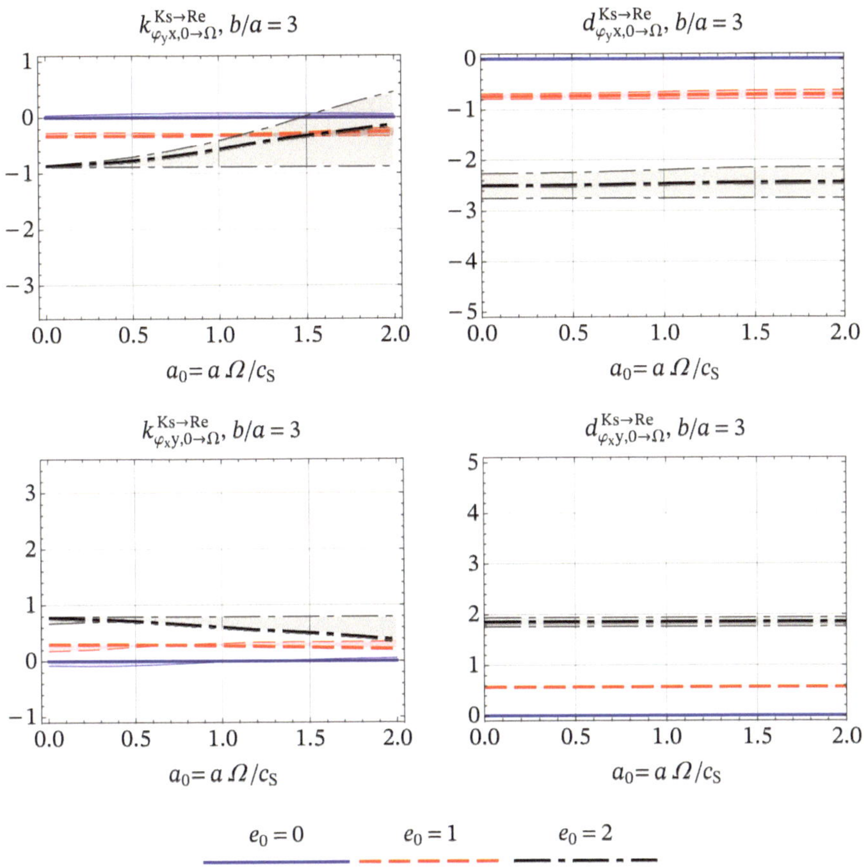

Bild E3-15 Dimensionslose Koeffizienten zur Berechnung der Federsteifigkeiten und Dämpfungen von Rechteckfundamenten, $\nu = 0{,}4$, $b_0 = 3$; *Koppelglieder*

in Erscheingung, die durch die dynamische Steifigkeit eines analogen homogenen Halbraums nicht ausreichend erfasst werden können. In solchen Fällen sind stets dedizierte dynamische Untersuchungen erforderlich.

4.1 Einfluss der Gründungslasten

Die Zusatzspannungen können mithilfe der klassischen Spannungsausbreitungsbeziehungen nach Boussinesq [115] und daraus abgeleiteter Beziehungen für spezielle Sohlspannungsverteilungen ermittelt werden. Anschließend kann der Schubmodul gemäß Abschnitt E2-2.1 abgeschätzt werden.

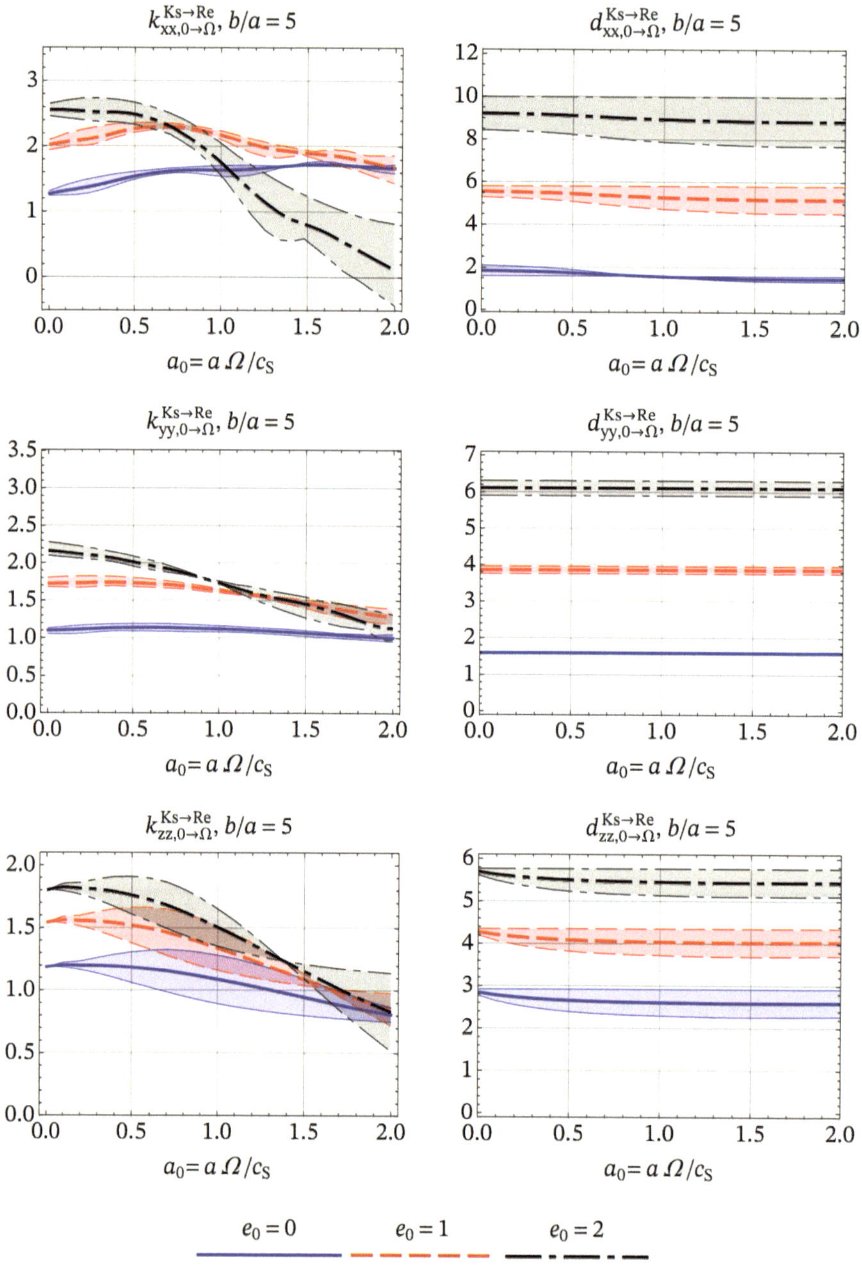

Bild E3-16 Dimensionslose Koeffizienten zur Berechnung der Federsteifigkeiten und Dämpfungen von Rechteckfundamenten, $\nu = 0{,}4$, $b_0 = 5$; *translatorische Freiheitsgrade*

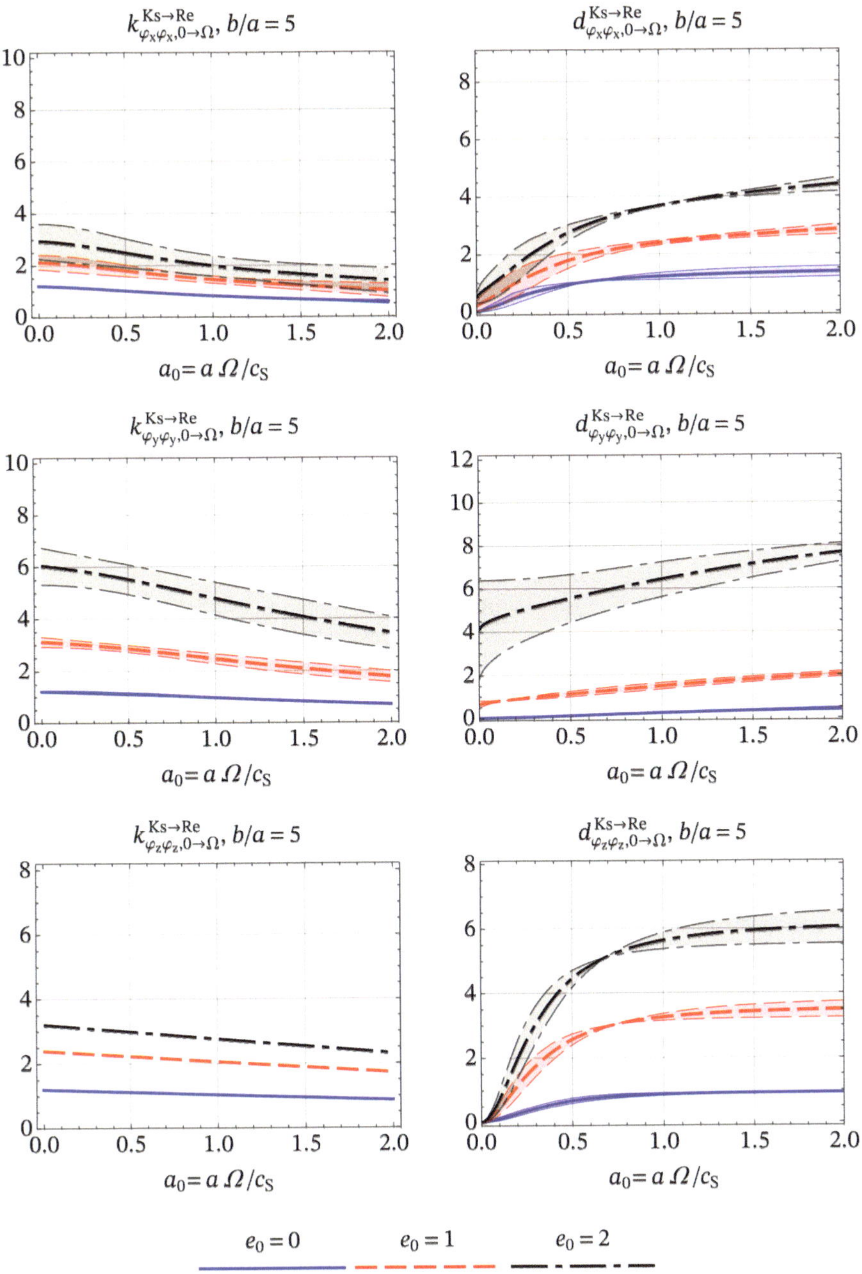

Bild E3–17 Dimensionslose Koeffizienten zur Berechnung der Federsteifigkeiten und Dämpfungen von Rechteckfundamenten, $\nu = 0{,}4$, $b_0 = 5$; *rotatorische Freiheitsgrade*

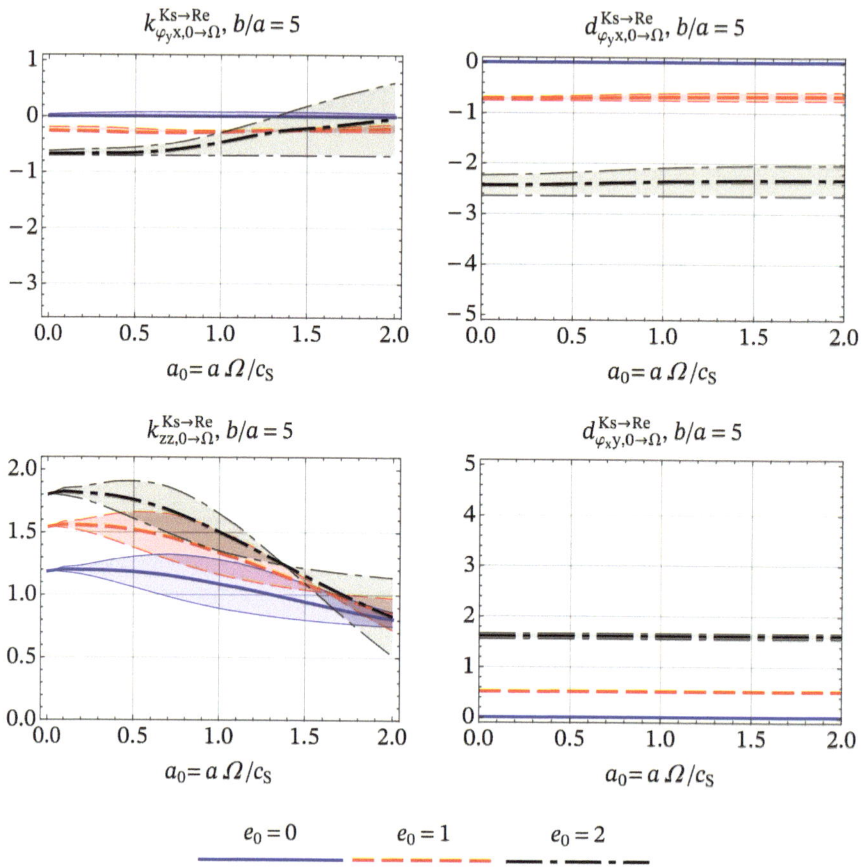

Bild E3-18 Dimensionslose Koeffizienten zur Berechnung der Federsteifigkeiten und Dämpfungen von Rechteckfundamenten, $\nu = 0{,}4$, $b_0 = 5$; *Koppelglieder*

Die um den Einfluss von Gründungslasten korrigierten Scherwellengeschwindigkeiten unterhalb eines Fundamentes können nach [116] mit (E3-54) approximiert werden.

$$c_{S,F}(z) = c_S(z)\left(\frac{\sigma'_z(z) + \Delta\sigma'_z(z)}{\sigma'_z(z)}\right)^{n/2} \tag{E3-54}$$

Darin sind

$c_{S,F}(z)$	Korrigierte Scherwellengeschwindigkeit in der Tiefe z unterhalb der Gründungssohle
$c_S(z)$	Scherwellengeschwindigkeit in der Tiefe z ohne Einfluss der Gründungslasten
$\sigma'_z(z)$	Effektive Spannungen durch Bodeneigengewicht in der Tiefe z

$\Delta\sigma_z'(z)$ Effektive Zusatzspannungen durch Gründungslasten

n Exponent des Faktors $(\bar{\sigma}'/p_a)$ in (E2–2), (E2–3) oder ähnlichen Beziehungen, mit dem der Verlauf der Spannungszunahme mit der Tiefe beschrieben wird

Nach [116] beschränkt sich der Einfluss von Gründungslasten auf die Scherwellengeschwindigkeit auf eine halbe bis einfache Fundamentbreite.

4.2 Kontinuierliche Steifigkeitszunahme und Steifigkeitssprünge

Bei einer kontinuierlichen Steifigkeitszunahme, die nur durch das Bodeneigengewicht verursacht wird, aber nicht durch signifikante Änderungen der Kornzusammensetzung oder der Lagerungsdichte, haben numerische Untersuchungen gezeigt, dass die dynamischen Steifigkeiten von Fundamenten auf derartigen Böden qualitativ gut mit den dynamischen Steifigkeiten von Fundamenten auf einem homogenen Halbraum übereinstimmen. Es verbleibt lediglich die Aufgabe, eine für den inhomogenen Boden repräsentative Scherwellengeschwindigkeit zu finden, und den inhomogenen Halbraum durch einen homogenen Halbraum mit der so ermittelten Scherwellengeschwindigkeit bzw. mit einem analog ermittelten dynamischen Schubmodul zu approximieren.

Durch die Zunahme der Steifigkeit mit der Tiefe besitzt ein solcher Boden eine im Vergleich zu einem homogenen Halbraum geringere Abstrahldämpfung. Dies lässt sich dadurch veranschaulichen, dass man sich die Steifigkeitszunahme als dichte Folge sehr kleiner Steifigkeitssprünge vorstellt. Weil an jedem noch so kleinen Steifigkeitssprung Wellen reflektiert werden, wird die Wellenenergie nicht mehr vollständig in den tiefer liegenden Teil des Halbraums weitergeleitet, und kann sogar bis an die Oberfläche zurücktransportiert werden. Diese theoretischen Überlegungen decken sich mit den Ergebnissen der Versuche aus [97], siehe auch Abschnitt E3-1.

In der Literatur finden sich Hinweise zur Ermittlung einer mittleren repräsentativen Scherwellengeschwindigkeit für verschiedene Verläufe der kontinuierlichen Steifigkeitszunahme. In [117] wird vorgeschlagen, als repräsentative Scherwellengeschwindigkeit die mittlere Scherwellengeschwindigkeit von der Geländeoberfläche bis zu einer wirksamem Tiefe z_p unterhalb der Fundamentsohle zu verwenden. Für ein Rechteckfundament wird als wirksame Tiefe z_p für translatorische Fundamentverschiebungen die halbe Breite eines flächengleichen Quadratfundamentes, und für rotatorische Verschiebungen die halbe Breite eine Quadratfundamentes mit identischem Flächenträgheitsmodul der Sohlfläche vorgeschlagen. Die repräsentative Scherwellengeschwindigkeit ergibt sich dann aus dem Verhältnis zwischen $e + z_p$ und der Laufzeit einer Scherwelle von der Geländeoberfläche bis zur Tiefe $e + z_p$. Wenn man den Boden in dünne Schichten mit der Dicke Δz_i unterteilt, dann erhält man die repräsentative Scherwellengeschwindigkeit durch Auswertung von (E3–55).

$$c_{\mathrm{S,repr}} = \frac{e + z_{\mathrm{p}}}{\sum_{i=1}^{n} \left(\Delta z_i / c_{\mathrm{S,F}}(z_i)\right)} \qquad \text{(E3–55)}$$

Darin ist

$c_{S,repr}$	die repräsentative Scherwellengeschwindigkeit,
n	die Anzahl der dünnen Schichten,
z_i	die mittlere Tiefe der i-ten dünnen Schicht,
z_p	die wirksame Tiefe unterhalb der Fundamentsohle und
e	die Einbindetiefe des Fundaments.

In [93] werden Näherungsformeln für die statische Steifigkeit eines masselosen Quadratfundamentes auf Halbräumen mit verschiedenen Zunahmefunktionen des Schubmoduls angegeben. Für die dynamischen Steifigkeitskoeffizienten, d. h. für das Verhältnis zwischen der dynamischen und der statischen Steifigkeit des Halbraums mit zunehmendem Schubmodul, wird angegeben, dass mit ausreichender Genauigkeit die in [93] aufgeführten Koeffizienten für einen homogenen Halbraum $k_{jj,0\to\Omega}^{\mathrm{Re}\to Re}$ bzw. $k_{ij,0\to\Omega}^{\mathrm{Re}\to Re}$ verwendet werden können, wobei als Schubmodul der Schubmodul an der Oberfläche des inhomogenen Halbraums zu verwenden ist. Es wird in [93] deutlich darauf hingewiesen, dass die dort angegebenen Formeln mit großer Vorsicht angewendet werden müssen. Weitere Hinweise finden sich in [88].

Der Einfluss einer relativ weichen Schicht über einer härteren auf das dynamische Verhalten eines Fundamentes zeigt sich dadurch, dass Resonanzen in den Schichteigenfrequenzen auftreten. Für den Grenzfall eines starren Untergrundes gilt

$$f_{\mathrm{ev}} = \frac{c_{\mathrm{P}}}{4H}$$

bzw.

$$f_{\mathrm{eh}} = f_{\mathrm{et}} = \frac{c_{\mathrm{S}}}{4H}$$

mit

c_P, c_S	Kompressions- bzw. Scherwellengeschwindigkeit in der Schicht
H	Schichtdicke
f_{ev}, f_{eh}, f_{et}	niedrigste Eigenfrequenz der Schicht bei vertikaler oder horizontaler Anregung bzw. bei Torsionsanregung

Nach [116] kann eine feste Schicht als starr gegenüber einer benachbarten Schicht angesehen werden, wenn das Verhältnis der Scherwellengeschwindigkeit der festen Schicht zur Scherwellengeschwindigkeit der benachbarten Schicht 2 : 1 oder größer beträgt.

Die in den Abschnitten E3-3.1 und E3-3.2 angegebenen Federsteifigkeiten und Dämpfungen dürfen bei ausgeprägter Schichtung nicht angesetzt werden.

Die Auswirkungen einer kontinuierlichen Steifigkeitszunahme und eines ausgeprägten Steifigkeitssprunges sind in Bild E3-19 und Bild E3-20 beispielhaft dargestellt. Sie zeigen den vertikalen Steifigkeitskoeffizienten und den Kippsteifigkeitskoeffizienten eines starren masselosen Quadratfundamentes mit der Kantenlänge $2a = 4$ m auf den beiden geschichteten Halbräumen nach Bild E1–7. Die Steifigkeitskoeffizienten wurden für jede Schichtung auf die jeweilige statische Steifigkeit des korrespondierenden Kreisfundamentes auf einem homogenen Halbraum mit dem Schubmodul an der Oberfläche der Schichtung bezogen. Zum Vergleich sind jeweils die entsprechenden Steifigkeitskoeffizienten für das gleiche Fundament auf jenen homogenen Halbräumen ebenfalls dargestellt.

Es ist in Bild E3–19 deutlich zu erkennen, dass beim Profil (a), bei dem ein ausgeprägter Steifigkeitssprung in einer Tiefe von $h = 8$ m vorhanden ist, ein deutlich sichtbares schmalbandiges Abfallen der vertikalen Steifigkeit bei ca. 8,5 Hz auftritt, was durch die Schichtresonanz ausgelöst wird, die bei einem starren Halbraum unterhalb der Schicht bei 9,4 Hz liegen würde, und durch die Nachgiebigkeit des Halbraums hier etwas darunter liegt. Bei der dynamischen Steifigkeit von Fundamenten mit deutlich größerem Verhältnis von Fundamentbreite und Schichtdicke a/h treten noch erheblich stärkere Abweichungen von der Steifigkeit eines Fundamentes auf einem homogenen Halbraum auf. Bei Profil (b) hingegen, bei dem ein linearer Anstieg der Steifigkeit des Bodens mit der Tiefe vorliegt, ist eine größere qualitative Ähnlichkeit des Verlaufes der dynamischen Steifigkeit mit einem homogenen Halbraum zu erkennen. Im statischen Fall liegt eine größere dynamische Steifigkeit des Fundamentes als bei einem homogenen Halbraum vor, die sich zunächst mit zunehmender Frequenz dem homogenen Halbraum annähert. Mit weiter zunehmender Anregungsfrequenz treten jedoch wieder größere Abweichungen auf,

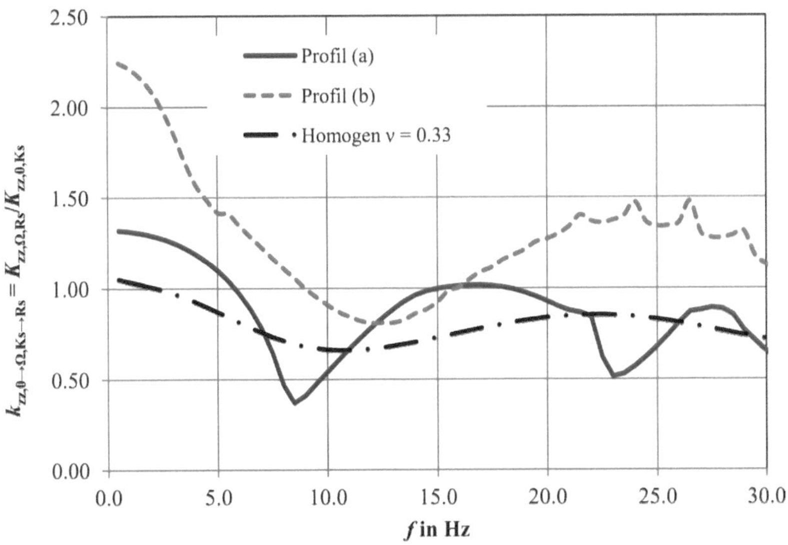

Bild E3–19 Steifigkeitskoeffizient der vertikalen Schwingung eines starren masselosen Quadratfundamentes mit Kantenlänge $2a = 4$ m auf der Oberfläche eines geschichteten Halbraums nach Bild E1–7

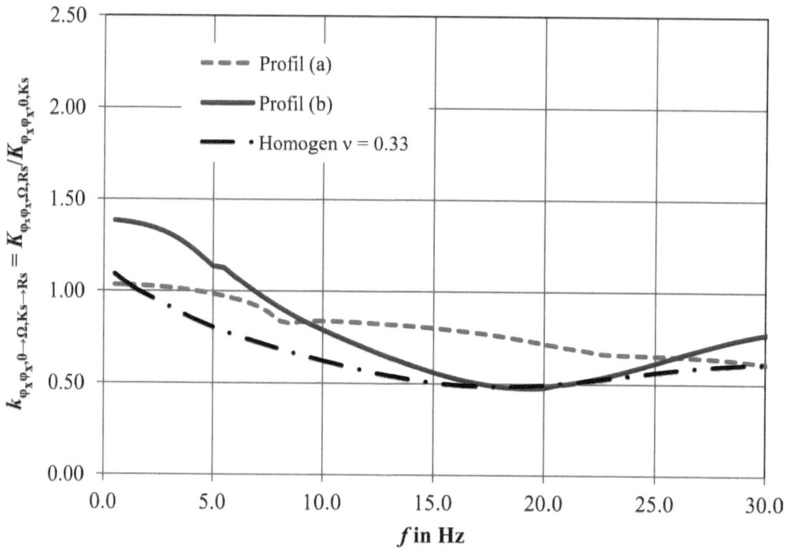

Bild E3–20 Steifigkeitskoeffizient der Kippschwingung eines starren masselosen Quadratfundamentes mit Kantenlänge $2a$ = 4 m auf der Oberfläche eines geschichteten Halbraums nach Bild E1–7

insbesondere wenn die Abmessungen des Fundamentes ein ganzzahliges Vielfaches der Wellenlänge der Oberflächenwelle sind. Auch diese Effekte würden mit größerer Fundamentbreite deutlich ausgeprägter sein, insbesondere bei der Kippsteifigkeit, was aus den in Bild E3–20 gezeigten Kurven der hier untersuchten Beispiele aber noch nicht erkennbar wird.

5 Abschätzung des Einflusses weiterer Parameter

5.1 Querdehnzahl

Generell ist der Einfluss der Querdehnzahl auf die Federsteifigkeiten größer als auf die Dämpfungen und bei höheren Frequenzen größer als bei niedrigen. Bei allen Anregungsmoden ist die Beeinflussung gering bei Querdehnzahlen kleiner als $\nu = 0{,}4$. Größere Querdehnzahlen als $\nu = 0{,}4$ beeinflussen vorwiegend die Federsteifigkeiten der Vertikalschwingungen und der Kippschwingungen.

Bild E3–21 zeigt den vertikalen Steifigkeitskoeffizienten $k_{zz,0\to\Omega}^{\mathrm{Ks}\to\mathrm{Rs}}$ und Bild E3–22 den Kippsteifigkeitskoeffizienten $k_{\varphi_x\varphi_x,0\to\Omega}^{\mathrm{Ks}\to\mathrm{Rs}}$ eines starren masselosen Quadratfundamentes auf der Oberfläche eines homogenen Halbraums bezogen auf die statische Steifigkeit des jeweils korrespondierenden Kreisfundamentes. Die Berechnungen erfolgten mit einem Verfahren zur Kopplung der FE-Methode und der Randelementemethode [118].

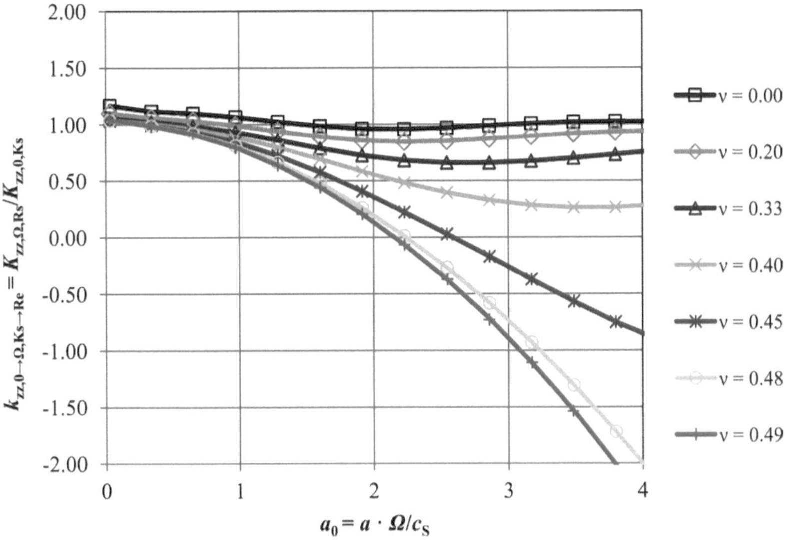

Bild E3-21 Einfluss der Querdehnzahl auf die Federsteifigkeiten der Vertikalschwingungen eines quadratischen Fundaments auf der Oberfläche eines homogenen Halbraums

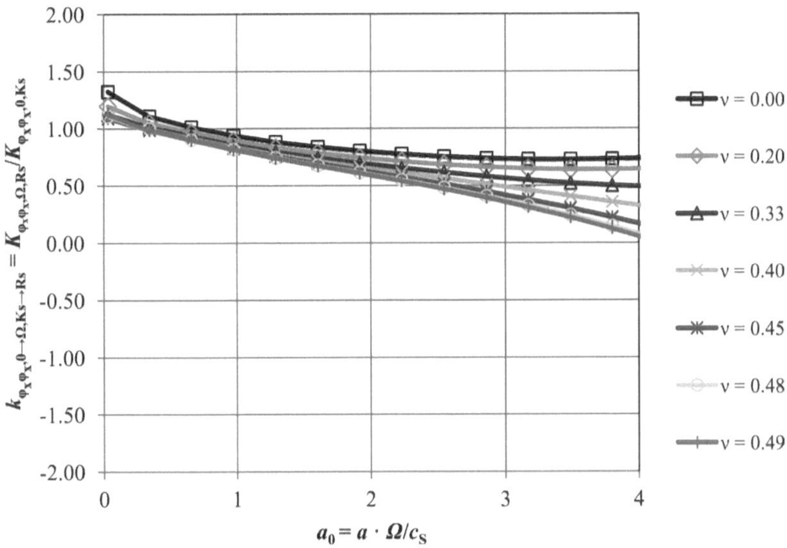

Bild E3-22 Einfluss der Querdehnzahl auf die Federsteifigkeit der Kippschwingungen eines quadratischen Fundaments auf der Oberfläche eines homogenen Halbraums

5.2 Streifenfundamente

Anzumerken ist, dass für den Fall sehr schlanker Fundamente häufig die Bedingung der Starrheit mit zunehmender Frequenz nicht mehr aufrechterhalten werden kann. In diesen Fällen empfiehlt es sich, das Streifenfundament in Abschnitte mit $b/a = 5$ einzuteilen und diese getrennt mit den obigen Beziehungen zu berechnen.

6 Sensitivität der Fundamentschwingungen

Die Amplituden der Fundamentschwingungen sind nur wenig empfindlich gegenüber kleinen Ungenauigkeiten bei der Ablesung der Feder- und Dämpferkennwerte, sofern ein Maschinenfundament in ausreichendem Abstand von den Resonanzfrequenzen betrieben wird.

Bei Bemessung eines Maschinenfundamentes für den Betrieb nahe der Eigenfrequenz sind jedoch die berechneten Amplituden mit Sicherheitsbeiwerten zu beaufschlagen. Dabei ist zu berücksichtigen, dass durch die hohe Dämpfung des Bodens die Frequenz, bei der die maximalen Amplituden auftreten, einen deutlichen Abstand zur ungedämpften Eigenfrequenz haben kann.

7 Berechnungsbeispiele

7.1 Vorbemerkungen

Die folgenden Berechnungen sollen beispielhaft die Verwendung der in diesen Empfehlungen präsentierten dynamischen Steifigkeiten verdeutlichen. Sie stellen insofern keine vollständige Fundamentbemessung dar.

Die dargestellten Zahlenwerte können Rundungsdifferenzen bis in den hohen einstelligen Prozentbereich enthalten. Abweichungen treten dadurch auf, dass berechnete Zahlenwerte je nach Rechenwerkzeug mit unterschiedlicher Anzahl Dezimalstellen in nachfolgende Berechnungsschritte eingesetzt werden. Die nachfolgenden Beispiele wurden mit einem Tabellenkalkulationsprogramm erarbeitet, bei dem Zwischenergebnisse stets mit voller Rechengenauigkeit in nachfolgenden Berechnungsschritten eingesetzt wurden. Eine Handrechnung kann je nach Anzahl der mitgeführten Dezimalstellen leicht davon abweichende Ergebnisse liefern.

7.2 Vertikale Schwingungen am starren Rechteckfundament

Für das im Bild E3–23 dargestellte starre Rechteckfundament wird in diesem Beispiel für den Fall der vertikalen Erregung die Abstimmung, d. h. das Verhältnis der Eigenfrequenz des Systems zur Erregerfrequenz, zur Erfüllung des erforderlichen Nachweises nach DIN 4024 [119] bestimmt. Hierzu werden zunächst die frequenzunabhängigen und die frequenzabhängigen Federsteifigkeiten und Dämpfungswerte ermittelt. Weiter wird die Bestimmung der frequenzabhängigen

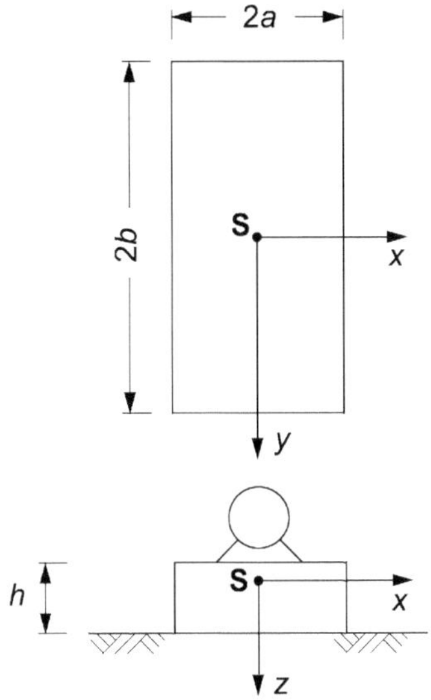

S: gemeinsamer Massenschwerpunkt von Maschine und Fundament

Bild E3-23 Fundamentgeometrie

Verformungsgrößen (Weg- und Geschwindigkeitsamplituden) sowie der dynamischen Lastgrößen aufgezeigt.

1. Daten des Fundamentes (siehe Bild E3-23)

$2a = 1{,}50$ m

$2b = 4{,}50$ m

$\frac{b}{a} = 3{,}0$

$h = 1{,}00$ m

$\rho_{\text{Beton}} = 2{,}5\ \text{t/m}^3$

Fundamentmasse:

$$m_F = 2a \cdot 2b \cdot h \cdot \rho_{\text{Beton}}$$
$$= 1{,}50 \cdot 4{,}50 \cdot 1{,}00 \cdot 2{,}5 = 16{,}9\ \text{t}$$

2. Daten der Maschine

Masse der Maschine: $m_M = 15{,}0$ t

Erregerfrequenz: $f = 16$ Hz

Vertikale Erregerkraftamplitude bei 16 Hz:	$|\hat{P}_Z| = P_Z = 4{,}0$ kN
Erregerkreisfrequenz:	$\Omega = 2 \cdot \pi \cdot f = 2 \cdot \pi \cdot 16 = 100{,}5\ \mathrm{s}^{-1}$

Die harmonische Erregerkraft wirkt durch den Massenschwerpunkt der Maschine, der über dem Fundamentschwerpunkt angeordnet ist.

3. Gesamtmasse aus Maschine und Fundament

$$m = m_F + m_M = 31{,}9\ \mathrm{t}$$

Im Hinblick auf die zusätzlich zu den statischen Lasten wirkende dynamische Belastung ist eine reichliche Grundbruchsicherheit erforderlich:

$$\sigma_{st} = \frac{mg}{4ab} = \frac{31{,}9 \cdot 10}{4 \cdot 0{,}75 \cdot 2{,}25} = 47{,}3\mathrm{kN/m^2} \ll \sigma_{zul}$$

4. Bodendynamische Kennwerte

Bodenart	Sandiger Schluff
Feuchtwichte des Bodens:	$\gamma = 18\ \mathrm{kN/m^3}$
Kornwichte des Bodens:	$\gamma_S = 26{,}5\ \mathrm{kN/m^3}$
Wichte unter Auftrieb:	$\gamma' = 11{,}0\ \mathrm{kN/m^3}$
Wichte wassergesättigt:	$\gamma_r = 21{,}0\ \mathrm{kN/m^3}$
Porenzahl:	$e = 0{,}50$
Querdehnzahl:	$\nu = 0{,}4$

Der Grundwasserhorizont liegt bei $z = 3{,}0$ m. Bild E3–24 zeigt den Spannungsverlauf im Boden unter dem kennzeichnenden Punkt. Nach (E2–2) ergibt sich

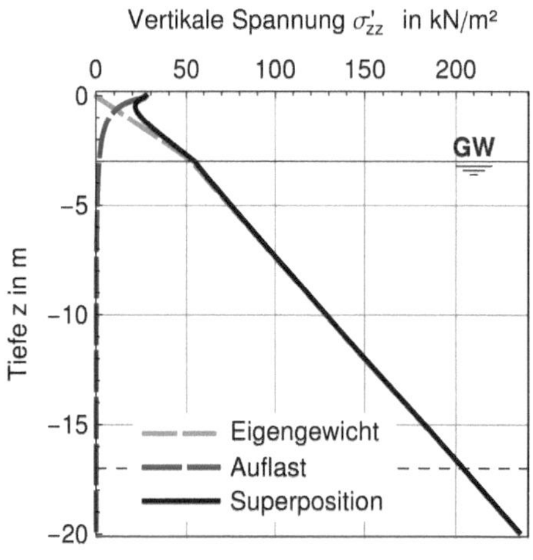

Bild E3–24 Spannungsverlauf unter dem kennzeichnenden Punkt des Fundamentes

der Verlauf des Schubmoduls und somit der Verlauf der Scherwellengeschwindigkeit wie in Bild E3–25 dargestellt.

Der Verlauf der Spannungen wird vom Bodeneigengewicht dominiert, wohingegen die Zusatzlast aus Maschine und Fundament bereits in einer Tiefe von 2 m keine signifikanten Spannungen mehr beisteuert. In solchen Fällen ist erfahrungsgemäß der Schubmodul in einer Tiefe von 1/3 bis 1/2 einer Rayleigh-Wellenlänge repräsentativ für einen äquivalenten homogenen Halbraum. Aus dem Verlauf der Scherwellengeschwindigkeit in Bild E3–25 ist ersichtlich, dass die repräsentative Schwerwellengeschwindigkeit in der Nähe von $c_S \approx 200$ m/s liegen wird. Bei einer Anregungsfrequenz $f = 16$ Hz ergibt sich als Schätzwert für die Wellenlänge einer Rayleighwelle $\lambda_R \approx 200/16 = 12{,}5$ m.

Gewählter dynamischer Schubmodul:

$$G_{d0} = 80 \cdot 10^3 \text{ kN/m}^2$$

Für alle Berechnungen wird $G_d = G_{d0}$ angesetzt.

5. Ermittlung der frequenzunabhängigen Federsteifigkeit (Federkonstante) und Dämpfung (Dämpfungskonstante)

Ersatzradius nach (E3–39):

$$r_{0z} = \sqrt{\frac{4ab}{\pi}} = \sqrt{\frac{4 \cdot 0{,}75 \cdot 2{,}25}{\pi}} = 1{,}47 \text{ m}$$

Federsteifigkeit nach (E3–31):

$$K_{zz,0} = \frac{4 \cdot G_d \cdot r_{0z}}{1 - \nu} = \frac{4 \cdot 80 \cdot 10^3 \cdot 1{,}47}{1 - 0{,}4} = 782 \cdot 10^3 \text{kN/m}$$

Dämpfung nach (E3–32):

$$C_{zz,0} = \frac{3{,}4 \cdot r_{0z}}{1 - \nu}\sqrt{\rho \cdot G_d} = \frac{3{,}4 \cdot 1{,}47^2}{1 - 0{,}4}\sqrt{1{,}8 \cdot 80 \cdot 10^3} = 4{,}62 \cdot 10^3 \text{kN/(m/s)}$$

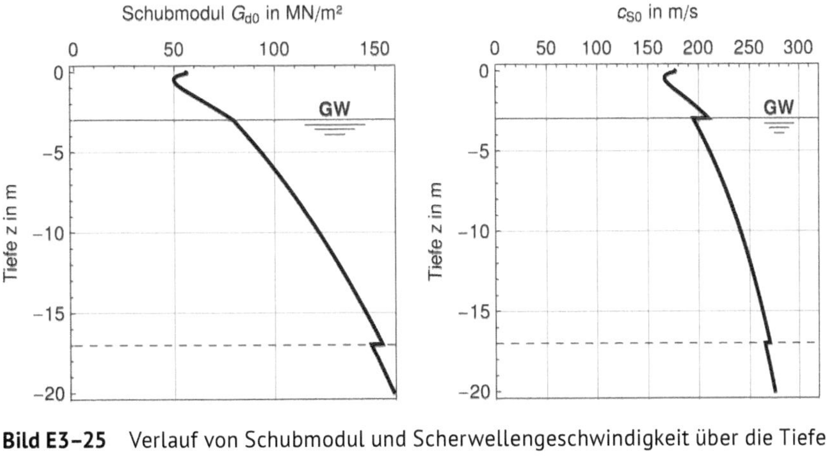

Bild E3–25 Verlauf von Schubmodul und Scherwellengeschwindigkeit über die Tiefe

Kritische Dämpfung:

$$C_{zz,0,kr} = 2\sqrt{K_{zz,0} \cdot m} = 2\sqrt{784 \cdot 10^3 \cdot 31{,}9} = 9{,}98 \cdot 10^3 \text{kN/(m/s)}$$

Dämpfungsgrad:

$$D = \frac{C_{zz,0}}{C_{zz,0,kr}} = \frac{4{,}65 \cdot 10^3}{10 \cdot 10^3} = 0{,}46$$

6. Ermittlung der ungedämpften Eigenfrequenz (ohne Berücksichtigung der Frequenzabhängigkeit der Federkennwerte)

$$\bar{f}_{ez} = \frac{\bar{\omega}_{ez}}{2\pi} = \frac{1}{2\pi}\sqrt{\frac{K_{zz,0}}{m}} = \frac{1}{2\pi}\sqrt{\frac{782 \cdot 10^3}{31{,}9}} = 24{,}9 \text{ Hz}$$

Bemerkung: Da das System gedämpft ist, tritt das Amplitudenmaximum nicht bei dem Wert der oben ermittelten ungedämpften Eigenfrequenz auf, sondern an einer anderen Stelle, die dämpfungs- und erregerabhängig ist.
Konstante Erregung:

$$f_{max,z} = \bar{f}_{ez}\sqrt{1 - 2D^2}$$

Quadratische Erregung:

$$f_{max,z} = \bar{f}_{ez}\frac{1}{\sqrt{1 - 2D^2}}$$

7. Ermittlung der frequenzabhängigen Federsteifigkeit und Dämpfung für vertikale Schwingungen
Aus der Erregerkreisfrequenz Ω ergibt sich die dimensionslose Frequenz a_0 zu:

$$a_0 = \frac{a \cdot \Omega}{c_S} = \frac{0{,}75 \cdot 100{,}5}{211} = 0{,}36$$

Für $a_0 = 0{,}36$ und $b/a = 3{,}0$ liefert Bild E3–14:

$$k_{zz,0\to\Omega}^{Ks\to Re} = 1{,}08 \text{ und } d_{zz,0\to\Omega}^{Ks\to Re} = 1{,}98$$

Somit erhält man aus (E3–50) die frequenzabhängige Federsteifigkeit als Realteil der komplexen Steifigkeit $S(\Omega)$

$$K_{zz,\Omega} = K_{zz,0} \cdot k_{zz,0\to\Omega}^{Ks\to Re}(a_0) = 782 \cdot 10^3 \cdot 1{,}08 = 847 \cdot 10^3 \text{kN/m}$$

und aus (E3–52) den Imaginärteil der komplexen Steifigkeit $S(\Omega)$

$$\Omega C_{zz,\Omega}^{Re}(\Omega) = K_{zz,0} \cdot a_0 \cdot d_{zz,0\to\Omega}^{Ks\to Re}(a_0) = 782 \cdot 10^3 \cdot 0{,}36 \cdot 1{,}98 = 554 \cdot 10^3 \text{kN/m}$$

bzw. die frequenzabhängige Dämpfung

$$C_{zz,\Omega}(\Omega) = \frac{\Omega C_{zz,\Omega}^{Re}(\Omega)}{\Omega} = \frac{554 \cdot 10^3}{100{,}5} = 5{,}51 \cdot 10^3 \text{kN/(m/s)}$$

8. Ermittlung der vertikalen Weg- und Geschwindigkeitsamplituden

Wegamplitude:

$$U_z = |\hat{U}_z| = \frac{P_z}{\sqrt{\left[K_{zz,\Omega}(\Omega) - m\Omega^2\right]^2 + \left[\Omega \cdot C_{zz,\Omega}(\Omega)\right]^2}}$$

Alle erforderlichen Werte sind unter Punkt 7 ermittelt worden und können in die obige Formel eingesetzt werden:

$$U_z = \frac{4{,}0}{\sqrt{\left(847 \cdot 10^3 - 31{,}9 \cdot 100{,}5^2\right)^2 + \left(554 \cdot 10^3\right)^2}} = 5{,}24 \cdot 10^{-6}\,\text{m}$$

Geschwindigkeitsamplitude:

$$V_z = \Omega \cdot U_z = 100{,}5 \cdot 5{,}24 \cdot 10^{-6} = 5{,}27 \cdot 10^{-4}\,\text{m/s}$$

Nach VDI-Richtlinie 2056 [120] ergibt sich aus Tab. 2, z. B. Maschinengruppe K und M, dass für $V_{zeff} = V_z/\sqrt{2} = 4{,}0 \cdot 10^{-3}\,\text{m/s}$ der Schwingungszustand des Fundamentes als „gut" beurteilt werden kann.

Phasenwinkel:

$$\tan\alpha = \frac{-\Omega \cdot C_{zz,\Omega}(\Omega)}{K_{zz,\Omega}(\Omega) - m\Omega^2} = \frac{-554 \cdot 10^3}{847 \cdot 10^3 - 31{,}9 \cdot 100{,}5^2} = -1{,}05$$

Daraus folgt $\alpha = -47°$, d. h. es handelt sich um ein Nachlaufen der Fundamentverschiebung gegenüber der Erregerkraft.

Die dynamische Kraft auf den Baugrund ergibt sich aus der zeitlichen Superposition der Feder- und Dämpfungskraft. Die Amplitude dieser Kraft lautet:

$$\begin{aligned} Q_z = |\hat{Q}_z| &= U_z\sqrt{\left[K_{zz,\Omega}(\Omega)\right]^2 + \left[\Omega \cdot C_{zz,\Omega}(\Omega)\right]^2} \\ &= 5{,}24 \cdot 10^{-6}\sqrt{\left(847 \cdot 10^3\right)^2 + \left(554 \cdot 10^3\right)^2} \\ &= 5{,}3\,\text{kN} < m \cdot g = 31{,}9 \cdot 9{,}81 = 313\,\text{kN} \end{aligned}$$

Der Nachweis gegen Abheben ist somit erbracht.

9. Ermittlung der ungedämpften Eigenfrequenz f_{ez} unter Berücksichtigung der Frequenzabhängigkeit

$$f_{ez} = \frac{\omega_{ez}}{2 \cdot \pi} = \frac{1}{2 \cdot \pi}\sqrt{\frac{K_{zz,0} \cdot k_{zz,0\to\Omega}^{Ks\to Re}(a_{0ez})}{m}}$$

$$\omega_{ez} = \sqrt{\frac{K_{0z}}{m}}\sqrt{k_{zz,0\to\Omega}^{Ks\to Re}(a_{0ez})} \text{ wobei } a_{0ez} = \frac{\omega_{ez} \cdot a}{c_S}$$

Somit ergibt sich

$$\begin{aligned} \omega_{ez} = \bar{\omega}_{ez}\sqrt{k_{zz,0\to\Omega}^{Ks\to Re}(a_{0ez})} &= \sqrt{\frac{782 \cdot 10^3}{31{,}9}} \cdot \sqrt{k_{zz,0\to\Omega}^{Ks\to Re}(a_{0ez})} \\ &= 156{,}6\,\frac{1}{s} \cdot \sqrt{k_{zz,0\to\Omega}^{Ks\to Re}(a_{0ez})} \end{aligned}$$

$\bar{\omega}_{ez}$ ist die frequenzunabhängige Eigenkreisfrequenz nach Punkt 6.
Diese Gleichung muss iterativ gelöst werden:

1. Iterationsschritt: geschätzt $k_{zz,0\to\Omega}^{Ks\to Re}(a_{0ez}) = 1 \Rightarrow \omega_{ez} = 156{,}6\frac{1}{s}$

$$\Rightarrow a_{0ez} = \frac{156{,}6 \cdot 0{,}75}{211} = 0{,}56$$

aus Bild E3–13 $\Rightarrow k_{zz,0\to\Omega}^{Ks\to Re}(a_{0ez}) = k_{zz,0\to\Omega}^{Ks\to Re}(0{,}56) = 1{,}06$

2. Iterationsschritt: $k_{zz,0\to\Omega}^{Ks\to Re}(a_{0ez}) = 1{,}06 \Rightarrow \omega_{ez} = 161{,}1$

$$\Rightarrow a_{0ez} = \frac{161{,}4 \cdot 0{,}75}{211} = 0{,}57$$

aus Bild E3–13 $\Rightarrow k_{zz,0\to\Omega}^{Ks\to Re}(a_{0ez}) = k_{zz,0\to\Omega}^{Ks\to Re}(0{,}57) = 1{,}06$

Somit ergibt sich für die ungedämpfte Eigenfrequenz f_{ez}

$$f_{ez} = \frac{\omega_{ez}}{2\pi} = \frac{161{,}1}{2\pi} = 25{,}6 \text{ Hz}$$

Der Vergleich der ungedämpften Eigenfrequenz mit der Erregerfrequenz liefert für das hier hoch abgestimmte Fundament:

$$f_{ez}/f = 25{,}6/16 = 1{,}60$$

10. Sensitivität der Ergebnisse gegenüber dem Ansatz für den dynamischen Schubmodul des Bodens

Weil für die Ermittlung der Bodensteifigkeit und Bodendämpfung ein äquivalenter konstanter Schubmodul gewählt werden muss, obwohl der Schubmodul vom Spannungszustand im Untergrund abhängig ist, ist es sinnvoll, die Sensitivität der Ergebnisse bzgl. des gewählten Schubmoduls zu untersuchen.

Die Veränderung der vertikalen Schwinggeschwindigkeitsamplitude nach Nr. 8 und der ungedämpften Eigenfrequenz gegenüber einer Veränderung des Schubmoduls ist in Bild E3–26 dargestellt. Es ist eine deutliche Veränderung der Schwinggeschwindigkeit und auch der Eigenfrequenz bei Veränderung des Schubmoduls zu erkennen.

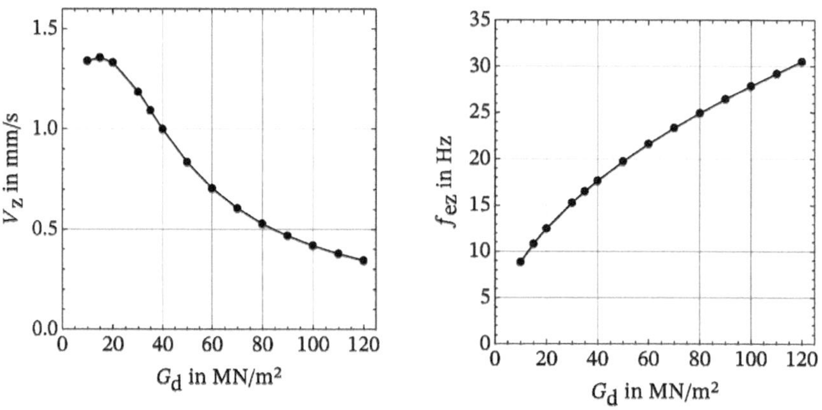

Bild E3–26 Sensitivität gegenüber einer Veränderung des angesetzten dynamischen Schubmoduls des Bodens. Links: Vertikale Schwinggeschwindigkeitsamplitude. Rechts: Ungedämpfte Eigenfrequenz

7.3 Gekoppelte Horizontal- und Kippschwingungen eines starren Rechteckfundamentes

In diesem Beispiel werden an einem starren Rechteckfundament unter Wirkung einer horizontalen Erregung die horizontalen Schwingungen und die Kippschwingungen betrachtet. Es werden sowohl die frequenzunabhängigen als auch die frequenzabhängigen Federsteifigkeiten und Dämpfungen ermittelt. Die Bewegungsgleichungen werden für das gekoppelte System unter Verwendung der komplexen Schreibweise formuliert und nach den unbekannten Größen (horizontale Verschiebung u_x, Verdrehung φ_y) gelöst.

Das Beispiel wird mit und ohne Berücksichtigung der Einbettung durchgerechnet.

7.3.1 Berechnung mit Berücksichtigung der Einbettung

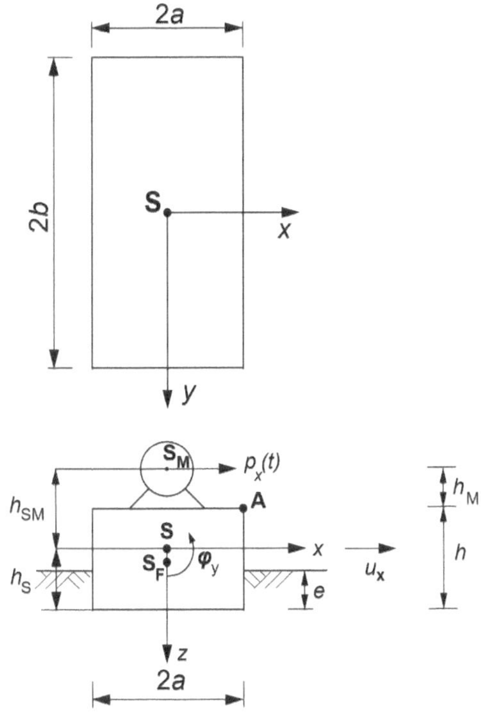

Bild E3-27 Geometrie von Fundament und Maschine

1. **Daten des Fundamentes (siehe Bild E3-27)**

   $2a = 4{,}00 \text{ m}$

   $2b = 8{,}00 \text{ m}$

$b_0 = b/a = 2{,}0$
$h = 2{,}00$ m
$\rho_{Beton} = 2{,}5$ t/m^3
Einbindetiefe: $e = 1{,}00$ m, $e_0 = e/a = 0{,}5$
Horizontale, ebene Geländeoberfläche.
Fundamentmasse:

$$m_F = 2a \cdot 2b \cdot h \cdot \rho_{Beton} = 4{,}0 \cdot 8{,}0 \cdot 2{,}0 \cdot 2{,}5 = 160{,}0\,\text{t}$$

Massenträgheitsmoment um die Längsachse durch den Fundamentschwerpunkt S_F:

$$\Theta_{Fy} = m_F \cdot \frac{(2a)^2 + h^2}{12} = 160 \cdot \frac{4^2 + 2^2}{12} = 266{,}67\,\text{t} \cdot \text{m}^2$$

2. Daten der Maschine

Masse der Maschine: $m_M = 50{,}0$ t
Lage des Maschinenschwerpunktes S_M über der Fundamentoberkante: $h_M = 1{,}0$ m
Das Massenträgheitsmoment der Maschine um die Längsachse durch den Maschinenschwerpunkt S_M ist gegeben zu

$$\Theta_{My} = 100\,\text{t} \cdot \text{m}^2$$

Am Maschinenschwerpunkt wirkt eine harmonische horizontale Erregerkraft $p_x(t)$ in x-Richtung mit der Amplitude

$$|\hat{P}_x| = P_x = 25{,}0\,\text{kN}$$

Erregerfrequenz: $f = 35$ Hz
Erregerkreisfrequenz: $\Omega = 2\pi f = 2\pi \cdot 35 = 219{,}9\,\text{s}^{-1}$

3. Gesamtmasse und Gesamtmassenträgheitsmomente aus Maschine und Fundament

$$m = m_F + m_M = 160 + 50 = 210\,\text{t}$$

Im Hinblick auf die zusätzlich zu den statischen Lasten wirkende dynamische Belastung ist eine reichliche Grundbruchsicherheit erforderlich:

$$\sigma_{st} = \frac{m \cdot g}{4 \cdot a \cdot b} = \frac{210 \cdot 9{,}81}{4 \cdot 2{,}0 \cdot 4{,}0} = 64{,}4\,\text{kN/m}^2 \ll \sigma_{zul}$$

Lage des gemeinsamen Schwerpunktes S von Maschine und Fundament über der Gründungsebene:

$$h_S = \frac{m_F \cdot h/2 + m_M\,(h + h_M)}{m} = \frac{160 \cdot 1 + 50 \cdot (2+1)}{210} = 1{,}48\,\text{m}$$

Abstand des Maschinenschwerpunktes S_M vom gemeinsamen Schwerpunkt S:

$$h_{SM} = h + h_M - h_S = 2 + 1 - 1{,}48 = 1{,}52 \text{ m}$$

Das Massenträgheitsmoment aus Maschine und Fundament bezogen auf die y-Achse durch den Schwerpunkt des Gesamtsystems S beträgt:

$$\begin{aligned} \Theta_{Sy} &= \Theta_{Fy} + m_F \cdot (h_S - h/2)^2 + \Theta_{My} + m_M \cdot h_{SM}^2 \\ &= 266{,}7 + 160 \cdot 0{,}48^2 + 100 + 50 \cdot 1{,}52^2 = 519{,}1 \text{ t} \cdot \text{m}^2 \end{aligned}$$

4. Bodendynamische Kennwerte

Bodenart:	Dichter Kiessand
Dichte des Bodens:	$\rho = 1{,}9 \text{ t/m}^3$
Querdehnzahl:	$\nu = 0{,}3$

Zur Bestimmung des dynamischen Schubmoduls wurde mit einer Rayleighwellen- Dispersionsmessung (siehe Empfehlung E2, Abschnitt 3.2.7) eine Scherwellengeschwindigkeit von $c_{S0} = 230$ m/s für eine Tiefe von ca. 2 m unter Geländeoberkante ermittelt. Damit ergibt sich für den Zustand bei unbelasteter Oberfläche:

$$G_{du} = c_{S0}^2 \cdot \rho = 230^2 \cdot 1{,}9 = 100{,}5 \cdot 10^3 \text{kN/m}^2$$

Für die Ermittlung des für den Spannungszustand unterhalb des Fundamentes repräsentativen Schubmoduls kann erfahrungsgemäß davon ausgegangen werden, dass die repräsentative Tiefe im Abstand von $2a/4$ unterhalb der Gründungsebene liegt. Die Berechnung von repräsentativem Schubmodul und repräsentativer Scherwellengeschwindigkeit erfolgt gemäß (E3–54).

Spannungen infolge Bodeneigengewicht, ohne Fundament:

$$\sigma_{z0} = (e + 2a/4) \cdot \rho \cdot g = 2 \cdot 1{,}9 \cdot 9{,}81 = 37{,}3 \text{ kN/m}^2$$

Mit Fundament und Maschine ergibt sich in der gleichen Tiefe bei einer Spannungsausbreitung näherungsweise unter 45 ° eine Ersatzfläche von:

$$A' = (2a + 2 \cdot 2a/4)(2b + 2 \cdot 2a/4) = (4 + 2 \cdot 1)(8 + 2 \cdot 1) = 60 \text{ m}^2$$

und eine Gesamtspannung von

$$\begin{aligned} \sigma_{zF} &= \sigma_{z0} + \frac{m \cdot g - 2a \cdot 2b \cdot e \cdot \rho \cdot g}{A'} \\ &= 38{,}0 + \frac{210 \cdot 9{,}81 - 4 \cdot 8 \cdot 1 \cdot 1{,}9 \cdot 10}{60} = 61{,}7 \text{ kN/m}^2 \end{aligned}$$

Analog zu (E2–2), welche die Abhängigkeit des Schubmoduls von der effektiven Spannung beschreibt, liefert eine Umrechnung vom Fall „ohne Fundament" auf den Fall „mit Fundament" unter Ansatz einer Wurzelfunktion für den dynamischen Schubmodul G_d nach dem gleichen Gesetz:

$$G_d = G_{du} \cdot \sqrt{\frac{\sigma_{zF}}{\sigma_{zu}}} = 100{,}5 \cdot 10^3 \cdot \sqrt{\frac{63{,}0}{38{,}0}} = 129{,}3 \cdot 10^3 \text{kN/m}^2$$

Dieser Wert entspricht einer Scherwellengeschwindigkeit von

$$c_S = \sqrt{\frac{G_d}{\rho}} = \sqrt{\frac{129{,}3 \cdot 10^3}{1{,}9}} = 261 \text{ m/s}$$

5. Ermittlung der frequenzunabhängigen Federsteifigkeiten des korrespondierenden Oberflächenkreisfundamentes

Ersatzradien nach (E3–39) und (E3–41):

$$r_{0x} = \sqrt{\frac{4ab}{\pi}} = \sqrt{\frac{4 \cdot 2{,}0 \cdot 4{,}0}{\pi}} = 3{,}19\text{m}$$

$$r_{0\varphi_y} = \sqrt[4]{\frac{16a^3b}{3\pi}} = \sqrt[4]{\frac{16 \cdot 2^3 \cdot 4}{3\pi}} = 2{,}71 \text{ m}$$

Federsteifigkeiten nach (E3–33) und (E3–35):

$$K^{Ks}_{xx,0} = \frac{8 \cdot G_d \cdot r_{0x}}{2-\nu} = \frac{8 \cdot 129{,}3 \cdot 10^3 \cdot 3{,}19}{2-0{,}3} = 1{,}94 \cdot 10^6 \text{kN/m}$$

$$K^{Ks}_{\varphi_y\varphi_y,0} = \frac{8 \cdot G_d \cdot r^3_{0\varphi_y}}{3(1-\nu)} = \frac{8 \cdot 129{,}3 \cdot 10^3 \cdot 2{,}71^3}{3 \cdot 0{,}7} = 9{,}85 \cdot 10^6 \text{kNm}$$

6. Ermittlung der statischen Federwerte des eingebetteten Fundamentes

Die statischen Koeffizienten der Federkennwerte des eingebetteten Fundamentes $k^{Ks \to Re}_{jj,0 \to 0}$ lassen sich aus den Kurven für die entsprechenden frequenzabhängigen Kennwerte ablesen.

Für $a_0 = 0$, $e/a = 0{,}5$ und $b/a = 2{,}0$ ergibt sich aus Bild E3–10 und Bild E3–13 durch Interpolation

$$k^{Ks \to Re}_{xx,0 \to 0} = 1{,}58$$

aus Bild E3–11 und Bild E3–14

$$k^{Ks \to Re}_{\varphi_y\varphi_y,0 \to 0} = 1{,}82$$

und aus Bild E3–12 und Bild E3–15

$$k^{Ks \to Re}_{x\varphi_y,0 \to 0} = -0{,}16$$

Somit erhält man aus (E3–50):

$$K^{\mathrm{Re}}_{\mathrm{xx},0} = K^{\mathrm{Ks}}_{\mathrm{xx},0} \cdot k^{\mathrm{Ks}\to\mathrm{Re}}_{\mathrm{xx},0\to 0} = 1{,}94 \cdot 10^6 \cdot 1{,}58 = 3{,}1 \cdot 10^6\ \mathrm{kN/m}$$

$$K^{\mathrm{Re}}_{\varphi_y\varphi_y,0} = K^{\mathrm{Ks}}_{\varphi_y\varphi_y,0} \cdot k^{\mathrm{Ks}\to\mathrm{Re}}_{\varphi_y\varphi_y,0\to 0} = 9{,}85 \cdot 10^6 \cdot 1{,}82 = 17{,}9 \cdot 10^6\ \mathrm{kNm}$$

$$K^{\mathrm{Re}}_{\mathrm{x}\varphi_y,0} = r_{0x} \cdot K^{\mathrm{Ks}}_{\mathrm{xx},0} \cdot k^{\mathrm{Ks}\to\mathrm{Re}}_{\mathrm{x}\varphi_y,0\to 0} = 3{,}19 \cdot 1{,}94 \cdot 10^6 \cdot (-0{,}16) = -1{,}0 \cdot 10^6\ \mathrm{kN}$$

7. Ermittlung der frequenzabhängigen Feder- und Dämpferwerte

Für die dimensionslose Frequenz

$$a_0 = \frac{a \cdot \Omega}{c_S} = \frac{2 \cdot 220}{261} = 1{,}7$$

$e/a = 0{,}5$ und $b/a = 0{,}5$ ergibt sich aus Bild E3–10ff[1] durch Interpolation

$$k^{\mathrm{Ks}\to\mathrm{Re}}_{\mathrm{xx},0\to\Omega} = 1{,}58;\ d^{\mathrm{Ks}\to\mathrm{Re}}_{\mathrm{xx},0\to\Omega} = 2{,}24$$

$$k^{\mathrm{Ks}\to\mathrm{Re}}_{\varphi_y\varphi_y,0\to\Omega} = 1{,}19;\ d^{\mathrm{Ks}\to\mathrm{Re}}_{\varphi_y\varphi_y,0\to\Omega} = 0{,}74$$

$$k^{\mathrm{Ks}\to\mathrm{Re}}_{\mathrm{x}\varphi_y,0\to\Omega} = -0{,}17;\ d^{\mathrm{Ks}\to\mathrm{Re}}_{\mathrm{x}\varphi_y,0\to\Omega} = -0{,}23$$

Somit erhält man aus (E3–50)

$$K^{\mathrm{Re}}_{\mathrm{xx},\Omega} = K^{\mathrm{Ks}}_{\mathrm{xx},0} \cdot k^{\mathrm{Ks}\to\mathrm{Re}}_{\mathrm{xx},0\to\Omega} = 1{,}94 \cdot 10^6 \cdot 1{,}58 = 3{,}1 \cdot 10^6\ \mathrm{kN/m}$$

$$K^{\mathrm{Re}}_{\varphi_y\varphi_y,\Omega} = K^{\mathrm{Ks}}_{\varphi_y\varphi_y,0} \cdot k^{\mathrm{Ks}\to\mathrm{Re}}_{\varphi_y\varphi_y,0\to\Omega} = 9{,}85 \cdot 10^6 \cdot 1{,}19 = 11{,}7 \cdot 10^6\ \mathrm{kNm}$$

$$K^{\mathrm{Re}}_{\mathrm{x}\varphi_y,\Omega} = r_{0\mathrm{x}} \cdot K^{\mathrm{Ks}}_{\mathrm{xx},0} \cdot k^{\mathrm{Ks}\to\mathrm{Re}}_{\mathrm{x}\varphi_y,0\to\Omega} = 3{,}91 \cdot 1{,}94 \cdot 10^6 \cdot (-0{,}23) = -1{,}0 \cdot 10^6\ \mathrm{kN}$$

und aus (E3–52):

$$C^{\mathrm{Re}}_{\mathrm{xx},\Omega} = \frac{K^{\mathrm{Ks}}_{\mathrm{xx},0} \cdot a_0 \cdot d^{\mathrm{Ks}\to\mathrm{Re}}_{\mathrm{xx},0\to\Omega}}{\Omega} = \frac{1{,}94 \cdot 10^6 \cdot 1{,}7 \cdot 2{,}24}{220} = 33{,}3 \cdot 10^3\ \frac{\mathrm{kN}}{\mathrm{m/s}}$$

$$C^{\mathrm{Re}}_{\varphi_y\varphi_y,\Omega} = \frac{K^{\mathrm{Ks}}_{\varphi_y\varphi_y,0} \cdot a_0 \cdot d^{\mathrm{Ks}\to\mathrm{Re}}_{\varphi_y\varphi_y,\Omega}}{\Omega} = \frac{9{,}85 \cdot 10^6 \cdot 1{,}7 \cdot 0{,}74}{220} = 55{,}9 \cdot 10^3\ \frac{\mathrm{kNm}}{1/\mathrm{s}}$$

$$C^{\mathrm{Re}}_{\mathrm{x}\varphi_y,\Omega} = \frac{r_{0\mathrm{x}} \cdot K^{\mathrm{Ks}}_{\mathrm{xx},0} \cdot a_0 \cdot d^{\mathrm{Ks}\to\mathrm{Re}}_{\mathrm{x}\varphi_y,\Omega}}{\Omega} = \frac{3{,}19 \cdot 1{,}94 \cdot 10^6 \cdot 1{,}7 \cdot (-0{,}23)}{220}$$

$$= -11{,}1 \cdot 10^3\ \frac{\mathrm{kN}}{1/\mathrm{s}}$$

8. Aufstellung der Bewegungsgleichungen

Zur Vereinfachung der Schreibweise werden die folgenden Größen eingeführt:

1. Da die Querdehnzahl für $\nu < 0{,}4$ (siehe Empfehlung E3, Abschnitt 5) nur einen geringen Einfluss auf die frequenzabhängigen Feder- und Dämpferwerte hat, können die Kurven in Bild E3–10 bis Bild E3–18 auch für $\nu = 0{,}3$ verwendet werden.

$$K_x = K^{Re}_{xx,\Omega},\ K_{0x} = K^{Re}_{xx,0},\ C_x = C^{Re}_{xx,\Omega}$$

$$K_{\varphi_y} = K^{Re}_{\varphi_y\varphi_y,\Omega},\ K_{0\varphi_y} = K^{Re}_{\varphi_y\varphi_y,0},\ C_{\varphi_y} = C^{Re}_{\varphi_y\varphi_y,\Omega}$$

$$K_{x\varphi_y} = K^{Re}_{x\varphi_y,\Omega},\ K_{0x\varphi_y} = K^{Re}_{x\varphi_y,0},\ C_{x\varphi_y} = C^{Re}_{x\varphi_y,\Omega}$$

Um die Vorteile der komplexen Rechenweise nutzen zu können, wird die harmonische Erregung $p_x(t) = P_x \cdot \cos(\Omega t)$ komplex erweitert

$$\hat{p}_x(t) = \hat{P}_x \cdot e^{i\Omega t}$$

und mit einer zunächst nicht näher bestimmten Momentenerregung $\hat{q}_y(t) = \hat{Q}_y \cdot e^{i\Omega t}$ zu einem Lastvektor zusammengefasst

$$\hat{\mathbf{P}} = \begin{bmatrix} \hat{P}_x \\ \hat{Q}_y \end{bmatrix}$$

Die Verschiebungen und Verdrehungen sind dann ebenfalls harmonische, komplexe Größen

$$\hat{u}_x(t) = \hat{U}_x \cdot e^{i\Omega t},\ \hat{\Phi}_y(t) = \hat{\Phi}_y \cdot e^{i\Omega t}$$

und werden wie der Lastvektor zu einem Verschiebungsvektor zusammengefasst.

$$\hat{\mathbf{U}} = \begin{bmatrix} \hat{U}_x \\ \hat{\Phi}_y \end{bmatrix}$$

Die dynamische Steifigkeit des Fundamentes lautet somit

$$\mathbf{S} = \begin{bmatrix} K_x & K_{x\varphi_y} \\ K_{x\varphi_y} & K_{\varphi_y} \end{bmatrix} + i\Omega \begin{bmatrix} C_x & C_{x\varphi_y} \\ C_{x\varphi_y} & C_{\varphi_y} \end{bmatrix}$$

Wie im letzten Absatz von Empfehlung E3, Abschnitt 2.1 erwähnt ist, sind die unter Punkt 6 ermittelten Werte K_x, K_{φ_y}, $K_{x\varphi_y}$,C_x, C_{φ_y} und $C_{x\varphi_y}$ auf den Mittelpunkt B der Sohlfläche des Fundamentes bezogen. Die Bewegungsgleichung soll aber für den Schwerpunkt S des Gesamtsystems aufgestellt werden, sodass eine entsprechende Transformation der Steifigkeitsmatrix **S** durchgeführt werden muss (siehe Bild E3-28). Zur Unterscheidung des Bezugspunktes wird der Index „B" für den Sohlmittelpunkt und der Index „S" für den Schwerpunkt eingeführt.

Für die Verschiebung $\hat{U}_{xB}$ in x-Richtung und die Verdrehung $\hat{\Phi}_{yB}$ des Mittelpunktes B der Sohlfläche gilt für kleine Verdrehungen:

$$\hat{U}_{xB} = \hat{U}_{xS} + h_S \cdot \hat{\Phi}_{yS}$$
$$\hat{\Phi}_{yB} = \hat{\Phi}_{yS}$$

Daraus ergibt sich die Transformationsmatrix, siehe (E3-23)

$$\mathbf{T}_{BS} = \begin{bmatrix} 1 & h_S \\ 0 & 1 \end{bmatrix}$$

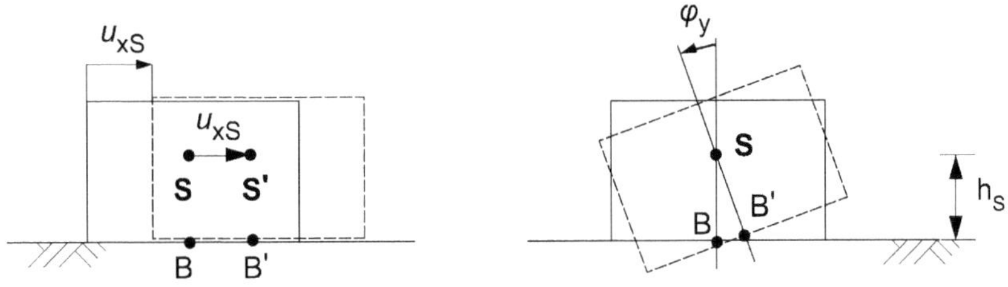

a) Reine Translation ($u_{xS} \neq 0,\ \varphi_y = 0$)   b) Reine Rotation ($\varphi_y \neq 0,\ u_{xS} = 0$)

Bild E3–28 Verschiebungszustände des Fundamentes

und es gilt

$$\hat{\mathbf{U}}_B = \mathbf{T}_{BS} \cdot \hat{\mathbf{U}}_S$$

Die dynamische Steifigkeitsmatrix ergibt sich nach (E3–24) zu

$$\mathbf{S}_S = \mathbf{T}_{BS}^T \cdot \mathbf{S}_B \cdot \mathbf{T}_{BS}$$

bzw. nach Einsetzen und Ausmultiplizieren

$$\begin{aligned}\mathbf{S}_S &= \mathbf{K}_S + i\Omega\mathbf{C}_S \\ &= \begin{bmatrix} K_x & K_x \cdot h_S + K_{x\varphi_y} \\ K_x \cdot h_S + K_{x\varphi_y} & K_{\varphi_y} + 2K_{x\varphi_y} \cdot h_S + K_x \cdot h_S^2 \end{bmatrix} \\ &+ i\Omega \begin{bmatrix} C_x & C_x \cdot h_S + C_{x\varphi_y} \\ C_x \cdot h_S + C_{x\varphi_y} & C_{\varphi_y} + 2C_{x\varphi_y} \cdot h_S + C_x \cdot h_S^2 \end{bmatrix}\end{aligned}$$

Die Terme der Massenmatrix sind bereits bezüglich des Schwerpunktes des Gesamtsystems in Schritt 3 berechnet worden und müssen nicht transformiert werden. Die Massenmatrix lautet

$$\mathbf{M}_S = \begin{bmatrix} m & 0 \\ 0 & \theta_{Sy} \end{bmatrix}$$

Der Belastungsvektor lässt sich ebenfalls einfach bezüglich des Schwerpunktes des Gesamtsystems angeben.

$$\hat{\mathbf{P}}_S = \begin{bmatrix} \hat{P}_x \\ -(\hat{P}_x \cdot h_{SM}) \end{bmatrix}$$

Die zeitunabhängige, komplexe, algebraische Bewegungsgleichung nach (E3–8) lautet somit:

$$-\Omega^2 \mathbf{M}_S \hat{\mathbf{U}}_S + (\mathbf{K}_S + i\Omega\mathbf{C}_S)\,\hat{\mathbf{U}}_S = \hat{\mathbf{P}}_S$$

Sinnvollerweise wird die Erregerkraft so gewählt, dass der Phasenwinkel der horizontalen Kraft P_x zum Zeitpunkt $t = 0$ gleich Null ist. Dies bedeutet, dass die i. A. komplexe Kraftamplitude $\hat{P}_x$ rein reell ist: $\hat{P}_x = P_x^{Re} + i \cdot 0 = P_x$

Einsetzen der Zahlenwerte in die Matrix $(\mathbf{K}_S + i\Omega\mathbf{C}_S) - \Omega^2\mathbf{M}_S$ und in den Lastvektor $\hat{\mathbf{P}}_S$ liefert dann das Gleichungssystem

$$\begin{bmatrix} \left(-7{,}1 \cdot 10^6 + 7{,}3i \cdot 10^6\right) \frac{\text{kN}}{\text{m}} & \left(3{,}5 \cdot 10^6 + 8{,}4i \cdot 10^6\right) \text{kN} \\ \left(3{,}5 \cdot 10^6 + 8{,}4i \cdot 10^6\right) \text{kN} & \left(-9{,}7 \cdot 10^6 + 2{,}1i \cdot 10^7\right) \text{kNm} \end{bmatrix} \begin{bmatrix} \hat{U}_{xS} \\ \hat{\Phi}_{yS} \end{bmatrix} = \begin{bmatrix} 25 \text{ kN} \\ -38 \text{ kNm} \end{bmatrix}.$$

Die Lösung für die komplexen Verschiebungen und Verdrehungen ergeben sich zu

$\hat{U}_{xS} = \left(-2{,}96 \cdot 10^{-6} - 6{,}84i \cdot 10^{-7}\right)$ m

$\hat{\Phi}_{yS} = \left(1{,}67 \cdot 10^{-6} + 8{,}16i \cdot 10^{-7}\right)$

In der Darstellung mit Betrag und Phasenwinkel lauten die Ergebnisse für $\hat{U}_{xS}$:

Schwingungsamplitude: $U_{xS} = |\hat{U}_{xS}| = \sqrt{\left(U_{xS}^{Re}\right)^2 + \left(U_{xS}^{Im}\right)^2} = 3{,}04 \cdot 10^{-6}$ m

Phasenwinkel[2]: $\alpha_u = \arctan\left(\frac{U_{xS}^{Im}}{U_{xS}^{Re}}\right) = \arctan\left(\frac{-6{,}8 \cdot 10^{-7}}{-3{,}0 \cdot 10^{-6}}\right) = -167°$

und für $\hat{\Phi}_{yS}$:

$$\Phi_{yS} = |\hat{\Phi}_{yS}| = \sqrt{\left(\Phi_{yS}^{Re}\right)^2 + \left(\Phi_{yS}^{Im}\right)^2} = 1{,}86 \cdot 10^{-6}$$

$$\alpha_\varphi = \arctan\left(\frac{\Phi_{yS}^{Im}}{\Phi_{yS}^{Re}}\right) = \arctan\left(\frac{8{,}2 \cdot 10^{-7}}{1{,}7 \cdot 10^{-6}}\right) = 26°$$

Für die Amplitude der Schwinggeschwindigkeit ergibt sich

$$V_{xS} = |\hat{V}_{xS}| = \Omega \cdot |\hat{U}_{xS}| = 6{,}7 \cdot 10^{-4} \text{ m/s}$$

bzw. für die Amplitude der Winkelgeschwindigkeit

$$V_{\varphi_y} = |\hat{V}_{\varphi_y}| = \Omega \cdot |\hat{\Phi}_{yS}| = 4{,}1 \cdot 10^{-4} \text{ 1/s}$$

Die horizontalen und die vertikalen komplexen Verschiebungsamplituden $\hat{U}_{xA}$ und $\hat{U}_{zA}$ am Eckpunkt A des Fundamentes berechnen sich für kleine Drehwinkel wie folgt:

$$\begin{aligned} \hat{U}_{xA} &= -\hat{\Phi}_{yS} \cdot (h - h_S) + \hat{U}_{xS} \\ &= -1{,}67 \cdot 10^{-6} \cdot 0{,}52 - 2{,}96 \cdot 10^{-6} + i\left(-8{,}16 \cdot 10^{-7} \cdot 0{,}52 - 6{,}84 \cdot 10^{-7}\right) \\ &= -3{,}83 \cdot 10^{-6} - 1{,}11i \cdot 10^{-6} \text{ m} \end{aligned}$$

$$\begin{aligned} \hat{U}_{zA} &= -\hat{\Phi}_{yS} \cdot a \\ &= -1{,}67 \cdot 10^{-6} \cdot 2 + i\left(-8{,}16 \cdot 10^{-7} \cdot 2\right) \\ &= -3{,}34 \cdot 10^{-6} - 1{,}63i \cdot 10^{-6} \text{ m} \end{aligned}$$

Daraus ergeben sich die Amplituden U_{xA} und U_{zA} zu

$$U_{xA} = |\hat{U}_{xA}| = \sqrt{\left(3{,}83 \cdot 10^{-6}\right)^2 + \left(1{,}11 \cdot 10^{-6}\right)^2} = 3{,}99 \cdot 10^{-6} \text{ m}$$

$$U_{zA} = |\hat{U}_{zA}| = \sqrt{\left(3{,}34 \cdot 10^{-6}\right)^2 + \left(1{,}63 \cdot 10^{-6}\right)^2} = 3{,}72 \cdot 10^{-6} \text{ m}$$

Die Schwingungen in x- bzw. z-Richtung sind im Allgemeinen phasenverschoben, so dass die maximalen Auslenkungen nicht zeitgleich auftreten.

2. Da der Real- und Imaginärteil negativ sind, muss der Phasenwinkel α im III. Quadranten liegen, d. h. $-180° \leq \alpha \leq -90°$.

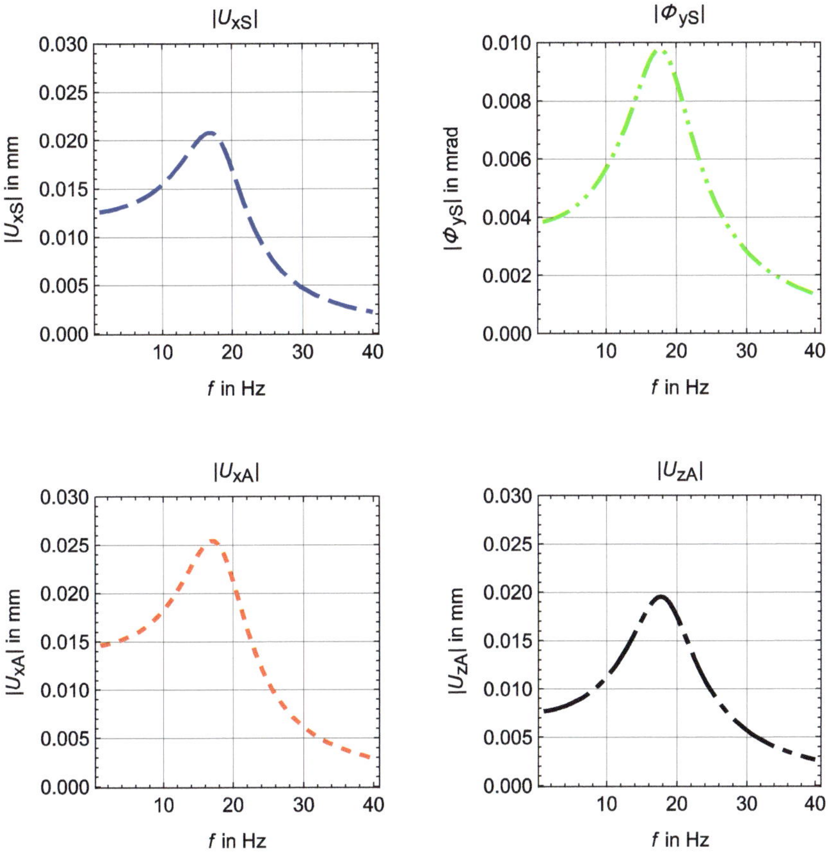

Bild E3-29 Vergrößerungsfunktion des eingebetteten Fundamentes

Bemerkung: Alternativ zur Lösung des komplexen 2 × 2-Gleichungssystems kann durch Aufspalten in Real- und Imaginärteil auch das äquivalente reelle 4 × 4-Gleichungssystem gelöst werden:

$$\begin{bmatrix} \mathbf{K}_S - \Omega^2 \mathbf{M} & -\Omega \mathbf{C}_S \\ \Omega \mathbf{C}_S & \mathbf{K}_S - \Omega^2 \mathbf{M} \end{bmatrix} \cdot \begin{bmatrix} \mathrm{Re}(\hat{\mathbf{U}}_S) \\ \mathrm{Im}(\hat{\mathbf{U}}_S) \end{bmatrix} = \begin{bmatrix} \mathrm{Re}(\hat{\mathbf{P}}_S) \\ \mathrm{Im}(\hat{\mathbf{P}}_S) \end{bmatrix}$$

Einsetzen der Zahlenwerte liefert:

$$\begin{bmatrix} -7{,}1 \cdot 10^6 \frac{\mathrm{kN}}{\mathrm{m}} & 3{,}5 \cdot 10^6 \mathrm{kN} & -7{,}3 \cdot 10^6 \frac{\mathrm{kN}}{\mathrm{m}} & -8{,}4 \cdot 10^6 \mathrm{kN} \\ 3{,}5 \cdot 10^6 \mathrm{kN} & -9{,}7 \cdot 10^6 \mathrm{kNm} & -8{,}4 \cdot 10^6 \mathrm{kN} & -2{,}1 \cdot 10^6 \mathrm{kNm} \\ 7{,}3 \cdot 10^6 \frac{\mathrm{kN}}{\mathrm{m}} & 8{,}4 \cdot 10^6 \mathrm{kN} & -7{,}1 \cdot 10^6 \frac{\mathrm{kN}}{\mathrm{m}} & 3{,}5 \cdot 10^6 \mathrm{kN} \\ 8{,}4 \cdot 10^6 \mathrm{kN} & 2{,}1 \cdot 10^6 \mathrm{kNm} & 3{,}5 \cdot 10^6 \mathrm{kN} & -9{,}7 \cdot 10^6 \mathrm{kNm} \end{bmatrix} \cdot \begin{bmatrix} U_{xS}^{Re} \\ U_{xS}^{Im} \\ \Phi_y^{Re} \\ \Phi_y^{Im} \end{bmatrix}$$

$$= \begin{bmatrix} 25\,\mathrm{kN} \\ -38\,\mathrm{kNm} \\ 0 \\ 0 \end{bmatrix}$$

9. Ermittlung der gekoppelten, ungedämpften Eigenfrequenzen (ohne Berücksichtigung der Frequenzabhängigkeit der Federwerte)

Für das System ohne Dämpfung und ohne Berücksichtigung der Frequenzabhängigkeit der Federwerte reduziert sich das zu lösende Gleichungssystem wie folgt:

$$\begin{bmatrix} K_{0x} - m\Omega^2 & K_{0x} \cdot h_S + K_{0x\varphi_y} \\ K_{0x} \cdot h_S + K_{0x\varphi_y} & K_{0\varphi_y} + 2 \cdot K_{0x\varphi_y} \cdot h_S + K_{0x} \cdot h_S^2 - \Theta_{Sy} \cdot \Omega^2 \end{bmatrix} \begin{bmatrix} U_{xS} \\ \Phi_{yS} \end{bmatrix} = \begin{bmatrix} P_x \\ -P_x \cdot h_{SM} \end{bmatrix}$$

Einsetzen der Zahlenwerte ergibt

$$\begin{bmatrix} 3{,}06 \cdot 10^6 \frac{\text{kN}}{\text{m}} - 210\,\text{t} \cdot \Omega^2 & 3{,}50 \cdot 10^6\,\text{kN} \\ 3{,}50 \cdot 10^6\,\text{kN} & 23{,}1 \cdot 10^6\,\text{kNm} - 519\,\text{t}\,\text{m}^2 \cdot \Omega^2 \end{bmatrix} \begin{bmatrix} U_{xS} \\ \Phi_{yS} \end{bmatrix} = \begin{bmatrix} 25\,\text{kN} \\ -38\,\text{kNm} \end{bmatrix}$$

Nullsetzen der Determinante der dynamischen Steifigkeitsmatrix und Lösen nach $\bar{f}_e = \Omega/(2\pi)$ liefert die gesuchten, gekoppelten Eigenfrequenzen:

$$\bar{f}_{e1} = 16{,}6\ \text{Hz} < 35\text{Hz}$$

$$\bar{f}_{e2} = 33{,}8\ \text{Hz} < 35\text{Hz}$$

Das System ist also bezüglich der ersten Eigenfrequenz tief abgestimmt, wohingegen die zweite Eigenfrequenz sehr nahe an der Erregerfrequenz liegt.

10. Vergrößerungsfunktion

Zur Bewertung der Nähe der zweiten ungedämpften Eigenfrequenz zur Erregerfrequenz ist es nützlich, den Verlauf der Verschiebungs- und Verdrehungsamplituden über die Frequenz darzustellen (Bild E3–29).

Man erkennt, dass die erste Eigenfrequenz die Verschiebungsamplituden stark dominiert, und dass der Einfluss der zweiten Eigenfrequenz so gering ist, dass sie in den Vergrößerungsfunktionen nicht sichtbar wird und somit vernachlässigbar ist.

7.3.2 Berechnung ohne Berücksichtigung der Einbettung

Um den Einfluss der Einbettung auf die berechneten Fundamentschwingungen darzustellen, wird diese im Folgenden vernachlässigt. Ferner wird im Vergleich zur Berechnung mit Einbettung eine geringfügig andere Methode zur Aufstellung der Bewegungsgleichung verwendet. Beide Methoden sind selbstverständlich gleichwertig und führen zum selben Ergebnis.

1. Daten des Fundamentes

Wie in Beispiel E3–7.3.1.

2. Daten der Maschine

Wie in Beispiel E3–7.3.1.

3. Gesamtmasse und Gesamtmassenträgheitsmomente aus Maschine und Fundament-

Wie in Beispiel E3–7.3.1.

4. Bodendynamische Kennwerte

Wie in Beispiel E3–7.3.1.

5. Ermittlung der frequenzunabhängigen Federsteifigkeiten und Dämpfungen des korrespondierenden Oberflächenkreisfundamentes

Wie in Beispiel E3–7.3.1

6. Ermittlung der frequenzabhängigen Feder- und Dämpferwerte

Für die dimensionslose Frequenz

$$a_0 = \frac{a \cdot \Omega}{c_S} = \frac{2 \cdot 220}{261} = 1{,}7$$

$e/a = 0{,}0$ und $b/a = 0{,}5$ ergibt sich aus Bild E3–10ff durch Interpolation

$$k^{\text{Ks}\to\text{Re}}_{\text{xx},0\to\Omega} = 1{,}18,\ d^{\text{Ks}\to\text{Re}}_{\text{xx},0\to\Omega} = 0{,}92,$$
$$k^{\text{Ks}\to\text{Re}}_{\varphi_y\varphi_y,0\to\Omega} = 0{,}67,\ d^{\text{Ks}\to\text{Re}}_{\varphi_y\varphi_y,0\to\Omega} = 0{,}27.$$

Für den Sonderfall eines Oberflächenelementes mit $e_0 = 0$ erhält man aus (E3–50)

$$K^{\text{Re}}_{\text{xx},\Omega} = K^{\text{Ks}}_{\text{xx},0} \cdot k^{\text{Ks}\to\text{Re}}_{\text{xx},0\to\Omega} = 1{,}94 \cdot 10^6 \cdot 1{,}18 = 2{,}29 \cdot 10^6 \text{ kN/m}$$

$$K^{\text{Re}}_{\varphi_y\varphi_y,\Omega} = K^{\text{Ks}}_{\varphi_y\varphi_y,0} \cdot k^{\text{Ks}\to\text{Re}}_{\varphi_y\varphi_y,0\to\Omega} = 9{,}86 \cdot 10^6 \cdot 0{,}67 = 6{,}65 \cdot 10^6 \text{ kNm}$$

$$K^{\text{Re}}_{\text{x}\varphi_y,\Omega} \approx 0$$

und aus (E3–52):

$$C^{\text{Re}}_{\text{xx},\Omega} = \frac{K^{\text{Ks}}_{\text{xx},0} \cdot a_0 \cdot d^{\text{Ks}\to\text{Re}}_{\text{xx},0\to\Omega}}{\Omega} = \frac{1{,}94 \cdot 10^6 \cdot 1{,}7 \cdot 0{,}92}{220} = 13{,}7 \cdot 10^3 \ \frac{\text{kN}}{\text{m/s}}$$

$$C^{\text{Re}}_{\varphi_y\varphi_y,\Omega} = \frac{K^{\text{Ks}}_{\varphi_y\varphi_y,0} \cdot a_0 \cdot d^{\text{Ks}\to\text{Re}}_{\varphi_y\varphi_y,\Omega}}{\Omega} = \frac{9{,}86 \cdot 10^6 \cdot 1{,}7 \cdot 0{,}27}{220} = 20{,}4 \cdot 10^3 \ \frac{\text{kNm}}{1/\text{s}}$$

$$C^{\text{Re}}_{\text{x}\varphi_y,\Omega} \approx 0$$

Der Vergleich der Dämpfungen mit den frequenzunabhängigen Werten aus Schritt 5 zeigt eine gute Übereinstimmung für die horizontale Dämpfung, aber einen deutlichen Unterschied bei der Kipp-Dämpfung. Im Folgenden werden die hier berechneten frequenzabhängigen Koeffizienten verwendet.

7. Aufstellung der Bewegungsgleichungen

Zur Vereinfachung der Schreibweise werden die folgenden Größen eingeführt:

$$K_\text{x} = K^{\text{Re}}_{\text{xx},\Omega},\ K_{0\text{x}} = K^{\text{Re}}_{\text{xx},0},\ C_\text{x} = C^{\text{Re}}_{\text{xx},\Omega}$$

$$K_{\varphi_y} = K^{\text{Re}}_{\varphi_y\varphi_y,\Omega},\ K_{0\varphi_y} = K^{\text{Re}}_{\varphi_y\varphi_y,0},\ C_{\varphi_y} = C^{\text{Re}}_{\varphi_y\varphi_y,\Omega}$$

Die unter Punkt 6 ermittelten Werte K_x, K_{φ_y}, C_x und C_{φ_y} sind auf den Mittelpunkt B der Sohlfläche des Fundamentes bezogen. Die Bewegungsgleichung wird aber für den Schwerpunkt S des Gesamtsystems aufgestellt, was bei der Bildung der Matrizen **K** und **C** wie folgt berücksichtigt werden muss (siehe Bild E3–28).

Für die Verschiebung u_{xB} in x-Richtung und die Verdrehung φ_{yB} des Mittelpunktes B der Sohlfläche gilt für kleine Verdrehungen:

$$u_{xB} = u_{xS} + h_S \cdot \varphi_y$$
$$\varphi_{yB} = \varphi_y$$

Daraus ergeben sich die in der Sohlfläche wirkende Reaktionskraft

$$q_x = -C_x \cdot \dot{u}_{xB} - K_x \cdot u_{xB} = -C_x \cdot (\dot{u}_{xS} + h_S \cdot \dot{\varphi}_y) - K_x \cdot (u_{xS} + h_S \cdot \varphi_y)$$

und das Reaktionsmoment

$$q_{\varphi_y} = -C_{\varphi_y} \cdot \dot{\varphi}_{yB} - K_{\varphi_y} \cdot \varphi_{yB} = -C_{\varphi_y} \cdot \dot{\varphi}_y - K_{\varphi_y} \cdot \varphi_y$$

Alle hier eingeführten Größen u_{xB}, u_{xS}, φ_y, q_x und q_{φ_y} sind zeitabhängig. Die Bewegungsgleichungen bezüglich des Schwerpunktes S lauten:

$$m \cdot \ddot{u}_{xS} = q_x + p_x$$
$$\Theta_{Sy} \cdot \ddot{\varphi}_y = q_x \cdot h_S + q_{\varphi_y} - p_x \cdot h_e$$

bzw. nach Einsetzen der Reaktionskräfte

$$m \cdot \ddot{u}_{xS} + C_x \cdot \dot{u}_{xS} + C_x \cdot h_S \cdot \dot{\varphi}_y + K_x \cdot u_{xS} + K_x \cdot h_S \cdot \varphi_y = p_x$$

$$\Theta_{Sy} \cdot \ddot{\varphi}_y + C_x \cdot h_S \cdot \dot{u}_{xS} + C_x \cdot h_S^2 \cdot \dot{\varphi}_y + K_x \cdot h_S \cdot u_{xS} + K_x \cdot h_S^2 \cdot \varphi_y + C_{\varphi_y} \cdot \dot{\varphi}_y K_{\varphi_y} \cdot \varphi_y$$
$$= -p_x \cdot h_e$$

In Matrixform nach (E3–1) erhält man

$$\begin{bmatrix} m & 0 \\ 0 & \Theta_{Sy} \end{bmatrix} \cdot \begin{bmatrix} \ddot{u}_{xS} \\ \ddot{\varphi}_y \end{bmatrix} + \begin{bmatrix} C_x & C_x \cdot h_S \\ C_x \cdot h_S & C_{\varphi_y} + C_x \cdot h_S^2 \end{bmatrix} \cdot \begin{bmatrix} \dot{u}_{xS} \\ \dot{\varphi}_y \end{bmatrix} + \begin{bmatrix} K_x & K_x \cdot h_S \\ K_x \cdot h_S & K_{\varphi_y} + K_x \cdot h_S^2 \end{bmatrix}$$
$$\cdot \begin{bmatrix} u_{xS} \\ \varphi_y \end{bmatrix} = \begin{bmatrix} p_x \\ -p_x \cdot h_e \end{bmatrix}$$

Das negative Zeichen auf der rechten Seite weist darauf hin, dass die in positiver x-Richtung angesetzte Kraft p_x ein negatives Moment (d. h. entgegengesetzt der positiv eingeführten Drehrichtung) liefert.

Um die Vorteile der komplexen Rechenweise nutzen zu können, wird die harmonische Erregung $p_x(t) = P_x \cos(\Omega t)$ komplex erweitert

$$\hat{p}_x(t) = \hat{P}_x \cdot e^{i\Omega t}$$

Die Verschiebungen und Verdrehungen sind dann ebenfalls harmonische, komplexe Größen:

$$\hat{u}_{xS}(t) = \hat{U}_{xS} \cdot e^{i\Omega t}$$

$$\hat{\varphi}_y(t) = \hat{\Phi}_y \cdot e^{i\Omega t}$$

Eingesetzt in obige Gleichung bekommt man das zeitunabhängige, komplexe, algebraische Gleichungssystem in Matrixform nach (E3–8):

$$\begin{bmatrix} K_x - m\Omega^2 + i\Omega C_x & (K_x + i\Omega C_x) \cdot h_S \\ (K_x + i\Omega C_x) \cdot h_S & K_{\varphi_y} + K_x \cdot h_S^2 - \Theta_{Sy}\Omega^2 + i\Omega\left(C_{\varphi_y} + C_x \cdot h_S^2\right) \end{bmatrix} \cdot \begin{bmatrix} \hat{U}_{xS} \\ \hat{\Phi}_y \end{bmatrix}$$

$$= \begin{bmatrix} \hat{P}_x \\ -\hat{P}_x \cdot h_e \end{bmatrix}$$

Diese Matrizengleichung ist bis auf die vernachlässigten Koppelterme identisch mit der entsprechenden Matrixgleichung von Beispiel E3-7.3.1.

Einsetzen der Zahlenwerte in die Matrix und in den Lastvektor liefert dann das Gleichungssystem

$$\begin{bmatrix} \left(-7{,}86 \cdot 10^6 + 3{,}02i \cdot 10^6\right) \frac{\text{kN}}{\text{m}} & \left(3{,}39 \cdot 10^6 + 4{,}45i \cdot 10^6\right) \text{kN} \\ \left(3{,}39 \cdot 10^6 + 4{,}45i \cdot 10^6\right) \text{kN} & \left(-1{,}35 \cdot 10^7 + 1{,}11i \cdot 10^7\right) \text{kNm} \end{bmatrix} \begin{bmatrix} \hat{U}_{xS} \\ \hat{\Phi}_y \end{bmatrix}$$

$$= \begin{bmatrix} 25 \text{ kN} \\ -38 \text{ kNm} \end{bmatrix}$$

Die Lösung für die komplexen Verschiebungen und Verdrehungen ergeben sich zu

$$\hat{U}_{xS} = \left(-2{,}77 \cdot 10^{-6} + 1{,}06i \cdot 10^{-7}\right) \text{ m}$$

$$\hat{\Phi}_y = \left(1{,}69 \cdot 10^{-6} + 4{,}97i \cdot 10^{-7}\right)$$

In der Darstellung mit Betrag und Phasenwinkel lauten die Ergebnisse für $\hat{U}_{xS}$:

Schwingungsamplitude: $U_{xS} = |\hat{U}_{xS}| = \sqrt{\left(U_{xS}^{Re}\right)^2 + \left(U_{xS}^{Im}\right)^2} = 2{,}78 \cdot 10^{-6}$ m

Phasenwinkel[3]: $\alpha_u = \arctan\left(\frac{U_{xS}^{Im}}{U_{xS}^{Re}}\right) = \arctan\left(\frac{1{,}06 \cdot 10^{-7}}{-2{,}77 \cdot 10^{-6}}\right) = +178°$

und für $\hat{\Phi}_{yS}$:

$$\Phi_{yS} = |\hat{\Phi}_{yS}| = \sqrt{\left(\Phi_{yS}^{Re}\right)^2 + \left(\Phi_{yS}^{Im}\right)^2} = 1{,}76 \cdot 10^{-6}$$

$$\alpha_\varphi = \arctan\left(\frac{\Phi_{yS}^{Im}}{\Phi_{yS}^{Re}}\right) = \arctan\left(\frac{4{,}97 \cdot 10^{-7}}{1{,}69 \cdot 10^{-6}}\right) = 16°$$

Für die Amplitude der Schwinggeschwindigkeit ergibt sich

$$V_{xS} = |\hat{V}_{xS}| = \Omega \cdot |\hat{U}_{xS}| = 6{,}11 \cdot 10^{-4} \text{ m/s}$$

bzw. für die Amplitude der Winkelgeschwindigkeit

$$V_{\varphi_y} = \left|\hat{V}_{\varphi_y}\right| = \Omega \cdot |\hat{\Phi}_{yS}| = 3{,}87 \cdot 10^{-4} \text{ 1/s}$$

Die horizontalen und die vertikalen komplexen Verschiebungsamplituden $\hat{U}_{xA}$ und $\hat{U}_{zA}$ am Eckpunkt A des Fundamentes berechnen sich für kleine Drehwinkel wie folgt:

3. Da der Realteil negativ ist, muss der Phasenwinkel im 2. Quadranten liegen, d. h. $90° \leq \alpha \leq 180°$.

$$\hat{U}_{xA} = -\hat{\Phi}_{yS} \cdot (h - h_S) + \hat{U}_{xS}$$
$$= -1{,}76 \cdot 10^{-6} \cdot 0{,}52 - 2{,}77 \cdot 10^{-6} + \mathrm{i}\left(-4{,}97 \cdot 10^{-7} \cdot 0{,}52 - 1{,}06 \cdot 10^{-7}\right)$$
$$= -3{,}66 \cdot 10^{-6} - 1{,}54\mathrm{i} \cdot 10^{-7}\ \mathrm{m}$$

$$\hat{U}_{zA} = -\hat{\Phi}_{yS} \cdot a$$
$$= -1{,}76 \cdot 10^{-6} \cdot 2 + \mathrm{i}\left(-4{,}97 \cdot 10^{-7} \cdot 2\right)$$
$$= -3{,}38 \cdot 10^{-6} - 0{,}99\mathrm{i} \cdot 10^{-6}\ \mathrm{m}$$

Daraus ergeben sich die Amplituden U_{xA} und U_{zA} zu

$$U_{xA} = |\hat{U}_{xA}| = \sqrt{\left(3{,}66 \cdot 10^{-6}\right)^2 + \left(1{,}54 \cdot 10^{-7}\right)^2} = 3{,}66 \cdot 10^{-6}\mathrm{m}$$

$$U_{zA} = |\hat{U}_{zA}| = \sqrt{\left(3{,}38 \cdot 10^{-6}\right)^2 + \left(0{,}99 \cdot 10^{-6}\right)^2} = 3{,}52 \cdot 10^{-6} m$$

Die Schwingungen in x- bzw. z-Richtung sind im Allgemeinen phasenverschoben, so dass die maximalen Auslenkungen nicht zeitgleich auftreten.

8. Ermittlung der gekoppelten, ungedämpften Eigenfrequenzen (ohne Berücksichtigung der Frequenzabhängigkeit der Federwerte)

Für das System ohne Dämpfung und ohne Berücksichtigung der Frequenzabhängigkeit der Federwerte reduziert sich das zu lösende Gleichungssystem wie folgt:

$$\begin{bmatrix} K_{0x} - m\Omega^2 & K_{0x} \cdot h_S \\ K_{0x} \cdot h_S & K_{0\varphi_y} + K_{0x} \cdot h_S^2 - \Theta_{Sy} \cdot \Omega^2 \end{bmatrix} \begin{bmatrix} U_{xS} \\ \Phi_{yS} \end{bmatrix} = \begin{bmatrix} P_x \\ -P_x \cdot h_e \end{bmatrix}$$

Einsetzen der Zahlenwerte ergibt

$$\begin{bmatrix} 2{,}08 \cdot 10^6 \frac{\mathrm{kN}}{\mathrm{m}} - 210\ \mathrm{t} \cdot \Omega^2 & 3{,}08 \cdot 10^6 \mathrm{kN} \\ 3{,}08 \cdot 10^6 \mathrm{kN} & 14{,}7 \cdot 10^6 \mathrm{kNm} - 519{,}1\ \mathrm{t} \cdot \mathrm{m}^2 \cdot \Omega^2 \end{bmatrix} \begin{bmatrix} U_{xS} \\ \Phi_{yS} \end{bmatrix}$$
$$= \begin{bmatrix} 25\ \mathrm{kN} \\ -38\ \mathrm{kNm} \end{bmatrix}$$

Nullsetzen der Determinante der dynamischen Steifigkeitsmatrix und Lösen nach Ω liefert die gesuchten gekoppelten Eigenfrequenzen:

$$\bar{f}_{e1} = \frac{\Omega_{e1}}{2\pi} = 12{,}4\ \mathrm{Hz} < 35\mathrm{Hz}$$

$$\bar{f}_{e2} = \frac{\Omega_{e1}}{2\pi} = 28{,}6\ \mathrm{Hz} < 35\mathrm{Hz}$$

Das System ist also tief abgestimmt.

7.3.3 Vergleich der Berechnungen mit und ohne Berücksichtigung der Einbettung

Man erkennt, dass durch die Vernachlässigung der Einbettung die rechnerischen Schwingungsamplituden um weniger als 10 % voneinander abweichen. Die rechnerischen Eigenfrequenzen sind jedoch bei Nichtberücksichtigung der Einbettung um bis zu 20 % geringer. Wird die Einbettung berücksichtigt, so fällt die zweite rechnerische Eigenfrequenz mit der Erregerfrequenz zusammen. Für die Bewertung der Resonanzgefahr ist die ungedämpfte Eigenfrequenz jedoch von untergeordneter Bedeutung. Die höchsten Schwingungsamplituden enstehen, wenn die Erregerfrequenz in der Nähe der ungedämpften ersten Eigenfrequenz liegt.

7.4 Durch Bodenschwingungen erregtes Rechteckfundament (Indirekte Erregung)

In diesem Beispiel wird die indirekte vertikale Erregung eines Fundamentes infolge einer benachbarten Erregerquelle betrachtet. Zur Ermittlung der Wegamplitude des Fundamentes wird die Bewegungsgleichung für die indirekte Erregung aufgestellt und ausgewertet. Um das Beispiel zu vereinfachen, wird das direkt erregte Fundament mit Maschine von Beispiel E3–7.2 übernommen, ohne dass die Maschine selbst in Betrieb ist. Der Nachweis über die Zulässigkeit der Amplituden wird hier nicht durchgeführt.

1. Daten des Fundamentes, der Maschine und des Bodens

Die Daten des Fundamentes, der Maschine und die bodendynamischen Kennwerte werden wie im Beispiel 7.2 gewählt, d. h. alle Systemkenngrößen wie die Eigenfrequenz, die frequenzabhängige Federsteifigkeit und Dämpfung bleiben die gleichen wie in Beispiel 7.2.

2. Anregung durch Bodenschwingungen

Durch Schwingungsmessungen am künftigen Aufstellungsort des Fundamentes wurde festgestellt, dass infolge der benachbarten Erregerquelle auf der zukünftigen Fundamentsohle mit vertikalen harmonischen Schwingungen der Bodenoberfläche

$$u_{0z}(t) = U_{0z} \cdot \cos(\Omega t)$$

zu rechnen ist. Die Erregerkreisfrequenz Ω und die Schwingungsamplitude wurden gemessen zu:

$$\Omega = 100{,}5\ \mathrm{s}^{-1}$$

$$U_{0z} = 0{,}02\ \mathrm{mm} = 2 \cdot 10^{-5}\ \mathrm{m}$$

3. Aufstellung der Bewegungsgleichung

Für die indirekte Erregung (Fußpunkterregung) lautet die Bewegungsgleichung für vertikale Schwingungen nach (E3–25):

$$m \cdot \ddot{u}_z(t) + C_z \cdot [\dot{u}_z(t) - \dot{u}_{0z}(t)] + K_z \cdot [u_z(t) - u_{0z}(t)] = 0$$

wobei $u_z(t)$ die Verschiebung des Fundamentes in z-Richtung ist.
Da $u_{0z}(t)$ harmonisch ist, sind auch alle anderen Größen harmonisch. Um die Vorteile der komplexen Rechnungsweise nutzen zu können, werden sämtliche Verschiebungsgrößen komplex erweitert:

$$\hat{u}_z(t) = \hat{U}_z \cdot e^{i\Omega t}$$

$$\hat{u}_{0z}(t) = \hat{U}_{0z} \cdot e^{i\Omega t}$$

wobei $\hat{U}_{0z} = U_{0z} \cdot e^{i\alpha} = U_{0z}^{\mathrm{Re}} + iU_{0z}^{\mathrm{Im}}$

Zweckmäßigerweise wird die Freifeldverschiebung als Bezugsgröße gewählt, sodass $\alpha = 0$ bzw. $U_{0z}^{\mathrm{Im}} = 0$ ist. Daraus ergibt sich $\hat{U}_{0z} = U_{0z}$.
Eingesetzt in die obige Bewegungsgleichung erhält man

$$-m \cdot \Omega^2 \hat{U}_z + (K_z + i\Omega C_z)\,\hat{U}_z = (K_z + i\Omega C_z)\,U_{0z}$$

4. Ermittlung der vertikalen Wegamplituden

Die Lösung dieser Gleichung liefert die komplexe Wegamplitude

$$\hat{U}_z = \frac{K_z + i\Omega C_z}{K_z - m \cdot \Omega^2 + i\Omega C_z} U_{0z} = \frac{\left(K_z\left(K_z - m \cdot \Omega^2\right) + \Omega^2 C_z^2\right) - i\left(C_z m \Omega^3\right)}{\left(K_z - m \cdot \Omega^2\right)^2 + \Omega^2 C_z^2} U_{0z}$$

Einsetzen der Zahlenwerte nach Punkt 7 des Beispiels aus Abschnitt 7.2 liefert

$$\hat{U}_z = \frac{847 \cdot 10^3\left(847 \cdot 10^3 - 31{,}9 \cdot 100{,}5^2\right) + 100{,}5^2\left(5{,}51 \cdot 10^3\right)^2}{\left(847 \cdot 10^3 - 31{,}9 \cdot 100{,}5^2\right)^2 + \left(5{,}51 \cdot 10^3\right)^2} \cdot 2 \cdot 10^{-5}$$

$$- i\frac{4{,}62 \cdot 10^3 \cdot 31{,}9 \cdot 100{,}5^3}{\left(847 \cdot 10^3 - 31{,}9 \cdot 100{,}5^2\right)^2 + \left(5{,}51 \cdot 10^3\right)^2} \cdot 2 \cdot 10^{-5}$$

$$= 25{,}8 \cdot 10^{-6}\ \mathrm{m} - i \cdot 6{,}12 \cdot 10^{-6}\ \mathrm{m}$$

Für die Amplitude U_z, d. h. den Betrag der Verschiebung $|\hat{U}_z|$, ergibt sich

$$U_z = |\hat{U}_z| = \sqrt{\left(U_z^{\mathrm{Re}}\right)^2 + \left(U_z^{\mathrm{Im}}\right)^2} = \frac{\sqrt{K_z^2 + \Omega^2 C_z^2}}{\sqrt{\left(K_z - m \cdot \Omega^2\right)^2 + \Omega^2 C_z^2}} U_{0z} = 26{,}5 \cdot 10^{-6}\ \mathrm{m}$$

und für den Phasenwinkel

$$\alpha_{0z} = \arctan\left(\frac{U_z^{\mathrm{Im}}}{U_z^{\mathrm{Re}}}\right) = \arctan\left(\frac{-6{,}12 \cdot 10^{-6}}{25{,}8 \cdot 10^{-6}}\right) = -13°$$

8 Literatur

81 Dominguez, J. (1978) *Dynamic Stiffness of Rectangular Foundations.* MIT Report R78-20, Massachusetts Institute of Technology, Department of Civil Engineering, Cambridge, MA, U.S.A. Online verfügbar, Zugriff 25.05.2025, https://nehrpsearch.nist.gov/article/PB-287%20131/7/XAB

82 Gazetas, G.; Tassoulas, J. L. (1987) *Horizontal Stiffness of Arbitrarily Shaped Embedded Foundations.* J Geotech Eng 113, H. 5, S. 440–457. doi 10.1061/(ASCE)0733-9410(1987)113:5(440)

83 Pais, A.; Kausel E. (1988) *Approximate formulas for dynamic stiffnesses of rigid foundations.* Soil Dyn Earthq Eng 7, S. 213–227. doi 10.1016/S0267-7261(88)80005-8

84 Sieffert, J.-G.; Cevaer, F. (1992) *Manuel des Fonctions d'Impedance / Handbook of Impedance Functions.* Nantes: Ouest Editions

85 Wong, H. L.; Luco, J. E. (1985) *Tables of Impedance Functions for Square Foundations on Layered Media.* Soil Dyn Earthq Eng 4, H. 2, S. 64–81. doi 10.1016/0261-7277(85)90002-6

86 Apsel, R. J.; Luco J. E. (1987) *Impedance Functions for Foundations Embedded in a Layered Medium: An Integral Equation Approach.* Earthq Eng Struc Dyn 15, S. 213–231. doi 10.1002/eqe.4290150205

87 Gazetas, G. (1991) *Formulas and Charts for Impedances of Surface and Embedded Foundations.* J Geotech Eng 117, H. 9, S. 1363–1381. doi 10.1061/(ASCE)0733-9410(1991)117:9(1363)

88 Vrettos C. (1999) *Vertical and rocking impedances for rigid rectangular foundations on soils with bounded non-homogeneity.* Earthq Eng Struc Dyn 28, S. 1525–1540. doi 10.1002/(SICI)1096-9845(199912)28:12<1525::AID-EQE879>3.0.CO;2-S

89 DIN 1311-2:2002-08 *Schwingungen und schwingungsfähige Systeme – Teil 2: Lineare, zeitinvariante schwingungsfähige Systeme mit einem Freiheitsgrad*

90 Richart, F. E.; Hall, J. R.; Woods, R. D. (1971) *Vibration of Soils and Foundations.* Englewood Cliffs, N. J.: Prentice- Hall

91 Mita, A.; Luco J. E. (1989) *Dynamic Response of a Square Foundation Embedded in an Elastic Half-Space.* Soil Dyn Earthq Eng 8, S. 54–67. doi 10.1016/S0267-7261(89)80013-2

92 Pak, R. Y. S.; Guzina B. B. (1999) *Seismic Soil-Structure Interaction Analysis by Direct Boundary Element Methods.* Int J Solids Struct 36, S. 4743–4766. doi 10.1016/S0020-7683(98)00263-7

93 Gazetas, G. (1990) *Foundation Vibrations* in Fang, H. Y. [Hrsg.] *Foundation Engineering Handbook*, 2nd Edition. New York: Van Nostrand Reinhold

94 Gazetas, G.; Dobry, R.; Tassoulas, J. L. (1985) *Vertical Response of Arbitrarily Shaped Embedded Foundations.* J Geotech Eng 111, H. 6, S. 750–771. doi 10.1061/(ASCE)0733-9410(1985)111:6(750)

95 Gazetas, G.; Tassoulas, J. L. (1987) *Horizontal Damping of Arbitrarily Shaped Embedded Foundations.* J Geotech Eng 113, H. 5, S. 458–475. doi 10.1061/(ASCE)0733-9410(1987)113:5(458)

96 Kramer, H. (1991) *Forschungsarbeit „Erschütterungsschutz", Abschlußbericht.* Bundesminister für Raumordnung, Bauwesen und Städtebau, B I 5-80 01 88-12. Stuttgart: IRB-Verlag

97 Rücker, W.; Schmid, G.; Verbic, B. (1996). *Experimentell bestimmte dynamische Steifigkeiten von Oberflächenfundamenten.* Bautechnik 73, H. 6, S. 368–375

98 Savidis, S. (1991) Forschungsarbeit *„Erschütterungsschutz". Untergrunderkundung und dynamische Bodenkennwerte Standort Bremen.* Technische Universität Berlin, Fachgebiet Grundbau und Bodenmechanik. Förderkennzeichen BI5-800188-12, Bundesministerium für Raumordnung, Bauwesen und Städtebau

99 Rücker, W. (1991) *Forschungsvorhaben – Einheitliche und vergleichbare Berechnungsmethoden über die Einwirkung von Bodenerschütterungen auf bauliche Anlagen – Untergrunderkundung und dynamische Bodenkennwerte Standort Bremen.* Laboratorium 2.32 Baudynamik, Erschütterungsschutz, Bundesanstalt für Materialforschung und -prüfung (BAM), Berlin. Förderkennzeichen BI5-800188-12, Bundesministerium für Raumordnung, Bauwesen und Städtebau

100 Rücker, W. (1991) *Forschungsvorhaben – Einheitliche und vergleichbare Berechnungsmethoden über die Einwirkung von Bodenerschütterungen auf bauliche Anlagen – Teilaufgabe: dynamische Bodenkennwerte Standort Nürnberg.* Laboratorium 2.32 Baudynamik, Erschütterungsschutz, Bundesanstalt für Materialforschung und -prüfung (BAM), Berlin. Förderkennzeichen BI5-800188-12, Bundesministerium für Raumordnung, Bauwesen und Städtebau

101 Bundesanstalt für Materialforschung und –prüfung Berlin, Laboratorium 2.32 Baudynamik, Erschütterungsschutz (1991) *Messung von Fundamentschwingungen und Vergleich mit Rechenergebnissen, Messorte Nürnberg und Bremen*

102 Forchap, E.; Verbic, B. (1994) *Field tests on wave propagation and reduction of foundation vibrations* in Chouw, N.; Schmid, G. [Hrsg.] *Wave '94.* Bochum: Berg-Verlag

103 Kramer, H. (1999) *Kippschwingungen eines indirekt durch Oberflächenwellen erregten Fundaments.* Bautechnik 76, H. 11, S. 970–975. doi 10.1002/bate.199906380

104 Hatzikonstantinou, E.; Tassoulas, J. L.; Gazetas, G.; Kotsanopoulos, P.; Fotopoulou, M. (1989) *Rocking Stiffness of Arbitrarily Shaped Embedded Foundations.* J Geotech Engng 115, H. 4, S. 457–472. doi 10.1061/(ASCE)0733-9410(1989)115:4(457)

105 Fotopoulou, M.; Kotsanopoulos, P.; Gazetas, G.; Tassoulas, J. L. (1989) *Rocking Damping of Arbitrarily Shaped Embedded Foundations.* J Geotech Engng 115, H. 4, S. 473–490. doi 10.1061/(ASCE)0733-9410(1989)115:4(473)

106 Ahmad, S.; Gazetas, G. (1992) *Torsional Stiffness of Arbitrarily Shaped Embedded Foundations.* Journal of Geotechnical Engineering 118, H. 8, S. 1168–1185. doi 10.1061/(ASCE)0733-9410(1992)118:8(1168)

107 Mylonakis, G.; Gazetas, G.; Nikolaou, S.; Chauncey, A. (2002) *Development of Analysis and Design Procedures for Spread Footings — Technical Report MCEER-02-0003.* Multidisciplinary Center for Earthquake Engineering Research, City University of New York and University at Buffalo, State University of New York. Online verfügbar, letzter Abruf 2024-06-11, https://www.buffalo.edu/mceer/catalog.host.html/content/shared/www/mceer/publications/MCEER-02-0003.detail.html

108 Mylonakis, G.; Nikolaou, S.; Gazetas, G. (2006) *Footings under seismic loading: Analysis and design issues with emphasis on bridge foundations.* Soil Dyn Earthq Eng 26, S. 824–853. doi 10.1016/j.soildyn.2005.12.005

109 Schmid, G.; Friedrich, K.; Tosecký, A. (2003, mit Korrekturen von 2004) *Impedanzfunktionen rechteckige(r) Fundamente.* Interner Bericht, Ruhr-Universität Bochum, Theorie der Tragwerke. Unveröffentlicht

110 Schepers, W. (2024) *Datenbank mit numerisch ermittelten Impedanzen starrer, masseloser, in einen homogenen und linear-elastischen Halbraum einbindender Zylinder- und Blockfundamente*. Unveröffentlicht

111 Novak, M.; Sachs, K. (1973) *Torsional and Coupled Vibrations of Embedded Footings*. Earthq Eng Struc Dyn 2, H. 1, S. 11–33. doi 10.1002/eqe.4290020103

112 Schmid, G. et al. (1988) *SSI2D/3D, ein Programmsystem zur Berechnung von Bauwerk-Boden-Wechselwirkung mit der Randelementmethode*. Bericht Nr. 12 des SFB 151 an der Ruhruniversität Bochum

113 Savidis, S.; Sarfeld, W. (1990) *Verfahren und Anwendung der dreidimensionalen dynamischen Wechselwirkung*. Baugrundtagung Mainz 1980

114 Rücker, W. (1982) *Dynamic Behavior of Rigid Foundations of Arbitrary Shape on a Halfspace*. Earthq Eng Struc Dyn 10, H. 6, S. 675–690. doi 10.1002/eqe.4290100505

115 Poulos H. G.; Davis E. H. (1974) *Elastic solutions for soil and rock mechanics*. New York: John Wiley & Sons

116 NEHRP Consultants Joint Venture (2012) *Soil-Structure Interaction for Building Structures. NIST National Institute of Standards and Technology report GCR 12-917-21*. Online verfügbar, http://www.nehrp.gov/pdf/nistgcr12-917-21.pdf, Zugriff am 18.08.2024

117 FEMA P-2091 (2020) *A Practical Guide to Soil-Structure Interaction*. Online verfügbar, Zugriff am 18.08.2024, https://www.fema.gov/sites/default/files/documents/fema_p-2091-soil-structure-interaction.pdf

118 Schepers, W. (2014) *Berechnungsverfahren für praxisnahe Boden-Bauwerks- Interaktionsprobleme im Frequenzbereich*. Dissertation, Technische Universität Berlin. doi: 10.14279/depositonce-4240

119 DIN 4024-1:1988-04 *Maschinenfundamente – Elastische Stützkonstruktionen für Maschinen mit rotierenden Massen*

120 VDI 2056:1964-10 *Beurteilungsmaßstäbe für mechanische Schwingungen von Maschinen*

E4

Bleibende Verformungen

1 Grundlagen der Akkumulation bleibender Verformungen

Der Nachweis der Gebrauchstauglichkeit einer Konstruktion erfordert die Betrachtung der Verformungsentwicklung des Systems Boden-Bauwerk sowohl unter statischer als auch unter zeitlich veränderlicher Belastung. Im Folgenden wird die Abschätzung der bleibenden Verformungen infolge zyklischer bzw. dynamischer Beanspruchung des Bodens beschrieben, die für den Nachweis der Gebrauchstauglichkeit in der Praxis von besonderem Interesse ist.

Durch zyklische bzw. dynamische Einwirkungen – direkt an der Gründung (z. B. Maschinenfundamente) oder indirekt außerhalb der Gründung (z. B. Baubetrieb, Verdichtungsmaßnahmen, Verkehr, Erdbeben) – werden zeitlich veränderliche Spannungszustände im Boden erzeugt. Diese zeitlich veränderlichen Spannungszustände führen zu bleibenden Verformungen (Scher-, Normal- und volumetrische Dehnungen) im Boden und zu bleibenden Verschiebungen (z. B. Setzungen) an der Oberfläche.

Physikalisch werden die bleibenden Verformungen bei nichtbindigen Böden durch Umlagerungen des Korngerüstes, bei bindigen Böden durch Veränderungen der Mikrostruktur hervorgerufen. Kornzertrümmerung und Kornabrieb, die zu vernachlässigbar geringen bleibenden Verformungen führen, werden im Weiteren nicht berücksichtigt.

Die beiden o. g. Mechanismen werden im Wesentlichen durch die Einwirkung von zyklischen Schubspannungen bzw. von zyklischen Scherdehnungen erzeugt. Die im Korngerüst auftretenden zyklischen Normalspannungen liefern nur einen geringen, meist vernachlässigbaren Beitrag zu den bleibenden Verformungen.

Die wesentlichen Einflussfaktoren auf die Akkumulation bleibender Verformungen im Boden sind:

- die Amplitude und Anzahl der Zyklen der Scherbeanspruchung,
- die Art der Einwirkung (Schwell- oder Wechselbeanspruchung),
- der am Beginn der zyklischen Belastung herrschende Spannungs- und Verformungszustand (Vorbelastungsgeschichte),
- die Bodenart,

- die physikalischen und mechanischen Bodeneigenschaften (u. a. Kornform, Wassergehalt, Trockendichte, Porenvolumen, Sättigung, Konsolidierungsgrad, Plastizitätszahl).

Je nach Intensität der Beanspruchung zeigt der Boden elastisches (reversibles) oder elasto-plastisches (irreversibles) Verhalten. Als wesentlicher Parameter für die Beurteilung der dynamischen Beanspruchung dient die zyklische Scherdehnungsamplitude γ_d. Mit zunehmender Scherdehnungsamplitude γ_d nimmt einerseits die Steifigkeit des Bodens ab und andererseits die Dämpfung zu (siehe Bild E2–3 und Bild E2–5).

In der Praxis wird für die Bewertung des möglichen Auftretens von durch Schwingungen verursachten Setzungen im Boden mitunter die Bodenbeschleunigung herangezogen. Es liegen aber keine gesicherten Erkenntnisse aus Forschung und Praxis vor, sodass diese Vorgehensweise nur über die Rückrechnung der aus der Beschleunigung resultierenden Scherdehnungen angewandt werden darf.

Zur Beurteilung des Einflusses der zyklischen Scherdehnungsamplitude γ_d auf das Bodenverhalten haben Vucetic [121] und Hsu & Vucetic [122] eine Reihe von zyklischen Scherversuchen an verschiedenen Bodenarten mit relativ geringer Zyklenzahl ($10 \leq N \leq 200$) durchgeführt. Deren Auswertung ergab, dass neben γ_d die Plastizitätszahl I_P die maßgebliche Bodeneigenschaft für das Verformungsverhalten unter zyklischer Beanspruchung ist. Daraus ergeben sich in Abhängigkeit von der Plastizitätszahl die beiden Grenzwerte γ_{tl} und γ_{tv} (Bild E4–1).

Die lineare Scherdehnungsgrenze γ_{tl} stellt das Ende des elastischen Bereiches dar und wird z. B. nach Vucetic [121] und Wichtmann & Triantafyllidis [123] so definiert, dass $G_d/G_{d0} \approx 0{,}99$ beträgt. Für nichtbindige Böden ($I_P = 0$) liegt γ_{tl} bei $3{,}5 \cdot 10^{-6}$ (Bild E4–1).

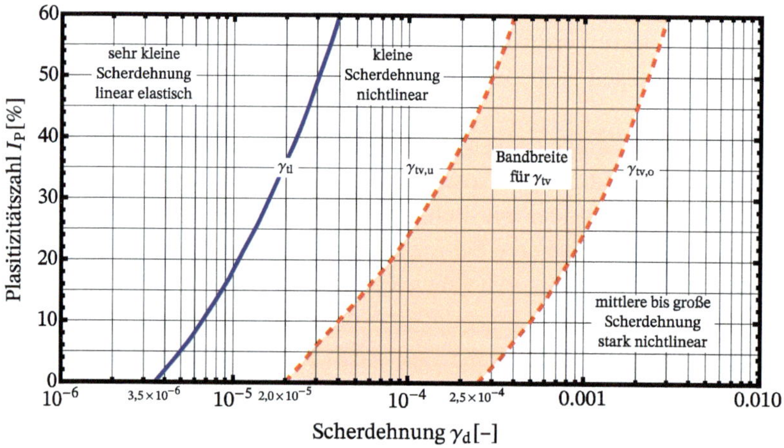

Bild E4–1 Grenzwerte der Scherdehnungsamplituden mit γ_{tl} nach Vucetic [121] und einer aus Versuchsergebnissen abgeleiteten Bandbreite für γ_{tv} [124].

Unterhalb der volumetrischen Scherdehnungsgrenze γ_{tv} tritt keine signifikante Akkumulation von volumetrischen Verformungen in drainierten Versuchen bzw. von Porenwasserüberdrücken in undrainierten Versuchen auf. Auf Basis der Zusammenstellung von Laborversuchsergebnissen an Sanden, Schluffen und Tonen aus der Literatur wurde in [124] eine entsprechende Bandbreite für γ_{tv} abgeleitet (Bild E4–1). Für nichtbindige Böden ($I_P = 0$) ergibt sich die Bandbreite mit einem unteren Grenzwert $\gamma_{tv,u} = 2{,}0 \cdot 10^{-5}$ und einem oberen Grenzwert $\gamma_{tv,o} = 2{,}5 \cdot 10^{-4}$.

Der obere Bereich der Bandbreite ($\gamma_{tv} \approx 0{,}7 \ldots 2{,}5 \cdot 10^{-4}$ für nichtbindige Böden mit $I_P = 0$) basiert auf Einfachscherversuchen und undrainierten zykischen Triaxialversuchen mit geringer Zyklenzahl ($N = 10 \ldots 100$) aus [121] und [122]. Dieser Bereich kann für die Bewertung der Auslösung von Verflüssigung infolge weniger Zyklen, z. B. durch Erdbeben, verwendet werden.

Infolge hochzyklischer Belastung (Anzahl an Zyklen $N \gg 1.000$, z. B. Maschinenfundamente) treten jedoch bei Scherdehnungen im oberen Bereich der Bandbreite in Abhängigkeit von der Lagerungsdichte, dem Spannungszustand und der Kornverteilung nicht zu vernachlässigende bleibende Verformungen auf [125]. In Resonant-Column-Versuchen mit hoher Zyklenzahl ($N \gg 1000$) wurde für reine Sande in [126] $\gamma_{tv} \approx 2 \ldots 5 \cdot 10^{-5}$ und für schluffige Sande in [125] $\gamma_{tv} \approx 4 \ldots 12 \cdot 10^{-5}$ (jeweils mit $I_P = 0$) bestimmt. Ohne genauere Untersuchungen sollte der untere Grenzwert $\gamma_{tv,u}$ (d. h. $\gamma_{tv,u} = 2 \cdot 10^{-5}$ für Böden mit $I_P = 0$) angesetzt werden, siehe auch die beiden Beispiele im Abschnitt E4-4.

Mit den so definierten Scherdehnungsgrenzen γ_{tl} und γ_{tv} unterscheidet man drei Bereiche mit unterschiedlichem charakteristischen Bodenverhalten (Bild E4–1).

Bereich mit sehr kleinen Scherdehnungen $\gamma_d \leq \gamma_{tl}$. In diesem Bereich bleibt die Mikrostruktur des Bodens erhalten. Es kann ein linear-elastisches Verhalten angenommen werden. Bleibende Verformungen und ggf. Porenwasserdruckveränderungen treten nicht auf. Die Bodensteifigkeit verändert sich nicht.

Bereich mit kleinen Scherdehnungen $\gamma_{tl} \leq \gamma_d \leq \gamma_{tv}$. In diesem Bereich zeigt der Boden ein nichtlineares Materialverhalten. Die Mikrostruktur verändert sich geringfügig. Die Bodensteifigkeit wird reduziert (Bild E2–3). Es kommt zu keiner bzw. vernachlässigbarer Akkumulation bleibender Verformungen bzw. von Porenwasserüberdrücken und damit zu keiner Abnahme der Scherfestigkeit τ_f.

Bereich mit mittleren bis großen Scherdehnungen $\gamma_d \geq \gamma_{tv}$. In diesem Bereich entstehen größere Strukturveränderungen. Der Boden zeigt ein ausgeprägt nichtlineares Verhalten. Die Bodensteifigkeit wird mit zunehmenden γ_d erheblich reduziert (Bild E2–3). In trockenen, teilgesättigten und gesättigten Böden unter drainierten Verhältnissen akkumulieren sich bereits bei geringen Zyklenzahlen nennenswerte bleibende Verformungen. Bei wassergesättigten Böden unter undrainierten Verhältnissen akkumulieren sich deutlich Porenwasserüberdrücke, wodurch sich die effektiven Spannungen und die Scherfestigkeit reduzieren, und im Extremfall Bodenverflüssigung eintreten kann.

Wie in Bild E4–1 zu erkennen ist, steigen die ermittelten Grenzwerte der Scherdehnungen mit Zunahme der Plastizitätszahl I_p an. Daraus folgt, dass plastische Tone einen größeren elastischen Bereich im Vergleich zu reinen Sanden und Kiesen ($I_p = 0$) zeigen, so dass größere zyklische Scherdehnungen zur Veränderung des Bodenverhaltens erforderlich werden.

Im folgenden Abschnitt E4-2 sind Abschätzungen zur Ermittlung der bleibenden Verformungen angegeben. Untersuchungen zu Porenwasserdruckentwicklungen werden nicht behandelt.

2 Näherungsweise Ermittlung bleibender Verformungen im Boden

2.1 Allgemeiner Überblick

Die durch zyklische Scherbeanspruchungen erzeugte Volumenänderung enthält reversible (elastische) und bleibende (plastische) Anteile.

$$\varepsilon_{\mathrm{vol}} = \varepsilon_{\mathrm{vol,el}} + \varepsilon_{\mathrm{vol,pl}} \qquad \text{(E4–1)}$$

mit

$\varepsilon_{\mathrm{vol}} = \Delta V/V$	volumetrische Dehnung
$\varepsilon_{\mathrm{vol,el}}$	elastischer Anteil
$\varepsilon_{\mathrm{vol,pl}}$	plastischer Anteil
ΔV	Volumenänderung
V	Ausgangsvolumen

Für die Ermittlung bleibender Verformungen werden nur die plastischen Dehnungsanteile betrachtet, die sich zyklenabhängig akkumulieren:

$$\varepsilon_{\mathrm{vol,pl}}^{\mathrm{acc},N} = \sum_{i=1}^{N} \varepsilon_{\mathrm{vol,pl}}^{i} \qquad \text{(E4–2)}$$

mit

$\varepsilon_{\mathrm{vol,pl}}^{\mathrm{acc},N}$	akkumulierte volumetrische Dehnung nach N Zyklen
$\varepsilon_{\mathrm{vol,pl}}^{i}$	volumetrische Dehnung im Zyklus i

Rechnerisch kann die Akkumulation der plastischen Dehnungsanteile auf unterschiedliche Weise erfasst werden (Bild E4–2):

- Erfassung der akkumulierten Dehnungen in den einzelnen Hystereseschleifen mit vielen Spannungs-Dehnungsinkrementen (implizite Modelle)
- Erfassung der akkumulierten Dehnungen über die Zyklenzahl (explizite Modelle).

Für Berechnungen mit hohen Zyklenzahlen sind implizite Modelle eher ungeeignet, da der Rechenaufwand sehr hoch ist und sich numerische Fehler akkumulieren [127].

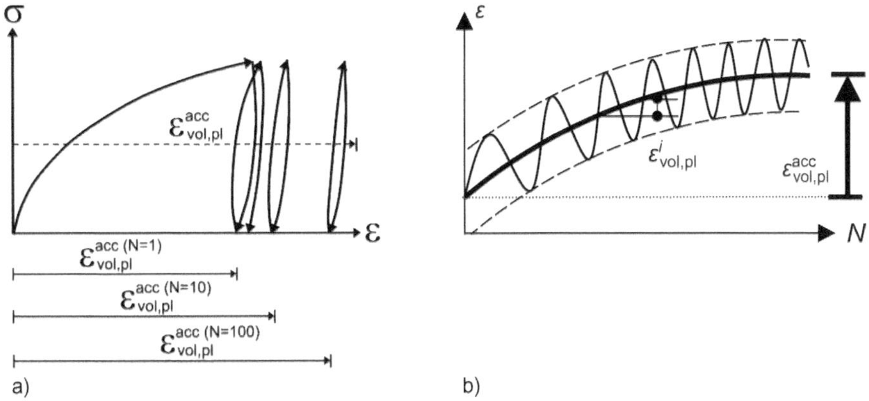

Bild E4–2 Dehnungsakkumulation: a) über die Hystereseschleifen in einem Spannungs-Dehnungs-Diagramm, b) über die Zyklenzahl in einem Dehnungs-Zyklenzahl-Diagramm

In den nachfolgenden Abschnitten werden für praktische Anwendungen zur Abschätzung der bleibenden Verformungen unter zyklischen Einwirkungen vereinfachte explizite Berechnungsverfahren (s. a. Bild E4–2b) angegeben:

- Dehnungsakkumulation über Potenzansätze der Zyklenzahl (Abschnitt E4-2.4)
- Dehnungsakkumulation über eine in geschlossener Form gegebene nicht-iterative Funktion der Zyklenzahl aus der Superposition eines linearen und eines logarithmischen Ansatzes (Abschnitt E4-2.5)

Es gibt in der Literatur eine Reihe weiterer Berechnungsmodelle zur Akkumulation bleibender Verformungen. Bei Anwendung dieser Modelle ist insbesondere auf die Anwendungsgrenzen zu achten, d. h. unter welchen Versuchsrandbedingungen, mit welcher Größe der Einwirkungen und Anzahl der Zyklen sowie an welchen Böden diese Modelle abgeleitet wurden.

Vorrangig werden die hier angeführten Verfahren zur Abschätzung der bleibenden Verformungen im Boden infolge von Einwirkungen von Maschinenfundamenten, Verkehr und Baumaßnahmen eingesetzt, d. h. für kleine bis mittlere Scherdehnungen gemäß Bild E4–1. Voraussetzung für die Akkumulation bleibender volumetrischer Dehnungen sind drainierte Verhältnisse im Boden. Andernfalls entstehen Porenwasserüberdrücke, deren Akkumulation zur Abnahme der effektiven Spannungen und damit zur Reduzierung der Scherfestigkeit bis hin zur Bodenverflüssigung führen kann.

Bei der Berechnung der zyklisch bzw. dynamisch einwirkenden Scherbeanspruchungen kann das nichtlineare Bodenverhalten in vereinfachter Form berücksichtigt werden. Hier wird bei der Ermittlung der Schubspannungsverteilung zunächst eine lineare Spannungs-Dehnungsbeziehung zugrunde gelegt, da der Einfluss der Nichtlinearität im Boden auf die Verteilung der Schubspannungen gering ist. Die Ermittlung der Scherdehnungen aus den Schubspannungen erfolgt anschließend iterativ, damit der angesetzte Schubmodul kompatibel zu den sich ergebenden Scherdehnungen ist, siehe Abschnitt E2-2.1.

Für die in diesen Empfehlungen betrachtete Akkumulation bleibender Dehnungen wird ein ratenunabhängiges Verhalten des Bodens unterstellt, d. h. geschwindigkeitsabhängige Dehnungsraten aus den viskosen Dämpfungseigenschaften und zeitabhängiges Kriechen bleiben unberücksichtigt. Dies bedeutet, dass die Verformungen im Boden in Folge einer sich fortpflanzenden Welle nur von der Größe der Wellenamplituden und der Anzahl der Wellenzyklen abhängen. Weiterhin bleiben der Einfluss der Erregerfrequenzen und damit der Einfluss der Geschwindigkeit der Lasteintragung unberücksichtigt. Somit können auch bleibende Verformungen aus impulsartig sich wiederholenden Beanspruchungen des Bodens untersucht werden.

Für die Ermittlung der akkumulierten bleibenden Verformungen muss zunächst für jedes Bodenelement geprüft werden, welche zyklischen bzw. dynamischen Beanspruchungen eine bleibende Verformung dieses Bodenelements erzeugen können. Liegen an einem Bodenelement mehrere solcher Beanspruchungen vor, sind die akkumulierten Verformungen aus der Gesamtbeanspruchung zu ermitteln.

2.2 Ermittlung der zyklischen Schubspannungen und Scherdehnungen

Für die Ermittlung der bleibenden volumetrischen Dehnungen im Boden gemäß den Abschnitten E4-2.4 bis E4-2.5 werden die zyklischen Schubspannungen τ_d bzw. die zyklischen Scherdehnungen γ_d benötigt.

Die Ermittlung der zyklischen Schubspannungen τ_d muss mit einem Verfahren erfolgen, mit dem die Verteilung der Spannungen im Baugrund angemessen genau ermittelt werden kann. Im Allgemeinen wird dies mit numerischen Methoden wie der Finite-Elemente-Methode erfolgen.

In einfachen Fällen bei annähernd starren, flach gegründeten Fundamenten und niedrigen Anregungsfrequenzen mit $f < 0{,}5 \cdot \bar{f}_{ez}$ kommen auch diejenigen Verfahren zur Spannungsermittlung im Baugrund infrage, die bei klassischen Setzungsberechnungen verwendet werden. Die zyklischen vertikalen effektiven Spannungen $\sigma'_{z,d}$ können zur Abschätzung aus der als quasistatisch zu betrachtende Sohlspannungsamplitude q_z nach der statischen Spannungsausbreitung im Baugrund berechnet werden.

Die ungedämpfte Eigenfrequenz $\bar{f}_{ez}$ kann nach (E4–3) berechnet werden, siehe auch Beispiel E3, Abschnitt 7.2, Absatz 6.

$$\bar{f}_{ez} = \frac{1}{2\pi} \cdot \sqrt{\frac{K_{zz,0}}{m}} \tag{E4–3}$$

Die vertikale Sohlspannungsamplitude $q_z = Q_z / A$ resultiert aus der dynamischen Kraftamplitude auf den Baugrund $Q_Z = |\hat{Q}_Z|$ und der Sohlfläche A_{Sohl}. Q_Z ergibt sich aus der Erregerkraftamplitude P_Z nach (E4–4), siehe auch Beispiel in Abschnitt E3-7.2, Schritt Nr. 8.

$$Q_z = P_z \frac{\sqrt{K_{zz,\Omega}(\Omega)^2 + \left[\Omega \cdot C_{zz,\Omega}(\Omega)\right]^2}}{\sqrt{\left[K_{zz,\Omega}(\Omega) - m\Omega^2\right]^2 + \left[\Omega \cdot C_{zz,\Omega}(\Omega)\right]^2}}, \tag{E4–4}$$

Anschließend können die zyklischen Schubspannungen τ_d aus den zyklischen vertikalen effektiven Spannungen $\sigma'_{z,d}$ nach (E4–5) abgeschätzt werden.

$$\tau_d \approx \sigma'_{z,d}/2 \quad \text{(E4–5)}$$

Sind die zyklischen Schubspannungen τ_d bekannt, können daraus die zyklischen Scherdehnungen γ_d nach (E4–6) ermittelt werden, für deren Berechnung eine angepasste reduzierte Steifigkeit $G_d = G_d(\gamma_d)$ benötigt wird.

$$\gamma_d = \frac{\tau_d}{G_d} = \frac{\tau_d}{G_{d0} \cdot \left(\frac{G_d}{G_{d0}}\right)} \quad \text{(E4–6)}$$

mit

G_{d0} max. Schubmodul für sehr kleine Dehnungen und

G_d/G_{d0} Faktor für die dehnungsabhängige Steifigkeitsreduzierung siehe auch (E2–5).

Da $G_d = G_d(\gamma_d)$ eine nichtlineare Funktion der auftretenden zyklischen Scherdehnungsamplitude γ_d ist, muss (E4–6) iterativ gelöst werden. Dazu wird zunächst die auftretende Scherdehnungsamplitude vorgeschätzt, der dazu kompatible Schubmodul wird in die rechte Seite von (E4–6) eingesetzt, und man erhält eine neue Schätzung der zyklischen Scherdehnungsamplitude. Es sind üblicherweise nur sehr wenige Iterationsschritte erforderlich.

Wenn berechnete oder ggf. gemessene Schwinggeschwindigkeiten (Partikelgeschwindigkeiten) einer sich ausbreitenden Scherwelle zugeordnet werden können, dann gilt:

$$\gamma_d \approx v/c_S \quad \text{(E4–7)}$$

$$\tau_d \approx v \cdot \rho \cdot c_S \quad \text{(E4–8)}$$

mit

v Schwinggeschwindigkeitsamplitude (Partikelgeschwindigkeit) der eingetragenen Erschütterung senkrecht zur Ausbreitungsrichtung der Scherwelle

ρ Dichte des Bodens

c_S Ausbreitungsgeschwindigkeit der Scherwelle.

Für komplizierte dreidimensionale Wellenausbreitung in der Nähe dynamisch belasteter Gründungen ist es erforderlich, numerische Berechnungen durchzuführen, siehe beispielsweise [128]. Für einfache Fälle bei annähernd starren, flach gegründeten Fundamenten und höheren Anregungsfrequenzen mit $f > 0,5 \cdot \bar{f}_{ez}$ kann (E4–7) zur Abschätzung verwendet werden. Für kleinere Anregungsfrequenzen $f < 0,5 \cdot \bar{f}_{ez}$ darf (E4–7) nicht angewendet werden.

Sind die eingetragenen Amplituden der Erschütterungen nur an der Oberfläche bekannt, dann können diese Erschütterungen über die Wellenausbreitung in einem Mehrschichtsystem z. B. tiefenabhängig in den nachgiebigen Bodenschichten abgeschätzt werden (s. a. Abschnitt E1-3.1). Aus den ermittelten tiefenabhängigen Schwinggeschwindigkeiten können dann die dynamischen Schubspannungen τ_d berechnet werden.

In (E4–7) und (E4–8) ist die Scherwellengeschwindigkeit c_S dehnungsabhängig zu berücksichtigen, um eine der nichtlinearen Bodensteifigkeit angepasste zyklische Schubspannung bzw. Scherdehnung für die Berechnung bleibender Verformungen zu erhalten.

2.3 Labor- und Feldversuche

Für die Anwendung der Berechnungsansätze, die in den nachfolgenden Abschnitten 2.4 bis 2.5 vorgestellt werden, werden dynamische Bodenparameter benötigt, welche u. a. von Dehnungsniveau, Kornverteilung, Dichte, Lagerungsdichte und Konsistenz abhängig sind. Die in E2 angegebenen Tabellenwerte können allenfalls für grobe Abschätzungen bleibender Verformungen verwendet werden. Bei erhöhten Anforderungen an die Berechnungsgenauigkeit sollen Labor- und Feldversuche zur Bestimmung der Bodenparameter durchgeführt werden, siehe Abschnitt E2-3.2 und E2-3.3.

Die bei der dehnungsabhängigen Erfassung der Bodensteifigkeit erforderlichen initialen Bodensteifigkeiten G_{d0} bzw. die initialen Scherwellengeschwindigkeiten $c_{S,0}$ lassen sich zuverlässig und realitätsnah durch geeignete Feldversuche in ungestörten Bodenbereichen ermitteln, siehe Abschnitt E2-3.2. Selbst aufwändige Laborversuche, wie Piezoelement-Messungen in Triaxialzellen, führen aufgrund unvermeidbarer Probenstörungen in der Regel zu geringeren initialen Bodensteifigkeiten als Feldversuche.

Relevante Laborversuche zur Untersuchung der dehnungsabhängigen Steifigkeiten und des volumetrischen Akkumulationsverhaltens der Böden bezüglich bleibender Verformungen unter zyklischen Einwirkungen sind zyklische Triaxial- und zyklische Einfachscherversuche sowie Resonant-Column-Versuche mit Messung der bleibenden axialen Verformung (siehe E2 und Anwendungsbeispiele in E2-3.3.2).

2.4 Ermittlung bleibender Dehnungen in bindigen Böden

Die Akkumulation volumetrischer Dehnungen erfolgt bei dem vorgestellten Verfahren direkt über die Zyklenzahl. Für die Prognose kumulativer plastischer volumetrischer Dehnungen $\varepsilon_{vol,pl}^{acc,N}$ bei wiederholter Scherbelastung wird von Chai & Miura [129] auf der Grundlage der Formulierungen von Monismith et al. [130] und Li & Selig [131] folgende Gleichung angegeben:

$$\varepsilon_{vol,pl}^{acc,N} = 0{,}01 \cdot a(\tau_d/\tau_f)^m \cdot (1 + \tau_S/\tau_f)^n \cdot N^b \tag{E4–9}$$

mit

τ_d die verursachende Schubspannung aus Maschinenfundament, Verkehr und Baumaßnahmen nach Abschnitt E4-2.2

τ_f Scherfestigkeit $\tau_f = \sigma'_v \cdot \tan\varphi' + c'$

mit

σ'_v effektive Vertikalspannung in der betrachteten Tiefe

φ', c' effektive Scherparameter (Reibungswinkel, Kohäsion)

τ_S die statische Schubspannung im Ausgangszustand vor der Einwirkung zyklischer Lasten

$\tau_S \approx (\sigma'_v - \sigma'_h)/2$

mit

σ'_v	effektive vertikale Spannung
$\sigma'_h = K \cdot \sigma'_v$	effektive horizontale Spannung
K	Erddruckbeiwert

Bei ödometrischen Verhältnissen

$\sigma'_h = K_0 \cdot \sigma'_v$

K_0	Erdruhedruckbeiwert

a Parameter, der die Größe der akkumulierten plastischen Dehnungen infolge Scherdehnung und dynamischer Konsolidation beeinflusst. Als Anhaltswert für den Parameter a kann nach Chai & Miura [129] die empirische Beziehung $a = 8{,}0 \cdot C_C$ mit dem Kompressionsbeiwert $C_C = -\dfrac{\Delta\log_{10}e}{\Delta\log_{10}\sigma'_v} = 0{,}008 \ldots 0{,}15$ verwendet werden.

m Parameter, der die Verteilung der akkumulierten plastischen Dehnungen über die Tiefe beeinflusst. Wenn bei $\tau_d / \tau_f < 1{,}0$ der Parameter m ansteigt, bewirkt dies einen schnelleren Abfall der Akkumulation mit zunehmender Tiefe.

Die Parameter a und m, deren Größen mit zunehmender Plastizität und Tongehalt ansteigen, sind in Tabelle E4–1 mit Mittelwert und Streuung gegeben. Diese Werte sind aus vielen Anwendungsbeispielen und Laboruntersuchungen zurückgerechnet worden und zeigen die große Variation der eintretenden akkumulierten Dehnungen dieser Böden unter zyklischen Einwirkungen an. Ergänzende Laboruntersuchungen zur Ermittlung geeigneter Parameter für einen Anwendungsfall sind empfehlenswert. So können unter Verwendung obiger Gleichung aus der versuchstechnisch ermittelten bleibenden Verformung einer Bodenprobe mit isotropem Spannungszustand ($\tau_S = 0$) bei einmaliger Be- und Entlastung ($N = 1$) und unterschiedlichen Verhältnissen τ_d / τ_f die Parameter a und m durch Rückrechnung zutreffender bestimmt werden (s. a. Li & Selig [131] und das Beispiel im Abschnitt 4.1).

N Anzahl der Zyklen

b Parameter, der die plastischen Dehnungsraten über die Zyklenzahl in Abhängigkeit von der Bodenart angibt. Wegen der bodenabhängigen Sensitivität von b werden vorrangig bindige Böden untersucht (Tabelle E4–1).

n Parameter, der die Größe der akkumulierten Dehnungen in Abhängigkeit von der vorhandenen statischen Schubspannung τ_S im Boden reguliert. Näherungsweise wird $n = 1$ gesetzt.

Für die untersuchten bindigen Böden werden von Li & Selig [131] die Koeffizienten nach Tabelle E4–1 (in Klammern die ermittelten Streubereiche) angegeben. Das Modell basiert auf Versuchsauswertungen bis $N = 1 \cdot 10^3$ Zyklen.

Da sich die errechneten akkumulierten volumetrischen Dehnungen $\varepsilon_{\mathrm{vol,pl}}^{\mathrm{acc},N}$ nach (E4–9) nur in vertikaler (z-) Richtung auswirken, gilt $\varepsilon_{\mathrm{z,pl}}^{\mathrm{acc},N} \approx \varepsilon_{\mathrm{vol,pl}}^{\mathrm{acc},N}$, wobei $\varepsilon_{\mathrm{z,pl}}^{\mathrm{acc},N}$ die vertikale akkumulierte Dehnung ist.

Tabelle E4–1 Koeffizienten zur Ermittlung plastischer Dehnungen bindiger Böden, nach Li & Selig [131]

	Parameter		
Bodentyp	***a***	***b***	***m***
ausgeprägt plastischer Ton (TA)	1,2 (0,82 ... 1,50)	0,18 (0,12 ... 0,27)	2,4 (1,3 ... 3,9)
leicht bis mittelplastischer Ton (TL-TM)	1,1 (0,30 ... 3,50)	0,16 (0,08 ... 0,34)	2,0 (1,0 ... 2,6)
ausgeprägt plastischer Schluff (UA)	0,84	0,13 (0,08 ... 0,19)	2,0 (1,3 ... 4,2)
leicht bis mittelplastischer Schluff (UL-UM)	0,64	0,10 (0,06 ... 0,17)	1,7 (1,4 ... 2,0)

2.5 Ermittlung bleibender Dehnungen in nichtbindigen Böden mit dem HCA-Modell

Für nichtbindige Böden kann zur Ermittlung bleibender Dehnungen das HCA-Modell (**H**igh **C**yclic **A**ccumulation Model) nach Niemunis et al. [132], Wichtmann [133], Wichtmann et al. [134] verwendet werden. Das HCA-Modell ist ein explizites Akkumulationsmodell und gilt für trockene oder wassergesättigte Böden unter drainierten, teildränierten oder undränierten Bedingungen, wobei sich die Darstellung im Folgenden auf die dränierten Bedingungen beschränkt. Das HCA-Modell beschreibt die Dehnungsakkumulation infolge einer Beanspruchung mit einer sehr großen Anzahl von Zyklen und ist durch Laborversuche bis $N = 2 \cdot 10^6$ Zyklen validiert.

Für vertikal belastete Fundamente bei konstanter Belastungsamplitude kann das HCA-Modell vereinfacht und auf der sicheren Seite liegend in der folgenden eindimensionalen Form geschrieben werden, mit welcher die vertikale akkumulierte Dehnung nach N Zyklen $\varepsilon_{z,pl}^{acc,N}$ berechnet wird:

$$\varepsilon_{z,pl}^{acc,N} = f_{ampl} \cdot f_e \cdot f_p \cdot f_Y \cdot f_N \qquad \text{(E4–10)}$$

Die Teilfunktionen f berücksichtigen den Einfluss folgender Größen:

f_{ampl}	Einfluss der Dehnungsamplitude ε^{ampl} infolge der Einwirkung
f_e	Einfluss der Porenzahl e
f_p	Einfluss der mittleren effektiven Spannung $p^{av} = \bar{\sigma}'$
f_Y	Einfluss des Spannungsverhältnisses $\bar{Y}^{av}$
f_N	Einfluss der Zyklenzahl N

Die Teilfunktionen und ihre Parameter werden nach folgenden Gleichungen berechnet:

$$f_{ampl} = \left(\frac{\varepsilon^{ampl} - \varepsilon_{lim}^{ampl}}{10^{-4}}\right)^{C_{ampl}} \qquad \text{(E4–11)}$$

mit $\varepsilon_{lim}^{ampl} \approx \gamma_{lim}^{ampl}/\sqrt{2}$ und $\gamma_{lim}^{ampl} = \gamma_{tv}$ gemäß Abschnitt E4-1. Für $\varepsilon^{ampl} \leq \varepsilon_{lim}^{ampl}$ akkumulieren sich keine bleibenden Dehnungen. Für Maschinenfundamente soll $\gamma_{lim}^{ampl} = \gamma_{tv,u}$ angenommen werden. Berechnungen in Staubach et al. [135] zeigen den Einfluss von ε_{lim}^{ampl}.

$$f_e = \frac{(C_e - e)^2}{1 + e} \frac{1 + e_{max}}{(C_e - e_{max})^2} \qquad \text{(E4–12)}$$

$$f_p = \exp\left[-C_p \cdot \left(\frac{p^{av}}{100\,\text{kPa}} - 1\right)\right] \qquad \text{(E4–13)}$$

$$f_Y = \exp\left(C_Y \cdot \bar{Y}^{av}\right) \qquad \text{(E4–14)}$$

$$f_N = C_{N1} \cdot [\ln(1 + C_{N2}N) + C_{N3}N] \qquad \text{(E4–15)}$$

Für die Porenzahl in f_e kann näherungsweise die Anfangsporenzahl e_0 angesetzt werden. Für die Ermittlung der Parameter C_{ampl}, C_e, C_p, C_Y, C_{N1}, C_{N2} und C_{N3} werden nach Wichtmann et al. [136] drei verschiedene Methoden mit unterschiedlichem Aufwand und unterschiedlicher Genauigkeit vorgeschlagen:

a) Abschätzung aller Parameter aus (E4–16) bis (E4–25) als Funktion des mittleren Korndurchmessers d_{50}, der Ungleichförmigkeitszahl C_u und der minimalen Porenzahl e_{min}. Die Parameter C_{N1}, C_{N2} und C_{N3} können in Abhängigkeit der untersuchten maximalen Zyklenzahl N_{max} gewählt werden, siehe (E4–20) bis (E4–25). Diese Methode ist nur für grobe Abschätzungen zu empfehlen, da die Kornbeschaffenheit (Kornform, Rauigkeit, Mineralogie) nicht berücksichtigt wird, so dass sie lediglich im Rahmen einer Vorentwurfsplanung verwendet werden sollte.

b) Abschätzung der Parameter C_{ampl}, C_e, C_p und C_Y wie unter (a) aus (E4–16) bis (E4–19). Die Parameter C_{N1}, C_{N2} und C_{N3} werden aus einem einzigen zyklischen Triaxialversuch ermittelt. Diese Methode wird als Mindeststandard für eine Entwurfsplanung empfohlen.
c) Bestimmung der Parameter aus zyklischen dränierten Triaxialversuchen mit Variation der Anfangslagerungsdichte, des mittleren Spannungszustandes und der Amplitude. Diese Methode wird für die Ermittlung der Parameter bei genaueren Setzungsprognosen empfohlen.

Die Formeln lauten wie folgt:

$$C_{ampl} = 1{,}70 \tag{E4–16}$$

$$C_e = 0{,}95 \cdot e_{min} \tag{E4–17}$$

$$C_p = 0{,}41 \cdot [1 - 0{,}34 \cdot (d_{50} - 0{,}6)]\,, d_{50} \text{ in mm} \tag{E4–18}$$

$$C_Y = 2{,}6 \cdot [1 + 0{,}12 \cdot \ln(d_{50}/0{,}6)] \tag{E4–19}$$

Für $N_{max} \leq 10^5$:

$$C_{N1} = 0{,}0012 \cdot [1 - 0{,}36 \cdot \ln(d_{50})] \cdot (C_u - 1{,}18) \tag{E4–20}$$

$$C_{N2} = 0{,}0051 \cdot \exp[0{,}39 \cdot d_{50} + 12{,}3 \cdot \exp(-0{,}77 \cdot C_u)] \tag{E4–21}$$

$$C_{N3} = 1{,}00 \cdot 10^{-4} \cdot \exp(-0{,}84 \cdot d_{50}) \cdot (C_u - 1{,}37)^{0{,}34} \tag{E4–22}$$

Für $10^5 < N_{max} \leq 2 \cdot 10^6$:

$$C_{N1} = 0{,}00184 \cdot [1 - 0{,}47 \cdot \ln(d_{50})] \cdot (C_u - 1{,}30) \tag{E4–23}$$

$$C_{N2} = 0{,}00434 \cdot \exp[0{,}42 \cdot d_{50} + 13{,}0 \cdot \exp(-0{,}85 \cdot C_u)] \tag{E4–24}$$

$$C_{N3} = 1{,}83 \cdot 10^{-5} \cdot \exp(-0{,}37 \cdot d_{50}) \cdot (C_u - 1{,}23)^{0{,}59} \tag{E4–25}$$

Die Methoden (a) und (b) werden bei Wichtmann et al. [136] und Le [137] detailliert beschrieben und im Unterabschnitt 6 des Beipiels im Abschnitt E4–4.1 angewandt. Sie wurden auf Basis von Ergebnissen von über 350 zyklischen Triaxialversuchen an Sanden und Kiesen mit einem mittleren Korndurchmesser 0,1 mm < d_{50} ≤ 3,5 mm und Ungleichförmigkeitszahlen 1,5 ≤ C_u ≤ 8,0 entwickelt [136] und sollten daher nur in diesen Bereichen von d_{50} und C_u angewendet werden.

Die Dehnungsamplitude ε^{ampl} kann anhand von Feldmessungen oder Laborversuchen sowie durch analytische Berechnungen oder FE-Simulationen ermittelt werden. Die Dehnungsamplitude wird für den axialsymmetrischen Zustand mit ödometrischer Randbedingung wie folgt definiert:

$$\varepsilon^{ampl} \approx \gamma_d/\sqrt{2} \tag{E4–26}$$

Näherungsweise können Rechteckquerschnitte in flächengleiche Ersatzkreisquerschnitte umgerechnet werden. Die Ermittlung von γ_d kann für dynamische Probleme mit $f > 0{,}4 \ldots\ 0{,}5 \cdot \bar{f}_{ez}$ näherungsweise nach (E4–7) und (E4–8) und bei niederfrequenten Anregungen nach (E4–5) und (E4–6) erfolgen.

Zur genaueren Bestimmung sollte die totale Dehnungsamplitude $\varepsilon^{\mathrm{ampl}}$ direkt aus einer FE-Berechnung bestimmt werden. Bei einem annähernd starren Fundament kann dies unter dem kennzeichnenden Punkt nach DIN 4019 erfolgen, siehe auch Staubach et. al. [135].

Die Größe $\bar{Y}^{\mathrm{av}}$ berechnet sich aus:

$$\overline{Y}^{\mathrm{av}} = \frac{27\,(3+\eta)\,/\,(3+2\eta)\,/\,(3-\eta)-9}{\left(9-\sin^2\varphi_\mathrm{c}\right)/\left(1-\sin^2\varphi_\mathrm{c}\right)-9} \tag{E4–27}$$

Darin ist φ_c der kritische Reibungswinkel und $\eta = q/p'$ das Spannungsverhältnis mit

$$p' = \frac{1}{3}(\sigma_1' + 2\cdot\sigma_3') \tag{E4–28}$$

und

$$q = \sigma_1' - \sigma_3' \tag{E4–29}$$

Dabei ist σ_1' die größte und σ_3' die kleinste effektive Hauptdruckspannung. Unter ödometrischen oder triaxialen Randbedingungen und dem Koordinatensystem nach Bild E3–23 entsprechen die Spannungen $\sigma_1' = \sigma_z'$ und $\sigma_2' = \sigma_3' = \sigma_x' = \sigma_y'$.

Bei komplexen Aufgabenstellungen sollten 3D-FE-Berechnungen mit geeigneten Akkumulationsmodellen durchgeführt werden. Anwendungsbeispiele für die Gründungen von Schleusenkammern, Windenergieanlagen als Monopiles und Flachgründungen sowie für die Simulation von Tiefenverdichtungen einschließlich der Validierung mit Messergebnissen sind in [138–141] enthalten. Vergleichende analytische, halbanalytische und FE-Berechnungen mit integriertem HCA-Modell für ein ähnliches Beispiel wie das in Abschnitt 4.1 enthaltene Maschinenfundament wurden in [135] und [124] geführt.

2.6 Ermittlung der Setzungen von Flachfundamenten infolge zyklischer bzw. dynamischer Einwirkungen

Aus den in den Abschnitten E4-2.4 und E4-2.5 ermittelten akkumulierten Dehnungen $\varepsilon_{z,\mathrm{pl},n}^{\mathrm{acc},N}$ für die einzelnen zu untersuchenden Lamellen *(n)* ergeben sich die Setzungsanteile $s_{(n)}^{\mathrm{acc}}$:

$$s_{(n)}^{\mathrm{acc}} = \varepsilon_{z,\mathrm{pl},(n)}^{\mathrm{acc},N} \cdot h_{(n)} \tag{E4–30}$$

mit

$\varepsilon_{z,\mathrm{pl},(n)}^{\mathrm{acc},N}$	in der Lamelle *(n)* akkumulierte vertikale Dehnung aus allen Zyklen
$h_{(n)}$	Dicke der Lamelle *(n)*

Aus der Summe der Setzungsanteile $s_{(n)}^{\mathrm{acc}}$ der Lamellen erhält man die totale akkumulierte bleibende Setzung $s_{\mathrm{tot}}^{\mathrm{acc}}$ des untersuchten Profils:

$$s_{\mathrm{tot}}^{\mathrm{acc}} = \sum\nolimits_{n=1}^{N} s_{(n)}^{\mathrm{acc}} \tag{E4–31}$$

3 Bauwerksschäden durch indirekte Erregung – Weitere Phänomene

Bei einer indirekten zyklischen Belastung von Gründungskörpern befinden sich die Schwingungsquellen auf der Oberfläche bzw. im Inneren des angrenzenden Bodens. Beispiele für eine indirekte Anregung sind Erdbeben (sie werden hier nicht weiter behandelt), ober- oder unterirdische Verkehrserschütterungen, Sprengungen, Maschinenbetrieb, das Einbringen oder Ziehen von Rammelementen durch Rammen und Rütteln und die Baugrundverbesserung durch Rüttler. Durch die von der Erregerquelle sich ausbreitenden Wellen wird der Bodenbereich unterhalb von Gründungskörpern zyklisch belastet.

Vom Ort der Anregung breitet sich ein „primäres" Wellenfeld aus und führt zu einer indirekten Erregung des Fundamentes. Das so erregte Fundament erzeugt durch die Interaktion mit dem Baugrund seinerseits ein zusätzliches „sekundäres" Wellenfeld (siehe Bild E4–3). Die Überlagerung der beiden Wellenfelder bildet das resultierende Wellenfeld, das auf den Boden einwirkt und zu bleibenden Verformungen führt. Das sekundäre Wellenfeld liefert die Relativverschiebung des Fundamentes $\mathbf{u}_r$, d. h. die Differenz zwischen der Fundamentverschiebung $\mathbf{u}$ und der Freifeldverschiebung $\mathbf{u}_0$ gemäß Abschnitt E3-2.3.1.

Bleibende Verschiebungen von Gründungskörpern (sowohl flach- als auch tiefgegründet) können in der Umgebung der oben genannten Erschütterungsquellen je nach Bauverfahren und Bodeneigenschaften durch verschiedene Effekte verursacht werden.

Scherverformungen: Aufgrund nichtelastischer Scherverformungen des Bodens (siehe Bild E4–1) werden volumetrische Verformungen akkumuliert. Für eine Abschätzung der Größe der Scherverformungen nach Abschnitt E4-2 sind

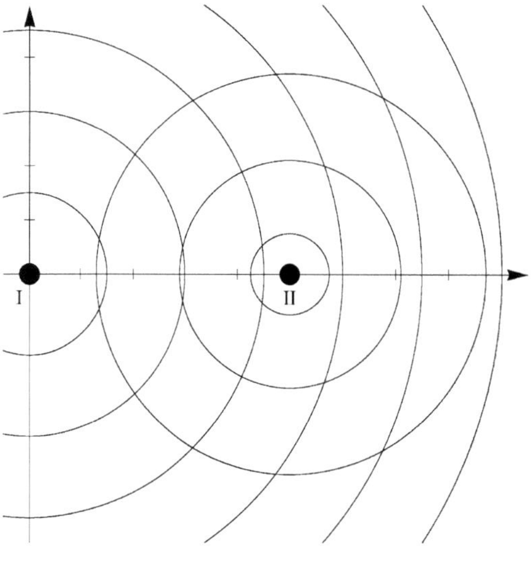

Bild E4–3 Einfluss eines Fundamentes auf die Wellenausbreitung. I: Quelle der primären Welle (Anregung), II: Quelle der sekundären Welle (Fundament)

Kenntnisse der Schwinggeschwindigkeit und der Wellenausbreitungsgeschwindigkeit der Scherwellen im betroffenen Bodenbereich erforderlich. Eine Abschätzung der Größe der Scherverformungen im betroffenen Bodenbereich aus den Schwingungsgrößen des Fundamentes allein ist nicht möglich (Palloks [142]). Ergänzend stehen seismische Feldversuche zur Bereitstellung der erforderlichen Scherwellengeschwindigkeit für die Analysen zur Verfügung.

Erschütterungsbedingte Sackungen: Im unmittelbaren Nahbereich der Schwingungsquelle wird locker gelagerter nichtbindiger Boden stark verdichtet. Angrenzend an den verdichteten Bereich können Auflockerungszonen entstehen, die durch nachfolgende Umlagerungen bis in den gründungsnahen Bereich wandern können. Die aufgelockerten Bereiche können durch Spannungsumlagerung im Boden (s. Bild E4–4) bzw. im Bauwerk (Bild E4–5) zunächst überbrückt

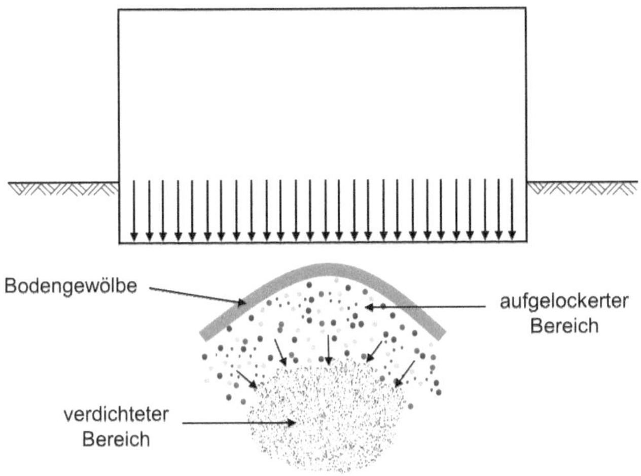

Bild E4–4 Bodengewölbe

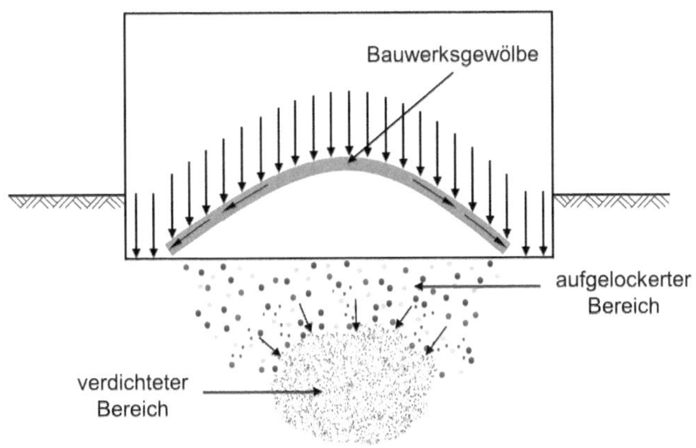

Bild E4–5 Bauwerksgewölbe

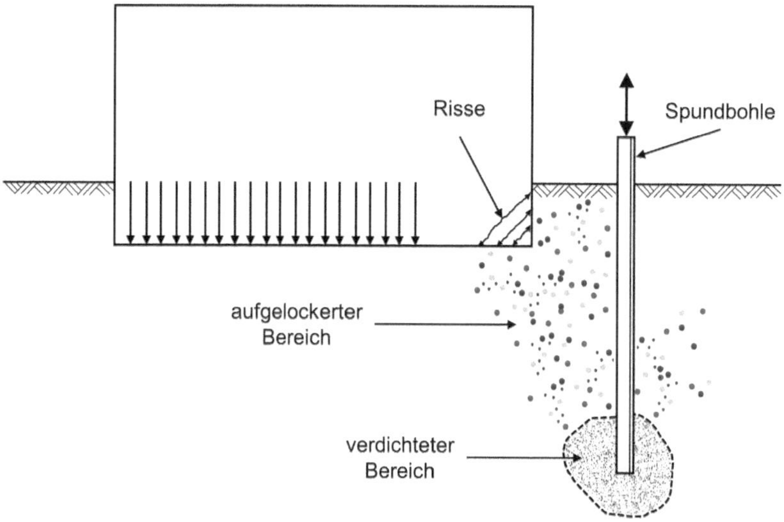

Bild E4–6 Schubtragfähigkeit

werden, ohne dass im Bauwerk Risse erkennbar sind. Bei fortschreitender Vergrößerung der aufgelockerten Bereiche kann es zum plötzlichen Zusammenbruch der Gewölbe- bzw. Schubtragfähigkeit und infolgedessen zu plötzlich auftretenden Setzungsrissen im Bauwerk (s. Bild E4–6) kommen. Zeitpunkt und Ausmaß der Schäden lassen sich durch Messungen an der Bodenoberfläche oder an den Fundamenten nicht vorhersagen. Jedoch ist es möglich, Bodenumlagerungen in der Tiefe, welche zu aufgelockerten Bereichen führen können, z. B. mit Extensometersonden, zu erfassen. Im Gegensatz zu den volumetrischen Dehnungen aus der Scherbeanspruchung des Bodens ist dieser Effekt der fortschreitenden Vergrößerung des aufgelockerten Bereiches zeitabhängig, so dass wesentliche Anteile der Fundamentverschiebungen erfahrungsgemäß auch noch einige Zeit (Tage) nach Beendigung der dynamischen Belastung auftreten können. (Palloks [142], Haupt [143], Schuppener [144]).

Verflüssigung: Bei Vibrationsrammungen in wassergesättigten Böden bildet sich um die schwingende Bohle ein Bereich mit Bodenverflüssigung aus, der wenige Dezimeter breit ist. Eine weitere Ausbreitung dieser Verflüssigungszone ist bisher nicht beobachtet worden. Dieser verflüssigte Bereich kann eine seitliche Verdrängung des Bodens ermöglichen, so dass benachbarte Gründungskörper bleibende horizontale Verschiebungen erleiden können. Ähnliche Effekte können bei dem Einsatz von Tiefenrüttlern zur Bodenverbesserung (Rütteldruckverfahren) beobachtet werden.

In der DIN 4150-3, Anhang C [145] werden insbesondere für Vibrationsrammung Sicherheitsabstände empfohlen, bei deren Einhaltung Verschiebungen aus den beiden vorgenannten Effekten (erschütterungsbedingte Sackungen sowie

Verflüssigung) nicht erwartet werden. Für größere Abstände können die bleibenden Setzungen von Flachgründungen infolge Scherdehnungen mit Hilfe der Beziehung (E4–31) abgeschätzt werden, siehe auch das Beispiel in Abschnitt E4-4.2.

4 Berechnungsbeispiele

4.1 Bleibende Setzung eines Maschinenfundamentes

In diesem Beispiel werden die bleibenden Setzungen infolge direkter Anregung auf ein Maschinenfundament für höhere und niedrige Anregungsfrequenzen berechnet. Das Beispiel ist in 7 Unterabschnitte gegliedert:

1. Eingangsgrößen für die Berechnung (Seite 159),
2. Ermittlung der ungedämpften Eigenfrequenz (Seite 161),
3. Ermittlung der Scherdehnungsamplitude für höhere Anregungsfrequenzen (Seite 161),
4. Ermittlung der Scherdehnungsamplitude für niedrige Anregungsfrequenzen (Seite 162),
5. Berechnung der Dehnungsakkumulation und Setzungen für bindige Böden (Seite 164),
6. Berechnung der Dehnungsakkumulation mit dem HCA-Modell (Seite 167) und
7. Zusammenfassung (Seite 170).

1. Eingangsgrößen für die Berechnung

Für das zu untersuchende Maschinenfundament können aus dem Berechnungsbeispiel in E3-7.2 folgende Eingangsgrößen entnommen werden:

Fundamentdaten (Rechteckfundament), analog Berechnungsbeispiel E3-7.2

$2a = 1{,}5$ m; $2b = 4{,}5$ m

Sohlfläche $A_{\text{Sohl}} = 6{,}75$ m²

Ersatzradius des Rechteckfundamentes $r_{0z} = 1{,}47$ m

Maschinenanregung

Fall 1)

Zyklische vertikale Kraftamplitude $P_0 = 4{,}0$ kN

Frequenz $f = 960$ U/min = 16,0 U/s = 16,0 Hz

Kreisfrequenz $\Omega = 100{,}5$ rad/sec

Fall 2)

Zyklische vertikale Kraftamplitude $P_0 = 40$ kN

Frequenz $f = 240$ U/min = 4,0 U/s = 4,0 Hz

Kreisfrequenz $\Omega = 25{,}1$ rad/sec

Tabelle E4-2 Bodenparameter für den leichtplastischen Schluff UL und den Sand SE

Böden	I_D	e_{min}	e_{max}	d_{50}	C_u	I_P	ρ	w	φ	c	$c_{S,0}$	ν	G_{d0}
	[%]	[-]	[-]	[mm]	[-]	[%]	[t/m³]	[%]	[°]	[kPa]	[m/s]	[-]	[MPa]
UL	-	-	-	n/a	n/a	10	1,80	16	30	5	211	0,40	80
SE	50	0,391	0,688	0,55	3,3	-	1,80	4,6	30	0	211	0,40	80

Statische Kräfte und Spannungen in der Sohlfuge

Massenanteile aus Fundament $m_F = 16{,}9$ t und Maschine $m_M = 15{,}0$ t

Vertikalkraft aus Maschine und Fundament $Q_s = 319$ kN

Sohlspannung $q_{stat} = Q_S/A_{Sohl} = 319{,}0/(1{,}5 \cdot 4{,}5) = 47{,}3$ kPa

Bodenkennwerte

Aus konventionellen Laborversuchen und seismischen Feldversuchen ergeben sich die in Tabelle E4-2 zusammengestellten Bodenparameter für einen leichtplastischen Schluff UL mit den Gleichungen nach Abschnitt E4-2.4 und einen Sand SE für das HCA-Modell nach Abschnitt E4-2.5:

Die Korngrößenverteilungskurve des Sandes SE ist in Bild E4–7 dargestellt.

Zu berechnende bleibende Setzungen

Die zu berechnenden bleibenden Setzungen ergeben sich aus der zyklischen Belastung des Bodens durch das Maschinenfundament. Der statische Setzungsanteil ist gesondert z. B. auf der Basis der DIN 4019 zu ermitteln.

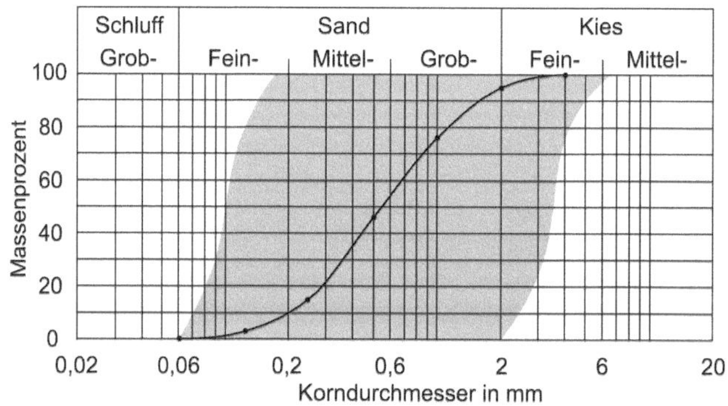

Bild E4–7 Korngrößenverteilungskurve des Sandes SE

2. Ermittlung der ungedämpften Eigenfrequenz

Zur Beurteilung, ob die Ermittlung der Scherdehnungsamplitude bei niedrigen Anregungsfrequenzen aus den zyklischen Schubspannungen τ_d nach (E4–5) und dem Schubmodul nach (E4–6) oder bei höheren Anregungsfrequenzen aus der Schwinggeschwindigkeit nach (E4–7) ermittelt werden kann, ist die ungedämpfte Eigenfrequenz $\bar{f}_{ez}$ nach (E4–3) und dafür die Federsteifigkeit $K_{zz,0}$ nach (E3–31) erforderlich.

$$K_{zz,0} = \frac{4 \cdot G_d \cdot r_{0z}}{1 - \nu} = \frac{4 \cdot 80 \cdot 10^3 \cdot 1{,}47}{1 - 0{,}4} = 782 \cdot 10^3 \text{kN/m}$$

$$\bar{f}_{ez} = \frac{1}{2\pi}\sqrt{\frac{K_{zz,0}}{m}} = \frac{1}{2\pi}\sqrt{\frac{782 \cdot 10^3}{31{,}9}} = 24{,}9 \text{ Hz}$$

3. Ermittlung der Scherdehnungsamplitude für höhere Anregungsfrequenzen

Im Fall 1) der Maschinenanregung mit $P_0 = 4{,}0$ kN und $f = 16$ Hz $> 0{,}5 \cdot \bar{f}_{ez} = 12{,}5$ Hz kann γ_d nach (E4–7) abgeschätzt werden. In der Fundamentsohle betragen entsprechend Berechnungsbeispiel E3-7.2, Absatz 8:

die vertikale Schwinggeschwindigkeit	$V_z = V_{z,0} = 5{,}27 \cdot 10^{-4}$ m/s,
die vertikale dynamische Kraftamplitude	$Q_z = 5{,}3$ kN und
die vertikale Sohlspannungsamplitude	$q_{dyn} = Q_z/A_{Sohl} = 5{,}3/(1{,}5 \cdot 4{,}5) = 0{,}79$ kPa.

Der Baugrund wird in einzelne Lamellen der Mächtigkeit 1 m gemäß Bild E4–8 eingeteilt und die Schwinggeschwindigkeiten und Scherdehnungsamplituden werden jeweils in Lamellenmitte berechnet. Für den Fall 1 des Berechnungsbeispiels wird exemplarisch nur die oberste Lamelle $n = (1)$ zwischen 0 m und 1 m mit der Lamellenmitte in der Tiefe $d_{(1)} = 0{,}5$ m betrachtet. Der in Klammer gesetzte Index bezeichnet die Lamellennummer.

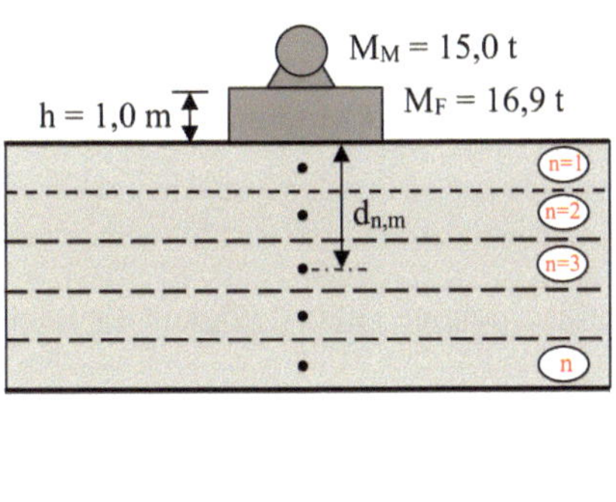

Bild E4–8 Berechnungsbeispiel mit Einteilung des Baugrunds in einzelne Lamellen

Infolge von Ausbreitungseffekten (siehe Abschnitt E1-3.1) ergibt sich für die Mitte der Lamelle (1) in Abhängigkeit von der Größe des Ersatzradius $r_{0,z}$ des Rechteckfundaments eine Schwinggeschwindigkeit von

$$V_{z,(1)} = \min\begin{cases} V_{z,0}\left(d_{(n)}/R\right)^{-0,5} \\ V_{z,0} \end{cases} = \min\begin{cases} 5,27 \cdot 10^{-4} \cdot (0,5/1,47)^{-0,5} \\ 5,27 \cdot 10^{-4} \end{cases}$$
$$= 5,27 \cdot 10^{-4}\,\mathrm{m/s}$$

Der Anfangswert der Scherdehnungsamplitude $\gamma_{(1),0}$ in der Mitte der betrachteten Lamelle $n = (1)$ ergibt sich nach (E4–7) mit der initialen Scherwellengeschwindigkeit $c_{S,0}$ in Richtung senkrecht zur Wellenausbreitung zu

$$\gamma_{d,(1),0} = V_{z,(1)}/c_{S,0} = 5,27 \cdot 10^{-4}/211,0 = 2,5 \cdot 10^{-6}$$

Der zweite Index beschreibt den Iterationsschritt (Index „0" entspricht dem Anfangswert). Die erhaltene Scherdehnungsamplitude $\gamma_{d,(1),0}$ liegt unter dem Grenzwert $\gamma_{tl} = 3,5 \cdot 10^{-6}$ nach Bild E4–1, so dass ein annähernd linear elastisches Verhalten des Bodens vorliegt. Folglich ist keine Abnahme des Schubmoduls $G_d(\gamma_d)$ zu berücksichtigen und die errechnete zyklische Scherdehnungsamplitude $\gamma_{d(1),1} = \gamma_{d(1),0}$ bleibt unverändert.

Die zyklische Schubspannung in der Mitte der Lamelle (1) beträgt nach (E4–8)

$$\tau_{d,(1),0} = V_{z,(1)} \cdot \rho \cdot c_{S,0} = 0,200\,\mathrm{kPa}$$

4. Ermittlung der Scherdehnungsamplitude für niedrige Anregungsfrequenzen

Im Fall 2) der Maschinenanregung mit $P_0 = 40$ kN und $f = 4$ Hz $< 0,5 \cdot \bar{f}_{ez} = 12,5$ Hz können die zyklischen Schubspannungen τ_d aus den zyklischen vertikalen effektiven Spannungen $\sigma'_{z,d}$ nach (E4–5) abgeschätzt und anschließend kann γ_d nach (E4–6) ermittelt werden. Zuvor sind die dynamische Kraftamplitude auf den Baugrund $Q_z = |\hat{Q}_z|$ nach (E4–4) und die vertikale Sohlspannungsamplitude $q_z = Q_z/A$ zu bestimmen. Dafür sind die frequenzabhängige Federsteifigkeit und Dämpfung analog Beispiel E3-7.2, Nrn. 7 und 8 erforderlich.

Aus der Erregerkreisfrequenz $\Omega = 2\pi f = 2\pi \cdot 4$ Hz $= 25,1$ rad/s ergibt sich die dimensionslose Frequenz a_0 mit der halben Fundamentbreite a zu:

$$a_0 = \frac{a \cdot \Omega}{c_S} = \frac{0,75 \cdot 25,1}{211} = 0,09$$

Für $a_0 = 0,09$ und dem Seitenverhältnis des Rechteckfundaments $b/a = 3,0$ liefert Bild E3–13:

$$k_{zz,0\to\Omega}^{Ks\to Re} = 1,10 \text{ und } d_{zz,0\to\Omega}^{Ks\to Re} = 1,98$$

Somit erhält man aus (E3–50) die frequenzabhängige Federsteifigkeit als Realteil der komplexen Steifigkeit $S(\Omega)$

$$K_{zz,\Omega} = K_{zz,0} \cdot k_{zz,0\to\Omega}^{Ks\to Re}(a_0) = 782 \cdot 10^3 \cdot 1,10 = 860 \cdot 10^3\,\mathrm{kN/m}$$

und aus (E3–52) den Imaginärteil der komplexen Steifigkeit $S(\Omega)$

$$\Omega C_{zz,\Omega}(\Omega) = K_{zz,0} \cdot a_0 \cdot d_{zz,0\to\Omega}^{Ks\to Re}(a_0) = 782 \cdot 10^3 \cdot 0,09 \cdot 1,98 = 138 \cdot 10^3\,\mathrm{kN/m}$$

Die vertikale dynamische Kraftamplitude auf den Baugrund Q_z ergibt sich aus der Erregerkraftamplitude P_z nach (E4–4)

$$Q_z = P_z \frac{\sqrt{K_{zz,\Omega}(\Omega)^2 + [\Omega \cdot C_{zz,\Omega}(\Omega)]^2}}{\sqrt{[K_{zz,\Omega}(\Omega) - m\Omega^2]^2 + [\Omega \cdot C_{zz,\Omega}(\Omega)]^2}}$$

$$= 40 \cdot \frac{\sqrt{[860 \cdot 10^3]^2 + [138 \cdot 10^3]^2}}{\sqrt{[860 \cdot 10^3 - 31{,}9 \cdot 25{,}1^2]^2 + [138 \cdot 10^3]^2}} = 40{,}9 \text{ kN}$$

Die vertikale Sohlspannungsamplitude beträgt $q_z = Q_z/A_{Sohl} = 40{,}9$ kN / 6,75 m² = 6,06 kN/m².

Der Baugrund wird in einzelne Lamellen der Mächtigkeit 1 m nach Bild E4–8 eingeteilt und die zyklischen vertikalen effektiven Spannungen $\sigma'_{z,d}$ und die zyklischen Schubspannungen τ_d nach (E4–5) und die Scherdehnungen γ_d nach (E4–6) werden jeweils in Lamellenmitte berechnet. Die Einflusswerte i_k zur Ermittlung der Spannungen unter dem kennzeichnenden Punkt können nach Gleichung A.6 bzw. Bild A.4 der DIN 4019:2014-01 [146] ermittelt werden. Für das Berechnungsbeispiel werden exemplarisch nur die beiden oberen Lamellen

$(n) = (1)$ zwischen 0 und 1 m mit der Lamellenmitte $d_{(1)} = 0{,}5$ m und
$(n) = (2)$ zwischen 1 und 2 m mit der Lamellenmitte $d_{(2)} = 1{,}5$ m
betrachtet, siehe Tabelle E4–3.

Unter Beachtung der Dehnungsabhängigkeit der Steifigkeit reduziert sich die Steifigkeit $G_{d0} = G_{max}$ des Bodens auf eine effektive Steifigkeit $G_d(\gamma_d) = G_d$, wobei sich auch die errechnete zyklische Scherdehnungsamplitude $\gamma_d = \gamma_{d,(n),0}$ verändert. Die Scherdehnungsamplitude ergibt sich in Anpassung an den nichtlinearen Steifigkeitsverlauf nach (E4–6). Im Nenner dieser Gleichung ist der entsprechende Faktor der Reduzierung der Steifigkeit bezogen auf die maximale Steifigkeit G_{d0} angegeben. Die Ermittlung dieses Faktors ergibt sich bei Nutzung von einer ausgewählten Reduktionskurve oder einer Reduktionsgleichung dehnungsabhängig in einem Iterationsprozess.

Zur Ermittlung der dehnungsabhängigen Veränderung der initialen Bodensteifigkeit wird (E2–5) verwendet:

$$\frac{G_d}{G_{d0}} = \frac{1{,}03}{1 + \frac{19 \cdot (\gamma_d)^{0{,}8}}{1 + \left(\frac{I_P}{15}\right)^{1{,}3}}} \leq 1{,}00 \text{ für } \gamma_d \leq 1$$

Tabelle E4–3 Ermittlung der zyklischen vertikalen effektiven Spannungen und Schubspannungen

Lamelle (n)	$d_{(n)}$ [m]	$i_{k,(n)}$ [–]	$\sigma'_{z,d,(n)} = i_{k,(n)} \cdot q_z$ [kN/m²]	$\tau_{d,(n)} = \sigma'_{z,d,(n)}/2$ [kN/m²]
(1) (0 bis 1 m)	0,5	0,675	4,10	2,05
(2) (1 bis 2 m)	1,5	0,348	2,11	1,05

Die Iterationsgleichung für den Iterationsschritt i lautet (mit $\gamma_{\mathrm{d},(n),i}$ und I_P in %):

$$\gamma_{n,i+1} = \frac{\tau_{\mathrm{d},n}}{G_\mathrm{d}\left(\gamma_{\mathrm{d},(n),i}\right)} = \frac{\tau_{\mathrm{d},n}}{G_{\mathrm{d}0} \cdot \frac{1{,}03}{1+\frac{19\cdot\left(\gamma_{\mathrm{d},(n),i}\right)^{0{,}8}}{1+\left(\frac{I_\mathrm{P}}{15}\right)^{1{,}3}}}}$$

Bei Verwendung dieser Gleichung ergeben sich die folgenden Iterationsschritte, exemplarisch für die Lamelle $n = (1)$ mit $\tau_{\mathrm{d},(1)} = 2{,}05$ kN/m²:

$$\gamma_{\mathrm{d},(1),1} = \frac{\tau_{\mathrm{d},(1)}}{G_{\mathrm{d}0}} = \frac{2{,}05}{80.000} = 2{,}6 \cdot 10^{-5}$$

$$\gamma_{\mathrm{d},(1),2} = \frac{2{,}05}{80.000 \cdot \frac{1{,}03}{1+19\cdot\left(2{,}6\cdot 10^{-3}\right)^{0{,}8}}} = 2{,}90 \cdot 10^{-5}$$

für den Sand SE (mit $I_\mathrm{P} = 0$) und

$$\gamma_{\mathrm{d},(1),2} = \frac{2{,}05}{80.000 \cdot \frac{1{,}03}{1+\frac{19\cdot\left(2{,}6\cdot 10^{-3}\right)^{0{,}8}}{1+\left(\frac{10}{15}\right)^{1{,}3}}}} = 2{,}74 \cdot 10^{-5}$$

für den Schluff UL (mit $I_\mathrm{P} = 10$ %)

$$\gamma_{\mathrm{d},(1),3} = \frac{2{,}05}{80.000 \cdot \frac{1{,}03}{1+19\cdot\left(2{,}9\cdot 10^{-3}\right)^{0{,}8}}} = 2{,}93 \cdot 10^{-5}$$

für den Sand SE (mit $I_\mathrm{P} = 0$) und

$$\gamma_{\mathrm{d},(1),3} = \frac{2{,}05}{80.000 \cdot \frac{1{,}03}{1+\frac{19\cdot\left(2{,}74\cdot 10^{-3}\right)^{0{,}8}}{1+\left(\frac{10}{15}\right)^{1{,}3}}}} = 2{,}75 \cdot 10^{-5}$$

für den Schluff UL (mit $I_\mathrm{P} = 10$ %)

Damit ist $\gamma_{\mathrm{d},(n),3} \approx \gamma_{\mathrm{d},(n),2}$ und es werden keine weiteren Iterationsschritte erforderlich. Die weiteren Berechnungen der akkumulierten Setzungen in der Lamelle (1) erfolgen mit

$\gamma_{\mathrm{d},(1)} = \gamma_{\mathrm{d},(1),3} = 2{,}93 \cdot 10^{-5}$ für den Sand SE (mit $I_\mathrm{P} = 0$) und
$\gamma_{\mathrm{d},(1)} = \gamma_{\mathrm{d},(1),3} = 2{,}75 \cdot 10^{-5}$ für den Schluff UL (mit $I_\mathrm{P} = 10$ %).

Analog ergeben sich für die Lamelle (2) mit $\tau_{\mathrm{d},(2)} = 1{,}05$ kN/m² nach *3* Iterationen folgende Scherdehnungsamplituden:

$\gamma_{\mathrm{d},(2)} = \gamma_{\mathrm{d},(2),3} = 1{,}40 \cdot 10^{-5}$ für den Sand SE (mit $I_\mathrm{P} = 0$) und
$\gamma_{\mathrm{d},(2)} = \gamma_{\mathrm{d},(2),3} = 1{,}28 \cdot 10^{-5}$ für den Schluff UL (mit $I_\mathrm{P} = 10$ %).

5. Berechnung der Dehnungsakkumulation und Setzungen für bindige Böden nach Abschnitt E4-2.4

Unter der Annahme, dass das Maschinenfundament auf einem bindigen Boden gegründet ist, werden die bleibenden Verformungen entsprechend (E4–9) in

Abschnitt E4-2.4 über die akkumulierten Dehnungen wie folgt exemplarisch für den Fall 1 mit $P_0 = 4$ kN und $f = 16$ Hz für die Lamelle (1) berechnet:

$$\varepsilon_{\text{vol,pl}}^{\text{acc}} = 0{,}01 \cdot a\left(\tau_{\text{d,(1)}}/\tau_{\text{f,(1)}}\right)^m \cdot \left(1 + \tau_{\text{S,(1)}}/\tau_{\text{f,(1)}}\right)^n \cdot N^b$$

mit

$\tau_{\text{d,(1)}}$ lastinduzierte zyklische Schubspannung (infolge Maschinenfundament) in der Mitte der Lamelle 1 ($d_{(1)} = 0{,}5$ m) nach (E4–8)

$$\tau_{\text{d,(1)}} = \text{V}_{\text{z,(1)}} \cdot \rho \cdot c_{\text{S,0}} = 5{,}27 \cdot 10^{-4} \cdot 1{,}8 \cdot 211{,}0 = 0{,}200 \text{ kPa}$$

$\tau_{\text{f,(1)}}$ Scherfestigkeit des Bodens

$$\tau_{\text{f,(1)}} = \sigma'_{\text{v,(1)}} \cdot \tan\phi + c = 40{,}9 \cdot \tan 30° + 5 = 28{,}6 \text{ kPa}$$

$\tau_{\text{S,(1)}}$ statische Schubspannung (aus Eigengewicht, Maschine, Fundament) in der Mitte der Lamelle 1 ($d_{(1)} = 0{,}5$ m)

$$\sigma'_{\text{v,(1)}} = q_{\text{stat}} \cdot i_{k,(1)} + \gamma \cdot d_{(1)} = 47{,}3 \cdot 0{,}675 + 18{,}0 \cdot 0{,}5 = 40{,}9 \text{ kPa}$$

$$K_0 = (1 - \sin\varphi) \cdot (\text{OCR})^{\sin\varphi} = (1 - \sin 30°) \cdot (1{,}0)^{\sin 30°} = 0{,}50$$

$$\sigma'_{\text{h,(1)}} = K_0 \cdot \sigma'_{\text{v,(1)}} = 0{,}50 \cdot 40{,}9 = 20{,}45 \text{ kPa}$$

$$\tau_{\text{s,(1)}} = \left(\sigma'_{\text{v,(1)}} - \sigma'_{\text{h,(1)}}\right)/2 = (40{,}9 - 20{,}45)/2 = 10{,}2 \text{ kPa}$$

Für die Berechnung der plastischen, akkumulierten Dehnungen werden nach Tabelle E4–1 folgende ausgewählte Parameter verwendet:

$$\text{a} = 0{,}64; \; \text{b} = 0{,}10; \; \text{m} = 1{,}7; \; \text{n} = 1{,}0$$

Anmerkung: Zur genaueren Ermittlung der plastischen, akkumulierten Dehnungen kann eine versuchstechnische Bestimmung von a und m durchgeführt werden. In einem Triaxialversuch mit isotropem Spannungszustand ($\tau_S = 0$) werden bei einmaliger Be- und Entlastung ($N = 1$) folgende bleibenden Verformungen gemessen: $\varepsilon_{\text{vol,pl}}^{\text{acc}} = 1{,}3 \cdot 10^{-4}$ bei $\tau_d/\tau_f = 0{,}10$ und $\varepsilon_{\text{vol,pl}}^{\text{acc}} = 2{,}0 \cdot 10^{-3}$ bei $\tau_d/\tau_f = 0{,}50$. Aus diesen Messwerten lassen sich bei Nutzung von (E4–9) die eingangs verwendeten Parameter $a = 0{,}64$ und $m = 1{,}7$ ableiten.

Akkumulation nach dem 1. Zyklus für die Lamelle (1) (0 bis 1 m Tiefe)

$$\varepsilon_{\text{vol,pl,(1)}}^{1} = 0{,}01 \cdot a\left(\tau_{\text{d,(1)}}/\tau_{\text{f,(1)}}\right)^m \cdot \left(1 + \tau_{\text{S,(1)}}/\tau_{\text{f,(1)}}\right)^n \cdot N^b$$

$$\varepsilon_{\text{vol,pl,(1)}}^{1} = 0{,}01 \cdot 0{,}64\left(\frac{0{,}200}{28{,}6}\right)^{1{,}7} \cdot \left(1 + \frac{10{,}2}{28{,}6}\right)^{1{,}0} \cdot 1^{0{,}1} = 1{,}88 \cdot 10^{-6}$$

Akkumulation nach 10 Zyklen für die Lamelle (1) (0 bis 1 m Tiefe)

$$\varepsilon_{\text{vol,pl,(1)}}^{10} = 0{,}01 \cdot 0{,}64(0{,}200/28{,}6)^{1{,}7} \cdot (1 + 10{,}2/28{,}6)^{1{,}0} \cdot 10^{0{,}1} = 2{,}37 \cdot 10^{-6}$$

Tabelle E4-4 Akkumulierte Dehnungen und Setzungen für das auf bindigem Boden gegründete Fundament für den Fall 1 mit P_0 = 4,0 kN und f = 16 Hz

Lamelle (*n*)	**(1) (0–1 m)**	**(2) (1–2 m)**	**(3) (2–3 m)**	**(4) (3–4 m)**	**(5) (4–5 m)**	
$d_{(n)}$ [m]	0,5	1,5	2,5	3,5	4,5	
$V_{z,(n)}$ [m/s]	$5{,}27 \cdot 10^{-4}$	$5{,}21 \cdot 10^{-4}$	$4{,}03 \cdot 10^{-4}$	$3{,}41 \cdot 10^{-4}$	$3{,}01 \cdot 10^{-4}$	
$\tau_{d,(n)}$ [kN/m²]	0,200	0,198	0,153	0,129	0,114	
$i_{k,(n)}$ [-]	0,675	0,348	0,214	0,145	0,104	
$\tau_{f,(n)}$ [kN/m²]	28,6	30,1	36,8	45,3	54,6	
$\tau_{S,(n)}$ [kN/m²]	10,2	10,9	13,8	17,5	21,5	
Zyklus *i*	$\varepsilon^{acc}_{z,pl,(1)}$ [–]	$\varepsilon^{acc}_{z,pl,(2)}$ [–]	$\varepsilon^{acc}_{z,pl,(3)}$ [–]	$\varepsilon^{acc}_{z,pl,(4)}$ [–]	$\varepsilon^{acc}_{z,pl,(5)}$ [–]	s^{acc}_{tot} [mm]
1	$1{,}88 \cdot 10^{-6}$	$1{,}70 \cdot 10^{-6}$	$0{,}79 \cdot 10^{-6}$	$0{,}42 \cdot 10^{-6}$	$0{,}25 \cdot 10^{-6}$	0,005
10	$2{,}37 \cdot 10^{-6}$	$2{,}14 \cdot 10^{-6}$	$0{,}99 \cdot 10^{-6}$	$0{,}53 \cdot 10^{-6}$	$0{,}31 \cdot 10^{-6}$	0,006
100	$2{,}98 \cdot 10^{-6}$	$2{,}69 \cdot 10^{-6}$	$1{,}25 \cdot 10^{-6}$	$0{,}66 \cdot 10^{-6}$	$0{,}39 \cdot 10^{-6}$	0,008
10^3	$3{,}76 \cdot 10^{-6}$	$3{,}39 \cdot 10^{-6}$	$1{,}57 \cdot 10^{-6}$	$0{,}84 \cdot 10^{-6}$	$0{,}49 \cdot 10^{-6}$	0,010
10^4	$4{,}73 \cdot 10^{-6}$	$4{,}27 \cdot 10^{-6}$	$1{,}98 \cdot 10^{-6}$	$1{,}05 \cdot 10^{-6}$	$0{,}62 \cdot 10^{-6}$	0,013
10^5	$5{,}95 \cdot 10^{-6}$	$5{,}37 \cdot 10^{-6}$	$2{,}49 \cdot 10^{-6}$	$1{,}32 \cdot 10^{-6}$	$0{,}78 \cdot 10^{-6}$	0,016
10^6	$7{,}49 \cdot 10^{-6}$	$6{,}76 \cdot 10^{-6}$	$3{,}14 \cdot 10^{-6}$	$1{,}67 \cdot 10^{-6}$	$0{,}99 \cdot 10^{-6}$	0,020
$2 \cdot 10^6$	$8{,}03 \cdot 10^{-6}$	$7{,}25 \cdot 10^{-6}$	$3{,}36 \cdot 10^{-6}$	$1{,}79 \cdot 10^{-6}$	$1{,}06 \cdot 10^{-6}$	0,022

Tabelle E4-5 Akkumulierte Dehnungen und Setzungen für das auf bindigem Boden gegründete Fundament für den Fall 2 mit P_0 = 40 kN und f = 4 Hz

Lamelle (*n*)	**(1) (0–1 m)**	**(2) (1–2 m)**	**(3) (2–3 m)**	**(4) (3–4 m)**	**(5) (4–5 m)**	
$d_{(n)}$ [m]	0,5	1,5	2,5	3,5	4,5	
$\tau_{d,(n)}$ [kN/m²]	2,05	1,05	0,65	0,44	0,32	
$i_{k,(n)}$ [-]	0,675	0,348	0,214	0,145	0,104	
$\tau_{f,(n)}$ [kN/m²]	28,6	30,1	36,8	45,3	54,6	
$\tau_{S,(n)}$ [kN/m²]	10,2	10,9	13,8	17,5	21,5	
Zyklus *i*	$\varepsilon^{acc}_{z,pl,(1)}$ [-]	$\varepsilon^{acc}_{z,pl,(2)}$ [-]	$\varepsilon^{acc}_{z,pl,(3)}$ [-]	$\varepsilon^{acc}_{z,pl,(4)}$ [-]	$\varepsilon^{acc}_{z,pl,(5)}$ [-]	s^{acc}_{tot} [mm]
1	$9{,}83 \cdot 10^{-5}$	$2{,}93 \cdot 10^{-5}$	$0{,}92 \cdot 10^{-5}$	$0{,}34 \cdot 10^{-5}$	$0{,}14 \cdot 10^{-5}$	0,142
10	$12{,}4 \cdot 10^{-5}$	$3{,}69 \cdot 10^{-5}$	$1{,}16 \cdot 10^{-5}$	$0{,}42 \cdot 10^{-5}$	$0{,}18 \cdot 10^{-5}$	0,178
100	$15{,}6 \cdot 10^{-5}$	$4{,}65 \cdot 10^{-5}$	$1{,}46 \cdot 10^{-5}$	$0{,}53 \cdot 10^{-5}$	$0{,}22 \cdot 10^{-5}$	0,224
10^3	$19{,}6 \cdot 10^{-5}$	$5{,}85 \cdot 10^{-5}$	$1{,}83 \cdot 10^{-5}$	$0{,}67 \cdot 10^{-5}$	$0{,}28 \cdot 10^{-5}$	0,282
10^4	$24{,}7 \cdot 10^{-5}$	$7{,}37 \cdot 10^{-5}$	$2{,}31 \cdot 10^{-5}$	$0{,}84 \cdot 10^{-5}$	$0{,}35 \cdot 10^{-5}$	0,356
10^5	$31{,}1 \cdot 10^{-5}$	$9{,}27 \cdot 10^{-5}$	$2{,}91 \cdot 10^{-5}$	$1{,}06 \cdot 10^{-5}$	$0{,}44 \cdot 10^{-5}$	0,448
10^6	$39{,}1 \cdot 10^{-5}$	$11{,}7 \cdot 10^{-5}$	$3{,}66 \cdot 10^{-5}$	$1{,}34 \cdot 10^{-5}$	$0{,}56 \cdot 10^{-5}$	0,563
$2 \cdot 10^6$	$41{,}9 \cdot 10^{-5}$	$12{,}5 \cdot 10^{-5}$	$3{,}92 \cdot 10^{-5}$	$1{,}43 \cdot 10^{-5}$	$0{,}60 \cdot 10^{-5}$	0,604

Zusammenstellung der Ergebnisse

Die Gesamtverformungen werden aus der Summe der bleibenden Dehnungen in der Mitte der Lamellen (1) bis (5), multipliziert mit der jeweiligen Lamellendicke $s_{tot}^{acc} = \Sigma \varepsilon_{z,pl,(n)}^{acc,N} \cdot h_{(n)}$, siehe (E4–31) bestimmt und sind jeweils in der letzten Spalte

- in Tabelle E4–4 für den Fall 1 mit $P_0 = 4$ kN und $f = 16$ Hz und
- in Tabelle E4–5 für den Fall 2 mit $P_0 = 40$ kN und $f = 4$ Hz

zusammengestellt. Die Verformungen in noch größerer Tiefe sind so gering, dass sie vernachlässigt werden. Wie in Abschnitt E4-2.4 angemerkt, wurden die Formeln nur bis $N = 10^3$ Zyklen validiert. Für größere Zyklenzahlen dienen die Ergebnisse lediglich als grobe Abschätzung.

6. Berechnung der Dehnungsakkumulation mit dem HCA-Modell

Ermittlung der Stoffparameter:

Die Abschätzung aller Parameter erfolgt nach (E4–16) bis (E4–25) als Funktion von d_{50}, C_u und e_{min} nach Methode a) in Abschnitt E4-2.5.

$$C_{ampl} = 1{,}70$$
$$C_e = 0{,}95 \cdot 0{,}391 = 0{,}371$$
$$C_p = 0{,}41 \cdot [1 - 0{,}34 \cdot (0{,}55 - 0{,}6)] = 0{,}417$$
$$C_Y = 0{,}26 \cdot [1 + 0{,}12 \cdot \ln(0{,}55/0{,}6)] = 2{,}573$$

Für $10^5 \leq N_{max} \leq 2 \cdot 10^6$:

$$C_{N1} = 0{,}00184 \cdot [1 - 0{,}47 \cdot \ln(0{,}55)] \cdot (3{,}3 - 1{,}30) = 4{,}71 \cdot 10^{-3}$$
$$C_{N2} = 0{,}00434 \cdot \exp[0{,}42 \cdot 0{,}55 + 13{,}0 \cdot \exp(-0{,}85 \cdot 3{,}3)] = 1{,}20 \cdot 10^{-2}$$
$$C_{N3} = 1{,}83 \cdot 10^{-5} \cdot \exp(-0{,}37 \cdot 0{,}55) \cdot (3{,}3 - 1{,}23)^{0{,}59} = 2{,}29 \cdot 10^{-5}$$

Ermittlung von f_{ampl} nach (E4–11)

Die Grenzscherdehnungsamplitude wird mit $\gamma_{lim}^{ampl} = \gamma_{tv,u} = 2{,}0 \cdot 10^{-5}$ nach Bild E4–1 für $I_p = 0$ angesetzt. Die für das HCA-Modell benötigte Grenzdehnungsamplitude ergibt sich zu $\varepsilon_{lim}^{ampl} \approx \gamma_{lim}^{ampl}/\sqrt{2} = 1{,}41 \cdot 10^{-5}$.

Fall 1: $P_0 = 4{,}0$ kN, $f = 16{,}0$ Hz, $\gamma_{d,(1)} = 2{,}50 \cdot 10^{-6}$

$\varepsilon_{(1)}^{ampl} = \gamma_{d,(1)}/\sqrt{2} = 1{,}77 \cdot 10^{-6}$, siehe (E4–26)

Die einwirkende Dehnungsamplitude $\varepsilon_{(1)}^{ampl} = 1{,}77 \cdot 10^{-6}$ ist damit deutlich kleiner als die Grenzdehnungsamplitude $\varepsilon_{lim}^{ampl} \approx 1{,}41 \cdot 10^{-5}$. Damit wird $f_{ampl} = 0$ und es akkumulieren sich keine bleibenden Dehnungen.

Fall 2: $P_0 = 40$ kN, $f = 4{,}0$ Hz, $\gamma_{d,(1)} = 2{,}93 \cdot 10^{-5}$, $\gamma_{d,(2)} = 1{,}40 \cdot 10^{-5}$ für den Sand SE

Lamelle 1:

$\varepsilon_{(1)}^{ampl} = \gamma_{d,(1)}/\sqrt{2} = 2{,}07 \cdot 10^{-5}$, siehe (E4–26)

$$f_{\text{ampl}} = \left(\frac{\varepsilon_{(1)}^{\text{ampl}} - \varepsilon_{\text{lim}}^{\text{ampl}}}{10^{-4}}\right)^{C_{\text{ampl}}} = \left(\frac{2{,}07 \cdot 10^{-5} - 1{,}41 \cdot 10^{-5}}{10^{-4}}\right)^{1{,}70} = 9{,}85 \cdot 10^{-3}$$

Lamelle 2:

$$\varepsilon_{(2)}^{\text{ampl}} = \gamma_{\text{d},(2)}/\sqrt{2} = 1{,}00 \cdot 10^{-5} < \varepsilon_{\text{lim}}^{\text{ampl}} \approx 1{,}41 \cdot 10^{-5}.$$

Damit akkumulieren sich in der Lamelle (2), ebenso wie für tieferliegende Lamellen, keine bleibenden Dehnungen. Die weiteren Berechnungen werden deshalb nur für die Lamelle (1) geführt.

Hinweis:

Die Grenze zwischen den Lamellen (1) und (2) wurde so gewählt, dass die einwirkende Scherdehnung an dieser Grenze $\gamma_{\text{d},(1-2)}$ in etwa der Scherdehnungsgrenze $\gamma_{\text{lim}}^{\text{ampl}} = \gamma_{\text{tv,u}} = 2{,}0 \cdot 10^{-5}$ entspricht. Dadurch erhält man in der Mitte der Lamelle (1) eine für diese Lamelle repräsentative Scherdehnung. Im Zweifelsfall bzw. für genauere Abschätzungen sollte eine feinere Unterteilung der Lamellen erfolgen.

Ermittlung von f_e nach (E4-12):

$$e = e_{\max} - I_{\text{D}} \cdot (e_{\max} - e_{\min}) = 0{,}688 - 0{,}50 \cdot (0{,}688 - 0{,}391) = 0{,}540$$

$$f_{\text{e}} = \frac{(0{,}371 - 0{,}540)^2}{1 + 0{,}540} \frac{1 + 0{,}688}{(0{,}371 - 0{,}688)^2} = 0{,}311$$

Hinweis:

Vereinfachend und auf der sicheren Seite liegend wird das Beispiel mit der Anfangsporenzahl $e = e_0$ gerechnet. Genauere Ergebnisse werden mit einer inkrementellen Berechnung mit Aktualisierung der Porenzahl erhalten, siehe z. B. [133]. Dabei nimmt mit zunehmender Akkumulation die Porenzahl e und damit auch der Faktor f_{e} und die Rate der akkumulierten Dehnung ab. Im Abschnitt E4-4.2 wird gezeigt, wie mit aktualisierter Porenzahl gerechnet wird. Bei Berechnungen ≥ 2 Million Zyklen sollte generell mit Aktualisierung der Porenzahl gerechnet werden, da sonst die Verformungen z. T. deutlich überschätzt werden können.

Ermittlung von f_{p} nach (E4-13) und f_{Y} nach (E4-14)

Mittlere Spannung p' und Deviatorspannung q in der Mitte der Lamelle (1) bei $z = 0{,}5$ m:

$$\sigma'_{\text{v},(1)} = q_{\text{stat}} \cdot i_{\text{k},(1)} + \gamma \cdot z_{(1)} = 47{,}3 \cdot 0{,}675 + 18{,}0 \cdot 0{,}5 = 40{,}9 \text{ kPa}$$

$$K_0 = (1 - \sin\varphi) = (1 - \sin 30°) = 0{,}50$$

$$\sigma'_{\text{h},(1)} = K_0 \cdot \sigma'_{\text{v},(1)} = 0{,}50 \cdot 40{,}9 = 20{,}45 \text{ kPa}$$

$$p'_{(1)} = \frac{1}{3}(40{,}9 + 2 \cdot 20{,}45) = 27{,}28 \text{ kPa}$$

$$q_{(1)} = 40{,}9 - 20{,}45 = 20{,}45 \text{ kPa}$$

$$f_\mathrm{p} = \exp\left[-0{,}417 \cdot \left(\frac{27{,}28}{100} - 1\right)\right] = 1{,}354$$

$$\eta = \frac{q_{(1)}}{p'_{(1)}} = \frac{20{,}45}{27{,}28} = 0{,}750$$

Unter der Annahme von $\varphi_\mathrm{c} \approx \varphi = 30°$ ergibt sich $\bar{Y}^{\mathrm{av}}$ nach (E4–18)

$$\overline{Y}^{\mathrm{av}} = \frac{27(3+0{,}750)\,/\,(3+2\cdot 0{,}750)\,/\,(3-0{,}750)-9}{\left(9-\sin^2(30°)\right)/\left(1-\sin^2(30°)\right)-9} = 0{,}375$$

$$f_\mathrm{Y} = \exp(2{,}573 \cdot 0{,}375) = 2{,}625$$

Ermittlung von f_N nach (E4–15):

$$f_\mathrm{N} = 4{,}71 \cdot 10^{-3}\left[\ln(1 + 0{,}0120 \cdot N) + 2{,}29 \cdot 10^{-5} \cdot N\right]$$

Akkumulation nach *N* Zyklen für die Lamelle *n* = (1) zwischen 0–1 m:

$$\varepsilon^{\mathrm{acc},N}_{\mathrm{z,pl,(1)}} = 9{,}85 \cdot 10^{-3} \cdot 0{,}311 \cdot 1{,}354 \cdot 2{,}625 \cdot f_\mathrm{N}$$

$$\varepsilon^{\mathrm{acc},N}_{\mathrm{z,pl,(1)}} = 1{,}089 \cdot 10^{-2} \cdot f_\mathrm{N}$$

Akkumulierte Setzung nach *N* Zyklen in mm für die Lamelle *n* = (1) zwischen 0–1 m:

$$s^{\mathrm{acc}}_{(1)} = \varepsilon^{\mathrm{acc},N}_{\mathrm{z,pl,(1)}} \cdot h_{(1)} = 1{,}089 \cdot 10^{-2} \cdot f_\mathrm{N} \cdot 1000$$

$$s^{\mathrm{acc}}_{(1)} = 10{,}89 \cdot f_\mathrm{N}$$

Zusammenstellung der Ergebnisse

Die Ergebnisse sind in Tabelle E4–6 zusammengestellt.

Tabelle E4–6 Akkumulierte Dehnungen nach dem HCA-Modell

Zyklenzahl *N*	f_N [–]	$\varepsilon^{\mathrm{acc},N}_{\mathrm{z,pl,(1)}}$ [–]	$s^{\mathrm{acc}}_{(1)} = s^{\mathrm{acc}}_{\mathrm{tot}}$ [mm]
1	$5{,}64 \cdot 10^{-5}$	$6{,}14 \cdot 10^{-7}$	$6{,}14 \cdot 10^{-4}$
10	$5{,}36 \cdot 10^{-4}$	$5{,}83 \cdot 10^{-6}$	$5{,}83 \cdot 10^{-3}$
10^2	$3{,}73 \cdot 10^{-3}$	$4{,}06 \cdot 10^{-5}$	$4{,}06 \cdot 10^{-2}$
10^3	$1{,}22 \cdot 10^{-2}$	$1{,}33 \cdot 10^{-4}$	0,133
10^4	$2{,}37 \cdot 10^{-2}$	$2{,}58 \cdot 10^{-4}$	0,258
10^5	$4{,}42 \cdot 10^{-2}$	$4{,}82 \cdot 10^{-4}$	0,482
10^6	$1{,}524 \cdot 10^{-1}$	$1{,}66 \cdot 10^{-3}$	1,66
$2 \cdot 10^6$	$2{,}638 \cdot 10^{-1}$	$2{,}87 \cdot 10^{-3}$	2,87

7. Zusammenfassung

Insgesamt sind die zyklischen Einwirkungen des Maschinenfundamentes auf den umgebenden Boden im Fall 1 mit einer Lastamplitude von 4 kN und einer Frequenz von 16 Hz sehr gering. Das erzeugte Dehnungsniveau liegt im linear elastischen Bereich, so dass bei den Berechnungen mit dem HCA-Modell unter Berücksichtigung der Grenzscherdehnungsamplitude nach Abschnitt E4-2.5 für den SE-Sand keine bleibenden Verformungen resultieren. Bei den Berechnungen für den Schluff nach den empirischen Beziehungen in Abschnitt E4-2.4 entstehen nur sehr geringe bleibende Verformungen.

Im Fall 2 mit einer Lastamplitude von 40 kN (10-fach so groß wie im Fall 1) und einer Frequenz von 4 Hz liegen die zyklischen Einwirkungen zwischen 0 und 1 m Tiefe im Bereich mit mittleren Scherdehnungen. Hier akkumulieren sich bei größerer Zyklenzahl bleibende Dehnungen.

Es ist aber zu bemerken, dass die berechneten bleibenden Setzungen relativ stark von den gewählten Eingangsparametern abhängig sind. Zudem ist zu beachten, dass die Formeln für die Akkumulation der bleibenden Dehnungen nur bis $N = 2 \cdot 10^6$ Zyklen (HCA-Modell in Abschnitt E4-2.5) bzw. $N = 10^3$ Zyklen (für das Modell für bindige Böden in Abschnitt E4-2.4) validiert sind. In der Regel werden beim HCA-Modell für Zyklenzahlen $N > 2 \cdot 10^6$ die Verformungen überschätzt.

4.2 Setzung eines durch Bodenschwingungen erregten Rechteckfundamentes

In diesem Beispiel wird die Setzung eines Fundamentes betrachtet, welches durch die benachbarte Vibrationsrammung einer Spundwand indirekt über die Wellenausbreitung im Boden zu Schwingungen angeregt wird. Zur Vereinfachung werden die Daten des Bodens und des Fundamentes mit Maschine vom Beispiel in den Abschnitten E3-7.2 bzw. E4-4.1 übernommen, ohne dass die Maschine selbst in Betrieb ist.

Der Abstand von der Schwingungsquelle (Vibrationsrammung) wurde so groß gewählt, dass gemäß DIN 4150-3 Anhang C [145] lokale, erschütterungsbedingte Sackungen (siehe Abschnitt E4-3) vermieden werden und somit in dieser Berechnung keine Rolle spielen. Dementsprechend wurde der Winkel zwischen der Spundwand an der Unterkante der setzungsempfindlichen Schicht und dem Fundament an der Geländeoberkante mit arctan(4,25 m / 5,0 m) ≈ 40° > 30° gewählt (Bild E4–9).

Die im Folgenden berechneten Setzungen resultieren aus der Volumenminderung infolge zyklischer Beanspruchung des Bodens unterhalb des Fundaments über die gesamte Mächtigkeit der setzungsempfindlichen Schicht von $H = 5{,}0$ m (Bild E4–9).

Die Ermittlung der vertikalen Schwingungsamplitude eines indirekt erregten Fundamentes ist bereits im Abschnitt E3-7.4 beispielhaft angegeben. Der Berechnungsablauf wird deshalb hier bezüglich der veränderten Werte der Schwingungserregung

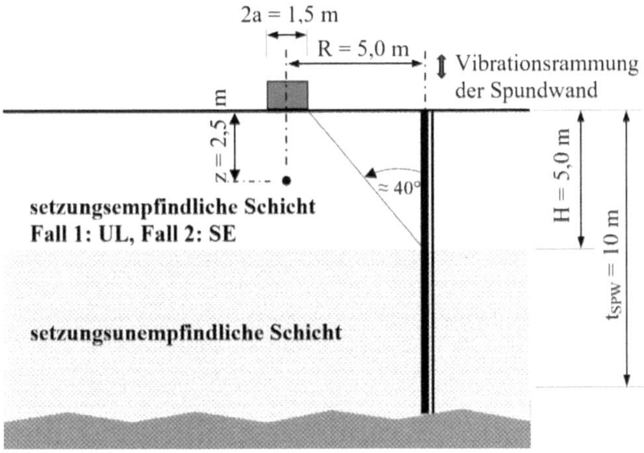

Bild E4-9 Indirekt erregtes Fundament. Das Grundwasser liegt deutlich unterhalb der Spundwandunterkante

(Kreisfrequenz, Scherwellengeschwindigkeit und Schwinggeschwindigkeit) verkürzt dargestellt. Die Beispielrechnungen erfolgen analog dem Beispiel in Abschnitt E4-4.1 für die beiden Bodenarten Fall 1: leichtplastischer Schluff UL und Fall 2: mitteldicht gelagert Sand SE.

Das Beispiel ist in 8 Unterabschnitte gegliedert:

1. Fundamentdaten (Seite 171),
2. Bodenkennwerte (Seite 172),
3. Bodenschwingungen (Seite 172),
4. Ermittlung der vertikalen Schwingungsamplitude des Fundaments (Seite 172),
5. Ermittlung der Scherdehnung γ sowie der belastungsabhängigen Größen Schubmodul G und Scherwellengeschwindigkeit c_S (Seite 174),
6. Berechnung der Dehnungsakkumulation für bindige Böden (Seite 175),
7. Berechnung der Dehnungsakkumulation mit dem HCA-Modell (Seite 176) und
8. Zusammenfassung (Seite 178).

1. Fundamentdaten (Rechteckfundament)

Größe:	$2a = 1{,}5$ m; $2b = 4{,}5$ m
Sohlfläche:	$A_{Sohl} = 6{,}75$ m^2
Ersatzradius des Rechteckfundamentes:	$r_{0z} = 1{,}47$ m
Gesamtmasse:	$m = 31{,}9$ t
stat. Sohlspannung:	$q_{stat} = 47{,}3$ kPa
Federkonstante:	$K_{0z} = 782 \cdot 10^3$ kN/m
Dämpfungskonstante:	$C_{0z} = 4{,}62 \cdot 10^3$ kN/(m/s)

Tabelle E4-7 Bodenparameter für den leichtplastischen Schluff UL und den Sand SE

	I_D	e_{min}	e_{max}	d_{50}	C_u	I_P	ρ	w	φ	c	$c_{S,0}$	ν	G_{d0}
Böden	**[%]**	**[-]**	**[-]**	**[mm]**	**[-]**	**[%]**	**[t/m³]**	**[%]**	**[°]**	**[kPa]**	**[m/s]**	**[-]**	**[MPa]**
UL	–	–	–	–	–	10	1,80	16	30	5	211	0,40	80
SE	50	0,391	0,688	0,55	3,3	-	1,80	4,6	30	0	211	0,40	80

Die Berechnungen der frequenzunabhängigen Federkonstante K_{0z} und Dämpfungskonstante C_{0z} sind im Beispiel im Abschnitt E3-7.2 angegeben.

2. Bodenkennwerte

Betrachtet wird hier nur eine setzungsempfindliche Schicht unter dem Fundament analog den im Abschnitt E4-4.1 tabellarisch angegebenen Bodenparametern für den leichtplastischen Schluff UL und den Sand SE, siehe Tabelle E4-7.

3. Bodenschwingungen

Schwingungsquelle ist die vertikale Vibrationsrammung einer Stahlspundbohle (Breite $b_B = 1$ m, Einbindetiefe $L_B = 10$ m) in einem Abstand zur Fundamentmitte $R = 5$ m. Die Erregerkreisfrequenz und die vertikale Schwinggeschwindigkeit des Bodens $V_{z,Bod}$ (Partikelschwinggeschwindigkeit) wurde in freiem Gelände ca. 0,5 m unter Geländeoberkante im Abstand $R = 5$ m zur Erregerquelle durch Messungen bestimmt:

$$\Omega = 220\ \mathrm{s}^{-1},\ f = 35\ \mathrm{Hz}$$

$$V_{z,\mathrm{Bod}} = 0{,}016\,\mathrm{m/s}$$

Die Zeitdauer der Vibrationsrammung beträgt:

$$t_V = 140\ \mathrm{s}$$

Die Anzahl der Zyklen (Schwingungen) beträgt:

$$N = t_V \cdot \frac{\Omega}{2\pi} = 140 \cdot \frac{220}{2\pi} = 4902 \approx 5000$$

Die Wellenlänge der Bodenschwingungen beträgt in erster Näherung:

$$\lambda = 2\pi \cdot c_{S,0}/\Omega = 2\pi \cdot 211/220 = 6{,}0\,\mathrm{m}$$

4. Ermittlung der vertikalen Schwingungsamplitude des Fundamentes

Erforderlich ist zunächst die Bestimmung der frequenzabhängigen Federsteifigkeit $K_{zz}(\Omega)$ und der Dämpfung $C_{zz}(\Omega)$ (siehe auch Beispiel im Abschnitt E3-7.2). Die dimensionslose Frequenz a_0 ergibt sich zu:

$$a_0 = \frac{a \cdot \Omega}{c_{S,0}} = \frac{0{,}75 \cdot 220}{211} = 0{,}78$$

Für $a_0 = 0{,}78$ und $b/a = 3{,}0$ und $e/a = 0$ liefert Bild E3–13:

$$k_{zz} = 0{,}99 \text{ und } d_{zz} = 1{,}98$$

Somit beträgt die frequenzabhängige Federsteifigkeit

$$\mathrm{K}_{zz}(\Omega) = \mathrm{K}_{0z} \cdot \mathrm{k}_{zz} = 782 \cdot 10^3 \cdot 0{,}99 = 774 \cdot 10^3 \mathrm{kN/m}$$

bzw. die frequenzabhängige Dämpfung

$$C_{zz}(\Omega) = K_{0z} \cdot a_0 \cdot d_{zz}/\Omega = 784 \cdot 10^3 \cdot 0{,}78 \cdot 1{,}98/220 = 5{,}5 \cdot 10^3 \mathrm{kN/(m/s)}$$

Es wird angenommen, dass die Schwinggeschwindigkeitsamplitude der Fußpunktanregung $V_{0z} = \Omega \cdot U_{0z}$ mit der gemessenen maximalen Bodenschwingung $v_{0,\mathrm{Bod}}$ übereinstimmt. Der Schwingweg der Bodenschwingungen unter dem Fundament beträgt dann:

$$U_{0z} = V_{0,\mathrm{Bod}}/\Omega = 0{,}016/220 = 7{,}3 \cdot 10^{-5} \mathrm{m}$$

Die Amplitude U_z des Schwingweges des Fundamentes ergibt sich nach den Ableitungen im Beispiel in Abschnitt E3-7.4 zu:

$$U_z = \frac{\sqrt{K_z^2 + \Omega^2 C_z^2}}{\sqrt{(K_z - m\Omega^2)^2 + \Omega^2 C_z^2}} U_{0z} = 0{,}99 \cdot 7{,}3 \cdot 10^{-5} = 72{,}3 \cdot 10^{-6} \mathrm{m}$$

Daraus ergibt sich für die Amplitude der Schwinggeschwindigkeit des Fundamentes:

$$V_z = \Omega \cdot U_z = 220 \cdot 72{,}3 \cdot 10^{-5} = 0{,}0159 \text{ m/s} \approx 0{,}016 \text{ m/s}$$

Es ist zu erkennen, dass die absolute Schwinggeschwindigkeit des Fundamentes V_z im vorliegenden Fall mit der Bodenschwinggeschwindigkeit $V_{0,\mathrm{Bod}}$ übereinstimmt. Die Relativgeschwindigkeit zwischen Fundament und Boden beträgt somit

$$V_{rz} = V_z - V_{0,\mathrm{Bod}} = 0$$

Es handelt sich dabei um einen Sonderfall, bei dem das Verhältnis zwischen Anregungsfrequenz und Eigenfrequenz des Fundament-Boden-Systems $\Omega/\sqrt{K_{zz}/m} \approx \sqrt{2}$ beträgt.

Da die indirekte Anregung über die gesamte Stahlspundbohle in die setzungsempfindliche Schicht eingeleitet wird, wird angenommen, dass die Wellenamplitude im gesamten setzungsempfindlichen Bodenbereich konstant bleibt. Es wird keine Amplitudenabnahme mit der Tiefe, wie im Berechnungsbeispiel E4-4.1, angesetzt. Ist die halbe Wellenlänge der Bodenschwingung klein gegenüber den Abmessungen des Fundamentes, so sind genauere Untersuchungen der sich ergebenden indirekten Erregung notwendig.

5. Ermittlung der Scherdehnung γ sowie der belastungsabhängigen Größen Schubmodul G und Scherwellengeschwindigkeit c_S

Die Scherdehnung im Boden beträgt in erster Näherung:

$$\gamma_0 = \frac{V_{0,\mathrm{Bod}}}{c_{S,0}} = \frac{0{,}016}{211} = 7{,}6 \cdot 10^{-5}$$

Die Scherdehnung γ_0 liegt über dem Grenzwert γ_{tl} nach Bild E4–1, so dass eine Abminderung von G_{d0} auf eine dehnungsabhängige Steifigkeit G_d erforderlich ist. Nach (E2–5) ergibt sich in einem ersten Schritt für den Sand SE mit $I_P = 0$ (I_P und $\gamma = \gamma_0$ in %):

$$G_1 = G_{d0} \cdot \frac{1{,}03}{1 + \frac{19 \cdot \gamma^{0,8}}{1+\left(\frac{I_P}{15}\right)^{1,3}}} = 80 \cdot \frac{1{,}03}{1 + \frac{19 \cdot \left(7{,}6 \cdot 10^{-3}\right)^{0,8}}{1+\left(\frac{0}{15}\right)^{1,3}}} = 80 \cdot 0{,}745$$

$$= 59{,}6 \text{ MPa}$$

bzw. für den leichtplastischen Schluff UL mit $I_P = 10$ %:

$$G_1 = 80 \cdot \frac{1{,}03}{1 + \frac{19 \cdot \left(7{,}6 \cdot 10^{-3}\right)^{0,8}}{1+\left(\frac{10}{15}\right)^{1,3}}} = 80 \cdot 0{,}830 = 66{,}4 \text{ MPa}$$

Daraus ergibt sich die entsprechende dehnungsabhängige Scherwellengeschwindigkeit für den Sand SE mit $I_P = 0$:

$$c_{S,1} = \sqrt{\frac{G_1}{\rho}} = \sqrt{\frac{59{,}6 \cdot 10^6}{1800}} = 182 \ \frac{\mathrm{m}}{\mathrm{s}}$$

bzw. für den leichtplastischen Schluff UL mit $I_P = 10$ %:

$$c_{S,1} = \sqrt{\frac{G_1}{\rho}} = \sqrt{\frac{66{,}4 \cdot 10^6}{1800}} = 192 \ \frac{\mathrm{m}}{\mathrm{s}}$$

Die im ersten Iterationsschritt korrigierte Scherdehnung beträgt damit für den Sand SE mit $I_P = 0$:

$$\gamma_1 = \frac{V_{0,\mathrm{Bod}}}{c_{S,1}} = \frac{0{,}016}{182} = 8{,}79 \cdot 10^{-5}$$

bzw. für den leichtplastischen Schluff UL mit $I_P = 10$ %:

$$\gamma_1 = \frac{0{,}016}{192} = 8{,}33 \cdot 10^{-5}$$

Die Ergebnisse weiterer Iterationsschritte sind in Tabelle E4–8 angegeben.

Die Iterationen konvergieren bereits nach wenigen Schritten. Für die weiteren Rechnungen werden somit herangezogen:

für den Sand mit $I_P = 0$: $c_S = 178$ m/s und $\gamma = 8{,}97 \cdot 10^{-5}$

für den Schluff mit $I_P = 10$ %: $c_S = 190{,}5$ m/s und $\gamma = 8{,}40 \cdot 10^{-5}$

Tabelle E4-8 Iterative Korrektur der Scherdehnung

	$I_p = 0$			$I_p = 10\ \%$		
Iterationsschritt i	G_n **in MPa**	$c_{s,i}$ **in m/s**	$\gamma_{nd,i}$	G_n **in MPa**	$c_{s,i}$ **in m/s**	$\gamma_{d,i}$
1	59,6	182	$8{,}79 \cdot 10^{-5}$	66,4	192,0	$8{,}33 \cdot 10^{-5}$
2	57,6	179	$8{,}94 \cdot 10^{-5}$	65,4	190,7	$8{,}39 \cdot 10^{-5}$
3	57,4	179	$8{,}96 \cdot 10^{-5}$	65,3	190,5	$8{,}40 \cdot 10^{-5}$
4	57,3	178	$8{,}97 \cdot 10^{-5}$	65,3	190,5	$8{,}40 \cdot 10^{-5}$
5	57,3	178	$8{,}97 \cdot 10^{-5}$	65,3	190,5	$8{,}40 \cdot 10^{-5}$

6. Berechnung der Dehnungsakkumulation für bindige Böden nach (E4-9)

Die akkumulierten Dehnungen in vertikaler Richtung z ergeben sich zu:

$$\varepsilon_{\mathrm{z,pl}}^{\mathrm{acc,N}} \approx \varepsilon_{\mathrm{vol,pl}}^{\mathrm{acc},N} = 0{,}01 \cdot a(\tau_{\mathrm{d}}/\tau_{\mathrm{f}})^{m} \cdot (1 + \tau_{\mathrm{S}}/\tau_{\mathrm{f}})^{n} \cdot N^{b}$$

Die Ermittlung der statischen Schubspannung τ_{S} und der Scherfestigkeit des Bodens τ_{f} ist bereits im Beispiel 4.1 in der Tabelle E4-4 angegeben, mit den Ergebnissen für die Schichtmitte bei $z = 2{,}5$ m Tiefe:

$$\tau_{\mathrm{S}} = 13{,}8 \text{ kPa und } \tau_{\mathrm{f}} = 36{,}8 \text{ kPa.}$$

Die zyklische Schubspannung τ_{d} innerhalb der gesamten Tiefe der setzungsempfindlichen Schicht von $H = 5{,}0$ m in der Entfernung $R = 5$ m zur Vibrationsrammung beträgt:

$$\tau_{\mathrm{d}} = V_{0,\mathrm{Bod}} \cdot \rho \cdot c_{S} = 0{,}016 \cdot 1{,}8 \cdot 190{,}5 = 5{,}5 \text{ kN/m}^2$$

Aus Tabelle E4-1 werden folgende Parameter ausgewählt:
$a = 0{,}64$; $b = 0{,}10$; $m = 1{,}7$; $n = 1{,}0$; (leicht bis mittelplastischer Schluff)
Damit ergibt sich nach 5000 Zyklen eine akkumulierte bleibende Setzung der setzungsempfindlichen Bodenschicht im Abstand $R = 5$ m zur Vibrationsrammung von $s_{\mathrm{tot}}^{\mathrm{acc}} = 4{,}1$ mm, siehe Ergebniszusammenstellung in Tabelle E4-9.

Tabelle E4-9 Akkumulierte Dehnungen in Schichtmitte bei $z = 2{,}5$ m und Verformungen der 5 m dicken, setzungsempfindlichen Schicht für das auf bindigem Boden gegründete Fundament für das Beispiel 2 mit der indirekten Erregung mit der Schwinggeschwindigkeit $V_{0,\mathrm{Bod}} = 0{,}016$ m/s.

Zyklus i	$\varepsilon_{\mathrm{z,pl}}^{\mathrm{acc,N}}$ **[-]**	$s_{\mathrm{tot}}^{\mathrm{acc}} = \Sigma\varepsilon_{\mathrm{z,pl}}^{\mathrm{acc},N} \cdot h$
1	$3{,}47 \cdot 10^{-4}$	1,74 mm
10	$4{,}37 \cdot 10^{-4}$	2,19 mm
100	$5{,}50 \cdot 10^{-4}$	2,75 mm
1000	$6{,}93 \cdot 10^{-4}$	3,46 mm
5000	$8{,}14 \cdot 10^{-4}$	4,07 mm

7. Berechnung der Dehnungsakkumulation mit dem HCA-Modell

Ermittlung der Stoffparameter:

Die Abschätzung aller Parameter erfolgt nach (E4–16) bis (E4–25) als Funktion von d_{50}, C_u und e_{min} nach Methode a) in Abschnitt E4-2.5.

$$C_{ampl} = 1{,}70$$
$$C_e = 0{,}95 \cdot 0{,}391 = 0{,}371$$
$$C_p = 0{,}41 \cdot [1 - 0{,}34 \cdot (0{,}55 - 0{,}6)] = 0{,}417$$
$$C_Y = 0{,}26 \cdot [1 + 0{,}12 \cdot \ln(0{,}55/0{,}6)] = 2{,}573$$

Für $N_{max} \leq 1 \cdot 10^5$:

$$C_{N1} = 0{,}0012 \cdot [1 - 0{,}36 \cdot \ln(0{,}55)] \cdot (3{,}3 - 1{,}18) = 3{,}09 \cdot 10^{-3}$$
$$C_{N2} = 0{,}0051 \cdot \exp[0{,}39 \cdot 0{,}55 + 12{,}3 \cdot \exp(-0{,}77 \cdot 3{,}3)] = 1{,}67 \cdot 10^{-2}$$
$$C_{N3} = 1{,}00 \cdot 10^{-4} \cdot \exp(-0{,}84 \cdot 0{,}55) \cdot (3{,}3 - 1{,}37)^{0{,}34} = 7{,}88 \cdot 10^{-5}$$

Ermittlung von f_{ampl} nach (E4–11)

Die Grenzscherdehnungsamplitude wird mit $\gamma_{lim}^{ampl} = \gamma_{tv,u} = 2{,}0 \cdot 10^{-5}$ nach Bild E4–1 für $I_P = 0$ angesetzt. Die für das HCA-Modell benötigte Grenzdehnungsamplitude ergibt sich zu $\varepsilon_{lim}^{ampl} \approx \gamma_{lim}^{ampl}/\sqrt{2} = 1{,}41 \cdot 10^{-5}$.

Nach Tabelle E4–8 erhält man nach dem 5. Iterationsschritt $\gamma_{d,5} = 8{,}97 \cdot 10^{-5}$ für $I_P = 0$. Daraus kann nach (E4–26) die Dehnungsamplitude ε_5^{ampl} bestimmt werden.

$$\varepsilon_5^{ampl} = \gamma_{d,5}/\sqrt{2} = 6{,}34 \cdot 10^{-5}$$

$$f_{ampl} = \left(\frac{\varepsilon_5^{ampl} - \varepsilon_{lim}^{ampl}}{10^{-4}}\right)^{C_{ampl}} = \left(\frac{6{,}34 \cdot 10^{-5} - 1{,}41 \cdot 10^{-5}}{10^{-4}}\right)^{1{,}70} = 0{,}300$$

Ermittlung von $f_{e,N=0}$ nach (E4–12):

$$e_0 = e_{max} - I_D \cdot (e_{max} - e_{min}) = 0{,}688 - 0{,}50 \cdot (0{,}688 - 0{,}391) = 0{,}540$$

$$f_{e,N=0} = \frac{(0{,}371 - 0{,}540)^2}{1 + 0{,}540} \frac{1 + 0{,}688}{(0{,}371 - 0{,}688)^2} = 0{,}311$$

Aufgrund der relativ großen Dehnungsamplitude werden die akkumulierten Dehnungen inkrementell berechnet. Dabei wird auf Basis der akkumulierten Dehnungsrate $\Delta\varepsilon_{z,pl}^{acc,N}$ die Porenzahl e_N nach der Beziehung $e_{N+1} = e_N - \Delta\varepsilon_{z,pl}^{acc,N} \cdot (1 + e_N)$ aktualisiert. Dadurch nimmt mit zunehmender Zyklenzahl N der Faktor $f_{e,N}$ nach (E4–12) und die Rate der akkumulierten Dehnung ab.

Ermittlung von f_p nach (E4–13) und f_Y nach (E4–14)

Mittlere Spannung p' und Deviatorspannung q in Schichtmitte bei $z = 2{,}5$ m:

$$\sigma'_v = q_{stat} \cdot i_{k,z} + \gamma \cdot z = 47{,}3 \cdot 0{,}214 + 18{,}0 \cdot 2{,}5 = 55{,}1 \text{ kPa}$$

$$K_0 = (1 - \sin\varphi) = (1 - \sin 30°) = 0{,}50$$

$$\sigma'_h = K_0 \cdot \sigma'_v = 0{,}50 \cdot 55{,}1 = 27{,}55 \text{ kPa}$$

$$p' = 1/3 \cdot (55{,}1 + 2 \cdot 27{,}55) = 36{,}73 \text{ kPa}$$

$$q = 55{,}1 - 27{,}55 = 27{,}55 \text{ kPa}$$

$$f_p = \exp\left[-0{,}417 \cdot \left(\frac{36{,}73}{100} - 1\right)\right] = 1{,}302$$

$$\eta = \frac{q_{(1)}}{p'_{(1)}} = \frac{27{,}55}{36{,}73} = 0{,}750$$

Unter der Annahme von $\varphi_c \approx \varphi = 30°$ ergibt sich $\bar{Y}^{av}$ nach (E4–18)

$$\bar{Y}^{av} = \frac{27\,(3 + 0{,}750)\,/\,(3 + 2 \cdot 0{,}750)\,/\,(3 - 0{,}750) - 9}{\left(9 - \sin^2 30°\right)/\left(1 - \sin^2 30°\right) - 9} = 0{,}375$$

$$f_Y = \exp(2{,}573 \cdot 0{,}375) = 2{,}625$$

Ermittlung von f_N nach (E4–15):

$$f_N = 3{,}09 \cdot 10^{-3}\,\left[\ln(1 + 0{,}0167 \cdot N) + 7{,}85 \cdot 10^{-5} \cdot N\right]$$

Zusammenstellung der Ergebnisse

Die Ergebnisse sind in Tabelle E4–10 zusammengestellt.

Damit ergibt sich nach 5000 Zyklen eine akkumulierte bleibende Setzung der setzungsempfindlichen Bodenschicht im Abstand $R = 5$ m zur Vibrationsrammung von $s_{tot}^{acc} = 22{,}9$ mm.

Tabelle E4–10 Aktualisierte Porenzahl e und Faktor $f_e\,(N)$, akkumulierte Dehnungen in Schichtmitte bei $z = 2{,}5$ m und Verformungen der 5 m dicken, setzungsempfindlichen Schicht nach dem HCA-Modell für das Beispiel 2 mit der indirekten Erregung mit der Schwinggeschwindigkeit $V_{0,Bod} = 0{,}016$ m/s

Zyklenzahl N	e_N [–]	$f_{e,N}$ [–]	$f_{N,N}$ [–]	$\Delta\varepsilon_{z,pl}^{acc,N}$ [–]	$\varepsilon_{z,pl}^{acc,N}$ [–]	s_{tot}^{acc} [mm]
1	0,540	0,311	$5{,}13 \cdot 10^{-5}$	$1{,}64 \cdot 10^{-5}$	$1{,}64 \cdot 10^{-5}$	0,08
10	0,540	0,310	$4{,}79 \cdot 10^{-4}$	$1{,}42 \cdot 10^{-5}$	$1{,}52 \cdot 10^{-4}$	0,76
100	0,539	0,306	$3{,}06 \cdot 10^{-3}$	$6{,}15 \cdot 10^{-6}$	$9{,}66 \cdot 10^{-4}$	4,83
1000	0,536	0,296	$9{,}12 \cdot 10^{-3}$	$9{,}59 \cdot 10^{-7}$	$2{,}84 \cdot 10^{-3}$	14,19
5000	0,533	0,287	$1{,}49 \cdot 10^{-2}$	$2{,}51 \cdot 10^{-7}$	$4{,}57 \cdot 10^{-3}$	22,86

8. Zusammenfassung

Die Setzungen infolge der indirekten Erregung im Abstand $R = 5$ m zur Vibrationsrammung sind aufgrund der deutlich höheren Scherdehnung von $8{,}40 \cdot 10^{-5}$ bzw. $8{,}97 \cdot 10^{-5}$ in der setzungsempfindlichen Schicht trotz der kleinen Zyklenzahl deutlich größer als bei der direkten Erregung. Für den Sand nimmt einerseits der Schubmodul $G_d(\gamma)$ mit zunehmender Scherdehnung γ stärker ab und andererseits akkumulieren sich bei gleicher Scherdehnung größere Dehnungen gegenüber dem Schluff mit $I_P = 10$ %. Dadurch ist die Setzungsakkumulation im Sand mit 22,9 mm um ca. den Faktor 5,5 größer als im Schluff.

Bei der Abschätzung der Fundamentsetzung aus der Setzung der Geländeoberkante ist außerdem zu beachten, dass sich bei einer Pfahlrammung die zyklische Schubspannung und die zyklische Scherdehnung des Bodens sehr stark mit der Entfernung in ihren Größen verändern. Bei Fundamenten mit großen Abmessungen im Vergleich zum Abstand zur Schwingungsquelle sind Setzungsberechnungen deshalb für mehrere Abstände entsprechend der Ausdehnung des Fundamentes durchzuführen. Bei großen Fundamenten ergeben sich dann hauptsächlich Verkippungen.

5 Literatur

121 Vucetic, M. (1994) *Cyclic threshold shear strains in soils.* J Geotech Engrg 120, H. 12, S. 2208–2228. doi 10.1061/(ASCE)0733-9410(1994)120:12(2208)

122 Hsu, C. C.; Vucetic, M. (2004) *Volumetric Threshold Shear Strain for Cyclic Settlement.* J Geotech Geoenv Engrg 130, H. 1, S. 58–78. doi 10.1061/(ASCE)1090-0241(2004)130:1(58)

123 Wichtmann, T.; Triantafyllidis, T. (2009) *On the influence of the grain size distribution curve of quartz sand on the small strain shear modulus G_{max}.* J Geotech Geoenviron Engrg 135, H. 10, S. 1404–1418. doi 10.1061/(ASCE)GT.1943-5606.000009

124 Wegener, D.; Staubach, P.; Machaček, J.; Wichtmann, T. (2023) *Ermittlung bleibender Bodenverformungen von dynamisch belasteten Flachgründungen* in *Advances in Geotechnical Engineering*, Volume X, S. 105–131. Vorträge zum 17. Hans Lorenz Symposium am 21.09.2023 in Berlin

125 Wichtmann, T.; Navarrete Hernández, M. A.; Triantafyllidis, T. (2015) *On the influence of a non-cohesive fines content on the small strain stiffness, modulus degradation and damping of quartz sand.* Soil Dyn Earthq Eng 69, S. 103–114. doi 10.1016/j.soildyn.2014.10.017

126 Wichtmann, T.; Triantafyllidis, T. (2013) *Effect of uniformity coefficient on G/G_{max} and damping ratio of uniform to well graded quartz sands.* J Geotech Geoenv Engng 139, H. 1, S. 59–72. doi 10.1061/(ASCE)GT.1943-5606.0000735

127 Wichtmann, T.; Niemunis, A.; Triantafyllidis, T. (2004) *Setzungsakkumulation infolge hochzyklischer Belastung.* Bautechnik 82, H. 1, S. 18–27. doi 10.1002/bate.200590023

128 Wegener, D.; I. Herle (2012) *Zur Ermittlung von Scherdehnungen durch Schwingungsmessungen und numerische Berechnungen.* BAW-Mitteilungen Nr. 95, S. 59–69

129 Chai, J.C.; Miura, N. (2002) *Traffic-load-induced permanent deformation of road on soft subsoil*, J Geotech Geoenv Engrg 128, H. 11, S. 907–916. doi 10.1061/(ASCE)1090-0241(2002)128:11(907)

130 Monismith, C.L.; Ogawa, N.; Freeme, C. R. (1975) *Permanent deformation characteristics of subgrade soil due to repeated loading*, Transp Res Rec No. 537, Transportation Research Board, Washington D.C. S. 1–17. Online verfügbar, Zugriff 29.05.2025, https://trid.trb.org/View/34973

131 Li, D., E.T. Selig (1996) *Cumulative plastic deformation for fine-grained subgrade soils*. J Geotech Engng 122, H. 12, S. 1005–1013. doi 10.1061/(ASCE)0733-9410(1996)122:12(1006)

132 Niemunis, A.; Wichtmann, T.; Triantafyllidis.T. (2005) *A high-cycle accumulation model for sand*. Comp Geotech 32, H. 4, S. 245–263. doi 10.1016/j.compgeo.2005.03.002

133 Wichtmann, T. (2005) *Explizites Akkumulationsmodell für nichtbindige Böden unter zyklischer Belastung*. Dissertation, Ruhr-Universität Bochum

134 Wichtmann, T.; Niemunis, A.; Triantafyllidis.T. (2010) *Simplified calibration procedure for a high-cycle accumulation model based on cyclic triaxial tests on 22 sands* in *International Symposium: Frontiers in Offshore Geotechnics*. 07.11.–10.11.2010, Perth, Australien

135 Staubach, P.; Wegener, D.; Machaček, J.; Wichtmann, T. (2023) *Long-term settlement of dynamically loaded shallow foundations*. Int J Geomechanics 24, H. 6, Artikel 04024099. doi 10.1061/IJGNAI.GMENG-8977

136 Wichtmann, T.; Triantafyllidis, T. (2011) *Prognose der Langzeitverformungen für Gründungen von Offshore-Windenergieanlagen mit einem Akkumulationsmodell*. Bautechnik 88 H. 11, S. 765–781. doi 10.1002/bate.201101519

137 Le, V. H. (2015) *Zum Verhalten von Sand unter zyklischer Beanspruchung mit Polarisationswechseln im Einfachscherversuch*. Dissertation, Technische Universität Berlin. doi 10.14279/depositonce-4896

138 Machaček, J.; Wichtmann, T.; Zachert, H.; Triantafyllidis, T. (2018) *Long-term settlements of a ship lock: Measurements vs. FE-prediction using a high cycle accumulation model*. Comp Geotech (97), H. 5, S. 222–232. doi 10.1016/j.compgeo.2018.01.009

139 Machaček, J.; Staubach, P. (2024) *numgeo* (Software). Geotechnical Finite Element Analyses, www.numgeo.de

140 Staubach, P.; Kimmig, I.; Machaček, J.; Wichtmann, T.; Triantafyllidis T. (2023) *Deep vibratory compaction simulated using a high-cycle accumulation model*. Soil Dyn Earthq Eng 166, Artikel 107763. doi 10.1016/j.soildyn.2023.107763

141 Wichtmann, T.; Machaček, J.; Zachert, H.; Günther, H. (2019) *Validierung eines hochzyklischen Akkumulationsmodells anhand von Modellversuchen und Messungen an realen Bauwerken*. Bautechnik 96, H. 2, S. 160–175. doi 10.1002/bate.201800056

142 Palloks, W. (2000) *Erschütterungen, Setzungen und Verkippungen eines pfahlgegründeten Gebäudes durch Schrägpfahlrammungen bis in dessen Gründungsbereich* in: BAW-Kolloquium *Setzungen durch Bodenschwingungen* am 29.09.1999, Bundesanstalt für Wasserbau, Berlin

143 Haupt, W. (1995) *Sackungen im Boden durch Erschütterungseinwirkung*. Mitteilungsblatt der Bundesanstalt für Wasserbau Nr. 72, Karlsruhe, September 1995

144 Schuppener, B. (1995) *Eine Proberammung vor einer Stützwand mit unzureichender Standsicherheit.* Mitteilungsblatt der Bundesanstalt für Wasserbau Nr. 72, Karlsruhe, September 1995

145 DIN 4150-3:2016-12 *Erschütterungen im Bauwesen, Teil 3: Einwirkungen auf bauliche Anlagen. Anhang C (normativ).* Beuth Verlag GmbH, Berlin

146 DIN 4019:2015-05 *Baugrund – Setzungsberechnungen.* Beuth Verlag GmbH, Berlin

6 Weiterführende Literatur

147 Oztoprak, S.; Bolton, M. D. (2013) *Stiffness of sands through a laboratory test database.* Geotechnique 63, H. 1, S. 54–70. doi 10.1680/geot.10.P.078

148 Wichtmann, T.; Triantafyllidis.T. (2015) *Inspection of a high-cycle accumulation model for large numbers of cycles (N=2 million).* Soil Dyn Earthq Eng, H. 75, S. 199–210. doi 10.1016/j.soildyn.2015.04.008

E5

Dynamisch belastete Pfahlgründungen

1 Vorbemerkungen

Pfahlgründungen werden im Allgemeinen dann verwendet, wenn der Baugrund nicht ausreichend tragfähig ist oder die Setzungen des Bauwerks beschränkt werden sollen. In der Regel liegt in diesen Fällen ein Baugrund mit einer ausgeprägten Schichtung und oberen weichen Zonen vor. Im Vergleich zu Flachgründungen werden die Bauwerkslasten über die Pfähle erst in größerer Tiefe in den Boden eingetragen.

Bei dynamischer Belastung von Pfahlgründungen ist eine deutlich stärkere Bauwerk-Boden-Wechselwirkung als bei Flachgründungen zu beobachten. Diese ist bedingt durch die dynamische Pfahl-Boden-Pfahl-Wechselwirkung zwischen den biegeweichen Pfählen, dem eingeschlossenen Bodenkörper und dem umgebenden Baugrund (Gruppenwirkung). Das dynamische Verhalten ist als Folge der Welleninterferenzen stark frequenzabhängig.

In Relation zur Flexibilität der Pfähle kann die Pfahlkopfplatte im Allgemeinen als starr angenommen werden. Die im Schwerpunkt der Platte definierte dynamische Steifigkeit der Pfahlgründung hängt stark von der Belastungsrichtung ab. Im Unterschied zu einer Flachgründung ist die Horizontalsteifigkeit wesentlich geringer als die Vertikalsteifigkeit. Während im ersten Fall durch die Pfahlbiegung lediglich der horizontale Widerstand der oberen Bodenschichten aktiviert wird, ergibt sich die Vertikalsteifigkeit durch die Mobilisierung des Bodenwiderstandes über den gesamten Pfahlmantel (Mantelreibung) und den Pfahlfuß (Spitzendruck). Die Nachgiebigkeit des Pfahles selbst kann in der Regel vernachlässigt werden. Die Kippsteifigkeit der Gründung unterscheidet sich prinzipiell für Einzelpfähle und Pfahlgruppen. Während sie bei Einzelpfählen im Wesentlichen aus der Biegesteifigkeit des Pfahlschaftes resultiert, entsteht sie bei Pfahlgruppen aus den Vertikalsteifigkeiten der einzelnen Pfähle und dem Quadrat ihrer Abstände zum gemeinsamen Schwerpunkt. Folglich ist die Kippsteifigkeit bei Einzelpfählen klein, bei Pfahlgruppen relativ groß.

Abhängig von der Lastgröße und deren Charakteristik (Wechsellast, Schwelllast, Zyklenzahl, Frequenz, usw.) in Verbindung mit den Bodenkennwerten (Lagerungsdichte, Scherfestigkeit, Steifigkeit, usw.) kann das dynamische Verformungsverhalten einer Pfahlgründung nichtlinear sein. Bei horizontal belasteten Pfählen ist die mögliche Ausbildung eines Spaltes zwischen Pfahl und Boden zu beachten.

In den nachfolgenden Abschnitten werden zunächst Empfehlungen zur Ermittlung von Federsteifigkeiten und Dämpfungswerten (Impedanzfunktionen) dynamisch belasteter lotrechter Einzelpfähle in linear elastischem Boden gegeben. Anschließend werden die grundlegenden Phänomene, die durch die Gruppenwirkung bei dynamisch belasteten Gründungen aus lotrechten Pfählen auftreten, erläutert. Auf Schrägpfähle und Pfahlböcke wird nicht eingegangen. In der praktischen Anwendung kann den oben genannten nichtlinearen Effekten nicht unmittelbar Rechnung getragen werden. Üblicherweise werden sie durch äquivalent linear-elastische Modellierungen in Verbindung mit Parameterstudien und angemessener Variation der Eingangsparameter berücksichtigt.

Weiterhin wird eine indirekte Anregung von Einzelpfählen und Pfahlgruppen betrachtet. Es wird im linear elastisch homogenen Halbraum eine harmonisch wirkende Einzellast an der Oberfläche in variablem Abstand angesetzt und dargestellt, wie sich am Pfahlkopf bzw. an der Kopfplatte die Schwinggeschwindigkeiten durch das Vorhandensein der Pfähle verändern.

2 Steifigkeit und Dämpfung des Einzelpfahls

2.1 Definitionen und Annahmen

Bild E5-1 zeigt Abmessungen, Koordinatenrichtungen und Anregungen eines lotrechten, runden Einzelpfahles.

Die dynamische Steifigkeitsmatrix sei definiert für Kräfte am Kopf des Einzelpfahles. Wie in (E3-14) kann sie allgemein geschrieben werden als

$$\mathrm{S}(\Omega) = \mathrm{K}(\Omega) + \mathrm{i}\Omega\mathrm{C}(\Omega) \qquad \text{(E5-1)}$$

und analog (E3-46) bis (E3-49) für jedes Matrizenelement *ji* als

$$K_{ji,\Omega}(\Omega) = K_{ji,0} \cdot k_{ji}(a_0) \qquad \text{(E5-2)}$$

$$\Omega C_{ji,\Omega}(\Omega) = K_{ji,0} \cdot a_0 \cdot d_{ji}(a_0) \qquad \text{(E5-3)}$$

$j,i = \mathrm{x, y, z}, \varphi_x, \varphi_y, \varphi_z$ bzw.
$j,i = \mathrm{x, z}, \varphi, \vartheta$ bei Kreis- oder Quadratquerschnitten

mit

$K_{ji,\Omega}(\Omega)$	frequenzabhängige Steifigkeit
$C_{ji,\Omega}(\Omega)$	frequenzabhängige Dämpfung
$K_{ji,0}$	statische Steifigkeit eines Einzelpfahles für $\Omega = 0$
$k_{ji}(a_0)$, $d_{ji}(a_0)$	frequenzabhängige Impedanzfaktoren für Steifigkeit und Dämpfung
R	Pfahlradius

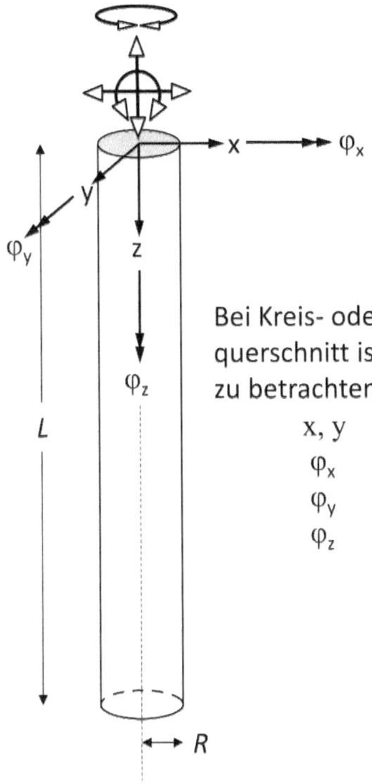

Bild E5–1 Definition der Abmessungen und Koordinatenrichtungen am Einzelpfahl

Ω	Erregerkreisfrequenz
c_S	Scherwellengeschwindigkeit im Halbraum in Tiefe $t = 2 \cdot R$
$a_0 = \dfrac{R \cdot \Omega}{c_S}$	dimensionslose Frequenz

Für die Dämpfung wird zusätzlich das äquivalente hysteretische Dämpfungsmaß eingeführt als

$$D_{ji}(a_0) = \left| \frac{\Omega C_{ji,\Omega}(\Omega)}{2 \cdot K_{ji,\Omega}(\Omega)} \right| = \left| \frac{a_0 \cdot d_{ji}(a_0)}{2 \cdot k_{ji}(a_0)} \right| \tag{E5–4}$$

Die i-te Spalte der dynamischen Steifigkeitsmatrix eines Einzelpfahles nach (E5–1) ist definiert als derjenige Vektor der Reaktionskräfte am Pfahlkopf, der sich einstellt, wenn der Pfahlkopf einer Einheitsverschiebung bzw. -verdrehung in j-Richtung unterworfen und in allen anderen Richtungen festgehalten wird. Es ergibt sich bei Kreis oder Quadratquerschnitt die dynamische Steifigkeitsmatrix zu

$$\mathrm{S} = \begin{bmatrix} S_{\mathrm{xx}} & S_{\mathrm{x}\varphi} & 0 & 0 \\ S_{\varphi\mathrm{x}} & S_{\varphi\varphi} & 0 & 0 \\ 0 & 0 & S_{\mathrm{zz}} & 0 \\ 0 & 0 & 0 & S_{\vartheta\vartheta} \end{bmatrix} \tag{E5–5}$$

2.2 Dynamische Vertikal- und Torsionssteifigkeit

Die Vertikalsteifigkeit S_{zz} und die Torsionssteifigkeit $S_{\vartheta\vartheta}$ eines Einzelpfahls hängen ab von den Materialsteifigkeiten von Pfahl und Boden, vom Pfahlradius R, der Pfahllänge L und den Bodenverhältnissen bzw. der -schichtung unterhalb des Pfahlfußes. Sie sind gemäß Matrix (E5–5) von den anderen Freiheitsgraden entkoppelt.

Es wird zunächst ein Pfahl in einer Bodenschicht der Dicke H auf starrem Untergrund betrachtet. Für ein großes H gehen die Lösungen in die eines Pfahles im homogenen Halbraum über. Praxisnäher, da Pfähle in der Regel bei geschichteten Böden mit geringer Tragfähigkeit eingesetzt werden, ist ein Zwei-Schichten-Modell, das im Anschluss behandelt wird. Gazetas und Makris [149] geben Steifigkeiten für einen Einzelpfahl in einer homogenen elastischen Schicht der Dicke $H \approx 2 \cdot L$ über starrer Unterlage gemäß Bild E5–2 an:

$$K_{zz,0} = 3{,}8 \cdot R \cdot E_d \cdot \left(\frac{L}{2 \cdot R}\right)^{2/3} \cdot \left(\frac{E_P}{E_d}\right)^{\frac{-L/(2R)}{E_P/E_d}} \qquad \text{(E5–6)}$$

mit den dynamischen E-Moduln E_p und E_d von Pfahl und Boden. Bei üblichem Pfahlmaterial wie Beton oder Stahl entspricht E_p dem statischen E-Modul. Der Impedanzfaktor der Vertikalsteifigkeit ist nach [149] für $a_0 < 0{,}5$:

$$k_{zz}(a_0) = 1 \text{ für } \frac{L}{2 \cdot R} < 15 \qquad \text{(E5–7)}$$

und

$$k_{zz}(a_0) = 1 + \sqrt{2a_0} \text{ für } \frac{L}{2 \cdot R} \geq 50 \qquad \text{(E5–8)}$$

Für Zwischenwerte der Schlankheit soll linear interpoliert werden.

Infolge Resonanz zeigt der Impedanzfaktor der Vertikalsteifigkeit einen schmalbandigen Abfall bei der vertikalen Eigenfrequenz f_{cv} der Schicht. Als erste Näherung setzt Gazetas [150] $k_{zz}(a_{cv}) = 0{,}8$ und die sehr hohe hysteretische bzw. Materialdämpfung $D_H = 5\ \%$[1] an:

$$f_{cv} = \frac{c_{La}}{4H} \qquad \text{(E5–9)}$$

bzw.

$$a_{cv} = \frac{2\pi \cdot f_{cv} \cdot R}{c_S}$$

und c_{La} als analoger Kompressionswellengeschwindigkeit nach Lysmer (s. a. [150]) mit

1. Entspricht dem Dämpfungsgrad gemäß (E2–8).

$$c_{\mathrm{La}} = \frac{3{,}4}{\pi \cdot (1-\nu)} \cdot c_{\mathrm{S}} \qquad \text{(E5–10)}$$

Gazetas [150] gibt auch Formeln für Dämpfungen an, die jedoch im Vergleich zu den folgenden genaueren Berechnungen nicht empfohlen werden. Es werden stattdessen Resultate dynamischer Berechnungen mit dem Verfahren von Hartmann [151] wiedergegeben. Dieses basiert auf der Thin Layer Method (TLM) von Waas [152].

Basierend auf Bild E5–2 werden zwei Fälle untersucht, nämlich der Pfahl im elastischen Halbraum ($H \gg L$) und in einer Bodenschicht mit $H = 2 \cdot L$. Die Pfahlschlankheiten betragen jeweils $L/(2R) = 15$, 30 und 50. Tabelle E5–1 enthält einen

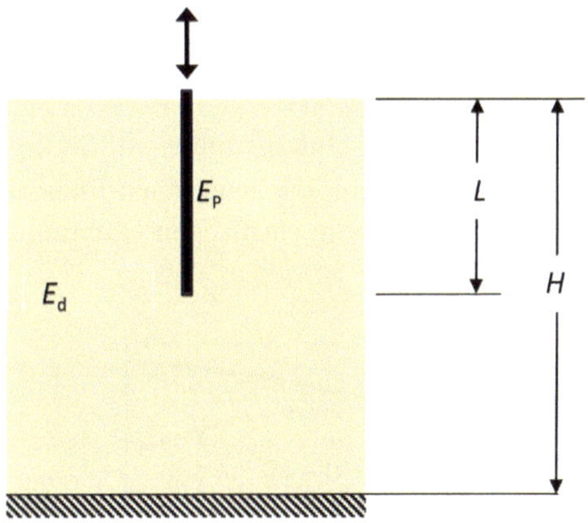

Bild E5–2 Vertikal belasteter Einzelpfahl in Bodenschicht bzw. im Halbraum

Tabelle E5–1 Vertikalsteifigkeiten $K_{zz,0}$ eines Pfahles in Halbraum oder Bodenschicht

		$\frac{K_{zz,0}}{E_d \cdot R}$		
$\frac{E_p}{E_d}$	$\frac{L}{2 \cdot R}$	**TLM für Halbraum**	**TLM für Bodenschicht** $H = 2 \cdot L$	**Gleichung (E5-6) für Bodenschicht** $H = 2 \cdot L$
100	15	12,3	13,3	11,6
	30	13,2	13,6	9,2
	50	13,3	13,6	5,2
1000	15	18,4	20,9	20,8
	30	27,0	29,0	29,8
	50	32,4	34,1	36,5
10000	15	19,7	22,4	22,8
	30	32,4	35,4	35,7
	50	46,3	50,0	49,2

Vergleich der errechneten statischen Steifigkeiten $K_{zz,0}$ mit den Approximationen nach (E5-6). Die Übereinstimmung ist generell sehr gut, mit Ausnahme des Pfahles in sehr steifem Boden ($E_p/E_d = 100$). Für die Schichtdicke $H = 2 \cdot L$ ergeben sich nahezu gleiche Pfahlsteifigkeiten wie für den Halbraum.

Bild E5-3 bis Bild E5-5 zeigen die Impedanzfaktoren $k_{zz}(a_0)$ und $d_{zz}(a_0)$ und das äquivalente Dämpfungsmaß für den Pfahl in Halbraum oder Schicht, jeweils für die Pfahlschlankheiten $L/(2R) = 15$, 30 und 50. Die Approximationen gemäß (E5-7) und (E5-8) treffen den Frequenzverlauf nicht immer genügend.

Im Vergleich von Halbraum und Schicht fällt der Steifigkeitsabfall bei der vertikalen Eigenfrequenz der Bodenschicht auf, markant ausgeprägt durch die gering angenommene Materialdämpfung ($D_H = 1$ %). Unterhalb dieser Frequenz tritt keine Abstrahlungsdämpfung auf. Die Unterschiede der dynamischen Vertikalsteifigkeit und Dämpfung bei Annahme von Halbraum oder Bodenschicht verschwinden jedoch mit zunehmender Frequenz.

Schließlich wird noch der Einfluss eines steiferen Untergrundes auf Steifigkeit und Dämpfung des Einzelpfahles untersucht. Bild E5-6 zeigt einen Pfahl in einem Bodenprofil bestehend aus einer Schicht auf einem elastischen Halbraum.

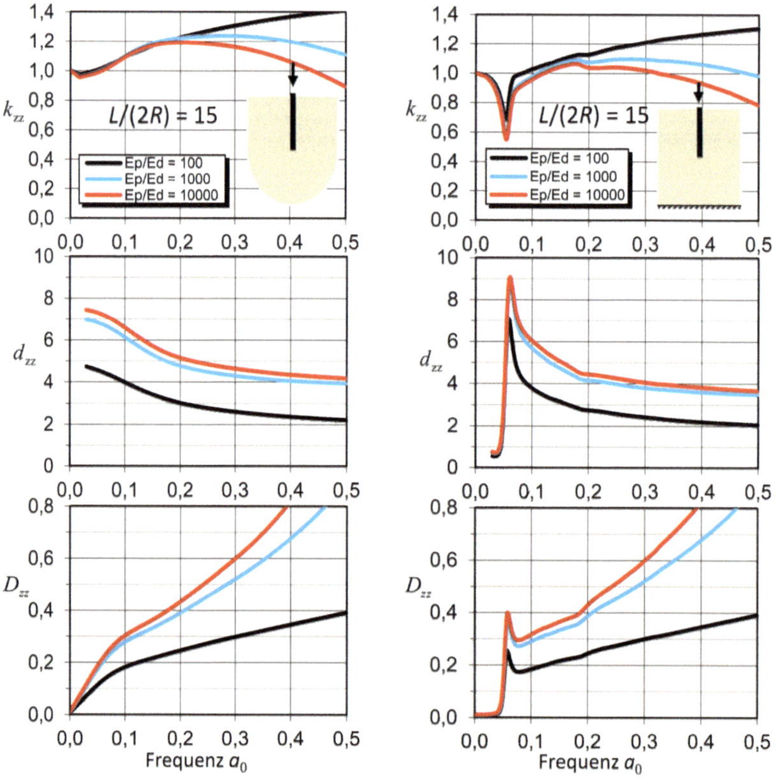

Bild E5-3 Vertikale Impedanzfaktoren und äquivalentes Dämpfungsmaß für Pfahl mit $L/(2R) = 15$ in Halbraum (links) und in Bodenschicht mit Dicke $H = 2L$ (rechts)

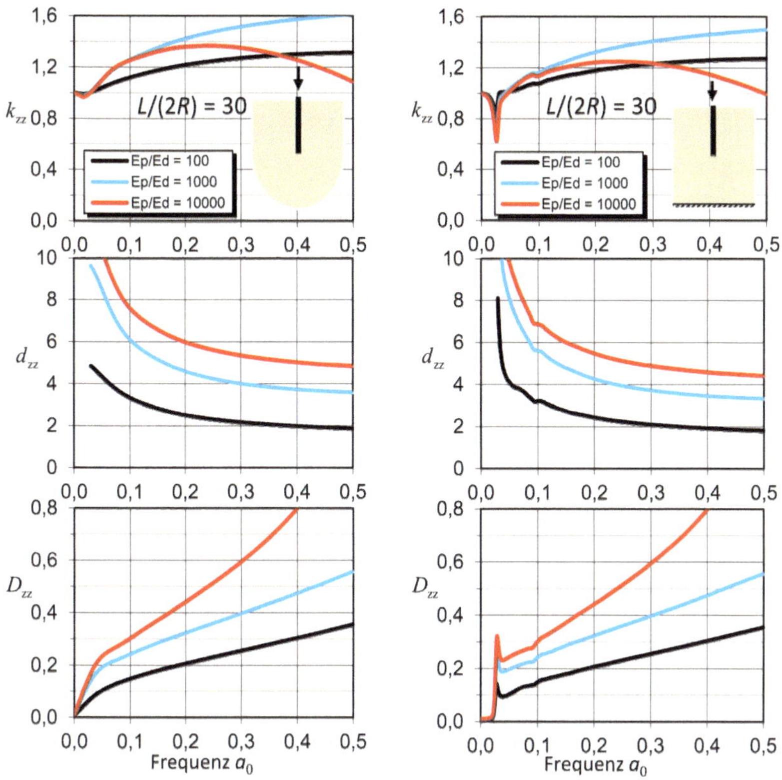

Bild E5–4 Vertikale Impedanzfaktoren und äquivalentes Dämpfungsmaß für Pfahl mit $L/(2R)$ = 30 in Halbraum (links) und in Bodenschicht mit Dicke $H = 2L$ (rechts)

Die Schicht hat die Dicke H und den dynamischen E-Modul E_{d1}, der Halbraum als Untergrund den E-Modul E_{d2}. Der Einzelpfahl mit dem Radius R und der Schlankheit $L/(2R) = 15$ bindet über die Länge 6 R in den steifen Untergrund ein. Die gesamte Pfahllänge ist somit $L = H + 6\,R$. Als Materialdämpfung des Bodens wird generell und gering $D_H = 1\,\%$ gewählt. Im Fall der Torsionsanregung wird ein torsionsstarrer Pfahl angenommen.

Die Vertikal- und Torsionsimpedanzen werden für den Fall E_p/E_{d1} = 10 000 mit der TLM berechnet und in Bild E5–7 für die Verhältnisse E_{d2}/E_{d1} = 1, 10 und 100 dargestellt. Tabelle E5–2 enthält Vertikalsteifigkeit $K_{zz,0}$ und Torsionssteifigkeit $K_{\vartheta\vartheta,0}$.

Tabelle E5–2 und Bild E5–7 belegen den wesentlichen Einfluss des Untergrundes auf Vertikal- und Torsionssteifigkeit des Pfahls. Während bei Vertikalanregung infolge der Wellenabstrahlung hohe Dämpfung auftreten kann, ist sie bei Torsionsanregung zumeist vernachlässigbar.

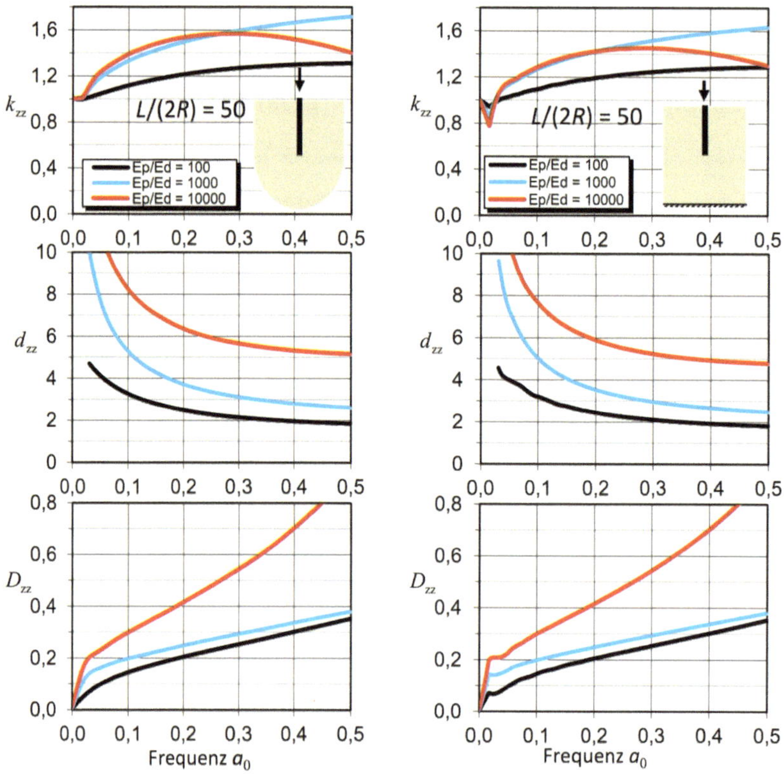

Bild E5-5 Vertikale Impedanzfaktoren und äquivalentes Dämpfungsmaß für Pfahl mit $L/(2R) = 50$ in Halbraum (links) und in Bodenschicht mit Dicke $H = 2L$ (rechts)

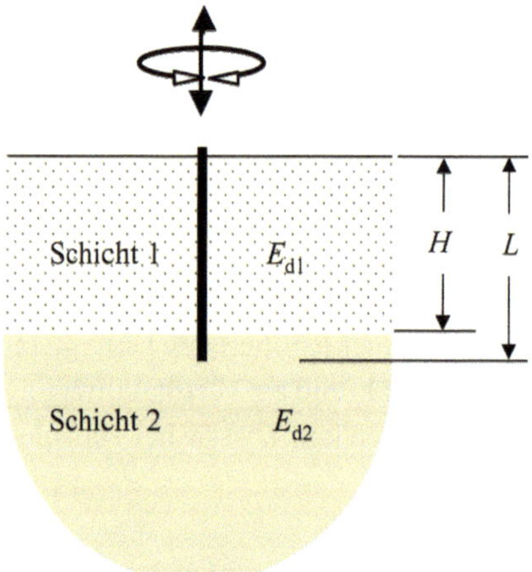

Bild E5-6 Einzelpfahl in Schicht auf Halbraum

Tabelle E5-2 Vertikalsteifigkeit $K_{zz,0}$ und Torsionssteifigkeit $K_{\vartheta\vartheta,0}$ eines Pfahles in Schicht auf Halbraum, $L/(2R) = 15$

$\frac{E_P}{E_{d1}}$	$\frac{E_{d2}}{E_{d1}}$	$\frac{K_{zz,0}}{E_{d1} \cdot R}$	$\frac{K_{\vartheta\vartheta,0}}{E_{d1} \cdot R^3}$
10 000	1	19,7	139,1
	10	83,6	420,6
	100	459,7	3235,3

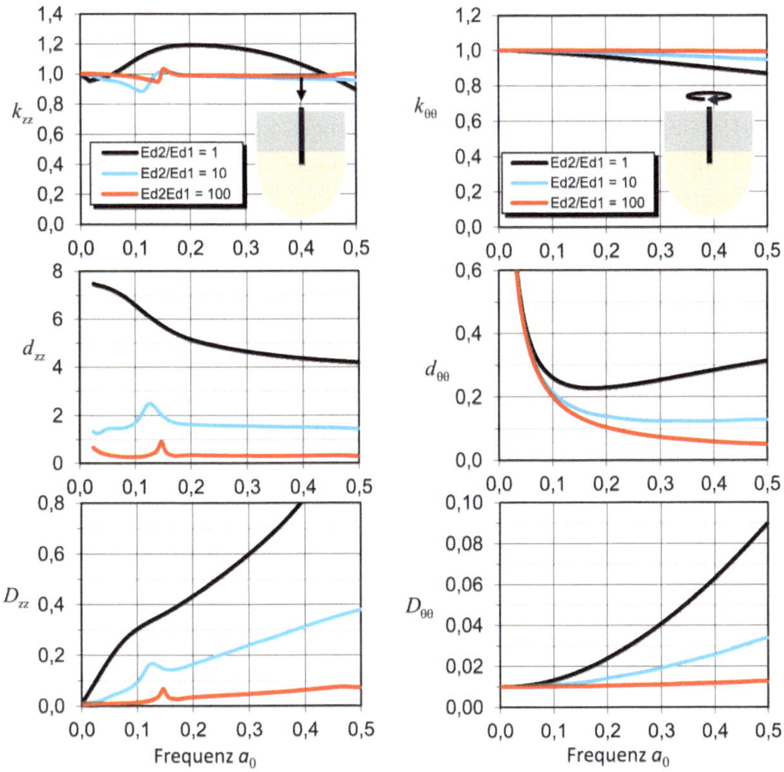

Bild E5-7 Schicht auf Halbraum: Impedanzfaktoren für Vertikal- und Torsionserregung und Dämpfungen

2.3 Dynamische Horizontal- und Kippsteifigkeit

Einzelpfähle unter horizontaler Belastung können hinsichtlich ihres Verformungsverhaltens grob unterteilt werden in „kurze" und „lange" Pfähle. Die Zuordnung hängt ab von der Biegesteifigkeit und der Länge des Pfahles und von der Steifigkeit des Bodens. Ein nach dieser Definition „kurzer" Pfahl ist nahezu starr und kann wie ein eingebettetes starres Fundament betrachtet werden. Die dynamischen Verschiebungen eines „langen“ Pfahles werden im Wesentlichen durch seine Biegeverformungen bestimmt. Horizontal- und Kippsteifigkeit am Kopf eines Einzelpfahls hängen ab von den Materialsteifigkeiten von Pfahl und Boden und vom Pfahlradius R, nicht aber mehr von der Pfahllänge L und den Bodenverhältnissen bzw. der Schichtung unterhalb des Pfahlfußes. Sie sind gemäß (E5–5) untereinander gekoppelt, aber von den anderen Freiheitsgraden entkoppelt.

Die folgenden Ausführungen behandeln nur lotrechte „lange“ Einzelpfähle. Zur Abgrenzung zwischen „langem“ und „kurzem“ Pfahl sind verschiedene Kriterien vorgeschlagen worden, von denen hier das nach Gazetas [150] verwendet wird, siehe (E5–15) bis (E5–18).

Neben dem Pfahl im homogenen Halbraum werden für die praktische Anwendung Formeln für lange Pfähle in einem Halbraum mit tiefenabhängig anwachsender Steifigkeit angegeben.

Gazetas [150, 153] hat Steifigkeiten für einen langen Einzelpfahl in einer elastischen Schicht der Dicke H über starrer Basis angegeben. Für eine große Schichtdicke H geht dieser Fall in die Halbraumlösung über. Die Steifigkeit der Schicht (s. Bild E5–8 nach [150, 153]) ist entweder (a) konstant oder nimmt mit der Tiefe (b) linear oder (c) als Wurzelfunktion[2] zu.

Mit dem dynamischen E-Modul des Bodens E_d, der Eigenfrequenz f_{ch} der Schicht, der Tiefe t, dem Pfahlradius R, dem Referenz-Elastizitätsmodul

$$\bar{E}_d = E_d(t = 2R) \qquad \text{(E5–11)}$$

sowie den dimensionslosen Frequenzen a_0 und a_{ch} (Eigenfrequenz der Schicht) gilt:

$$\begin{aligned} &\text{a) } E_d(t) = \bar{E}_d, \quad f_{ch} = 0{,}25 \cdot \frac{c_S}{H}, \\ &a_0 = \frac{R \cdot \Omega}{c_S}, \quad a_{ch} = 1{,}57 \cdot \frac{R}{H} \end{aligned} \qquad \text{(E5–12)}$$

$$\begin{aligned} &\text{b) } E_d(t) = \bar{E}_d \cdot \frac{t}{2R}, \quad f_{ch} = 0{,}19 \cdot \frac{c_S(t = 2R)}{H}, \\ &a_0 = \frac{R \cdot \Omega}{c_S(t = 2R)}, \quad a_{ch} = 1{,}19 \cdot \frac{R}{H} \cdot \sqrt{\frac{H}{2R}} \end{aligned} \qquad \text{(E5–13)}$$

$$\begin{aligned} &\text{c) } E_d(t) = \bar{E}_d \cdot \sqrt{\frac{t}{2R}}, \quad f_{ch} = 0{,}223 \cdot \frac{c_S(t = 2R)}{H}, \\ &a_0 = \frac{R \cdot \Omega}{c_S(t = 2R)}, \quad a_{ch} = 1{,}40 \cdot \frac{R}{H} \cdot \sqrt[4]{\frac{H}{2R}} \end{aligned} \qquad \text{(E5–14)}$$

Nach Gazetas [150] kann ein Pfahl als „langer“ Pfahl mit der Länge L und dem dynamischen E-Modul E_P betrachtet werden, wenn folgende Bedingung erfüllt ist

$$L > l_c \qquad \text{(E5–15)}$$

2. In [150] wird der Fall c) Wurzelfunktion als „parabolisch“ bezeichnet.

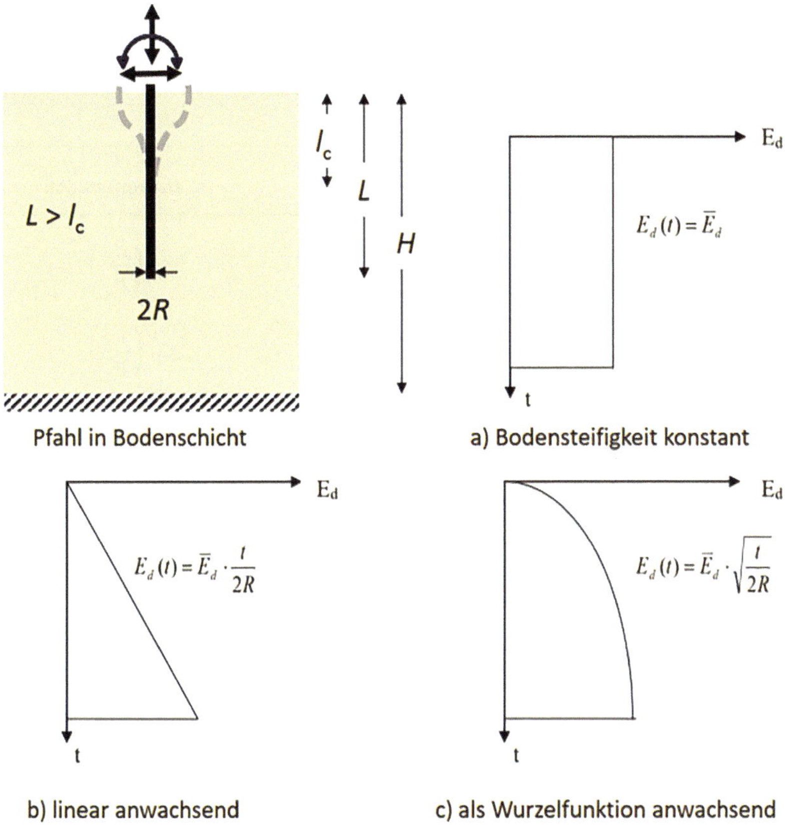

Bild E5–8 Einzelpfahl in Bodenschicht nach Gazetas [150, 153] (s. a. oben Fußnote 2)

Dabei ist

$$\text{Fall(a)}\ l_c \approx 4 \cdot R \cdot \left(\frac{E_P}{\bar{E}_d}\right)^{0,25} \tag{E5–16}$$

$$\text{Fall(b)}\ l_c \approx 4 \cdot R \cdot \left(\frac{E_P}{\bar{E}_d}\right)^{0,20} \tag{E5–17}$$

$$\text{Fall(c)}\ l_c \approx 4 \cdot R \cdot \left(\frac{E_P}{\bar{E}_d}\right)^{0,22} \tag{E5–18}$$

Die normierten statischen (d. h. für Frequenz $a_0 = 0$) Horizontal- und Kippsteifigkeiten $K_{ji,0}$ eines am Kopf biegesteif eingespannten elastischen Pfahles nach [153] ergeben sich aus Tabelle E5–3.

Für einen am Kopf gelenkig angeschlossenen Pfahl ergibt sich durch statische Kondensation der Steifigkeitsmatrix die Horizontalsteifigkeit zu:

$$K'_{xx,0} = K_{xx,0} - \frac{K^2_{x\varphi,0}}{K_{\varphi\varphi,0}} \tag{E5–19}$$

Tabelle E5-3 Horizontal- und Kippsteifigkeiten des am Kopf biegesteif eingespannten Pfahles in Bodenschicht nach [153]

	Bodenmodell		
Steifigkeit	**a) konstant**	**b) linear**	**c) Wurzelfunktion**
$\frac{K_{xx,0}}{\bar{E}_d \cdot R}$	$2{,}16 \cdot \left(\frac{E_P}{\bar{E}_d}\right)^{0{,}21}$	$1{,}20 \cdot \left(\frac{E_P}{\bar{E}_d}\right)^{0{,}35}$	$1{,}58 \cdot \left(\frac{E_P}{\bar{E}_d}\right)^{0{,}28}$
$\frac{K_{\varphi\varphi,0}}{\bar{E}_d \cdot R^3}$	$1{,}28 \cdot \left(\frac{E_P}{\bar{E}_d}\right)^{0{,}75}$	$1{,}12 \cdot \left(\frac{E_P}{\bar{E}_d}\right)^{0{,}80}$	$1{,}20 \cdot \left(\frac{E_P}{\bar{E}_d}\right)^{0{,}77}$
$\frac{K_{x\varphi,0}}{\bar{E}_d \cdot R^2}$	$0{,}88 \cdot \left(\frac{E_P}{\bar{E}_d}\right)^{0{,}50}$	$0{,}68 \cdot \left(\frac{E_P}{\bar{E}_d}\right)^{0{,}60}$	$0{,}96 \cdot \left(\frac{E_P}{\bar{E}_d}\right)^{0{,}53}$

Tabelle E5-4 Horizontal- und Kippdämpfungen des Pfahles in Bodenschicht nach [153]

	Bodenmodell		
Dämpfung	**a) konstant**	**b) linear**	**c) Wurzelfunktion**
$d_{xx}(a_0)$	$0{,}70 \cdot \left(\frac{E_P}{\bar{E}_d}\right)^{0{,}17}$	1,14	$0{,}76 \cdot \left(\frac{E_P}{\bar{E}_d}\right)^{0{,}08}$
$d_{\varphi\varphi}(a_0)$	$0{,}22 \cdot \left(\frac{E_P}{\bar{E}_d}\right)^{0{,}20}$	0,26	$0{,}22 \cdot \left(\frac{E_P}{\bar{E}_d}\right)^{0{,}10}$
$d_{x\varphi}(a_0)$	$0{,}54 \cdot \left(\frac{E_P}{\bar{E}_d}\right)^{0{,}18}$	0,64	$0{,}44 \cdot \left(\frac{E_P}{\bar{E}_d}\right)^{0{,}05}$

Die Impedanzfaktoren $k_{ji}(a_0)$ der Horizontal- und Kippsteifigkeit können nach [153] als identisch 1 angenommen werden:

$$k_{xx}(a_0) = k_{\varphi\varphi}(a_0) = k_{x\varphi}(a_0) \equiv 1 \tag{E5-20}$$

Der in [150, 153] betrachtete Frequenzbereich reicht bei Bodenmodell a) bis $a_0 = 1{,}0$, bei den Bodenmodellen b) und c) bis $a_0 = 0{,}5$.

Die Impedanzfaktoren $d_{ji}(a_0)$ der Dämpfung sind in Tabelle E5-4 nach [150] zusammengestellt, wobei die Materialdämpfung des Bodens D_H nicht berücksichtigt worden ist. Diese Werte gelten für $a_0 > a_{ch}$. Für $a_0 \leq a_{ch}$ gibt es in einer Bodenschicht keine Abstrahlungsdämpfung, d. h. $d_{ji}(a_0 \leq a_{ch}) \equiv 0$.

Die frequenzabhängigen Steifigkeiten und Dämpfungen sind numerisch mit der Methode der dünnen Schichten (Thin Layer Method, TLM) im Frequenzbereich mit dem Verfahren von Hartmann [151] überprüft worden. Berechnet wurde der am Kopf biegesteif eingespannte Pfahl in einem elastischen Halbraum mit den Bodenmodellen (a), (b) und (c) gemäß Bild E5–8 für gängige Verhältnisse von E_p und E_d. Die Materialdämpfung des Bodens ist gering mit $D_H = 1\ \%$ angesetzt worden.

Gemäß Tabelle E5–5 zeigt die Approximation der Steifigkeiten nach Tabelle E5–3 für alle betrachteten Fälle eine gute Qualität, obwohl im Fall $E_p/E_d = 10\,000$ das Kriterium nach (E5–5) nicht erfüllt wird.

Bild E5–9 zeigt für den Halbraum mit konstanter Bodensteifigkeit (Bodenmodell (a)) die berechneten Impedanzfaktoren $k_{ji}(a_0)$ und $d_{ji}(a_0)$ sowie das äquivalente Dämpfungsmaß $D_{ji}(a_0)$. Die Approximation der Impedanzfaktoren der Steifigkeiten $k_{ji}(a_0)$ nach (E5–20) ist offensichtlich gerechtfertigt. Die Impedanzfaktoren der Dämpfungen $d_{ji}(a_0)$ sind in Bild E5–9 ebenfalls eingetragen und dort mit dem Kürzel „App" gekennzeichnet. Die Approximation der Kippdämpfung ist nicht immer befriedigend. Die Dämpfung der Kippung ist gering im Vergleich zu derjenigen der Horizontalschwingung, wobei in der Regel bei Einzelpfählen eine gekoppelte Bewegung auftreten dürfte.

Bild E5–10 und Bild E5–11 zeigen die entsprechenden Diagramme für den Halbraum mit linear und mit Wurzelfunktion anwachsender Bodensteifigkeit (Bodenmodelle (b) und (c)). Es gelten die gleichen Aussagen wie bei Bodenmodell (a).

Tabelle E5–5 Horizontal- und Kippsteifigkeiten eines Pfahles in Bodenmodellen (a), (b) und (c)

		$\frac{K_{xx,0}}{\bar{E}_d \cdot R}$		$\frac{K_{\varphi\varphi,0}}{\bar{E}_d \cdot R^3}$		$\frac{K_{x\varphi,0}}{\bar{E}_d \cdot R^2}$	
$\frac{E_p}{\bar{E}_d}$	**Bodenmodell**	**TLM**	**Tabelle E5–3**	**TLM**	**Tabelle E5–3**	**TLM**	**Tabelle E5–3**
100	konstant	5,38	5,68	39,2	40,5	8,10	8,80
	linear	6,39	6,01	45,3	44,6	12,1	10,8
	Wurzelfunktion	5,85	5,74	42,4	41,6	10,4	11,0
1000	konstant	8,42	9,21	216	228	26,7	27,8
	linear	14,3	13,5	287	281	47,7	42,9
	Wurzelfunktion	11,1	10,9	252	245	37,0	37,4
10000	konstant	13,0	14,9	1161	1280	80,0	88,0
	linear	32,1	30,1	1780	1780	181	171
	Wurzelfunktion	20,9	20,8	1460	1440	126	127

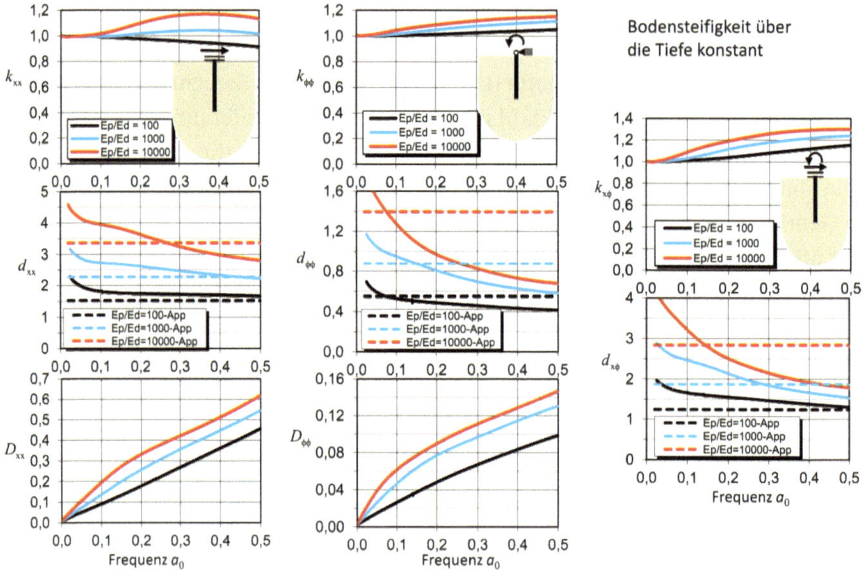

Bild E5–9 Bodensteifigkeit konstant, Steifigkeit und Dämpfung, Horizontal-, Kipp- und Koppelterm (strichliert: Approximation nach Tabelle E5–4)

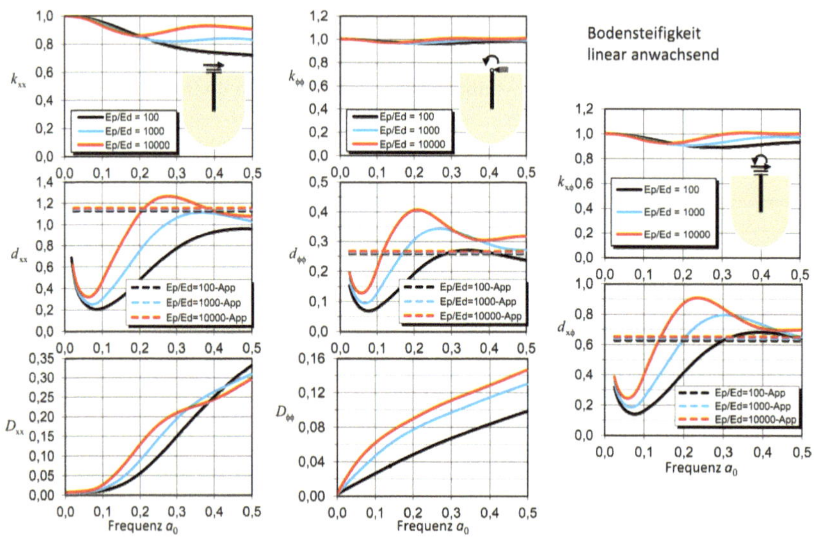

Bild E5–10 Bodensteifigkeit linear anwachsend, Steifigkeit und Dämpfung, Horizontal-, Kipp- und Koppelterm (strichliert: Approximation nach Tabelle E5–4)

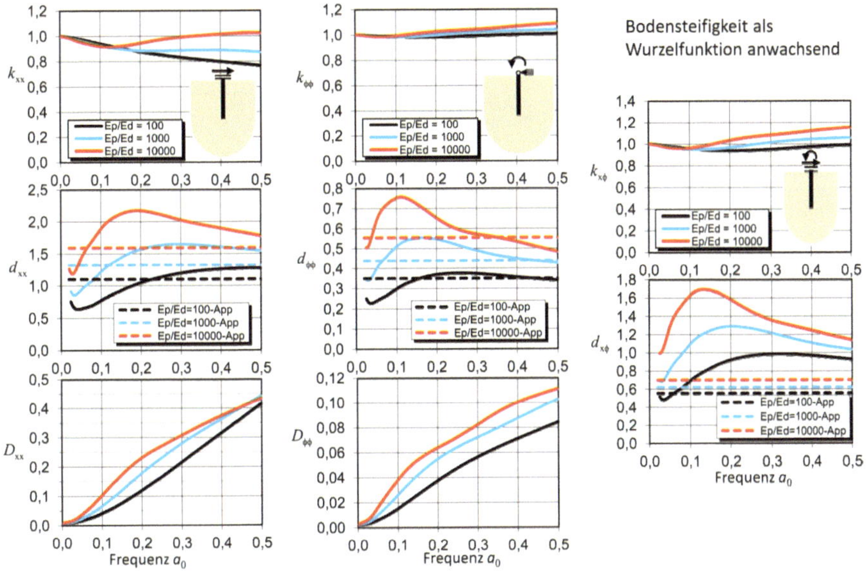

Bild E5–11 Bodensteifigkeit mit Wurzelfunktion anwachsend, Steifigkeit und Dämpfung, Horizontal-, Kipp- und Koppelterm (strichliert: Approximation nach Tabelle E5–4)

3 Steifigkeit und Dämpfung von Pfahlgruppen

Bild E5–12 zeigt Abmessungen, Koordinatenrichtungen und Anregungen einer Gruppe aus lotrechten Pfählen.

Die dynamische Steifigkeitsmatrix sei definiert für Kräfte im Schwerpunkt der starr angenommenen Kopfplatte der Pfahlgruppe. Analog (E5–1) gilt

$$\mathbf{S}_{\mathrm{G}}(\Omega) = \mathbf{K}_{\mathrm{G}}(\Omega) + \mathrm{i}\Omega\mathbf{C}_{\mathrm{G}}(\Omega) \qquad \text{(E5–21)}$$

Für den einfachen Fall einer doppelsymmetrischen Pfahlanordnung ergibt sich die Matrix zu

$$\mathbf{S}_G = \begin{bmatrix} S_{\mathrm{G,xx}} & 0 & 0 & 0 & S_{\mathrm{G,x}\varphi_\mathrm{y}} & 0 \\ 0 & S_{\mathrm{G,yy}} & 0 & S_{\mathrm{G,y}\varphi_\mathrm{x}} & 0 & 0 \\ 0 & 0 & S_{\mathrm{G,zz}} & 0 & 0 & 0 \\ 0 & S_{\mathrm{G},\varphi_\mathrm{x}\mathrm{y}} & 0 & S_{\mathrm{G},\varphi_\mathrm{x}\varphi_\mathrm{x}} & 0 & 0 \\ S_{\mathrm{G},\varphi_\mathrm{y}\mathrm{x}} & 0 & 0 & 0 & S_{\mathrm{G},\varphi_\mathrm{y}\varphi_\mathrm{y}} & 0 \\ 0 & 0 & 0 & 0 & 0 & S_{\mathrm{G},\varphi_\mathrm{z}\varphi_\mathrm{z}} \end{bmatrix} \qquad \text{(E5–22)}$$

Es ist schon erläutert worden, dass bei einer Pfahlgruppe im Vergleich zu einer Flachgründung die Horizontalsteifigkeiten klein und die Kippsteifigkeiten groß sind. Die Koppelterme in (E5–22) können daher vernachlässigt werden, so dass eine einfache Diagonalmatrix verbleibt.

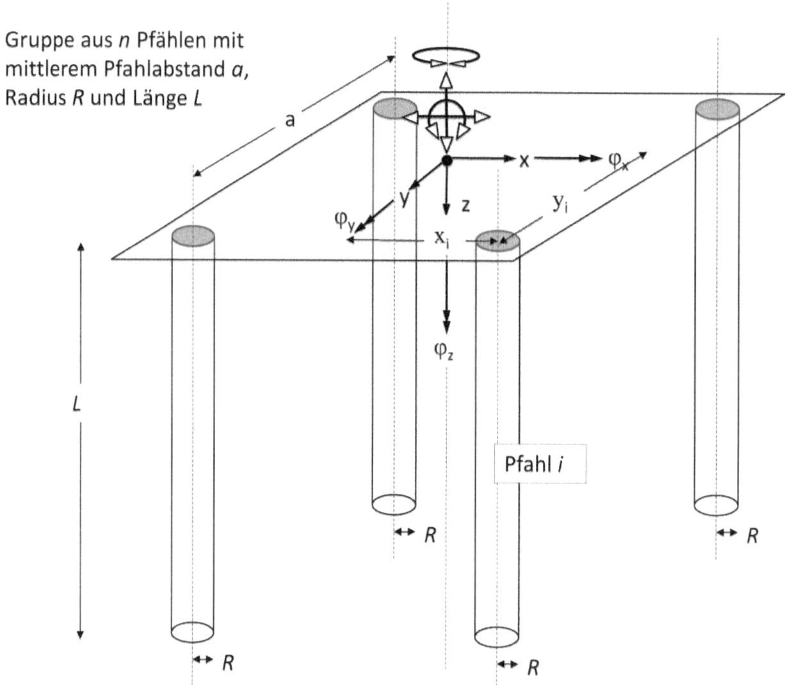

Bild E5-12 Definition der Abmessungen und Koordinatenrichtungen einer Pfahlgruppe

Die statische Steifigkeit $K_{G,0}$ einer Pfahlgruppe aus n Pfählen ist geringer als die n-fache Steifigkeit eines Einzelpfahles $K_{E,0}$, da sich die Pfähle gegenseitig in ihrer Tragwirkung schwächen. Betrachtet man die einzelnen Elemente der frequenzabhängigen Steifigkeitsmatrix $\mathbf{S}_G$, können dynamische Gruppenfaktoren in Bezug auf $K_{E,0}$ und die Pfahltopologie $f(n, x, y)$ definiert werden als:

$$\varkappa_{jj}(\Omega) = \frac{S_{G,jj}(\Omega)}{f(n,x,y) \cdot K_{E,ii,0}} = \varkappa_{k,jj}(a_0) + \mathrm{i} a_0 \varkappa_{d,jj}(a_0) \tag{E5-23}$$

und für jeden Freiheitsgrad getrennt für Steifigkeit und Dämpfung als

a) Horizontal in x und y und vertikal in z:

$$\varkappa_{k,jj}(a_0) = \frac{K_{G,jj}(a_0)}{n \cdot K_{E,jj,0}}, \varkappa_{d,jj}(a_0) = \frac{c_S \cdot C_{G,jj}(a_0)}{R \cdot n \cdot K_{E,jj,0}} \, (jj = \mathrm{xx, yy, zz}) \tag{E5-24}$$

b) Kippen um X-Achse:

$$\varkappa_{k,\varphi_x\varphi_x}(a_0) = \frac{K_{G,\varphi_x\varphi_x}(a_0)}{\sum_n y_i^2 \cdot K_{E,zz,0}}, \varkappa_{d,\varphi_x\varphi_x}(a_0) = \frac{c_S \cdot C_{G,\varphi_x\varphi_x}(a_0)}{R \cdot \sum_n y_i^2 \cdot K_{E,zz,0}} \tag{E5-25}$$

c) Kippen um Y-Achse:

$$\varkappa_{k,\varphi_y\varphi_y}(a_0) = \frac{K_{G,\varphi_y\varphi_y}(a_0)}{\sum_n x_i^2 \cdot K_{E,zz,0}}, \varkappa_{d,\varphi_y\varphi_y}(a_0) = \frac{c_S \cdot C_{G,\varphi_y\varphi_y}(a_0)}{R \cdot \sum_n x_i^2 \cdot K_{E,zz,0}} \quad \text{(E5–26)}$$

d) Torsion:

$$\varkappa_{k,\varphi_z\varphi_z}(a_0) = \frac{K_{G,\varphi_z\varphi_z}(a_0)}{\sum_n (y_i^2 \cdot K_{E,xx,0} + x_i^2 \cdot K_{E,yy,0})}, \quad \text{(E5–27)}$$

$$\varkappa_{d,\varphi_z\varphi_z}(a_0) = \frac{c_S \cdot C_{G,\varphi_z\varphi_z}(a_0)}{R \cdot \sum_n (y_i^2 \cdot K_{E,xx,0} + x_i^2 \cdot K_{E,yy,0})} \quad \text{(E5–28)}$$

mit

$K_{G,jj}(a_0)$	frequenzabhängige Steifigkeit der Pfahlgruppe
$C_{G,jj}(a_0)$	frequenzabhängige Dämpfung der Pfahlgruppe
$K_{E,jj,0}$	Statische Steifigkeit eines Einzelpfahles für $\Omega = 0$
x_i, y_i	Koordinaten des Pfahles i
$a_0 = \frac{R \cdot \Omega}{c_S}$	dimensionslose Frequenz

Wie beim Einzelpfahl mit (E5–4) gilt für das äquivalente Dämpfungsmaß:

$$D_{jj}(a_0) = \left| \frac{a_0 \cdot c_S \cdot C_{G,jj}(a_0)}{R \cdot 2 \cdot K_{G,jj}(a_0)} \right| \quad \text{(E5–29)}$$

Bei statischen Berechnungen von Pfahlgruppen wird der Gruppenfaktor im Allgemeinen dadurch erfasst, dass das Bettungsmodulverfahren mit vom Pfahlabstand abhängig reduzierten Bettungen angewendet wird. Im Fall dynamischer Belastung ist dieses Verfahren nicht mehr anwendbar, da das einfache Rechenmodell eines Balkens auf ungekoppelten Bodenfedern und -dämpfern das Schwingungsverhalten des Pfahl-Boden-Systems nicht hinreichend erfassen kann.

Eine andere in der Statik gebräuchliche Methode ist das Superpositionsverfahren nach Poulos [154]. In diesem Näherungsverfahren werden jeweils zwei Pfähle mit unterschiedlichem Abstand betrachtet und die Kopfverschiebung des einen Pfahles infolge Einheitskraft am Kopf des anderen ermittelt. Interaktionskurven für den elastischen Halbraum sind von Poulos ermittelt und in Tabellen angegeben worden. Unter Vernachlässigung des Einflusses der anderen auf das Verhalten der beiden jeweils betrachteten Pfähle kann eine Flexibilitätsmatrix der gesamten Pfahlgründung aufgestellt und daraus die Gesamtsteifigkeit ermittelt werden. Das Verfahren ist grundsätzlich auch im Frequenzbereich anwendbar. Die Berechnung der Interaktionskurven wird dann allerdings sehr aufwendig, s. [155].

Die folgenden Diagramme zeigen den Einfluss der dynamischen Gruppenwirkung auf Steifigkeit und Dämpfung der Pfahlgründung. Sie wurden mit der Methode der dünnen Schichten (Thin Layer Method, TLM) im Frequenzbereich mit dem Verfahren von Hartmann [151] berechnet. Die Resultate stimmen mit analogen Ergebnissen von Kaynia [155] sehr gut überein.

Die wesentlichen Parameter sind das Verhältnis der Steifigkeiten von Pfahl und Boden, der Pfahlabstand, die Pfahlanzahl und die Anregungsfrequenz. Bild E5-13 und Bild E5-14 zeigen die Steifigkeiten und Dämpfungen einer Gruppe aus 4 × 4 Pfählen in einem Halbraum. Die Pfähle haben den Pfahlradius R, die Länge L und den Abstand a.

Der Pfahlabstand $a/(2R)$ wird variiert von 2, 5, 10 bis 100 (d. h. praktisch 4 × 4 Einzelpfähle). Die Pfahllänge ist $L/(2R) = 15$, das Verhältnis der E-Moduln von Pfahl und Boden E_p/E_d ist 1000 und das der Wichten 1,0/0,7.

Der dynamische Pfahlgruppenfaktor $\kappa_k(a_0)$ entspricht bei der Frequenz $a_0 = 0$ dem bekannten statischen Gruppenfaktor einer Pfahlgründung. Während $\kappa_k(a_0)$ sich bei den Einzelpfählen ($a/(2R) = 100$) nur wenig mit der Frequenz ändert, variieren die Kurven für die Pfähle in der Gruppe erheblich, da sich die dynamischen Wechselwirkungen zwischen den Pfählen bemerkbar machen. Wenn die Wellenlänge $\lambda = c_S/f$ der Scherwelle im Boden nicht mehr groß ist gegenüber dem Pfahlabstand a, bewegen sich die einzelnen Pfähle mit merklich anderen Phasenwinkeln relativ zueinander, s. a. [151]. Im Unterschied zum statischen Fall steifen sich die Pfähle dadurch gegenseitig aus. Das Maximum des Gruppenfaktors wird in etwa erreicht,

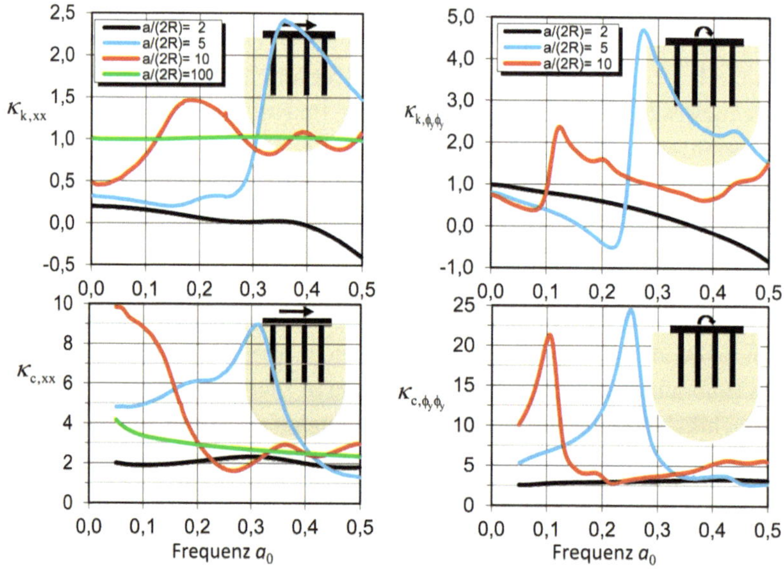

Bild E5-13 Pfahlgruppe 4 × 4 in Halbraum mit variierten Abständen a/(2R), horizontale Translation und Kippen, Steifigkeit und Dämpfung

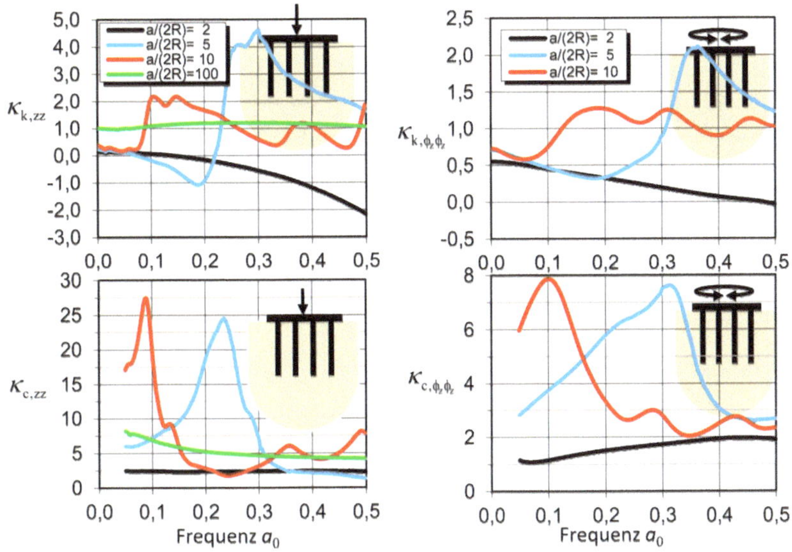

Bild E5–14 Pfahlgruppe 4 × 4 in Halbraum mit variierten Abständen $a/(2R)$, vertikale Translation und Torsion, Steifigkeit und Dämpfung

wenn direkt benachbarte Pfähle in Gegenphase schwingen. Dies entspricht der Frequenz $\bar{f} = c_S/(2a)$ bzw. in normierter Form:

$$\bar{a}_0 = \frac{\pi \cdot R}{a} \tag{E5–30}$$

In der Praxis lässt sich der bei einer Pfahlgründung vorhandene Baugrund statt durch einen homogenen Halbraum eher durch eine elastische Schicht auf starrer Unterlage idealisieren. Es werden daher die Horizontalsteifigkeiten der Pfahlgruppe 4 × 4 mit dem Pfahlabstand $a/(2R) = 5$ und 100 (Einzelpfahl) und $E_p/E_d = 1000$ zum Vergleich in einer Schicht der Dicke $H/L = 1$ und im elastischen Halbraum gezeigt. Die Pfähle sind wieder biegesteif in einer starren Pfahlkopfplatte eingespannt. Die Materialdämpfung im Baugrund ist hoch zu $D_H = 5\ \%$ angesetzt worden.

Bild E5–15 zeigt Horizontalsteifigkeit $\kappa_{k,xx}(a_0)$, Dämpfung $\kappa_{d,xx}(a_0)$ und äquivalentes Dämpfungsmaß $D_{xx}(a_0)$. Zum direkten Vergleich sind die Gruppenfaktoren auf die statische Steifigkeit $K_{0,E,xx}$ des Einzelpfahles im Halbraum bezogen worden. Auf die Steifigkeit der Einzelpfähle wirkt sich die erste Resonanzfrequenz der Schicht nur geringfügig aus. Sie beträgt

$$\hat{a}_0 = \frac{\pi}{2} \cdot \frac{R}{H} = 0{,}052 \tag{E5–31}$$

Hingegen beobachtet man bei der Pfahlgruppe 4 × 4 in der Schicht ab dieser Frequenz einen starken Abfall der Horizontalsteifigkeit im Vergleich zur Gruppe im Halbraum und mit weiter wachsender Frequenz ein stark frequenzabhängiges Verhalten.

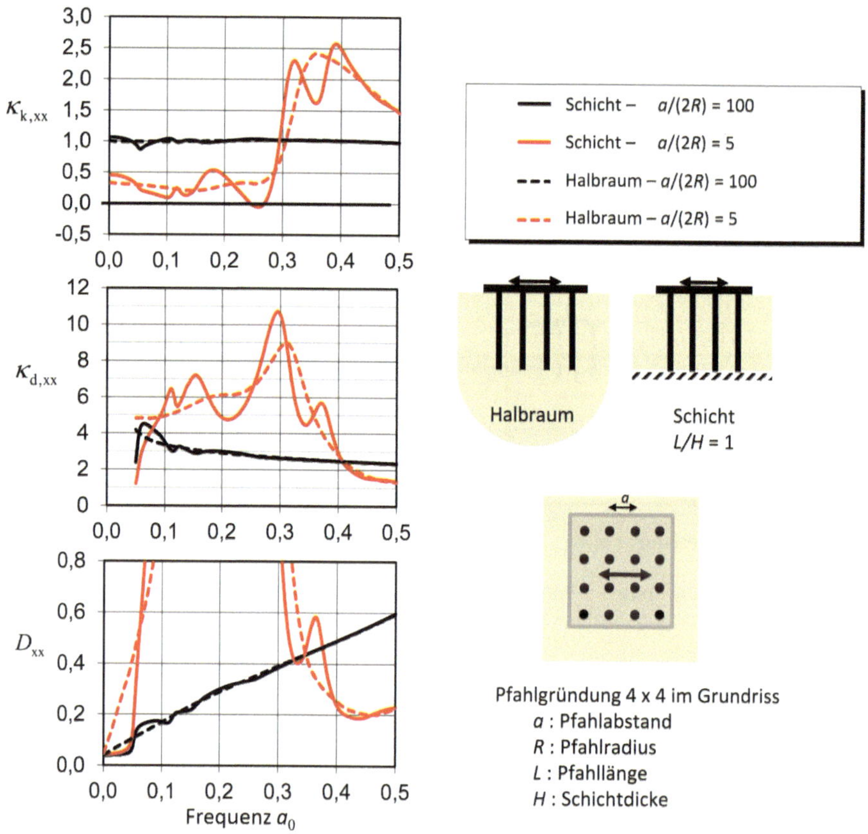

Bild E5-15 Pfahlgruppe 4 × 4 in Bodenschicht und im Halbraum, E_p/E_d = 1000, Horizontalsteifigkeit und Dämpfung

Hinsichtlich der Dämpfung ist dieser Effekt noch ausgeprägter, da unterhalb $\hat{a}_0$ keine Abstrahlungsdämpfung in der Bodenschicht möglich ist. Oberhalb dieser Frequenz wächst die Dämpfung jedoch stark an und erreicht – insbesondere bei der Pfahlgruppe – sehr hohe Werte. Dies ist für die praktische Auslegung einer Pfahlgründung von wesentlicher Bedeutung.

Weitere Untersuchungen mit linear-elastischen Modellen [155] sehr großer Pfahlgründungen zeigen, dass der Gruppenfaktor $\kappa_{k,xx}$ und auch die Dämpfung signifikant von der Anzahl der Pfähle abhängig sind. Die oben beschriebenen Effekte treten in nochmals verstärktem Maße auf.

4 Bemerkungen zur Anwendung und weitere Näherungen

Bei durch Horizontallasten angeregten Einzelpfählen in unregelmäßig geschichteten Böden sind die oben genannten Diagramme und Formeln direkt anwendbar, da die Steifigkeiten der tieferen Bodenzonen nur geringen Einfluss haben. Es reicht also bereits die Kenntnis der Eigenschaften der oberen Bodenschichten zu einer recht genauen Abschätzung von Steifigkeit und Dämpfung aus.

Bei vertikal und tordierend angeregten Einzelpfählen tragen hingegen die unteren Bodenzonen wesentlich zur Steifigkeit und Dämpfung bei. Entsprechend einem unregelmäßigen Verlauf der Bodensteifigkeit über die Pfahltiefe und unterhalb des Pfahlfußes sind bei Anwendung der Formeln nur grobe Anhaltswerte zu erwarten, da jene für einen stark idealisierten Baugrund gelten. Auch eine genauere Unterteilung in vorwiegend Mantelreibungs- oder Spitzendruckpfähle ist nicht zweckmäßig.

Die dynamische Vertikal- und Kippsteifigkeit einer Pfahlgruppe kann gegebenenfalls in brauchbarer Näherung durch die eines bis zu den Pfahlfüßen eingebetteten Blockfundamentes approximiert werden, wobei die Flexibilität der Pfahlschäfte oft vernachlässigbar ist.

Die dynamische Horizontal- und Torsionssteifigkeit einer Pfahlgruppe ist schwierig zu ermitteln. Der dynamische Gruppenfaktor kann in bestimmten Fällen auf der Basis der oben dargestellten Diagramme abgeschätzt werden. Die Frequenz, bei der der beschriebene Aussteifungseffekt durch Außer-Phase-Schwingung der einzelnen Pfähle einsetzt, kann bestimmt werden. Dieser Frequenzbereich ist für die Auslegung einer Gründung unbedeutend, wenn die Masseneffekte dominieren ($K - M \cdot \Omega^2$). Dies ist häufig der Fall, z. B. für Turbinenfundamente bei Anregung in ihrer Betriebsfrequenz.

In [150] gibt Gazetas dynamische Interaktionsfaktoren für zwei Pfähle im elastischen Halbraum in Abhängigkeit von ihrem gegenseitigen Abstand an. Obwohl in komplexer Form formuliert, können die Interaktionsfaktoren in analoger Weise wie das Superpositionsverfahren nach Poulos [154] angewendet werden, um dynamische Gruppenfaktoren zu ermitteln. Unter Vernachlässigung des Einflusses der anderen auf das Verhalten der beiden betrachteten Pfähle kann eine Flexibilitätsmatrix der gesamten Pfahlgründung aufgestellt und die Gesamtsteifigkeit ermittelt werden. Gazetas gibt auch für horizontal angeregte Pfahlgruppen Interaktionskurven für Pfähle im Halbraum an. Allerdings ist für die horizontale Schwingung die Bodenschichtung von großer Bedeutung; die Resultate für den Halbraum können daher bestenfalls als grobe Anhaltswerte dienen. Besser wäre eine direkte Berechnung der Interaktionskurven für Pfähle in geschichtetem Bodenprofil.

5 Leitfaden für den Anwender für vertikale Anregung

5.1 Vorgehensweise

Für die Anwendung der in den vorherigen Kapiteln aufgeführten Tabellen und Grafiken zur Ermittlung von Steifigkeiten und Dämpfung von Pfählen empfiehlt sich die nachfolgende Vorgehensweise für vertikal angeregte Pfähle.

1. Schritt

Darstellung des Pfahls mit Bohrprofil und Angabe des Steifemoduls E_S für jede Schicht.

2. Schritt

Bestimmung des dynamischen Elastizitätsmoduls E_d aus bodendynamischen Versuchen oder bodenmechanischen Kennwerten.

3. Schritt

Bei stark geschichteten Böden mit unterschiedlichen $E_{d,i}$ Reduktion auf eine homogene Schicht mit äquivalenter Gesamtsteifigkeit.

$$E_{\text{d,res}} = \frac{\sum_i E_{\text{d},i} \cdot H_i}{\sum_i H_i}$$

mit

i	Nummer der Schicht
H_i	Dicke der Schicht i
$E_{d,i}$	Dynamischer Elastitzitätsmodul der Schicht i

4. Schritt

Idealisierung des Pfahls mit Bohrprofil durch eines der folgenden drei Modelle:

Modell A elastischer Halbraum:
Statische Steifigkeit $K_{zz,0}$ nach Tabelle E5-1,
Impedanzfunktionen nach Bild E5-3, Bild E5-4 oder Bild E5-5.
Modell B Schicht auf starrem Grund:
Statische Steifigkeit $K_{zz,0}$ nach Tabelle E5-1 oder (E5-6),
Impedanzfunktionen nach Bild E5-3, Bild E5-4 oder Bild E5-5.
Modell C Schicht auf elastischem Halbraum:
Statische Steifigkeit $K_{zz,0}$ nach Tabelle E5-2,
Impedanzfunktionen nach Bild E5-7

5. Schritt

Vergleichsrechnungen mit verschiedenen Modellen und Parametern zum Abschätzen nach der sicheren Seite. Bei tief abgestimmten Fundamenten die größere Steifigkeit wählen, bei hoch abgestimmten Fundamenten die kleinere Steifigkeit wählen.

5.2 Berechnungsbeispiele

Beispiel 1

Es wird ein am Kopf eingespannter Betonpfahl mit $E_p = 30\,000$ MN/m², Radius $R = 0{,}5$ m, Länge $L > 20$ m im homogenen Halbraum mit drei verschiedenen

Scherwellengeschwindigkeiten $c_S = 247$ m/s, 78 m/s, 45 m/s betrachtet. Die Poissonzahl des Bodens ist $\nu = 0{,}30$ und die Dichte $\rho = 1{,}9$ t/m³. Der Pfahl wird am Kopf durch eine harmonische Horizontallast, ein Kippmoment und eine Vertikallast angeregt, jeweils mit der Frequenz 5 Hz bzw. $\Omega = 31{,}4\ s^{-1}$.

In Abhängigkeit von der Scherwellengeschwindigkeit des Bodens im homogenen Halbraum gilt:

$$\bar{E}_d = 2 \cdot (1 + \nu) \cdot \rho \cdot c_S^2 = 2 \cdot (1 + 0{,}30) \cdot 0{,}0019 \cdot c_S^2 = 4{,}94 \cdot 10^{-3} \cdot c_S^2 \text{ MN/m}^2$$

$$a_0 = \frac{R \cdot \Omega}{c_S} = \frac{0{,}5 \cdot 2 \cdot \pi \cdot 5{,}0}{c_S} = \frac{15{,}71}{c_S}$$

Für verschiedene Scherwellengeschwindigkeiten ergibt sich gemäß den o. g. Tabellen und Bildern die folgende Tabelle E5–6. Die Steifigkeiten und Dämpfungen stimmen sehr gut mit Resultaten von direkten Berechnungen mit der TLM überein.

Tabelle E5–6 Steifigkeiten und Dämpfungen von Pfahl Beispiel 1

	Scherwellengeschwindigkeit c_s		
Kenngröße	**247 m/s**	**78 m/s**	**45 m/s**
$\bar{E}_d$	300 MN/m²	30 MN/m²	10 MN/m²
$\frac{E_P}{\bar{E}_d}$	100	1000	3000
a_0	0,064	0,20	0,35
f	5 Hz	5 Hz	5 Hz
l_c	6,3 m	11,2 m	14,8 m
$K_{xx,0} = K_{xx}$	852 MN/m	138 MN/m	58 MN/m
d_{xx}	1,9	2,6	2,8
C_{xx}	3,3 MNs/m	2,3 MNs/m	1,8 MNs/m
D_{xx}	6 %	25 %	45 %
$K_{\varphi\varphi,0} = K_{\varphi\varphi}$	1518 MNm/rad	854 MNm/rad	649 MNm/rad
$d_{\varphi\varphi}$	0,58	0,80	0,70
$C_{\varphi\varphi}$	1,8 MNms/rad	4,4 MNms/rad	5,1 MNms/rad
$D_{\varphi\varphi}$	2 %	8 %	11 %
$K_{zz,0} = K_{zz}$	1800 MN/m	315 MN/m	111 MN/m
d_{zz}	4,3	4,9	4,1
C_{zz}	15,8 MNs/m	9,8 MNs/m	5,1 MNs/m
D_{zz}	14 %	42 %	67 %

Beispiel 2

Es soll die dynamische Steifigkeit eines Monopiles einer Offshore-Windkraftanlage abgeschätzt werden[3].

Es handele sich um ein Stahlrohr mit dem Radius $R = 2{,}0$ m und der Wanddicke $t_w = 40$ mm. Das Rohr sei 60 m tief im Meeresgrund eingebettet. Der dynamische Schubmodul des Bodens wird als mit der Tiefe zunächst linear anwachsend angenommen. Bei −60 m betrage er $G_d = 50{,}0$ MN/m² und verlaufe von dort konstant bis in große Tiefe. Die Poissonzahl in der Schicht sei $\nu = 0{,}40$, die wassergesättigte Dichte $\rho = 2{,}0$ t/m³ und die geringe Materialdämpfung $D_H = 1$ %. Gesucht sind die statischen Steifigkeiten und die dynamischen Steifigkeiten und Dämpfungen bei 1 Hz.

Die Scherwellengeschwindigkeit c_S im Boden ergibt sich mit (E1–3) aus Schubmodul und Dichte. Mit (E5–13) wird angesetzt:

$$E_d(t = 60\text{ m}) = 2 \cdot G_d \cdot (1 + \nu) = 140{,}0 = \bar{E}_d \cdot \frac{60{,}0}{2 \cdot 2{,}0}, \quad \bar{E}_d = 9{,}3\text{MN/m}^2$$

$$a_0 = \frac{R \cdot \Omega}{c_S(t = 2R)} = \Omega \cdot \frac{2{,}0}{40{,}8} = f \cdot 0{,}31\text{ s}$$

Das Kriterium für einen langen Pfahl ist gemäß (E5–17):

$$l_c \approx 4 \cdot R \cdot \left(\frac{E_P}{\bar{E}_d}\right)^{0{,}20}$$

Bezüglich Biegung ist der E-Modul des Stahlrohres über das Trägheitsmoment in den eines Vollquerschnittes gleichen Durchmessers umzurechnen:

$$E_P = E_{\text{Stahl}} \cdot \frac{I_{\text{Rohr}}}{I_{\text{Voll}}} = E_{\text{Stahl}} \cdot \frac{R^4 - (R - t)^4}{R^4}$$

$$= 2{,}1 \cdot 10^5 \cdot 0{,}0776 = 16303\text{MN/m}^2$$

$$\frac{E_P}{\bar{E}_d} = \frac{16303}{9{,}3} = 1753$$

$$l_c \approx 4 \cdot 2{,}0 \cdot 1753^{0{,}20} = 35{,}6\text{ m} < 60\text{ m}$$

Wird die Schnittstelle zwischen Monopile und Turm an der Bodenoberfläche angenommen, lässt sich die Gründung durch eine Impedanzmatrix darstellen, deren Elemente wie folgt bestimmt werden.

Bezüglich Horizontal- und Kippsteifigkeiten betragen die statischen Werte gemäß Tabelle E5–3:

$$K_{xx,0} = \bar{E}_d \cdot R \cdot 1{,}20 \cdot \left(\frac{E_P}{\bar{E}_d}\right)^{0{,}35} = 9{,}3 \cdot 2{,}0 \cdot 1{,}20 \cdot \left(\frac{16303}{9{,}3}\right)^{0{,}35}$$

$$= 305\text{ MN/m}$$

3. Es sei darauf hingewiesen, dass in der Praxis eine dynamische Berechnung des Gesamtsystems, bestehend aus der Rotor-Gondel-Baugruppe, dem Turm, dem Transition Piece und dem Pfahl für alle relevanten äußeren Belastungen durchgeführt wird. Aus dieser Berechnung ergibt sich die Belastung des Monopfahls als Grundlage für die Durchführung der geotechnischen Nachweise. Bei der Modellierung des Gesamtsystems können die hier vorgestellten Steifigkeits- und Dämpfungsparameter für Einzelpfähle benutzt werden.

$$K_{\varphi\varphi,0} = \bar{E}_\mathrm{d} \cdot R^3 \cdot 1{,}12 \cdot \left(\frac{E_\mathrm{P}}{\bar{E}_\mathrm{d}}\right)^{0{,}80} = 9{,}3 \cdot 2{,}0^3 \cdot 1{,}12 \cdot \left(\frac{16303}{9{,}3}\right)^{0{,}80}$$
$$= 32800 \text{ MNm/rad}$$

$$K_{\mathrm{x}\varphi,0} = \bar{E}_\mathrm{d} \cdot R^2 \cdot 0{,}68 \cdot \left(\frac{E_\mathrm{P}}{\bar{E}_\mathrm{d}}\right)^{0{,}60} = 9{,}3 \cdot 2{,}0^2 \cdot 0{,}68 \cdot \left(\frac{16303}{9{,}3}\right)^{0{,}60}$$
$$= 2240 \text{ MN/rad}$$

Der Impedanzfaktor $k_{ji}\,(a_0)$ der Horizontal- und Biegesteifigkeit ist:

$$k_\mathrm{xx}(a_0) = k_{\varphi\varphi}(a_0) = k_{\mathrm{x}\varphi}(a_0) \equiv 1$$

Die bei $f = 1$ Hz vorhandenen Dämpfungen sind gemäß Bild E5–10:

$$C_\mathrm{xx} = \frac{K_{\mathrm{xx},0} \cdot a_0 \cdot d_\mathrm{xx}}{\Omega} = \frac{305 \cdot 0{,}31 \cdot 1{,}1}{2 \cdot \pi \cdot 1{,}0} = 16{,}6 \text{ MNs/m}, \qquad D_\mathrm{xx} = 21\,\%$$

$$C_{\varphi\varphi} = \frac{K_{\varphi\varphi,0} \cdot a_0 \cdot d_{\varphi\varphi}}{\Omega} = \frac{32800 \cdot 0{,}31 \cdot 0{,}33}{2 \cdot \pi \cdot 1{,}0} = 534 \text{ MNms}, \qquad D_{\varphi\varphi} = 10\,\%$$

$$C_{\mathrm{x}\varphi} = \frac{K_{\mathrm{x}\varphi,0} \cdot a_0 \cdot d_{\mathrm{x}\varphi}}{\Omega} = \frac{2240 \cdot 0{,}31 \cdot 0{,}80}{2 \cdot \pi \cdot 1{,}0} = 88{,}4 \text{ MNs}$$

Für die vertikale Steifigkeit und Dämpfung, d. h. bezüglich Normalkraft, ist der E-Modul des Stahlrohres über die Fläche in den eines Vollquerschnittes gleichen Durchmessers umzurechnen:

$$E_\mathrm{P} = E_\mathrm{Stahl} \cdot \frac{A_\mathrm{Rohr}}{A_\mathrm{Voll}} = E_\mathrm{Stahl} \cdot \frac{R^2 - (R-t)^2}{R^2} = 2{,}1 \cdot 10^5 \cdot 0{,}0396 = 8316 \text{ MN/m}^2$$

Da hier keine direkt anwendbaren Lösungen vorliegen, werden zwei verschiedene Näherungsansätze getroffen.

a) Pfahl im Halbraum mit $G_\mathrm{d} = 50{,}0$ MN/m² (s. Tabelle E5–1 und Bild E5–3)

$$\frac{L}{2R} = \frac{60}{2 \cdot 2{,}0} = 15$$
$$\frac{E_\mathrm{P}}{E_\mathrm{d}} = \frac{8316}{140{,}0} = 60 < 100 \text{ (Wertebereich etwas unterschritten)}$$
$$K_{\mathrm{zz},0} = E_\mathrm{d} \cdot R \cdot 12{,}3 = 140{,}0 \cdot 2{,}0 \cdot 12{,}3 = 3440 \text{ MN/m}$$
$$a_0 = \frac{R \cdot \Omega}{c_\mathrm{S}} = \Omega \cdot \frac{2{,}0}{158{,}1} = f \cdot 0{,}079 \text{ s}$$
$$k_\mathrm{zz}\,(a_0 = 0{,}079) = 1{,}0$$
$$K_\mathrm{zz}\,(a_0 = 0{,}079) = 1{,}0 \cdot 3440 = 3440 \text{ MN/m}$$
$$d_\mathrm{zz}\,(a_0 = 0{,}079) = 4{,}0$$
$$C_\mathrm{zz} = \frac{K_{\mathrm{zz},0} \cdot a_0 \cdot d_\mathrm{zz}}{\Omega} = \frac{3440 \cdot 0{,}079 \cdot 4{,}0}{2 \cdot \pi \cdot 1{,}0} = 173 \text{ MNs/m}, \qquad D_\mathrm{zz} = 17\,\%$$

b) Pfahl in Schicht auf Halbraum (s. Tabelle E5–2 und Bild E5–7)

$$\frac{E_{d2}}{E_{d1}} = \frac{140}{14{,}0} = 10{,}0,\ \frac{E_P}{E_{d1}} = \frac{8316}{14{,}0}$$

$$= 600 < 10000\,(\text{Bereich deutlich unterschritten})$$

$$K_{zz,0} = E_{d1} \cdot R \cdot 83{,}6 = 14{,}0 \cdot 2{,}0 \cdot 83{,}6 = 2340\ \text{MN/m}$$

$$a_0 = \frac{R \cdot \Omega}{c_S} = \Omega \cdot \frac{2{,}0}{50{,}0} = f \cdot 0{,}25\ \text{s}$$

$$k_{zz}(a_0 = 0{,}25) = 1{,}0$$

$$K_{zz}(a_0 = 0{,}25) = 1{,}0 \cdot 2340 = 2340\ \text{MN/m}$$

$$d_{zz}(a_0 = 0{,}25) = 1{,}6$$

$$C_{zz} = \frac{K_{zz,0} \cdot a_0 \cdot d_{zz}}{\Omega} = \frac{2340 \cdot 0{,}25 \cdot 1{,}6}{2 \cdot \pi \cdot 1{,}0} = 149\ \text{MNs/m}, \qquad D_{zz} = 20\,\%$$

Zur Kontrolle dieser Näherungen wird eine genauere Berechnung mit der TLM ausgeführt. Es ergeben sich $K_{zz} = 1760$ MN/m, $C_{zz} = 73$ MNs/m, $D_{zz} = 14\,\%$. Der Vergleich zeigt deutlich die Grenzen der Approximation auf. Im vorliegenden Anwendungsfall sind hinsichtlich von Vertikalsteifigkeit und -dämpfung nicht mehr als grobe Annäherungen zu erwarten.

Zur Bestimmung der Torsionssteifigkeit und –dämpfung wird ebenfalls näherungsweise der Pfahl in einer Schicht auf Halbraum betrachtet, siehe Tabelle E5–2 und Bild E5–7. Bezüglich des Torsionsmomentes ist der E-Modul des Stahlrohres über das Torsionsträgheitsmoment in den eines Vollquerschnittes gleichen Durchmessers umzurechnen:

$$E_P = E_{Stahl} \cdot \frac{I_{T,Rohr}}{I_{T,Voll}} = E_{Stahl} \cdot \frac{R^4 - (R-t)^4}{R^4} = 2{,}1 \cdot 10^5 \cdot 0{,}0776$$

$$= 16303\ \text{MN/m}^2$$

$$\frac{E_{d2}}{E_{d1}} = \frac{140}{14{,}0} = 10{,}0 \frac{E_P}{E_{d1}} = \frac{16303}{14{,}0} = 1160 < 10000$$

Der Anwendungsbereich der Diagramme wird wesentlich unterschritten, s. u.

$$K_{\vartheta\vartheta,0} = E_{d1} \cdot R^3 \cdot 420{,}6 = 14{,}0 \cdot 2{,}0^3 \cdot 420{,}6 = 47100\ \text{MNm/rad}$$

$$a_0 = \frac{R \cdot \Omega}{c_S} = \Omega \cdot \frac{2{,}0}{50{,}0} = f \cdot 0{,}25\ \text{s}$$

$$k_{\vartheta\vartheta}(a_0 = 0{,}25) = 1{,}0$$

$$K_{\vartheta\vartheta}(a_0 = 0{,}25) = 1{,}0 \cdot 47100 = 47100\ \text{MNm/rad}$$

$$d_{\vartheta\vartheta}(a_0 = 0{,}25) = 0{,}12$$

$$C_{\vartheta\vartheta} = \frac{K_{\vartheta\vartheta,0} \cdot a_0 \cdot d_{\vartheta\vartheta}}{\Omega} = \frac{47100 \cdot 0{,}25 \cdot 0{,}12}{2 \cdot \pi \cdot 1{,}0} = 225\ \text{MNms}, \qquad D_{\vartheta\vartheta} = 1{,}7\,\%$$

Da der Anwendungsbereich der Diagramme deutlich unterschritten ist, wird ein zweiter Ansatz mit wesentlich weicherer Bodenschicht gemacht. Der E-Modul wird in erster Näherung rechnerisch auf nur ein Zehntel reduziert:

$$\frac{E_{d2}}{E_{d1}} = \frac{140}{1{,}4} = 100{,}0 \frac{E_P}{E_{d1}} = \frac{16303}{1{,}4} = 11600 \approx 10000$$

$$K_{\vartheta\vartheta,0} = E_{d1} \cdot R^3 \cdot 3235{,}3 = 1{,}4 \cdot 2{,}0^3 \cdot 3235{,}3 = 36200 \text{ MNm/rad}$$

$$a_0 = \frac{R \cdot \Omega}{c_S} = \Omega \cdot \frac{2{,}0}{15{,}8}$$

$$= f \cdot 0{,}80 \text{ s (Für 1 Hz wird Wertebereich um 60 \% überschritten)}$$

$$k_{\vartheta\vartheta}(a_0 = 0{,}80) \approx 1{,}0$$

$$K_{\vartheta\vartheta}(a_0 = 0{,}80) = 1{,}0 \cdot 36200 = 36200 \text{ MNm/rad}$$

$$d_{\vartheta\vartheta}(a_0 = 0{,}80) \approx 0{,}04$$

$$C_{\vartheta\vartheta} = \frac{K_{\vartheta\vartheta,0} \cdot a_0 \cdot d_{\vartheta\vartheta}}{\Omega} = \frac{36200 \cdot 0{,}80 \cdot 0{,}04}{2 \cdot \pi \cdot 1{,}0} = 184 \text{ MNms}, \qquad D_{\vartheta\vartheta} \approx 1{,}5\,\%$$

Die Torsionssteifigkeit ändert sich durch die starke Variation der oberen Bodenschicht relativ wenig. Die Abstrahlungsdämpfung ist bei Torsionsanregung in jedem Fall sehr gering.

6 Direkt und indirekt angeregte Pfahlgründungen

6.1 Allgemeines

Eine direkte Anregung einer Pfahlgründung liegt vor, wenn dynamische Lasten oder Massenkräfte auf diese einwirken, z. B. im Fall einer Maschinengründung auf Pfählen. Erschütterungsquellen in der Nachbarschaft, z. B. Verkehr, Maschinen oder Baubetrieb, regen Bauwerke indirekt zu Schwingungen an (siehe auch E3-2.3). Beobachtungen lassen vermuten, dass sich die direkt oder indirekt angeregten Schwingungen von Baustrukturen auf Pfahl- und Flachgründungen voneinander unterscheiden. Im Folgenden werden in qualitativer Form Unterschiede aufgezeigt.

6.2 Berechnungsverfahren bei direkt oder indirekt angeregten Schwingungen von Baustrukturen auf Pfahl- und Flachgründungen

Bei einer direkten Anregung im Schwerpunkt einer starr angenommenen Gründung bezeichnet die Admittanzmatrix die Schwinggeschwindigkeiten der Gründung infolge Einheitskräften als Anregung, Es gilt:

$$\mathbf{A}_G(\Omega) = \Omega \cdot \mathbf{S}_G^{-1}(\Omega) \qquad \text{(E5-32)}$$

mit

$\mathbf{A}_G(\Omega)$ Admittanzmatrix der Gründung,
$\mathbf{S}_G(\Omega)$ dynamische Steifigkeitsmatrix der Gründung (Impedanzmatrix), siehe (E5-21)
$\Omega = 2\pi \cdot f$ Kreisfrequenz der Anregung

Die Admittanzmatrix enthält frequenzabhängige komplexwertige Schwinggeschwindigkeiten, die auch als Übertragungsfunktionen aufgefasst werden können.

Bei der dynamischen Berechnung von indirekt angeregten Baustrukturen auf Pfahl- oder Flachgründungen kann das Problem prinzipiell mit einem Berechnungsprogramm in seiner Gesamtheit in einem Schritt gelöst werden.

Es ist jedoch vorteilhaft das Gesamtproblem in das der kinematischen und das der inertialen Wechselwirkung aufzuteilen, sodass ein 3-Schritt-Verfahren zur Anwendung kommt, bei dem jeder Schritt mit einem geeigneten Rechenprogramm behandelt werden kann.

Das Bild E5–16 zeigt am Beispiel einer Pfahlgründung mit einer starren Pfahlkopfplatte die Vorgehensweise bei der Anwendung des 3-Schritt-Verfahrens:

- Schritt 1: Anregung der Pfahlgründung ohne Bauwerk und mit einer masselosen Pfahlkopfplatte (Kinematische Interaktion). Dabei werden die „kinematischen" Schwinggeschwindigkeiten am Schwerpunkt der masselosen Kopfplatte ermittelt.
- Schritt 2: Ermittlung der Impedanzmatrix (Steifigkeit und Dämpfung) der Pfahlgründung, siehe (E5–21).
- Schritt 3: Berechnung des Bauwerks auf der Pfahlgründung mit massenbehafteter Kopfplatte infolge der im Schritt 1 ermittelten „kinematischen" Schwinggeschwindigkeiten als Fusspunktanregung (Inertiale Interaktion). Die Pfahlgründung ist in diesem Schritt durch die Impedanzmatrix repräsentiert, die im Bild E5–16 mit Feder- und Dämpferelementen schematisch dargestellt ist.

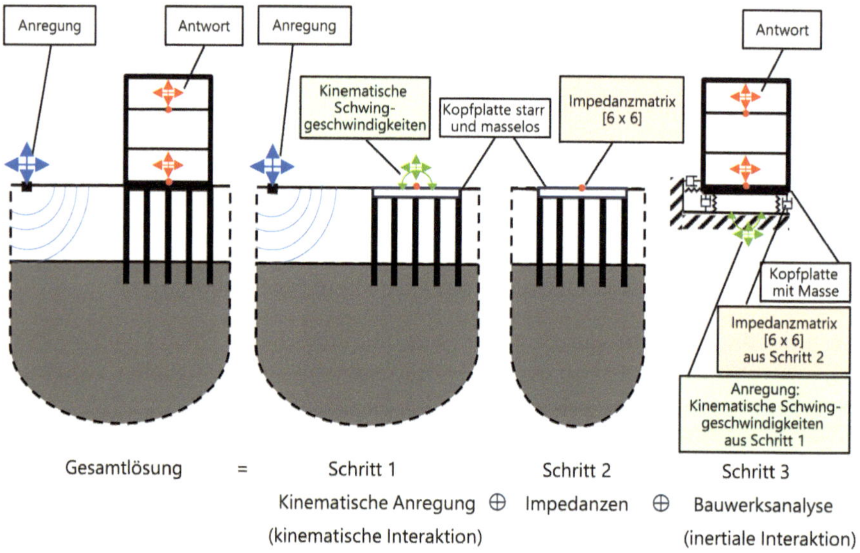

Bild E5–16 Schematische Darstellung der Vorgehensweise beim 3-Schritt-Verfahren zur Behandlung von indirekt angeregten Schwingungen von Konstruktionen, am Beispiel eines auf Pfählen gegründeten Bauwerks mit einer starren Pfahlkopfplatte, nach [156]

Da die Art der Wellenausbreitung im Untergrund frequenzabhängig ist, ist eine dynamische Berechnung im Frequenzbereich sinnvoll.

Die Impedanzen im Schritt 2 entsprechen den Federsteifigkeiten und Dämpfungen gemäß den entsprechenden Unterkapiteln für Flachgründungen in (E3–14) und für Pfahlgründungen in (E5–21).

Der Schritt 3 kann mit einem allgemeinen Rechenprogramm ausgeführt werden, das eine Berechnung im Frequenzbereich erlaubt und die Eingabe einer komplexwertigen Impedanzmatrix ermöglicht.

Die Schnittstelle zwischen den Schritten gemäß Bild E5–16 ist die Pfahlkopfplatte bzw. die Fundamentplatte, deren Verhalten durch die Impedanzmatrix abgebildet wird. Die Annahme einer starren Platte führt zu einer starken Vereinfachung der Berechnung, da sie nur sechs Freiheitsgrade (drei Verschiebungen und drei Verdrehungen) besitzt.

Es muss immer geprüft werden, ob die Vereinfachung einer starren Platte vertretbar ist.

Bei hochfrequenten Anregungen ist die Flexibilität der Platte von Bedeutung. Auch im Fall einer elastisch verformbaren Platte ist ein modifiziertes 3-Schritt-Verfahren möglich, s. a. [156]. Die Impedanzmatrix hat in diesem Fall, je nach Verschiebungsansatz für das Deformationsverhalten der Kopplung „Pfähle-Platte-Bauwerk", eine entsprechend größere Anzahl von Freiheitsgraden.

6.3 Beispiel für indirekte Anregung eines Einzelpfahles

Es wird ein elastischer homogener Halbraum mit folgenden Eigenschaften angenommen:

c_S Scherwellengeschwindigkeit, $c_S = 100$ m/s
G_d Schubmodul, $G_d = 20$ MN/m^2
ρ Dichte, $\rho = 2{,}0$ t/m^3
D_H Dämpfung[4], $D_H = 2{,}5$ %
ν Querdehnungszahl, $\nu = 0{,}3$

In einem Abstand r von der Erregerkraft am Ort (1), siehe Bild E5–17, befindet sich ein Einzelpfahl mit folgenden Eigenschaften:

D Durchmesser, $D = 1{,}0$ m
L Länge, $L = 16$ m
E_P E-Modul, $E_P = 30000$ MN/m^2 (Beton)
D_P Dämpfung, $D_P = 0$

Es werden die Schwinggeschwindigkeiten am Pfahlkopf (2) für eine an der Oberfläche des o. g. Halbraums bei (1) im Abstand r vom Pfahl einwirkende Einheitskraft ermittelt. In den folgenden Formeln sind die komplexwertigen Variablen durch

4. Entspricht dem Dämpfungsgrad des Bodens gemäß (E2–8).

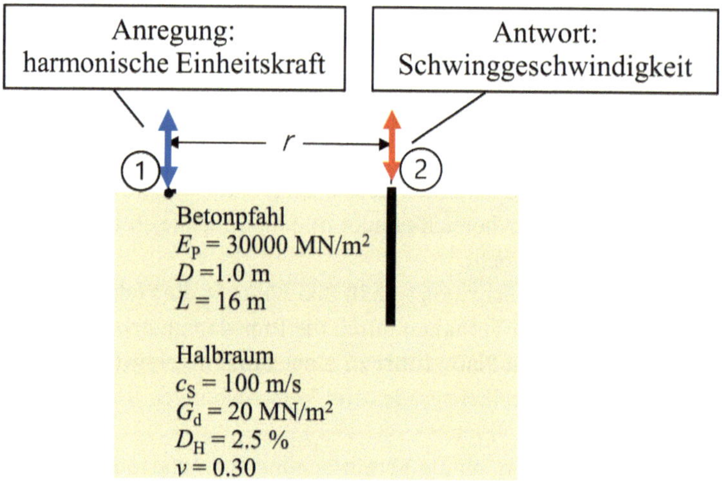

Bild E5–17 Indirekt angeregter Einzelpfahl im Halbraum

ein Dach gekennzeichnet. Für die vertikale harmonische Anregung $\hat{F}_1(\Omega)$ mit der Kreisfrequenz Ω gilt:

$$\hat{v}_2(\Omega) = \hat{A}_{21}(\Omega) \cdot \hat{F}_1(\Omega) \tag{E5–33}$$

$$\hat{A}_{21}(\Omega) = \frac{\hat{v}_2(\Omega)}{\hat{F}_1(\Omega)} \tag{E5–34}$$

mit

$\hat{v}_2(\Omega)$ Vertikale Schwinggeschwindigkeit am Pfahlkopf
$\hat{A}_{21}(\Omega)$ Admittanz der indirekten Anregung
$\hat{F}_1(\Omega)$ Vertikale Einheitskraft als Erschütterungsquelle

Im Unterschied zur Admittanz der Pfahlgründung in (E5–32) bezeichnet hier die Admittanz in allgemeiner Form die Schwinggeschwindigkeit für unterschiedliche Orte von Anregung und Antwort in Form einer frequenzabhängigen, komplexwertigen und skalaren Funktion. Die Vorgehensweise entspricht Schritt 1 des im Kapitel E5-6.2 beschriebenen 3-Schritt-Verfahrens.

Bild E5–18 zeigt für eine vertikale Einzellast, bei verschiedenen Abständen vom Pfahl entfernt, in Abhängigkeit der Frequenz, die Amplitude der vertikalen Schwinggeschwindigkeit in [mm/s pro kN]. Diese entspricht dem Betrag der Admittanz gemäß (E5–34). Links oben ist die Schwinggeschwindigkeitsamplitude im Freifeld (d. h. vor Einbau des Pfahles) und rechts oben am Pfahlkopf des hergestellten Pfahles dargestellt. In Bild E5–18 unten ist das Verhältnis der Schwinggeschwindigkeiten Pfahl zu Freifeld in normierter Form aufgetragen.

Nach Einbau des Pfahles zeigen sich die vertikalen Schwinggeschwindigkeiten am Pfahlkopf bereits bei ca. 1 Hz signifikant kleiner als diejenigen im Freifeld. Mit wachsender Frequenz nehmen sie in Relation weiter ab und betragen bei 40 Hz nur noch etwa ein Zehntel.

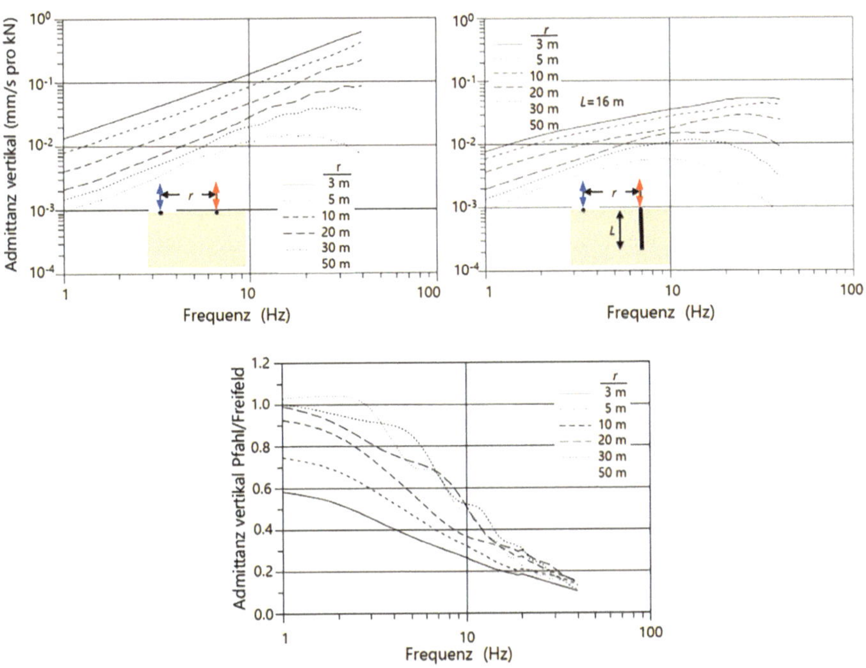

Bild E5–18 Freifeld und Einzelpfahl, Admittanzen der vertikalen Schwinggeschwindigkeit (oben) und Verhältnis Pfahl/Freifeld (unten)

Ein Einzelpfahl reduziert somit die vertikale Schwinggeschwindigkeitsamplitude gegenüber dem Freifeld wesentlich, je höher die Frequenz, desto mehr.

6.4 Direkte und indirekte Anregung einer Pfahlgründung – Allgemeine Anmerkungen

Die in (E5–32) benötigten Impedanzmatrizen von Pfahl- und Flachgründungen unterscheiden sich grundsätzlich, nicht nur in der Größe der Steifigkeit, sondern auch im Frequenzverlauf. Zum Beispiel zeigt Bild E3–19 für ein starres Quadratfundament auf dem Halbraum den Frequenzverlauf des Vertikalsteifigkeitskoeffizienten, der sehr gleichmäßig verläuft. Im Vergleich dazu weist der Frequenzverlauf einer Pfahlgründung in Bild E5–14 typische Steifigkeits- und Dämpfungssprünge auf, die von den Pfahlabständen abhängen und durch die dynamische Gruppenwirkung bedingt sind. Bei direkter Anregung einer Pfahlgründung sind infolge der Impedanzunterschiede von Flach- und Pfahlgründung somit gemäß (E5–32) signifikant unterschiedliche Schwinggeschwindigkeiten zu erwarten.

Bezüglich indirekter Anregung liegen für Bauwerke auf Pfahlgründungen keine fundierten Erfahrungen vor, die konkrete Empfehlungen erlauben würden. Es werden hier stattdessen für den Vergleich von Flach- und Pfahlgründungen

Tendenzen genannt, die auf der Basis von numerischen Berechnungen in [156] erkannt wurden, nämlich für die im Allgemeinen bedeutsameren vertikalen Schwinggeschwindigkeiten:

- Bei Annahme einer nahezu starren Pfahlkopfplatte noch ohne Bauwerk reduzieren sich die am Einzelpfahl auftretenden Schwinggeschwindigkeiten ganz wesentlich, da die mit unterschiedlicher Phase eintreffenden Wellen über die Pfähle gemittelt werden. Dies ist sehr ähnlich wie bei der Flachgründung in Bezug auf die Freifeldschwinggeschwindigkeiten, wo diese Abminderung jedoch noch stärker ausfällt.
- Die Berechnungen ergeben keine Hinweise, dass bei Pfahlgründungen grundsätzlich kleinere Schwinggeschwindigkeiten als bei Flachgründungen auftreten. Im Gegenteil wird in [156] dargelegt, dass, insbesondere bei geringem Abstand der Anregung zur Pfahlgründung und Frequenzen oberhalb der o. g. Impedanzsprünge, signifikante Überhöhungen der Schwinggeschwindigkeiten der Kopfplatte auftreten. Dies sei der Fall, da die in den Untergrund abgestrahlten Raumwellen der Anregung über die Pfahllängen in die Kopfplatte zurückgeführt würden.
- Bei einer Berechnung des Bauwerkes gemäß Schritt 3 in Bild E5-16 werden die Schwinggeschwindigkeiten grundsätzlich durch die Bauwerksmassen abgemindert, jedoch durch die Flexibilität der Baustruktur, insbesondere der Decken, wiederum erhöht. Auch hier sind Unterschiede zwischen Bauwerken auf Pfahl- und Flachgründungen zu erwarten, da die Impedanzen unterschiedlich sind.
- Die Flexibilität der Pfahlkopfplatte bezüglich der vertikalen Schwinggeschwindigkeiten ist im Allgemeinen nicht vernachlässigbar.

Es wird empfohlen, infolge der Komplexität des Problems für Prognosen von indirekt angeregten Schwingungen von Bauwerken auf Pfahlgründungen, wenn möglich auch Messungen anzustellen und in den Berechnungen breite Parametervariationen der Modelle durchzuführen sowie ausreichende Sicherheiten einzuplanen.

7 Literatur

149 Gazetas, G.; Makris, N. (1991) *Dynamic pile-soil-pile interaction, I. Analysis of axial vibration.* Earthq Eng Struc Dyn 20, S. 115–132. 1991. doi 10.1002/eqe.4290200203

150 Gazetas, G. (1990) *Foundation Vibrations* in Fang, H. Y. [Hrsg.] *Foundation Engineering Handbook*, 2nd Edition. New York: Springer Science+Business Media, ehem. New York: Van Nostrand Reinhold. doi 10.1007/978-1-4615-3928-5

151 Hartmann, H. G. (1986) *Pfahlgruppen in geschichtetem Boden unter horizontaler dynamischer Belastung.* Mitteilungen des Instituts für Grundbau, Boden- und Felsmechanik der TH Darmstadt, Heft 26

152 Waas, G.; Riggs, H.R.; Werkle, H. (1985) *Displacement Solutions for Dynamic Loads in Transversely-Isotropic Stratified Media.* Earthq Eng Struc Dyn 13, S. 173–193. doi 10.1002/eqe.4290130204

153 Gazetas, G. (1984) *Seismic response of end-bearing single piles.* Soil Dyn Earthq Eng 3, H. 2, S. 82-93. doi 10.1016/0261-7277(84)90003-2

154 Poulos, H. G.; Davis, E. H. (1980) *Pile Foundation Analysis and Design.* New York: John Wiley and Sons

155 Kaynia, A. M. (1982) *Dynamic Stiffness and Seismic Response of Pile Groups.* Research Report R82-03, Order No. 718, Massachusetts Institute of Technology, Department of Civil Engineering, Cambridge, Massachusetts

156 Hartmann, H. G. (2024) *Induzierte Erschütterungen von Bauwerken auf Pfahl- und auf Flachgründungen – Ein Vergleich über numerische Berechnungen.* geotechnik, H. 47, S. 166–184. doi 10.1002/gete.202400015

E6

Ausbreitung und Übertragung von Erschütterungen

1 Aufgabenstellung

Erschütterungen gehören gemäß des Bundes-Immissionsschutzgesetzes zu den potenziell schädlichen Umwelteinwirkungen. Die Aufgabe des Erschütterungsschutzes besteht darin, die Stärke von Erschütterungen zu ermitteln und zu beurteilen, um ggf. Maßnahmen zu deren Verminderung zu ergreifen. Das Ziel dabei ist, störende Einwirkungen auf Menschen, Schäden von Bauwerken und Einschränkungen des Betriebs von technischen Anlagen zu vermeiden. Eine typische Situation, in der Erschütterungen in einem Gebäude durch Einwirkungen von außen entstehen, zeigt Bild E6–1. Die Erschütterungen können in einem Gebäude in Form von spürbaren Deckenschwingungen oder als sekundärer Luftschall infolge der

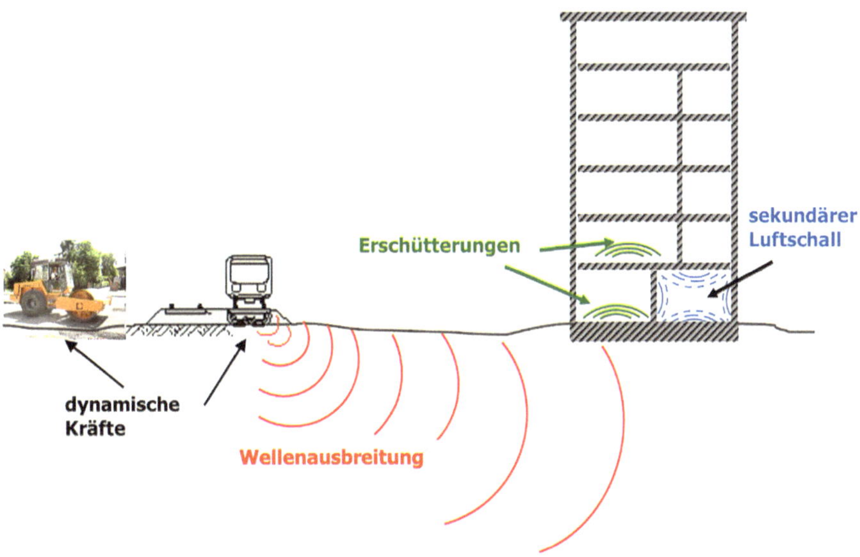

Bild E6–1 Prinzipskizze zur Entstehung von Erschütterungen und sekundärem Luftschall am Beispiel von Baubetrieb und Schienenverkehr

Schallabstrahlung schwingender Bauteile wahrgenommen werden. Maßgebend für die spürbaren Deckenschwingungen sind hierbei i. d. R. Frequenzanteile der Immissionen bis ca. 30 Hz. Bauteilschwingungen im Frequenzbereich oberhalb von 30 Hz führen verstärkt zur Abstrahlung des sekundären Luftschalls.

Typischerweise erfolgt die Erschütterungsanregung durch:

- Schienenverkehr: z. B. Straßenbahn, U-Bahn, S-Bahn, Güterzüge, Regionalverkehr, Fernverkehr,
- Straßenverkehr: z. B. Lkw- und Busverkehr auf unebenen Straßen,
- Baubetrieb: z. B. Vibrations- oder Schlagramme, Abbruchhammer, Rüttelwalzen, dynamische Bodenverdichtungen,
- Sprengungen: z. B. Abbruchsprengungen, Gewinnungssprengungen,
- Industriebetrieb: z. B. Stanzen und Pressen, Schmiedehammer, Siebe, Mühlen, Maschinenfundamente.

Die Bewertung von Erschütterungen erfolgt gemäß den gesetzlichen Vorgaben, der einschlägigen Rechtsprechung oder nach dem allgemein anerkannten Stand der Technik. Entsprechende Anhaltswerte liefern die DIN 4150-2 [157] hinsichtlich der Einwirkungen von Erschütterungen auf Menschen und die DIN 4150-3 [158] hinsichtlich der Einwirkungen auf bauliche Anlagen. Bei der Einwirkung auf technische Anlagen können der VDI-Richtlinie 2038 Blatt 2 [159] Richtwerte entnommen werden.

Bei der Übertragung der Erschütterungen vom Fundament auf das aufgehende Gebäude können in Abhängigkeit der Anregungscharakteristik und der dynamischen Eigenschaften der Baustruktur deutliche Erhöhungen der Horizontalschwingungen des Gebäudes und der Deckenschwingungen auftreten; siehe hierzu DIN 4150-1 [160], E-DIN 45672-3 [161]. Die Erschütterungsübertragung innerhalb des Gebäudes und die Wirkung konstruktiver Maßnahmen an der Gebäudestruktur zur Schwingungsminderung sind nicht Bestandteil dieser Empfehlung.

In den nachfolgenden Abschnitten werden die Erschütterungsquellen Schienenverkehr, Baubetrieb und Sprengungen behandelt.

2 Schienenverkehr

2.1 Charakterisierung der Erschütterungsquelle

Bei der Fahrt eines Zuges im Schienenverkehr kommt es aufgrund von

- Irregularitäten an den Radsätzen (u. a. Flachstellen),
- Unregelmäßigkeiten am Gleis (u. a. Schienenstoß, Gleislagefehler, Schienenunebenheiten, z. B. Riffelbildung in Kurven),
- nicht konstanten Steifigkeiten im Fahrweg (u. a. Inhomogenitäten im Untergrund, Schwellenhohllagen, Schwellensystem)

zu dynamischen Verschiebungen, die in der Wechselwirkung von Elastizitäten und Massenträgheiten des Systems Fahrzeug-Gleis zu Schwingungen führen

(Emissionen), welche sich als Erschütterungen im Boden ausbreiten. Die dabei auftretenden Frequenzen der Emissionen ergeben sich aus

- Geometrien (Achs-, Drehgestell-, Wagen- und Schwellenabstände, Radumfang, Gleislagefehler),
- der Fahrgeschwindigkeit,
- den dynamischen Eigenschaften des Systems Fahrzeug-Gleis (z. B. unabgefederte Radsatzmassen und Schottersteife).

Der Frequenzbereich der Emissionen ist breitbandig bis 315 Hz, siehe DIN 45672-1 [162].

In der Praxis sind üblicherweise Frequenzen bis zu einer Terzmittenfrequenz von 125 Hz maßgebend. Weitere Angaben bzgl. der Schwingungsanregung am Fahrweg sind sowohl in der VDI-Richtlinie 2038 Blatt 1 [163] als auch in der VDI-Richtlinie 3837 [164] enthalten.

Die Ermittlung der Emission kann auf drei Wegen erfolgen:

a) theoretische Überlegungen bzw. Berechnungen,
b) Übertragung der Messergebnisse von ähnlichen Situationen,
c) Durchführung von Schwingungsmessungen am Emissionsort.

Ist der Fahrweg im Regelbetrieb vorhanden, sollte die Emission der Schienenverkehrserschütterungen am zu untersuchenden Standort messtechnisch erfasst werden. Da sehr viele Parameter sowohl im Bereich des Fahrweges als auch hinsichtlich des Zuges bzw. der Zuggattungen (z. B. Straßenbahn, U- und S-Bahn, Personenzug, Güterzug) die Emissionen beeinflussen, können die Fälle a) und b) nur orientierenden Charakter haben.

Für den Fall c) werden Messpunkte im Boden neben dem Gleis entlang von Messprofilen senkrecht zur Bahnstrecke, in der Regel beginnend in einem Abstand von ca. 8 m, platziert. Weitere Angaben zur Anordnung der Messpunkte finden sich in der DIN 45672-1 [162].

Die Messpunkte sollen unterhalb der Deckschicht, im gewachsenen Boden, eingerichtet werden.

Der Frequenzbereich der Emissionen von oberirdischen Gleisstrecken variiert deutlich je nach Zuggattung. Während z. B. die von S-Bahnvorbeifahrten ausgehenden Emissionen oft markante Frequenzanteile zwischen 30 Hz und 60 Hz aufweisen, können Straßenbahnfahrten ein sehr breitbandiges Spektrum [165] bis 120 Hz verursachen. Demgegenüber dominieren an Gleisstrecken mit Güterzugverkehr häufig ausgeprägte tieffrequente Anteile unterhalb von 12 Hz. Diese lassen sich aus wiederkehrender Anregung infolge des Wagenabstandes, der Drehgestell- und Radabstände im Zusammenhang mit der Fahrgeschwindigkeit erklären.

Bei unterirdischen Strecken mit Tunnelsohlen aus Stahlbeton oder Tübbingen mit Aufbeton liegt ein steifer Unterbau mit einer hohen Impedanz vor. Daher weisen die Erschütterungsemissionen auf unterirdischen Strecken im Vergleich zu oberirdischen Strecken höhere Frequenzanteile bis 100 Hz auf (vgl. Bild E6-3 und

Bild E6–4) und können in benachbarten Gebäuden zu erhöhten sekundären Luftschallpegeln führen.

Bild E6–2 zeigt das Schmalbandspektrum der Emissionen für eine sehr nah am Gleis gemessene Anregung einer Güterzugvorbeifahrt auf einer oberirdischen Gleisstrecke.

Exemplarische Darstellungen unterschiedlicher Schienenverkehrserschütterungen im Boden sind für die Überfahrt eines Personenzuges auf einem Bahndamm in Bild E6–3, für eine U-Bahnfahrt in einem Tunnel über einer Weiche in Bild E6–4 und für die Vorbeifahrt eines Nahverkehrszuges in verschiedenen Abständen zu den oberirdisch verlegten Gleisen in Bild E6–5, jeweils im Zeit- und Frequenzbereich, abgebildet.

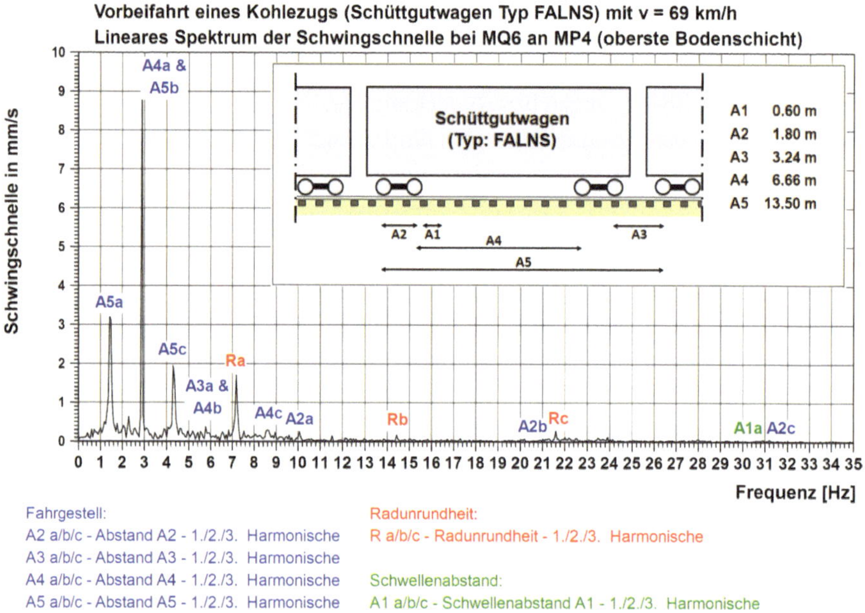

Bild E6–2 Schmalbandspektrum der Emissionen, gemessen direkt unterhalb der Planumsschutzschicht im Boden, Vorbeifahrt eines Güterzuges mit v = 69 km/h, Zuordnung der Frequenz von Amplitudenspitzen zur Ursache (exemplarisch)

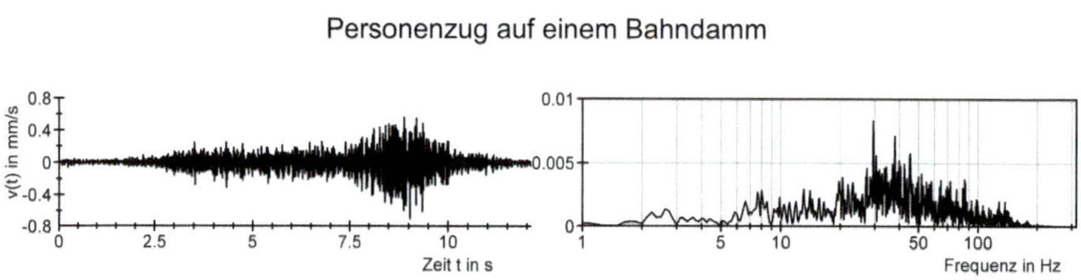

Bild E6–3 Zeit- und Frequenzbereich der Erschütterungen im Boden bei der Vorbeifahrt eines Personenzuges mit ca. 80 km/h (exemplarisch)

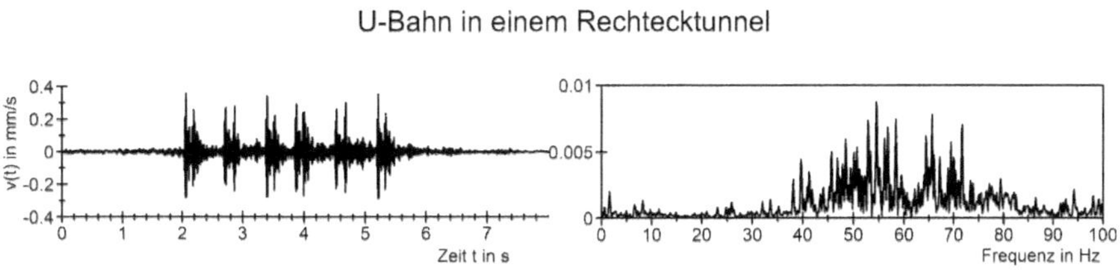

Bild E6–4 Zeit- und Frequenzbereich der Erschütterungen in einem Bohrloch bei der Vorbeifahrt einer U-Bahn im Tunnel über eine Weiche mit ca. 60 km/h (exemplarisch)

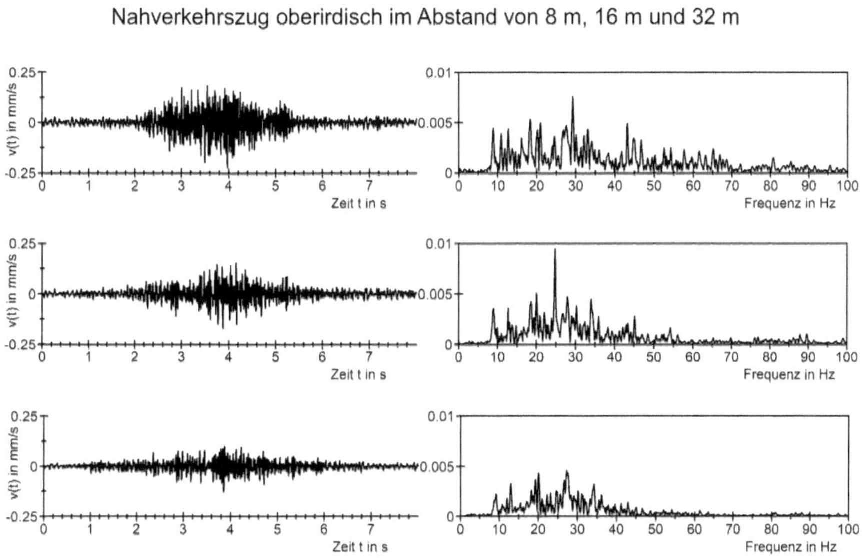

Bild E6–5 Zeit- und Frequenzbereich der Erschütterungen im Boden bei der Vorbeifahrt eines Nahverkehrszuges in verschiedenen Abständen mit ca. 80 km/h (exemplarisch)

Beim Durchfahren enger Kurven werden insbesondere Emissionen mit höheren Frequenzen verstärkt. In Bild E6–6 sind Straßenbahn-Emissionen auf einem Baugrundstück ohne und mit Einfluss eines sehr engen Kurvenradius dargestellt. Infolge der Kurvenfahrt ist zwischen 25 Hz und 125 Hz eine um den Faktor 5 höhere Emission festzustellen. Diese resultiert aus einer erhöhten Rad-Schiene-Interaktion bei starren Achsen.

Die Streubreite der Baugrundschwingungen für unterschiedliche Oberbau-Arten von Straßenbahngleisen zeigt exemplarisch Bild E6–7. Gegenübergestellt wurden die gemessenen, mittleren Terzspektren [165] bei Überfahrten des gleichen Straßenbahntyps auf unterschiedlichen Gleisaufbauten. An der in schlechtem Zustand befindlichen Strecke mit Gleistragplatte wurden besonders hohe Emissionen im tieffrequenten Bereich unterhalb von 25 Hz registriert. Bei Überfahrten auf dem Standard-Schotteroberbau werden eher breitbandige Bodenschwingungen erzeugt. Das neu erstellte Leichte-Masse-Feder-System mit Abstimmfrequenz bei 25 Hz erzeugt generell deutlich geringere Schwingungsanregungen im gesamten Frequenzband.

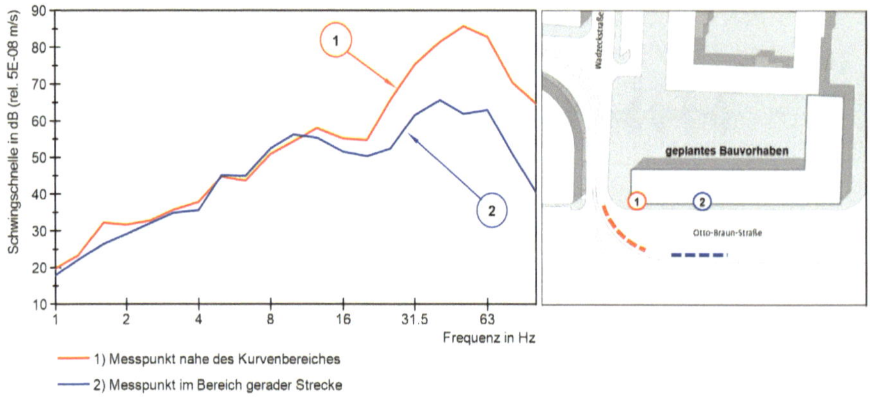

Bild E6–6 Terzspektren der vertikalen Schwinggeschwindigkeit von Straßenbahnüberfahrten auf einem Baugrundstück im Einflussbereich einer engen Kurve (Messbeispiel)

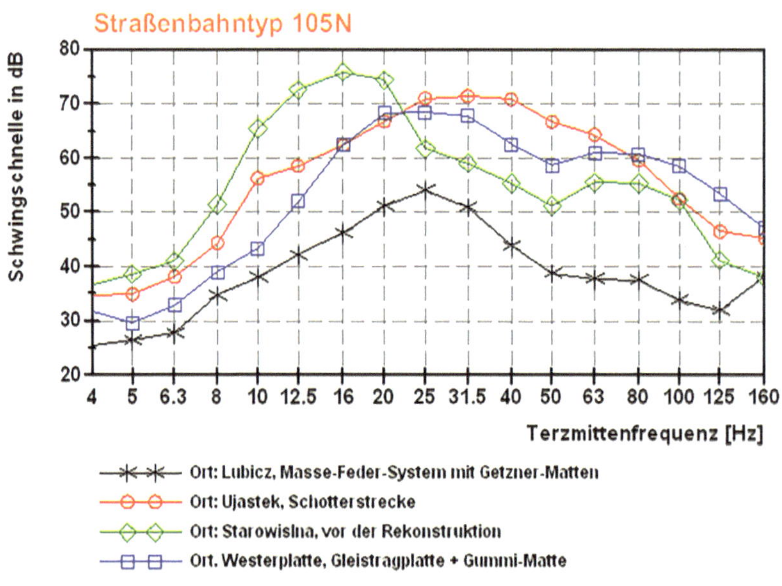

Bild E6–7 Terzspektren der vertikalen Schwinggeschwindigkeit bei Straßenbahnvorbeifahrten auf unterschiedlichen Oberbauten in Krakau, Emissionspunkt 8 m neben dem Gleis (Messbeispiel)

2.2 Schwingungsausbreitung

Der räumliche Einflussbereich von Schienenverkehrserschütterungen hängt maßgeblich von den lokalen Eigenschaften der Bahnstrecke, des Bodens und der Zuggattungen ab.

In der DIN 45672-3 [161] werden im Hinblick auf die Einhaltung der Anhaltswerte gemäß DIN 4150-2 [157] zur Vermeidung von erheblichen Belästigungen bei der Einwirkung auf Menschen in Gebäuden Immissionsprognosen bis in folgende Abstände zur Bahnstrecke empfohlen:

- Güterzugverkehr: 200 m
- Regional- und Fernbahn: 60 m
- S-Bahn: 40 m
- U-Bahn, Stadtbahn, Straßenbahn, oberirdisch: 25 m
- U-Bahn, Stadtbahn, Straßenbahn, Tunnel: 20 m (radial)

Unter anderem können bei den folgenden Randbedingungen die Schienenverkehrserschütterungen bis in größere Abstände von der Bahnstrecke relevant sein:

- besondere Bodeneigenschaften, z. B. Weichschichten,
- Unstetigkeiten im Fahrweg, z. B. Weichen oder Brückenwiderlager,
- sekundärer Luftschall bei Tunnelstrecken,
- sensible Gebäudenutzung mit hohen Anforderungen,
- hohe Zugverkehrshäufigkeiten.

Die vom Schienenverkehr ausgehenden Erschütterungen breiten sich in Form von Wellen im Untergrund (siehe Kapitel E1) aus.

Für eine Abschätzung der entfernungsbedingten Amplitudenabnahme im Boden kann bei homogenem Untergrund Gleichung (E1–5) angewendet werden. In zahlreichen messtechnischen Untersuchungen hat sich gezeigt, dass der Exponent n zur Beschreibung der Amplitudenabnahme unter Berücksichtigung der Quellenart einer relativ großen Streuung unterliegt.

In der Nähe von Weichen, Schienenstößen oder ähnlichen Unregelmäßigkeiten im Oberbau können für n die Werte gemäß Tabelle E1–1 und Tabelle E1–2 für eine quasi ortsfeste, impulsartige Punktquelle angenommen werden.

Grundsätzlich handelt es sich beim Schienenverkehr jedoch weder um eine Linien- noch um eine Punktquelle. Vielmehr kann ein Zug als eine sich bewegende Kette von nicht phasengleichen Punktquellen interpretiert werden. Der Exponent n ergibt sich für eine solche Quelle zu $n = 0{,}35 \dots 0{,}49$, d. h. im Mittel zu $n = 0{,}42$. Diese Werte gelten jedoch nur unter der theoretischen Annahme eines homogenen Bodens.

Bei geschichteten Böden oder Böden mit in der Tiefe zunehmender Steifigkeit ergeben sich Abweichungen, sodass auch Werte $n < 0{,}35$ auftreten.

Der Exponent α, siehe (E1–7), enthält neben der Materialdämpfung des Bodens D die Wellenlänge λ. Das bedeutet, dass die durch die Materialdämpfung bedingte Amplitudenabnahme sowohl von den dynamischen Bodeneigenschaften als auch von der Anregungsfrequenz abhängt.

Das praktische Beispiel in Bild E6–8 zeigt für die Anregung durch Güterzugfahrten die für maßgebliche Anregungsfrequenzen bestimmten Abnahmekurven.

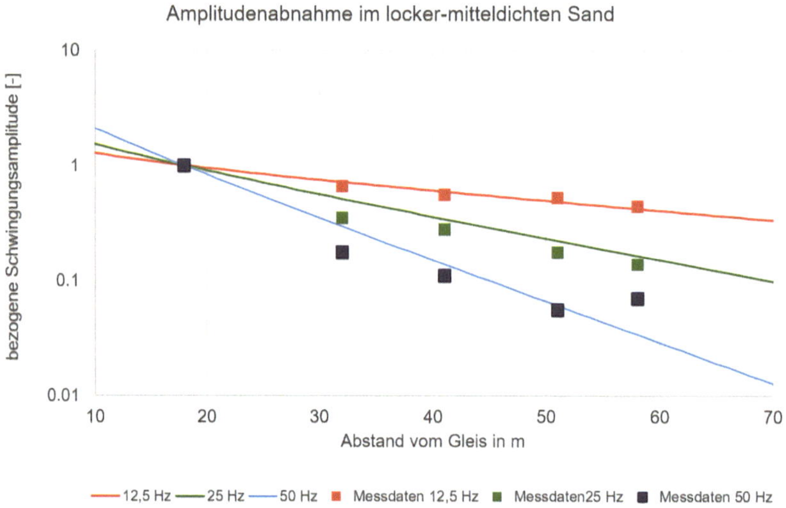

Bild E6–8 Frequenz- und entfernungsabhängige Amplitudenabnahme im Boden

Die Amplituden der Abnahmekurven wurden auf den Wert im Abstand von 18 m zum Gleis normiert.

Abweichungen der gemessenen Amplituden von den Ausbreitungskurven resultieren aus Inhomogenitäten im Boden oder auch aus Interferenzen verschiedener Wellentypen, siehe Kapitel E1. Daher ist es wichtig, die Amplitudenabnahme anhand von mehr als 2 bis 3 Messpunkten entlang eines Profils zu bestimmen. Für eine Extrapolation über den entferntesten Messpunkt hinaus sind numerische Verfahren zur Ermittlung der Wellenausbreitung erforderlich.

Für Böden mit stark ausgeprägter Schichtung, z. B. Weichschichten, kann die beschriebene entfernungsbedingte Amplitudenabnahme nicht mehr gemäß (E1–5) approximiert werden. Liegen in diesem Fall Messergebnisse in unterschiedlichen Abständen zum Gleis vor, können daraus frequenzabhängige Regressionskurven zur Beschreibung der Amplitudenabnahme bestimmt werden.

2.3 Boden-Bauwerk-Interaktion

Die nachfolgenden Ausführungen finden Anwendung auch bei anderen Erschütterungsquellen und gelten daher nicht ausschließlich für den Schienenverkehr.

Beim Antreffen der fortpflanzenden Wellen an den Gründungselementen eines Bauwerkes findet infolge der Interaktion (Wechselwirkung) zwischen Boden und Bauwerk eine Veränderung der Größe und des relevanten Frequenzbereichs der Schwingungsamplituden an der Gründung des Bauwerkes gegenüber der Schwingungsamplitude an der gleichen Stelle auf der Bodenoberfläche ohne das Bauwerk (Freifeld) statt.

Gründungselemente können im Wesentlichen Einzel- bzw. Streifenfundamente, durchgehende Sohlplatten, Pfahlbalkenroste und Pfähle sein.

Grundsätzlich gilt, je steifer die Gründung eines Bauwerkes ausfällt, desto höher ist der Verformungswiderstand und das Gebäude kann dem Wellenfeld im Baugrund nicht mehr vollständig folgen. Demgegenüber folgen kleine und wenig ausgesteifte Bauwerke mit dünnen Sohlplatten oder Streifen- bzw. Einzelfundamenten als Flachgründung den vom Wellenfeld aufgezwungenen Bewegungen und es treten im Vergleich zu den steiferen Gründungen i. d. R. stärkere Fundamentschwingungen auf.

Wird das Bauwerk vereinfacht als starre Masse betrachtet, reagiert es auf dem elastischen Untergrund wie ein Ein-Massen-Schwinger mit Fußpunktanregung (siehe Kapitel E3, Abschnitt 2.3 sowie Kapitel E5, Abschnitt 6).

Beim Übergang der Freifelderschütterungen auf Gründungselemente des Bauwerks erfolgt für Anregungsfrequenzen oberhalb der Boden-Bauwerks-Eigenfrequenz eine Reduktion der Schwingungsamplituden. Verstärkungen der Schwingungsamplituden treten demgegenüber nahe der Eigenfrequenz des Boden-Bauwerk-Systems auf.

Unter Berücksichtigung der elastischen Eigenschaften des Bauwerkes und der Gründung sind darüber hinaus Verstärkungen der Schwingungsamplituden in weiteren Frequenzbereichen möglich. Moderate Verstärkungen ergeben sich in den Biegeeigenfrequenzen von Sohlplatten bei deren vollflächiger Bettung auf dem Boden.

Die Einbettung von Bauwerken mit Untergeschossen im Boden begrenzt diese resonanzartigen Verstärkungen. Demgegenüber können leicht schwingende bzw. gering gedämpfte Bauteile, wie z. B. die Tragwerksdecken, in ihren Eigenfrequenzen zu starken Schwingungen angeregt werden. Die Deckenschwingungen können in diesem Fall Verstärkungsfaktoren größer 10, bezogen auf die Fundamentschwingungen, aufweisen.

Das Verhältnis zwischen den Amplituden der Freifeldschwingung und den Fundamentschwingungen am Bauwerk infolge einer indirekten Anregung kann durch frequenzabhängige Übertragungsfunktionen beschrieben werden, siehe Kapitel E3 und E5.

Die Ermittlung der Übertragungsfunktionen „Boden-Bauwerk“ erfolgt analytisch, numerisch oder auch aus Schwingungsmessungen anhand von zeitgleich am Bauwerk und im Boden erfassten Schwingungssignalen.

Die Bauwerksschwingungen werden durch Messpunkte in der Gründungsebene am Fundament, bei Einzel- und Streifenfundamenten an der aufgehenden Untergeschosswand oder bei einer durchgehenden Sohle auf der Sohlplatte neben der aufgehenden Untergeschosswand ermittelt.

Die Freifeldschwingungen werden durch Messpunkte in einem ausreichenden Abstand neben dem Bauwerk bestimmt. Dadurch wird die Beeinflussung der Messergebnisse durch das schwingende Bauwerk oder Reflexionen zwischen Quelle und Bauwerk minimiert.

Die Messpunkte sollten sich in der Gründungsebene oder zumindest in derselben Bodenschicht wie die Gründung des Bauwerks befinden. Bei Bauwerken mit Untergeschossen ist daher ggf. eine Messung in einer Grube oder in einem Bohrloch erforderlich.

2.4 Maßnahmen zum Erschütterungsschutz

2.4.1 Minderung am Emissionsort (Schiene / Oberbau)

Eine sehr wirksame Methode zur Minderung von in Gebäude eingetragenen Schwingungen sind Maßnahmen direkt an der Quelle, d. h. am Gleisoberbau, siehe auch [166]. Die Gleisdämmung wird i. d. R. durch den Einbau elastischer Materialien vorgenommen. Die Schwingungsminderung wird in Abhängigkeit von der Terzfrequenz f_{Tn} durch das Einfügungsdämm-Maß $D_e(f_{Tn})$ beschrieben und ist als Verhältnis der Schwingungsamplituden ohne und mit Umsetzung der Minderungsmaßnahme (siehe DIN45673-3 [167]) definiert.

Das Einfügungsdämm-Maß ist abhängig vom Aufbau des Gleisober- und unterbaus, von den Achslasten des Zuges, von der Geometrie, der Lage und der Beschaffenheit des Fahrweges, sowie vom Material und der Anordnung der elastischen Komponenten.

Mögliche Anordnungen von elastischen Komponenten am Gleisoberbau sind im Bild E6–9 dargestellt. In der Regel findet nur eine dieser Maßnahmen Anwendung.

Die elastischen Komponenten im Gleis stellen auch Feder- und Dämpferelemente dar. Mit Ansatz der darüber befindlichen Masse ergibt sich ähnlich wie beim Ein-Massen-Schwinger-Modell eine Eigenfrequenz, die in der Praxis oft als Abstimmfrequenz bezeichnet wird. Die tatsächliche Eigenfrequenz des elastisch gelagerten Gleises oder Oberbaus liegt jedoch bei Berücksichtigung der Nachgiebigkeit des Untergrundes etwas darunter.

Im Bereich der Abstimm- bzw. Eigenfrequenzen der elastisch gelagerten Gleissysteme können im Vergleich zum nicht gelagerten System deutlich höhere Schwingungsamplituden auftreten. Das Einfügungsdämm-Maß nimmt hier negative Werte bis zu –10 dB an, da es als Quotient aus den Schwingungsantworten des Systems ohne Maßnahme und des Systems mit Gleisdämmmaßnahme definiert ist.

Da die Eigen- bzw. Abstimmfrequenzen für die Systeme mit Unterschottenmatten und Masse-Feder-Systeme [166] unterhalb von 30 Hz und damit im Bereich von

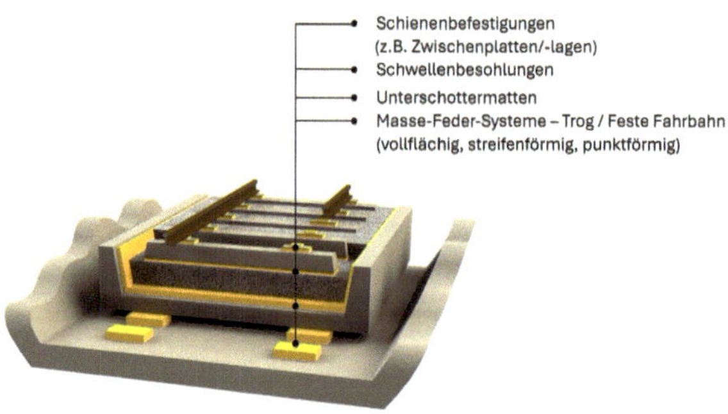

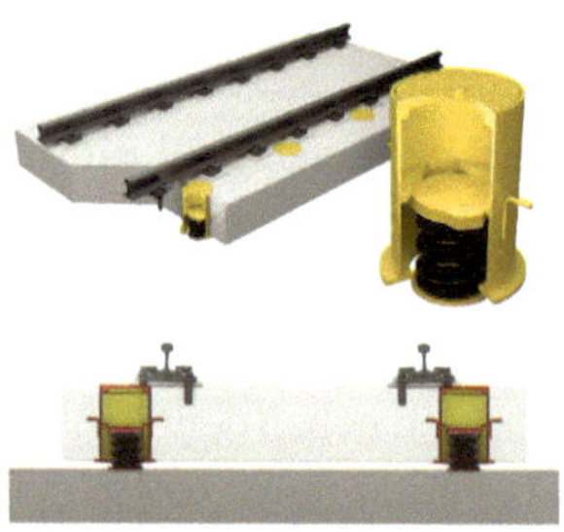

Bild E6–9 Links: Prinzipskizze der möglichen Anordnung von Elastomermatten (Quelle: Getzner Werkstoffe GmbH), Rechts: Prinzipskizze einer Integration von Stahlfeder-Elementen (Gelb) in eine Gleistragplatte (Quelle: GERB – Schwingungsisolierungen GmbH & Co. KG)

Deckeneigenfrequenzen benachbarter Bauwerke liegen, können erhöhte Deckenschwingungen auftreten.

In Tabelle E6-1 ist für verschiedene Bauarten von elastischen Gleislagerungen auf Tunnelstrecken der typische Wertebereich erreichbarer Einfügungsdämm-Maße, die Abstimmfrequenz sowie die Frequenz, ab der das Einfügungsdämm-Maß positive Werte annimmt, angegeben.

In einigen Fällen werden die Maßnahmen zur elastischen Gleislagerung nachträglich vorgenommen und die Messungen vorher/nachher beinhalten darüber hinaus Einflüsse aus der Erneuerung des Gleissystems.

Beispielhaft zeigt das Bild E6–10 das messtechnisch ermittelte Einfügungsdämm-Maß nach dem Einbau einer Unterschottermatte in einem U-Bahntunnel. Hierbei handelt es sich um einen nachträglichen Einbau der Unterschottermatten. Alle Komponenten des Gleisoberbaus blieben erhalten.

Tabelle E6–1 Einfügungsdämm-Maße elastischer Gleislagerungen auf Tunnelstrecken

Bauart	Abstimmfrequenz	maximale Wirksamkeit max $\{D_e(f_{Tn})\}$	mögliche Minderung im Frequenzbereich ab
elastische Schienenlager	$f_{Tn} \geq 31{,}5$ Hz	$D_e < 10$ dB	$f_{Tn} > 50$ Hz
besohlte Schwellen	$f_{Tn} \geq 25$ Hz	$D_e < 15$ dB	$f_{Tn} > 31{,}5$ Hz
Unterschottermatten	$f_{Tn} = 16$–$31{,}5$ Hz	$D_e = 8$–25 dB	$f_{Tn} > 25$ Hz
Leichte Masse-Feder-Systeme	$f_{Tn} = 12{,}5$–25 Hz	$D_e = 10$–20 dB	$f_{Tn} > 16$ Hz
Schwere Masse-Feder-Systeme	$f_{Tn} = 6{,}3$–10 Hz	$D_e = 20$–30 dB	$f_{Tn} > 10$ Hz

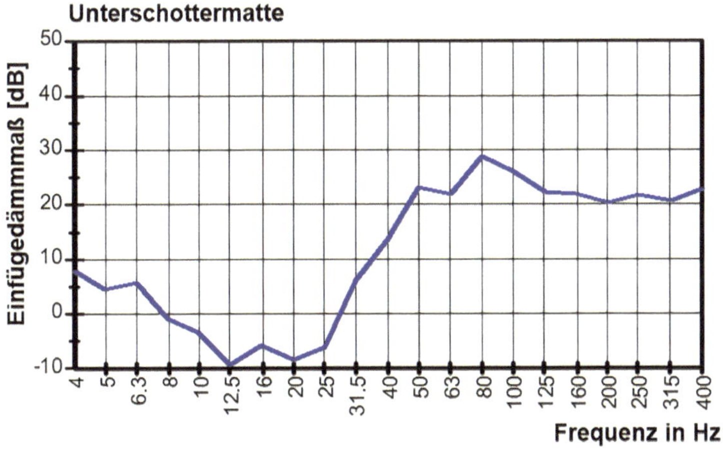

Bild E6–10 Messergebnisse an der U-Bahntunnelwand, Bestimmung des Einfügungsdämm-Maßes für Unterschottermatten im Tunnel der U2 in Berlin

Generell gilt, dass je weiter oben im Gleisaufbau die Anordnung der elastischen Elemente erfolgt, desto geringer fällt aufgrund fehlender Masse bei gleichzeitiger Beschränkung der maximal zulässigen Schieneneinsenkung die resultierende Schwingungsminderung aus. In der Regel kommt nur eine der in Tabelle E6–1 aufgeführten Maßnahmen mit dem Ziel der Schwingungsminderung zum Einsatz.

Die Schwingungsminderung auf Tunnelstrecken fällt aufgrund der höheren Impedanz des Untergrundes höher aus als auf oberirdischen Strecken. Während im Tunnel für Frequenzen > 50 Hz Einfügungsdämm-Maße bis 30 dB erreichbar sind, liegen die erzielbaren Werte auf oberirdischer Strecke deutlich niedriger.

Auf oberirdisch geführten Strecken ist die Untergrundbeschaffenheit bzw. die Nachgiebigkeit des unterhalb des Gleises anstehenden Bodens bei der Bestimmung des Einfügungsdämm-Maßes zu berücksichtigen. Wegen der hier geringeren schwingungsmindernden Wirkung eines Masse-Feder-Systems und eines Schotteroberbaus mit Unterschottermatte sind zusätzlich bauliche Maßnahmen, wie z. B. die Herstellung eines Betontroges zwischen Planum und Gleis, erforderlich.

Das Bild E6–11 zeigt beispielhaft die Minderungswirkung eines schweren Masse-Feder-Systems, das in den Schienenweg der vor dem Musiksaal in Basel fahrenden Straßenbahn eingebaut wurde. Das Einfügungsdämm-Maß des Masse-Feder-Systems beträgt im Frequenzbereich von 16 bis 80 Hz zwischen 25 dB und 30 dB [168].

Weitere Angaben zur Emissionsminderung am Gleisoberbau sind in der DIN 45673-3 [167] enthalten.

2.4.2 Minderung auf der Übertragungsstrecke im Boden

Die Übertragung der Erschütterungen erfolgt als Wellenausbreitung über den Untergrund. Dabei werden die Wellen an Schichtgrenzen und anderen Inhomogenitäten im Boden gebrochen und reflektiert (siehe auch Kapitel E1, Abschnitt E1-4.2). Diese

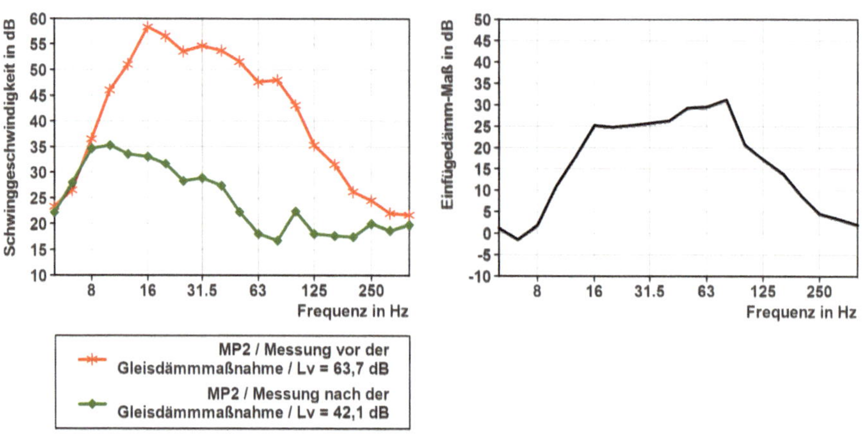

Bild E6–11 Masse-Feder-System Straßenbahn Basel. Links: Terzspektren der vertikalen Schwinggeschwindigkeit am Messpunkt vor dem Musiksaal, vor und nach dem Einbau. Rechts: Einfügungsdämm-Maß (Quelle: GERB – Schwingungsisolierungen GmbH & Co. KG, I.B.U., [168])

Eigenschaften kann man zur Verminderung der Erschütterungen auf der Übertragungsstrecke im Boden nutzen. Grundsätzlich ist als Minderungs- bzw. Abschirmmaßnahme auf der Übertragungsstrecke der Erschütterungen im Boden der Einbau von „Störkörpern“ oder von Schlitzen im Boden denkbar, um die Energieübertragung der Wellen teilweise zu unterbrechen. Hierbei beschreibt die Abschirmwirkung das Verhältnis der Schwingungsamplituden mit und ohne Abschirmmaßnahme. Theoretisch ergibt sich die größte Abschirmwirkung mit einem Luftschlitz, welcher jedoch aufgrund der zu übertragenden horizontalen Lasten praktisch nicht oder nur mit unverhältnismäßigem Aufwand realisierbar wäre [169].

Als konkrete Abschirmmaßnahme kann eine von der Geländeoberfläche bis in große Tiefen reichende Schlitzwandkonstruktion (siehe Bild E6–12) eingesetzt werden. Durch diese Konstruktion werden die energiereichen Oberflächenwellen teilweise reflektiert und gebrochen. Die daraus resultierende Abschirmwirkung wird durch eine Amplitudenreduktion hinter der Schlitzwandkonstruktion erkennbar.

Die stärkste Amplitudenreduktion ergibt sich in einem Abstand von bis ca. $2{,}5 \cdot \lambda_R$ direkt hinter der Schlitzwandkonstruktion, mit λ_R als Wellenlänge der Oberflächenwelle.

Die Wirksamkeit einer solchen Abschirmmaßnahme wird durch folgende Faktoren beeinflusst:

- Lage und Tiefe der Schlitzwandkonstruktion
  Durch die Anordnung der Schlitzkonstruktion im Nahfeld (siehe Kapitel E1 Abschnitt 3.1) der Quelle (Gleis) kann bei gleichbleibender Tiefe des Schlitzes

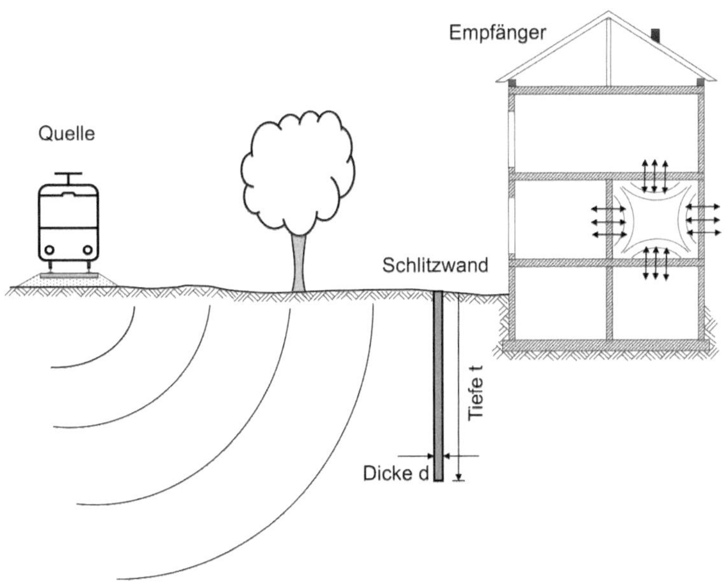

Bild E6–12 Schlitzwandkonstruktion als Abschirmmaßnahme – hier im Fernfeld (z. B. als integrierte, biegesteife Baugrubenwand)

eine höhere Abschirmwirkung erzielt werden. Für diesen Fall wird mindestens eine Tiefe von $t = 0{,}6 \cdot \lambda_R$ empfohlen. Im Fernfeld sollte eine Tiefe von $t = 1{,}2 \cdot \lambda_R$ angestrebt werden [170].

- Seitliche Ausdehnung der Schlitzwandkonstruktion
  In Bezug auf eine Zugvorbeifahrt ist die Wirksamkeit dieser Abschirmmaßnahme direkt von deren seitlicher Ausdehnung parallel zur Bahnstrecke abhängig. Praktisch sind die Möglichkeiten meist eingeschränkt, da die Maßnahme an den Grundstücksgrenzen enden muss. Jedoch ist unter Umständen die Fortsetzung der Schlitzwandkonstruktion über eine begrenzte Strecke entlang der seitlichen Flanken der Grundstücksgrenzen und damit querab vom Gleis vorzunehmen.
- Konstruktive Ausführung der Schlitzwandkonstruktion
  Theoretisch kann gezeigt werden, dass eine Schlitzwandkonstruktion in Stahlbetonbauweise allein durch ihre Biegesteifigkeit eine Abschirmwirkung aufweist, welche jedoch – gemessen an dem erheblichen Herstellungsaufwand – meist zu gering ist. Die Abschirmwirkung kann dadurch erheblich gesteigert werden, dass zwischen zwei biegesteifen Stahlbetonschalen eine möglichst weiche vertikal-elastische Zwischenlage verbaut wird. Als Zwischenlage können zum Beispiel weiche Polyurethanmatten zum Einsatz kommen. Dabei kann mit größeren Mattendicken eine Erhöhung der Abschirmwirkung erzielt werden [171].

In der Praxis wird eine solche Abschirmmaßnahme so ausgeführt, dass die aus statischen Gründen erforderlichen Baugrubenwände möglichst biegesteif (Stahlbeton-Bohrpfahlwände, Stahlbeton-Schlitzwände) ausgebildet und mit einer zur Baugrube innenliegenden vertikal-elastischen Zwischenlage ergänzt werden.

Befindet sich die Abschirmmaßnahme nicht im Nahfeld, ist eine größere Einbautiefe erforderlich, was allerdings bautechnisch und wirtschaftlich häufig schwierig realisierbar ist. Größere Tiefen für Baugrubenwände können bei Bauvorhaben mit mehreren Untergeschossen realisiert werden.

Da auf die Schlitzwandkonstruktion im Boden auf der Übertragungsstrecke bzw. als Bestandteil der Baugrubenumschließung Erddruckkräfte wirken, ist die Schlitzfüllung bzw. die elastische Zwischenlage so zu wählen, dass die Erddruckspannungen dauerhaft übertragen werden können, dabei jedoch für eine optimale Abschirmwirkung die möglichst weichste Polyurethanmatte gewählt werden sollte.

2.4.3 Minderung am Immissionsort (Gebäude)

2.4.3.1 Allgemein

Anhand von Erfahrungen aus Schwingungsmessungen an Gebäudefundamenten wurde in der Vergangenheit festgestellt, dass eine steife Gründung mit einer kompakten aufgehenden Gebäudestruktur zur Verringerung von Erschütterungen in den Stockwerken führen kann. Diese Erkenntnis konnte in jüngerer Zeit zusätzlich durch numerische Simulationen, welche u. a. die in Abschnitt 2.3 beschriebene Boden-Bauwerk-Interaktion in 2D- oder 3D-Finite-Elemente-Modellen abbilden, bestätigt werden.

Daraus können im Hinblick auf einen verbesserten Erschütterungsschutz, ohne weitergehende Maßnahmen, folgende Empfehlungen für die konstruktive Gestaltung eines Neubaus abgeleitet werden:

- Ausführung einer durchgehenden, möglichst dicken Stahlbeton-Sohlplatte für Flachgründungen,
- Planung einer möglichst kompakten und steifen, aufgehenden Gebäudestruktur, z. B. durch Stahlbeton-Außen- und Innenwände mit begrenzten Spannweiten der Deckensysteme (Vermeidung Deckenresonanzen).

Diese Empfehlungen zur konstruktiven Gestaltung bieten jedoch nur ein begrenztes Potenzial zur Reduktion von Erschütterungen. Je nach Anregung durch den benachbarten Schienenverkehr können weitergehende Maßnahmen auf der Basis einer elastischen Lagerung mit Elastomeren oder Stahlfeder-Elementen erforderlich sein.

Die wesentlichen Parameter zur Auslegung einer elastischen Gebäudelagerung sind die Abstimmfrequenz und der mechanische Verlustfaktor. Die Abstimmfrequenz ist ein theoretischer Wert, der der Eigenfrequenz eines Ein-Massen-Schwingers entspricht. Dieser Ein-Massen-Schwinger besteht aus einem starr angenommenen Bauwerk auf einer elastischen Lagerung oberhalb eines starren Baugrunds. Der mechanische Verlustfaktor beschreibt die Dämpfung in diesem Ein-Massen-Schwinger-Modell. In der Regel weisen die Elastomere Anteile hysteretischer und viskoser Dämpfung auf.

Bei der Dimensionierung der elastischen Lagerung ist je nach verwendetem Materialtyp die Amplituden- und Frequenzabhängigkeit der Steifigkeits- und Dämpfungsparameter zu beachten. Die Schwingungsamplituden bei Gebäudelagerungen mit Elastomermatten sind i. d. R. sehr klein (< 60 dB). Im Labor geprüft werden die Materialien jedoch oft mit deutlich höheren Belastungsamplituden (80 dB ... 90 dB). Während Polyurethane eine nahezu amplitudenunabhängige Steifkeit aufweisen, kann bei synthetischen Kautschukmaterialien eine gewisse Versteifung bei sehr kleinen Amplituden auftreten, was zu einer erhöhten Abstimmfrequenz und folgend zu einer geringeren Wirksamkeit der Gebäudelagerung führt. Stahlfeder-Elemente besitzen eine linear-elastische Federkennlinie mit konstanter horizontaler Steifigkeit.

Bei Verlegung von Elastomeren im Grundwasser muss sichergestellt werden, dass das Wasser keinen Einfluss auf das dynamische Verhalten der Matten hat. Bei Verwendung von Elastomermatten konstanter Stärke müssen geschlossenzellige Varianten verwendet werden.

Darüber hinaus werden die Elastomere im Labor auf die Stabilität der dynamischen Steifigkeitsparameter unter dauerhafter Einwirkung geprüft. Es zeigt sich, dass die dynamische Steifigkeit auch unter Belastung mit sehr hohen Zyklenzahlen nahezu konstant bleibt. Elastomermatten aus Polyurethan, die nach mehr als 33 Jahren aus einem U-Bahntunnel ausgebaut und geprüft wurden, belegen die hohe Langlebigkeit und somit Zuverlässigkeit der Materialien [172].

Die elastische Lagerung kann sowohl unterhalb der Fundamente bzw. der Sohlplatte als auch innerhalb des Gebäudes umgesetzt werden.

2.4.3.2 Flächige Lagerung der Gebäudegründung

Bei Erschütterungen mit Frequenzanteilen von 30 Hz und mehr, z. B. bei unterirdischen U- und S-Bahnstrecken ohne Maßnahmen im Tunnel, kann eine elastische Lagerung der Sohlplatte auf dem Baugrund erfolgen.

In Abhängigkeit der gestellten Anforderungen an den Erschütterungsschutz kann eine Schwingungsreduktion durch eine voll- oder durch eine teilflächige Lagerung des Gebäudes auf Elastomeren im Gründungsbereich vorgenommen werden. Dabei sind alle erdberührten Bauwerksteile, d. h. auch die Untergeschossaußenwände, vom umgebenden Boden schwingungstechnisch zu entkoppeln.

Für Flachgründungen werden Elastomermatten auf einer i. d. R. mindestens 10 cm starken Sauberkeitsschicht unterhalb der Bodenplatte verlegt. An die Ebenheit der Oberfläche der Sauberkeitsschicht werden Qualitätsanforderungen gestellt, die über den üblichen Rohbauanforderungen liegen.

Typischerweise liegen bei einer flächigen, elastischen Lagerung die Abstimmfrequenzen bei 8 bis 14 Hz. Durch die Wahl einer tieferen Abstimmfrequenz wird eine größere Schwingungsminderung der Maßnahme erzielt. Dies kann durch eine Verringerung der Steifigkeit mittels einer Erhöhung der Mattenstärke realisiert werden.

Im Bild E6–13 ist exemplarisch das Modell eines Ein-Massen-Schwingers abgebildet, wobei das Modell auf der linken Seite die als starr angenommene Masse des Gebäudes auf einem die dynamischen Eigenschaften des Bodens repräsentierenden Feder-Dämpfer-System darstellt.

Für das auf Elastomer gelagerte Gebäude werden im Modell auf der rechten Seite unterhalb der starren Masse die Feder-Dämpfer-Elemente für das Elastomer und für den Boden in Reihe geschaltet.

Für typische tragfähige Böden ergibt sich eine Ersatzsteifigkeit in gleicher Größenordnung. Die Ersatzdämpfung des auf Elastomer gelagerten Gebäudemodells ist wesentlich kleiner als die Dämpfung des nur auf dem Baugrund gelagerten Gebäudemodells.

Die Eigenfrequenz des auf Elastomer gelagerten Gebäudemodells liegt i. d. R. knapp unterhalb der Boden-Bauwerks-Eigenfrequenz und somit auch unterhalb der Abstimmfrequenz.

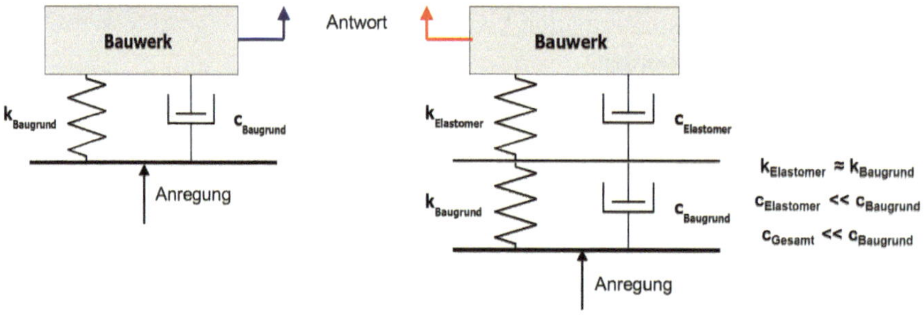

Bild E6–13 Abbildung der elastischen Gebäudelagerung als Ein-Massen-Schwinger (*k* Steifigkeit, *c* Dämpfung)

Bild E6–14 stellt beispielhaft für die Modellvorstellung des Ein-Massen-Schwingers den Übertragungsfaktor (Verhältnis der Schwingamplituden Boden-Bauwerk) einerseits für ein Gebäude auf dem Boden (orange Kurve) und andererseits für ein Gebäude mit einer Elastomerlagerung auf dem Boden (blaue Kurve) und demnach für zwei unterschiedliche Dämpfungsgrade *D* in Abhängigkeit des Frequenzverhältnisses (Verhältnis der Anregungsfrequenz zur Abstimmfrequenz des nur auf dem Baugrund gelagerten Gebäudes.) dar. Demnach beginnt die Schwingungsminderung erst ab einem Frequenzverhältnis, ab dem sich beide Kurven kreuzen. Bei elastischen Gebäudelagerungen wird die Schwingungsminderung auch als Dämmwirkung bezeichnet. Die resultierende Dämmwirkung hängt im Wesentlichen vom Verhältnis der Dämpfung des nur auf dem Baugrund gelagerten Gebäudes zur Dämpfung des zusätzlich auf Elastomer gelagerten Gesamtsystems ab. Dieses Verhältnis und somit die Wirksamkeit der Elastomerlagerung kann durch die Wahl eines Elastomers mit sehr geringer Dämpfung bzw. mit einem sehr geringen Verlustfaktor erhöht werden, wie im Bild E6–14 verdeutlicht wird. Das Elastomermaterial weist Anteile einer hysteretischen Dämpfung auf. Die Dämpfung ist abhängig von der Steifigkeit und dem Frequenzverhältnis. Mit der Erhöhung der Mattendicke ergibt sich eine Verringerung der Steifigkeit und somit auch der Dämpfung und damit eine zusätzliche Erhöhung der Dämmwirkung.

Zu beachten ist, dass die Berücksichtigung der Elastizität der Bodenplatte bzw. des gesamten Gebäudes einen Einfluss auf den Verlauf der Dämmwirkung hat.

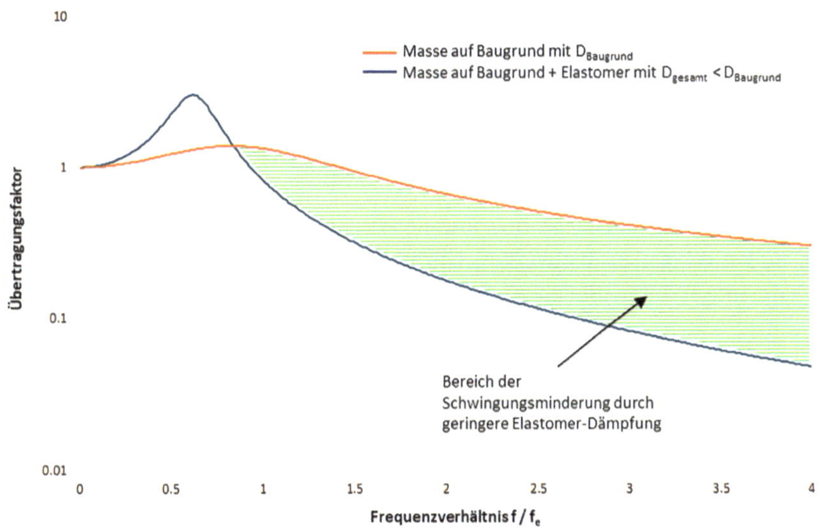

Parameter:
- Bauwerksmasse m = 4000 t
- Eigenfrequenz der Masse auf dem Baugrund f_e = 8,9 Hz
- Abstimmfrequenz f_A = 8 Hz
- Verlustfaktor Elastomer η = 0,08
- Eigenfrequenz der Masse auf Elastomer + Baugrund f_g = 5,5 Hz

Bild E6–14 Darstellung der Übertragungsfaktoren eines Ein-Massen-Schwinger-Modells zur Ermittlung der Schwingungsminderung durch eine elastische Gebäudelagerung mit einem geringeren Dämpfungsgrad $D_{Gesamt} < D_{Baugrund}$

So kann im Bereich der Eigenfrequenzen von schwingungsfähigen Bauteilen, wie z. B. von Stockwerksdecken, eine verminderte Dämmwirkung auftreten. Daher sollte die Auslegung einer elastischen Gebäudelagerung immer anhand von Modellrechnungen, die das Tragsystem und den Boden berücksichtigen, erfolgen.

Werden Elastomere konstanter Mattenstärke (i. d. R. bestehend aus Polyurethan) für die elastische Lagerung verwendet, ist zu beachten, dass die dynamische Steifigkeit belastungsabhängig ist. Daher müssen Auslegung und Festlegung der geeigneten Mattentypen anhand einer statischen, ggf. iterativen Berechnung zur Bestimmung der Bodenpressungen erfolgen. Profilierte Matten aus Kautschuk weisen dagegen über definierte Lastbereiche eine nahezu proportional mit der statischen Belastung steigende dynamische Steifigkeit und somit eine entsprechend konstante Abstimmfrequenz auf und können innerhalb dieser Lastbereiche unabhängig vom lokalen Lastabtrag unterhalb der Bodenplatte verlegt werden.

2.4.3.3 Anwendungsbeispiel

Es sollen die Übertragungsfaktoren und Dämmwirkungen eines auf Elastomer gelagerten Bauwerkes mit folgenden Daten ermittelt werden:

- Masse des Bauwerkes: 4000 t
- Abmessungen der als steif angenommenen Bodenplatte: 15 m × 15 m
- Scherwellengeschwindigkeit des homogenen Bodens: $c_{S1} = 200$ m/s für den weichen Boden; $c_{S2} = 350$ m/s für den steifen Boden
- Abstimmfrequenz des auf Elastomer gelagerten Gebäudes: $f_1 = 8$ Hz; $f_2 = 14$ Hz
- Verlustfaktor (Dämpfung) des Elastomers: $\eta_1 = 0{,}08$; $\eta_2 = 0{,}25$

Der Ein-Massen-Schwinger für das Modell des steifen Bauwerkes auf dem homogenen Boden weist eine erste Eigenfrequenz

- für den weichen Boden von $f = 5{,}1$ Hz
- für den steifen Boden von $f = 7{,}2$ Hz

auf. Die Abstimmfrequenzen liegen somit oberhalb der Eigenfrequenz des nur auf dem Boden gelagerten Bauwerkes. Durch die Reihenschaltung der Feder-Dämpfer-Elemente für den Boden und für das Elastomer ergeben sich resultierende Abstimmfrequenzen für das auf Elastomer und auf dem Boden gelagerte Bauwerk, die unterhalb der zuvor genannten Eigenfrequenzen des nur auf dem Boden gelagerten Bauwerkes liegen. Entsprechend sind die Resonanzüberhöhung auch bei diesen niedrigen Eigenfrequenzen und nicht in den Abstimmfrequenzen zu finden (siehe Bild E6–15).

Bild E6–15 liefert die Ergebnisse der durchgeführten Berechnungen. Daraus wird deutlich, dass die Resonanzüberhöhung im Bereich der Eigenfrequenz des auf Elastomer gelagerten Gesamtsystems aufgrund der Reihenschaltung der Feder-Dämpfer-Elemente des weichen Bodens und des Elastomers relativ moderat (Kurven 3, 5, 6) und für steifere Böden (Kurve 4) generell höher ausfällt.

Darüber hinaus ist in Bild E6–15 zu erkennen, dass die Dämmwirkung des Gesamtsystems von der Bodenart, der elastischen Lagerung, der Abstimmfrequenz

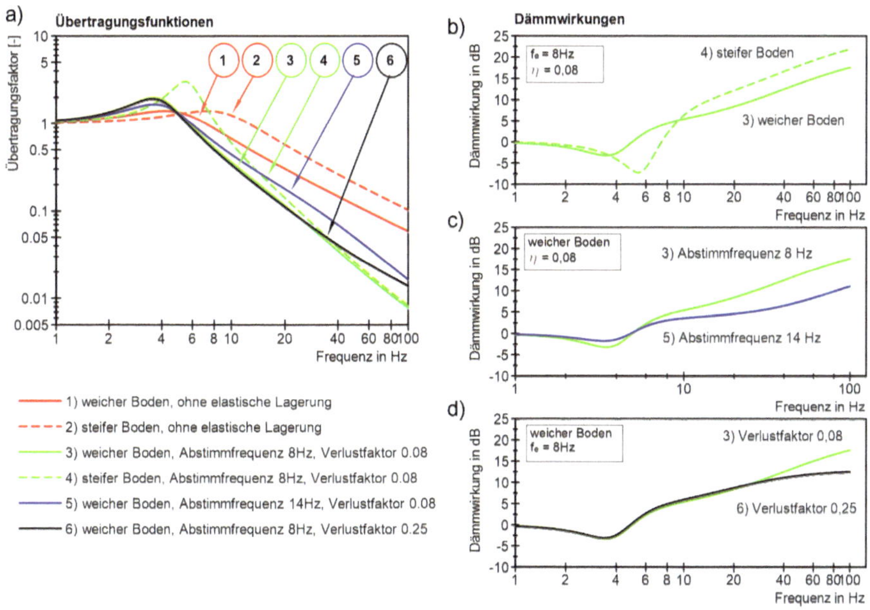

Bild E6–15 Übertragungsfunktionen und Dämmwirkungen ermittelt anhand eines Ein-Massen-Schwingers zur Wirkung der elastischen Gebäudelagerung

und von der Dämpfung bzw. vom Verlustfaktor abhängt. So können auf steiferen Böden mit einer Gebäudelagerung höhere Dämmwirkungen erreicht werden (vgl. Kurve 3 mit Kurve 4 in Bild E6-15b).

Im Vergleich der absoluten Schwingungsgrößen auf der Bodenplatte ergeben sich jedoch nur geringe Unterschiede bei gleichen Parametern der Gebäudelagerung aber abweichender Bodensteifigkeit (vgl. die Übertragungsfunktionen 3 und 4 in Bild E6-15a).

Die Diagramme rechts-mittig und rechts-unten im Bild E6–15 belegen den zuvor beschriebenen Zusammenhang, dass sowohl die Verringerung der Steifigkeit des Elastomers, und somit der Abstimmfrequenz, als auch des mechanischen Verlustfaktors bzw. der Dämpfung eine Zunahme der Dämmwirkung zur Folge hat.

Wie die Ergebnisse des Anwendungsbeispiels (s. Bild E6–15) zeigen, sind unter der Voraussetzung einer fach- und sachgerechten Ausführung der elastischen Gebäudelagerung mit einer steifen Gebäudestruktur sowie unter Vermeidung von Schallbrücken (vollständige Entkopplung) Dämmwirkungen zwischen 7 dB und 20 dB für Frequenzen oberhalb von 40 bis 60 Hz erreichbar.

Anstelle der sonst üblichen, etwas verstärkten Sauberkeitsschicht kann eine zusätzliche Betonplatte (Impedanzplatte) unterhalb der Elastomermatten die Wirksamkeit der Maßnahme noch erhöhen. Die zusätzliche Wirkung der Impedanzplatte ist stark von der Untergrundsteifigkeit und der Grundrissfläche abhängig. Bei geringerer Bodensteifigkeit und größeren Abmessungen des Bauwerkes (Grundrissflächen von mehr als 50 m²) ist der Einsatz einer Impedanzplatte mit einer Stärke zwischen 25 cm und 50 cm in Verbindung mit einer elastischen Gebäudelagerung sinnvoll und kann zu einer zusätzlichen Dämmwirkung zwischen 3 dB und 10 dB führen [173].

2.4.3.4 Punkt- und Streifenlagerung

Einfamilienhäuser werden oft auf Einzel- und Streifenfundamenten gegründet. Die elastischen Elemente werden auf den Einzel- und Streifenfundamenten angeordnet. Die übrigen erdberührten Bauteile, wie z. B. die zwischen den Fundamenten spannende Sohle, müssen vom umgebenden Baugrund getrennt werden. Hier funktioniert die elastische Gebäudelagerung aufgrund der im Vergleich höheren Boden-Bauwerks-Eigenfrequenz ohne Maßnahme tatsächlich im Sinne einer Tiefabstimmung, so dass aufgrund des günstigeren Verhältnisses der Steifigkeiten für die Elastomerlagerung und die Boden-Bauwerks-Interaktion eine höhere Schwingungsminderung als bei flächiger Lagerung mittels einer Plattengründung zu erwarten ist.

Eine Punkt- oder Streifenlagerung kann auch auf Pfahlköpfen oder Pfahlrosten angeordnet werden. Zusätzlich muss jedoch mittels geeigneter Materialien auch horizontal sowie zwischen den Pfählen eine Entkopplung der Pfahlkopfplatte vom Baugrund sichergestellt werden.

Für den Fall einer elastischen Gebäudelagerung auf Pfahlköpfen ist ein Nachweis zum Abtrag der Horizontallasten zu führen. Hierzu kann für kurzzeitige, horizontale Windlasten die Schubfestigkeit der horizontal verlegten Elastomermatten herangezogen werden. Sofern der Nachweis nicht gelingt, müssen einzelne Pfähle oder Pfahlböcke bzw. Pfahlgruppen mit seitlichen „Knaggen" versehen werden, um einen zusätzlichen, seitlichen Lastabtrag über die in den vertikalen Fugen angeordneten Elastomermatten zu ermöglichen, siehe Bild E6-16. Für den Lastabtrag horizontaler Dauerlasten sind Elastomermatten bauaufsichtlich nicht zugelassen. Beim Einsatz von Stahlfeder-Elementen können die horizontalen Lasten in der Regel aufgrund der hohen horizontalen Steifigkeit über die Elemente übertragen werden. Ein statischer Nachweis ist erforderlich.

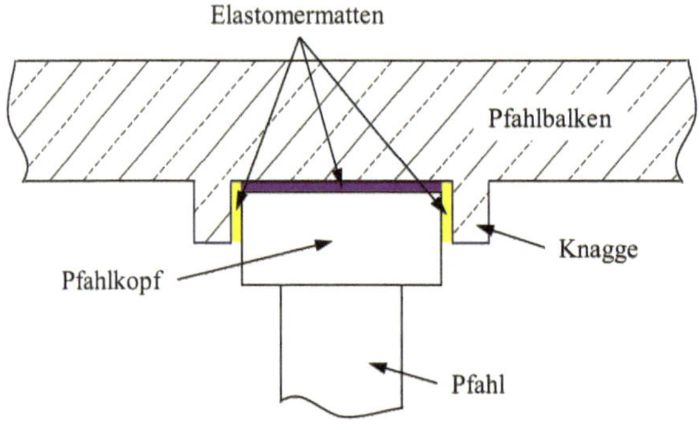

Bild E6-16 Horizontaler Lastabtrag über seitliche, vertikale Elastomermatten an Pfahlkopf

2.4.3.5 Horizontale, elastische Trennfuge innerhalb eines Gebäudes

Eine elastische Lagerung innerhalb eines Gebäudes erfordert eine durchgehende, horizontale Trennfuge, wobei die Lastübertragung über diese Fuge ausschließlich über die elastischen Elemente (Elastomerstreifen oder Stahlfeder-Elemente) erfolgt. Die elastischen Elemente werden auf den Untergeschosswänden bzw. ggf., je nach Nutzung, auch auf Wänden in höher gelegenen Stockwerken angeordnet.

In Abhängigkeit der zu übertragenden Lasten und der Anforderung an die Schwingungsminderung werden Stahlfeder-Elemente oder Elastomerstreifen bzw. diskrete Elastomerlager unterschiedlicher Steifigkeit auf den Wänden oder bspw. auf Stützenköpfen einer Tiefgarage angeordnet.

Für die Wirksamkeit der zu erzielenden Schwingungsreduktion sind nicht nur die elastischen Elemente, sondern auch die Steifigkeit bzw. die Elastizität der Tragwerkskonstruktion unterhalb und oberhalb der Trennfuge (= Abfangebene) maßgebend.

Zusätzlich ist die vollständige Entkopplung von Leitungen, Treppen, Fahrstuhlschächten und Fassadenelementen über die horizontale Trennfuge erforderlich.

Für eine effektive Dimensionierung einer solchen Maßnahme sind deshalb numerische Berechnungen anhand von 3D-Modellen erforderlich, die die genannten Randbedingungen und somit auch die Interaktion der schwingenden Bauwerksteile mit der elastischen Lagerung berücksichtigen.

Bei hohen Anforderungen an die Wirksamkeit, beispielsweise für Konzerthäuser, kann eine Tiefabstimmung mit Stahlfeder-Elementen, in Ausnahmefällen auf Einzellagern aus Elastomer, zum Einsatz kommen. Hierbei werden minimale, vertikale Abstimmfrequenzen bis zu 5 Hz bei Verwendung von Elastomer und bis zu 2 Hz bei Verwendung von Stahlfeder-Elementen erreicht. Die Aufnahme der Horizontallasten ist nachzuweisen.

Typische Erschütterungen mit Frequenzen zwischen 10 Hz und 20 Hz, die bei oberirdischem Schienenverkehr häufig auftreten, können damit um mehr als 80 % wirksam gemindert werden. Die Federelemente werden üblicherweise in Aussparungen von Kellerwänden bzw. auf Wänden oder Stützenköpfen oberhalb des Kellergeschosses sowie in Tiefgaragen angeordnet.

3 Baubetrieb

3.1 Charakterisierung der Erschütterungsquelle

Baumaßnahmen verursachen je nach eingesetztem Verfahren Erschütterungsemissionen, die insbesondere im innerstädtischen Bauen zu maßgebenden Schwingungseinwirkungen auf Bestandsgebäude, auf Personen in den Gebäuden oder auf empfindliche Geräte in den benachbarten Gebäuden führen können.

Die durch die eingesetzten Bauverfahren entstehenden Anregungen lassen sich i. d. R. in impulsförmige und stationäre Schwingungsquellen einordnen [160].

Typische Bauverfahren mit impulsartiger Erschütterungscharakteristik sind u. a.:

- Schlagrammungen zur Herstellung von Pfählen oder zum Einbringen von Verbauträgern,
- Einsatz schwerer Abbruchhämmer (mit niedriger Arbeitsfrequenz),
- Intensivverdichtung mit Fallgewichten,
- Abbruch von Bauwerken mit fallenden Massen,
- Abbruchsprengungen (siehe Kapitel E6–4).

Bei Schlagrammungen und auch fallenden Massen hängt die resultierende Erschütterungsemission von der potenziellen Energie und der Energiedissipation durch bleibende Deformationen des Untergrundes ab. Je mehr Eindringung des Rammgutes beispielsweise mit jedem Rammschlag erzielt wird, umso weniger Energie steht für die Erschütterungsausbreitung zur Verfügung.

Ähnlich verhält es sich beim Einsatz des Abbruchhammers. Das Maß der Deformation, das bedeutet hier der Anteil der Zerstörung des Abbruchmaterials, bestimmt neben der Schlagenergie maßgeblich die Größe der erzeugten Erschütterungen.

Gemessene Boden- und Fundamentschwingungen nahe der Schlagrammung eines Fertigteilpfahles zeigt beispielhaft Bild E6–17.

Die Verläufe in den linken Diagrammen von Bild E6–17 zeigen, dass mit einem Rammfortschritt im mit der Tiefe zunehmend steiferen Untergrund die Erschütterungsemissionen ansteigen. Es treten jedoch keine Resonanzeffekte auf, da die Immissionen nach jedem Schlag vollständig abklingen, siehe mittlere Diagramme in Bild E6–17.

Stationäre Schwingungsquellen, die zu Resonanzeffekten in benachbarten Bauwerken führen können, sind u. a.:

- Vibrationsrammungen bzw. Einrütteln von Verbauträgern, Spundbohlen oder Pfählen,
- Verdichtungsarbeiten mit Walzen und Rüttelplatten,

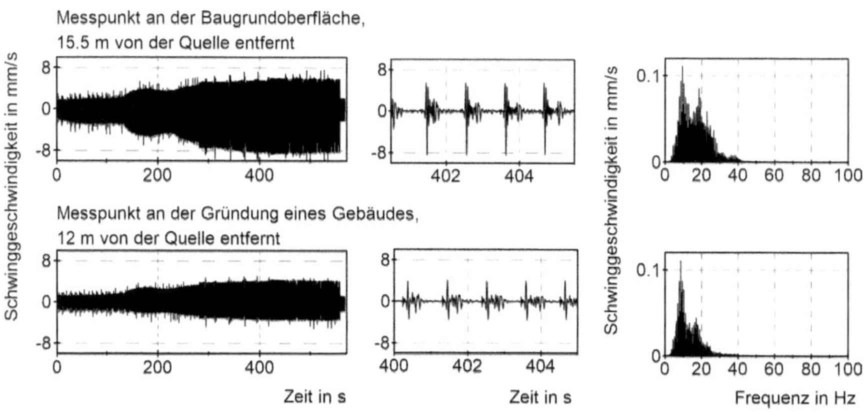

Bild E6–17 Schlagrammung von Fertigteilpfählen im sandigen Boden, Erfassung der vertikalen Schwinggeschwindigkeit im Boden und an der Gründung eines Gebäudes: Darstellung von Zeitverläufen und Frequenzspektren der Schwinggeschwindigkeit für den gesamten Einbringvorgang

- der Einsatz von Abbruchhämmern (mit Arbeitsfrequenzen ab 5 Hz),
- Tiefenverdichtung mit Rütteldruck- und Rüttelstopfgeräten.

Vibrationsrammgeräte arbeiten i. d. R. mit einer Frequenz zwischen 30 Hz und 45 Hz. Darüber hinaus werden z. B. im Hafenbau Hochleistungsrüttler mit Anregungsfrequenzen unterhalb von 30 Hz eingesetzt. Die erforderliche vertikale, dynamische Kraft zur Einbringung des Rammgutes entsteht durch gegenläufig rotierende Unwuchten.

Schwingungsempfindliche Bauteile, insbesondere Stockwerksdecken, weisen i. d. R. erste Eigenfrequenzen unterhalb von 30 Hz auf. Um Resonanzeffekte beim Hoch- und Herunterfahren der Vibrationsrammgeräte zu vermeiden, werden die Unwuchten normalerweise deaktiviert, sodass in diesen Phasen keine maßgeblichen dynamischen Kräfte auf das Rammgut und folglich auf die Umgebung einwirken. Dennoch können Resonanzeffekte und entsprechend hohe Bauwerksschwingungen beim Einsatz der Vibrationsrammen nicht ausgeschlossen werden. Darüber hinaus ist zu beachten, dass durch die in den Boden eingeleiteten dynamischen Kräfte rund um das Rammgut die Korn- zu Kornspannungen vermindert bzw. aufgehoben werden (Bodenverflüssigung), um ein zügiges Eindringen des Rammguts zu ermöglichen. Durch Verdichtungseffekte im Boden können in der näheren Umgebung erschütterungsbedingte Sackungen auftreten, welche ggf. zu Schäden an benachbarten Gebäuden führen, sofern die in der DIN 4150-3 [158] empfohlenen Sicherheitsabstände nicht berücksichtigt werden (siehe auch Kapitel E4, Abschnitt E4-3).

Ein Beispiel gemessener Schwinggeschwindigkeiten im Boden und am Fundament eines benachbarten Gebäudes bei der Vibrationsrammung einer Spundbohle zeigt Bild E6–18.

Ein alternatives Verfahren zum Einbringen von Verbauträgern und Spundbohlen, welches mit deutlich geringeren Erschütterungsemissionen ohne die Gefahr der beschriebenen Sackungen verbunden ist, stellt das Einpressen dar. Die hierbei aufgebrachten, statischen Kräfte reichen jedoch nicht für alle Böden aus, um die Verbauträger oder Spundbohlen in den Untergrund einzubringen.

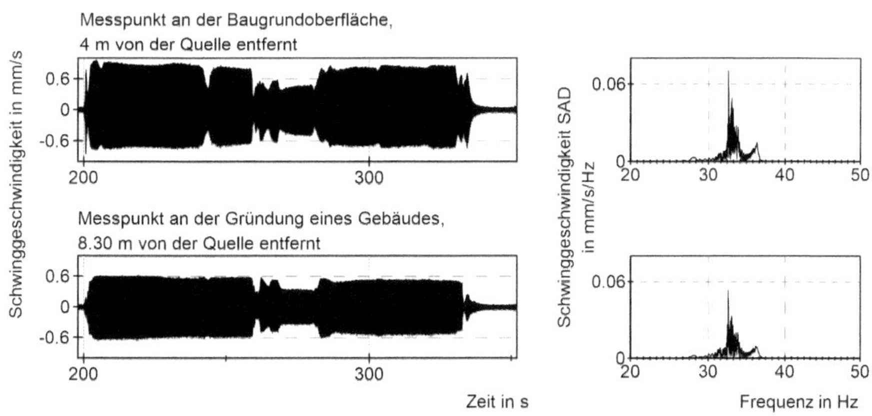

Bild E6–18 Vibrationsrammung im sandigen Boden, Erfassung der vertikalen Schwinggeschwindigkeit im Boden und an der Gründung eines Gebäudes: Darstellung von Zeitverläufen und Frequenzspektren der Schwinggeschwindigkeit

Vibrationswalzen und Rüttelplatten werden zur Bodenverdichtung an der Oberfläche eingesetzt. Je geringer die Vibrationsfrequenz, desto größer ist die erreichbare Tiefenwirkung der Verdichtung.

Vibrationswalzen arbeiten mit Frequenzen auch unterhalb von 30 Hz und können daher, je nach Abstand, zu starken Resonanzschwingungen in benachbarten Gebäuden führen. Kleinere Rüttelplatten weisen deutlich höhere Arbeitsfrequenzen von mehr als 50 Hz auf. Der Verdichtungseffekt bzw. die Tiefenwirkung der Verdichtung sind beim Einsatz dieser Geräte entsprechend kleiner.

In locker gelagerten, nicht bindigen Böden werden häufig Tiefenrüttelverfahren zur effektiven Verdichtung und Tragfähigkeitserhöhung eingesetzt. Mit der Herstellung von Schottersäulen in wenig tragfähigen, bindigen Böden existiert ein effektives Verfahren, um die Verformungseigenschaften des Baugrundes zu verbessern und die Standsicherheit von Gründungen zu gewährleisten. Wesentliches Herstellungsmerkmal ist das Abteufen eines Werkzeuges mittels Vibration und das anschließende Füllen des Hohlraumes mit granularem Material, in der Regel Schotter oder Kies, welches dann im Rahmen der Säulenherstellung durch Vibrationsenergie verdichtet wird, siehe [174].

Wie auch bei den anderen Verdichtungsverfahren entsteht ein Zielkonflikt, indem zum einen eine hohe Vibrationsenergie erwünscht ist, um eine möglichst gute Verdichtung des Bodens bzw. des eingebauten granularen Materials für eine Erhöhung der Tragfähigkeit des Bodens zu erreichen und zum anderen die Erschütterungsausbreitung beim Einsatz hoher Vibrationsenergie ein zunehmendes Risiko für die Gebrauchstauglichkeit und ggf. für die Standsicherheit nachbarlicher, baulicher Anlagen darstellt.

Ein typisches Beispiel für ein Messsignal bei einer Rütteldruckverdichtung zeigt das Bild E6–19. Anhand des Zeitverlaufs sind die Phasen der Verdichtung mit dem kontinuierlichen Anstieg der Bodenschwingungen und die Phasen des Ziehens des Schleusenrüttlers mit der sprunghaften Abnahme der Schwingungsamplituden gut zu erkennen. Die Arbeitsfrequenz des Tiefenverdichters lag hier bei knapp 30 Hz. Die Verdichtung erfolgte in einem sehr lockeren, rolligen Boden (Talsandkippe).

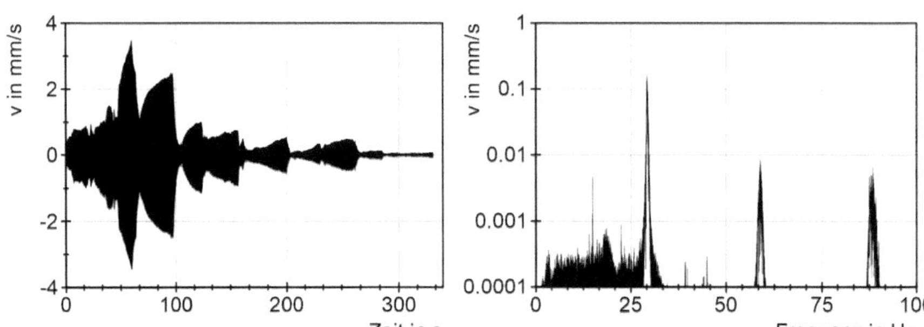

Bild E6–19 Zeitverlauf und Amplitudenspektrum im Zuge einer Rütteldruckverdichtung, Messpunkt im Boden im Abstand von 12 m zum Verdichtungspunkt

3.2 Schwingungsausbreitung und Übertragung

Für eine Abschätzung der Bodenschwingungen infolge unterschiedlicher Bauverfahren werden empirische Prognosefunktionen in Abhängigkeit der einzubringenden Energie und vom radialen Abstand r von der Erschütterungsquelle [175] verwendet:

$$v(r) = k \cdot \left(\frac{\sqrt{E}}{r}\right)^n \tag{E6–1}$$

wobei gilt:

E = Energie der Erschütterungsquelle in kNm,
r = horizontaler Abstand von der Erschütterungsquelle in m,
k, n = verfahrensabhängige Konstanten,
v = maximale, vertikale Schwinggeschwindigkeit in mm/s.

Für impulsartige Anregungen (Schlagrammung, fallende Massen) entspricht E der sich aus der Fallmasse und der Fallhöhe ergebenden potenziellen Energie bzw. der Rammenergie pro Rammschlag.

In [175] werden Werte für k und n genannt:

- für ein hohes Vertrauen, dass die prognostizierten Werte nicht überschritten werden, gilt: $k = 1{,}5$; $n = 1$
- für ein wahrscheinlicheres Schwingungsniveau gilt: $k = 0{,}76$; $n = 0{,}87$

In diesem Fall wird nicht die maximale, vertikale, sondern die sich aus den drei Komponenten ergebende Resultierende der Schwinggeschwindigkeit prognostiziert.

Gemäß [175] können Baugrundschwingungen bei Vibrationsrammarbeiten ebenfalls nach Formel (E6–1) abgeschätzt werden. Auch hier wird die Resultierende ermittelt:

- für ein hohes Vertrauen, dass die prognostizierten Werte nicht überschritten werden, gilt: $k = 1{,}8$; $n = 1$
- für ein wahrscheinlicheres Schwingungsniveau gilt: $k = 1{,}0$; $n = 0{,}95$

Gemäß [176] kann zur Abschätzung von Fundamentschwingungen v_i^F infolge von Schlagrammungen (mit Dieselbären) mit einer Energie von 31 kNm bis 67 kNm die Formel (E6–1) mit den verfahrensabhängigen Konstanten wie folgt angewendet werden:

- k = 2,45 bzw. k = 3,58 bei einer Überschreitungswahrscheinlichkeit von P = 50% bzw. P = 5%; n = 1

In [177] werden für die Erschütterungen (maximale Komponente der Fundamentschwingungen) bei Verwendung eines Tiefenrüttlers (Rütteldruck- oder Rüttelstopfverdichtung) unter Ansatz von (E6–1) bei einer Überschreitungswahrscheinlichkeit von 2,25 % (d. h. in 97,75 % aller Fälle werden geringere Schwingungsamplituden gemessen) Faktoren von $k = 23{,}1$ bzw. für den Mittelwert von $k = 10{,}3$, jeweils bei $n = 1$, angegeben. Dies erfolgt unter Zugrundelegung einer

Nennenergie E in kNm des Tiefenrüttlers, wobei E in der Regel angegeben wird über die Beziehung:

$$E = \frac{W}{f} \text{ in kNm} \tag{E6–2}$$

mit

f Vibrationsfrequenz in Hz,
W Nennleistung in kW.

Ebenfalls in [176] wird für die Abschätzung von Fundamentschwingungen in der Umgebung von oberflächennaher Verdichtung mit Vibrationswalzen und Rüttelplatten folgende, etwas angepasste Formel genannt:

$$v(r)_{\text{Fund}} = \text{k} \cdot \left(\frac{\sqrt{G}}{r}\right) \tag{E6–3}$$

Walze: $k = 4{,}31$ (Mittelwert), $k = 10{,}87$ (für 2,25 %),
Platte: $k = 4{,}28$ (Mittelwert), $k = 9{,}67$ (für 2,25 %),

wobei G das Betriebsgewicht [t] der Walze bzw. der Rüttelplatte darstellt. Für Vibrationsrammarbeiten wird anstatt des Betriebsgewichtes das statische Moment M [kgm] verwendet. Nach [178] können abstandsabhängig die Bodenschwingungen in der Umgebung einer Vibrationsrammung nach

$$v(r)_{\text{Boden, mittel}} = 10,9 \cdot \left({}^{M}/_{M_0}\right)^{2/3} \cdot \left({}^{r}/_{r_0}\right)^{-1{,}38} \cdot v_0 \tag{E6–4}$$

mit $M_0 = 1$ kgm, $r_0 = 1$ m und $v_0 = 1$ mm/s prognostiziert werden.

Für ein Vertrauensintervall von 95 % gilt: $v(r)_{\text{Boden,(95)}} = 2{,}69 \cdot v(r)_{\text{Boden,mittel}}$.

3.3 Maßnahmen zum Erschütterungsschutz

Schwingungsmindernde Maßnahmen im Rahmen der Bauverfahren sind nur begrenzt möglich. Grundsätzlich sollten die erforderlichen Mindestabstände, die anhand einer vor Beginn der Baumaßnahme vorgenommenen Prognoseberechnung oder, alternativ, auf Basis eines Probebetriebes zu Beginn der Maßnahme, ermittelt wurden, eingehalten werden. Bei weiterer Annäherung an die zu schützenden Objekte in der Nachbarschaft sollten begleitende, kontinuierliche Schwingungsmessungen mit automatischer Warnmeldung bei Erreichen kritischer Erschütterungspegel durchgeführt und anschließend auf erschütterungsärmere Verfahren umgestellt werden.

Für das Einbringen von Pfählen, Verbauträgern u. Ä. mit Schlag- oder Vibrationsrammverfahren können zur Minderung der Erschütterungsemissionen Auflockerungsbohrungen vorgenommen werden.

Generell sollten Geräte mit möglichst hoher Vibrationsfrequenz eingesetzt werden, um Resonanzschwingungen von Decken und Wänden in den benachbarten Gebäuden zu vermeiden.

Bei Abbrucharbeiten können durch eine entsprechende Anpassung der Arbeitsweise, wie stockwerksweiser Abbruch bzw. Verzicht auf den Einsatz von Longfrontgeräten, sowohl die Fallmassen als auch die Fallhöhen begrenzt werden. Gegebenenfalls kann, ähnlich wie für Sprengungen, ein Fallbett aus Kies vorgesehen werden, siehe auch Abschnitt 4.

Bei oberflächennaher Verdichtung ist zur Erschütterungsminderung der Einsatz kleinerer Geräte mit höheren Arbeitsfrequenzen möglich. Um die in diesem Fall begrenzte Tiefenwirkung zu kompensieren, muss lagenweise verdichtet werden.

4 Abbruchsprengungen

4.1 Charakterisierung der Erschütterungsquelle

In diesem Abschnitt werden nur Abbruchsprengungen, d. h. keine Gewinnungssprengungen u. Ä., betrachtet. Die durch Abbruchsprengungen von Bauwerken erzeugten Erschütterungen lassen sich in zwei Vorgänge unterteilen:

- Erschütterungen aus dem Sprengvorgang an der Sprengstelle
- Erschütterungen infolge des Aufpralls der fallenden Massen

Erschütterungen aus dem Sprengvorgang direkt an der Sprengstelle entstehen durch die Detonation der Ladung und die damit verbundene Zerstörung des Materials. Sie sind abhängig von der gezündeten Lademenge und der Zündfolge. Die Übertragung der Sprengerschütterungen erfolgt zunächst über das gesprengte Bauteil und wird über dessen Gründung in den Baugrund eingeleitet. Die Lage der Sprengzone und die Ankopplung des Sprengobjektes an den Baugrund spielen deshalb eine wesentliche Rolle.

Aufprallerschütterungen werden durch den Aufprall des Bauwerks erzeugt. Sie sind stark abhängig von der ursprünglichen potenziellen Energie und der Geometrie der aufprallenden Massen sowie der Nachgiebigkeit der Aufprallfläche (Boden und ggf. Fallbett).

Für die auf Messdaten basierende Prognose der Aufprallerschütterungen ist es deshalb wichtig, Bauwerke heranzuziehen, die dem Sprengobjekt sowohl in der Struktur als auch im Sprengvorgang ähnlich sind. Folgende Beispiele sollen dies verdeutlichen:

Beispiel 1

Ein Stahlbetonquader und eine dünne Stahlbetondecke besitzen dieselbe Masse m und fallen aus derselben Höhe h auf den Boden. Die potenzielle Energie $E = m \cdot g \cdot h$ beider Bauteile ist identisch. Das deutlich filigranere Bauteil, die

Decke, wird beim Aufprall zerbrechen und dabei einen Großteil der Energie dissipieren. Der Stahlbetonquader wird den Fall annähernd schadlos überstehen und dadurch deutlich höhere Aufprallerschütterungen erzeugen.

Beispiel 2

Zwei Stahlbetonschornsteine mit derselben potenziellen Energie werden gesprengt. Am ersten Schornstein wird eine Fallrichtungssprengung (eine Sprengzone am Schornsteinfuß) und am zweiten eine zweiteilige Sprengfaltung (zwei Sprengzonen, je eine am Schornsteinfuß und auf der Hälfte der Schornsteinhöhe) durchgeführt. Da die beiden Schornsteinsegmente sowohl zeitlich als auch örtlich versetzt aufprallen, überlagern sich die Erschütterungen nur über einen gewissen Zeitbereich und die Aufprallerschütterungen sind deutlich geringer als bei einer Fallrichtungssprengung.

In Bild E6–20 links sind exemplarisch Schwinggeschwindigkeits-Zeitverläufe, die während des Sprengabbruches eines Steinkohlekraftwerkblockes (Bunkerschwerbau, Kesselhaus und Pumpenhaus) auf dem Fundament eines Gebäudes in ca. 215 m Entfernung aufgezeichnet wurden, dargestellt, in Bild E6–20 rechts die dazugehörigen Schmalbandspektren. Das Messgerät wurde so platziert, dass die Z-Achse in vertikale Richtung und die X-Achse in Richtung des Sprengobjekts ausgerichtet war.

Zwischen 0 und 3,5 Sekunden wurden die Sprengerschütterungen erfasst. Diese besitzen im Vergleich zu den Aufprallerschütterungen auch höhere

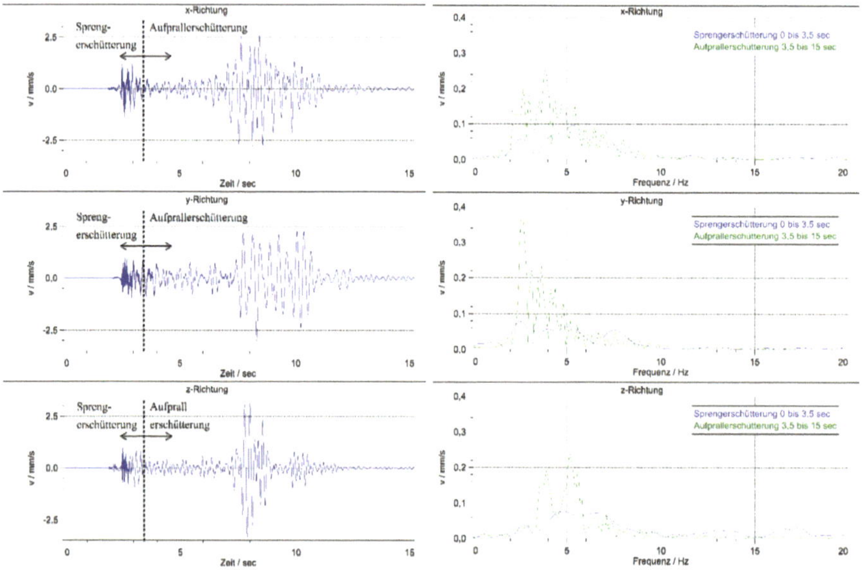

Bild E6–20 Darstellung exemplarischer Zeitverläufe und dazugehöriger Schmalbandspektren infolge der Sprengung eines Steinkohlekraftwerkblockes

Frequenzanteile (> 10 Hz, siehe Spektrum Bild E6–20 rechts). Nach den Sprengerschütterungen wird der Zeitverlauf von den niederfrequenteren Aufprallerschütterungen (< 10 Hz) dominiert. Bei Sprengabbrüchen hoher und massiver Bauwerke bzw. von Bauwerksteilen dominieren mit zunehmender Entfernung i. d. R. die Aufprallerschütterungen.

Sollte der Fall eintreten, dass die Sprengerschütterungen größer sind als die Aufprallerschütterungen, so sind die dominierenden Frequenzen der Sprengerschütterungen aus dem betreffenden Zeitbereich zur Bewertung, z. B. nach DIN 4150, maßgebend.

Sowohl die Spreng- als auch die Aufprallerschütterungen sind kurzzeitige Einwirkungen. Da infolge von Bauwerkssprengungen viele Detonationen (kurzzeitverzögerte Zündung) nacheinander erfolgen und auch der Aufprall des Bauwerkes aus mehreren einzelnen Bauteilaufprallen besteht, können die einzelnen Spreng- und Aufprallimpulse i. d. R. jedoch nicht separat betrachtet werden.

4.2 Schwingungsausbreitung und Übertragung

Bei der Übertragung der Sprengerschütterungen in den Baugrund sind die Art der Einbindung des Sprengobjektes in den Baugrund und die Lage der Sprengzone maßgebend. In [179] werden die in Tabelle E6–2 genannten Fälle unterschieden.

Bei den Sprengerschütterungen können die maximal erwarteten Schwinggeschwindigkeiten in Abhängigkeit der je Zündzeitstufe gezündeten Lademenge und des Abstandes zur Sprengzone gemäß DIN 4150-1 [160] wie folgt abgeschätzt werden:

$$v_{\mathrm{max}} = k \cdot (L/L_0)^b \cdot (R/R_0)^{-m} \qquad \text{(E6–5)}$$

Dabei ist

- v_{max} der Maximalwert der Schwinggeschwindigkeit, in mm/s;
- L die Lademenge Sprengstoff je Zündzeitstufe, in kg;
- $L_0 =$ 1 kg (Bezugsgröße);
- R die Entfernung von der Sprengstelle, in m;
- $R_0 =$ 1 m (Bezugsgröße);
- k ein empirisch ermittelter Beiwert;
- b Exponent zur Beschreibung des Einflusses der Sprengstoffmenge;
- m Exponent zur Beschreibung der Entfernungsabhängigkeit.

Für den Fall 4 in Tabelle E6–2 werden in [179] die Kennwerte $b = 2/3$, $m = 1$ und $k = 100$ gewählt. Für den Fall 1 wird k auf 250 erhöht.

Demgegenüber werden die Aufprallerschütterungen in Abhängigkeit der potenziellen Energie gemäß DIN 4150-1 Gleichung (6) abgeschätzt.

In Bild E6–22 sind die gemessenen maximalen Schwinggeschwindigkeiten während des Aufpralls des in Bild E6–21 dargestellten 210 m hohen Stahlbeton-Schornsteines über die Entfernung zum Erschütterungszentrum abgebildet. Der Schornstein wurde durch eine Fallrichtungssprengung mit Kippgelenken abgebrochen und landete auf einem 2–3 m starken Fallbett aus Recyclingmaterial. Das

Tabelle E6–2 Kopplung der Sprengobjekte an den Baugrund und Erschütterungswirkung gemäß [179]

Fall	Sprengobjekt	Skizze	Erschütterung
1	Fundament im Boden eingebettet	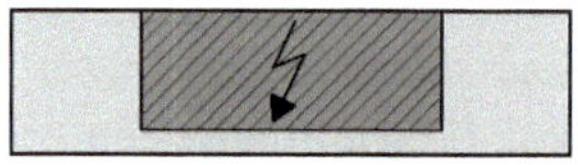	große Erschütterungen
2	massives Bauteil im Boden eingebettet, Sprengebene über der Erdoberfläche	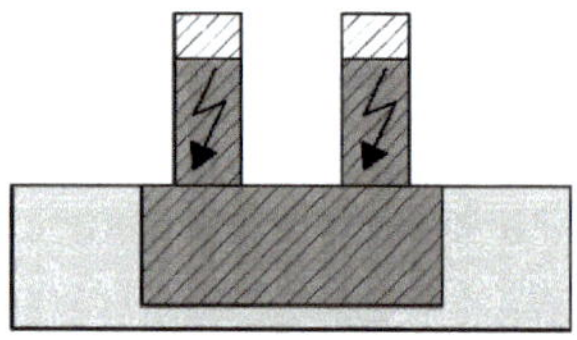	mittlere Erschütterungen
3	Fundament freigelegt	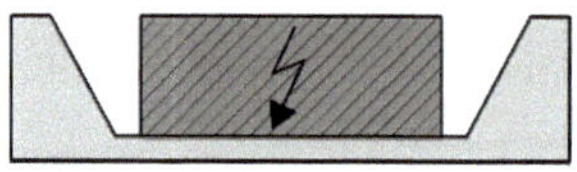	mittlere Erschütterungen, kleiner als Fall 2
4	Feingliedriges Bauteil mit Ladung oberhalb der Erdoberfläche	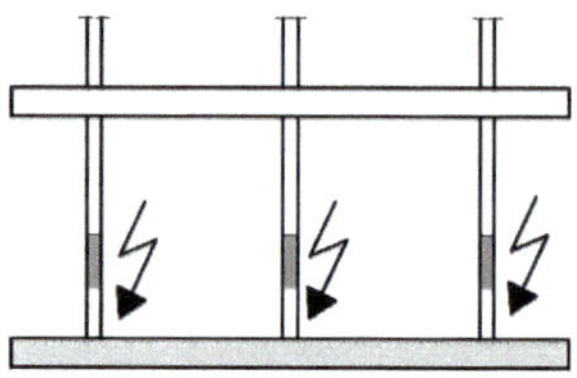	kleine Erschütterungen

Bild E6–21 Sprengabbruch eines 210 m-Schornsteins

Erschütterungszentrum wird bei Fallrichtungssprengungen i. d. R. am Schornsteinkopf angesetzt, da dort aus dem Fallvorgang die höchsten Beschleunigungen resultieren. Für die nachträgliche Ermittlung der Lage des Erschütterungszentrums, in das die höchsten Schwinggeschwindigkeiten in den Boden eingeleitet werden, muss eine geeignete Anordnung der Messpunkte erfolgen. Das Erschütterungszentrum der in Bild E6–21 dargestellten Schornsteinsprengung lag aufgrund der auf den Schornstein wirkenden Fliehkräfte während des Kippens bei ca. 225 m, d. h. bei ca. 107 % der Schornsteinhöhe. Die dargestellten Schwinggeschwindigkeiten wurden auf Erdspießen gemäß DIN 45669-2 [180] erfasst.

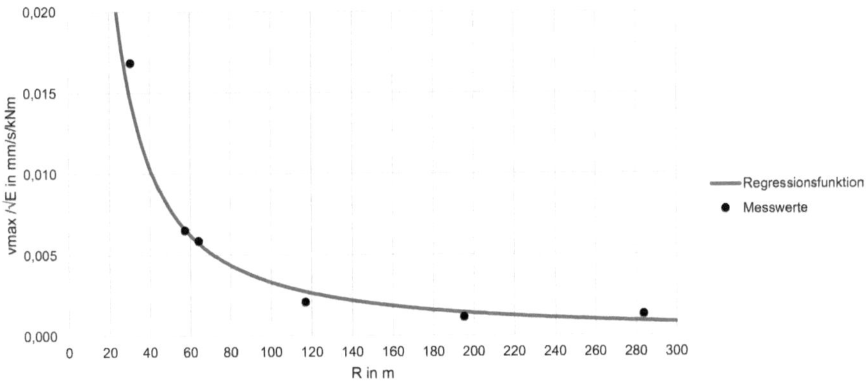

Bild E6–22 Aufprallerschütterungen infolge der im Bild E6–21 dargestellten Schornsteinsprengung, gemessene Schwinggeschwindigkeiten im Freifeld und Regressionsfunktion

4.3 Maßnahmen zum Erschütterungsschutz

Sprengerschütterungen können durch eine geeignete Wahl der Zündfolgen oder durch Reduzierung der Lademenge je Zündzeitstufe verringert werden. Eine Verringerung der Lademenge hat bei Stahlbeton- und Betonsprengungen eine Anpassung des Bohrlochrasters zur Folge. Je geringer die Lademenge bzw. je kleiner das Bohrlochraster gewählt werden, desto höher wird die Anzahl der Bohrlöcher und der damit verbundene Sprengvorbereitungsaufwand. Für eine wirtschaftliche Lösung ist deshalb eine optimale Abstimmung zwischen der ausführenden Sprengfirma und dem Ersteller der Erschütterungsprognose und -bewertung erforderlich.

Aufprallerschütterungen können durch eine Reduktion der potenziellen Energie z. B. durch einen vorherigen maschinellen Abbruch von Bauteilen, d. h. einer Leichterung des Sprengobjektes oder durch ein energiedissipierendes Fallbett vermindert werden.

Studien zeigen jedoch, dass ein Fallbett nur im Nahbereich des Aufprallortes zu einer Reduzierung der Erschütterungen führt.

Aus Tabelle E6–2, Fall 3 ist erkennbar, dass vor allem bei Fundamentsprengungen die Erschütterungen in der Umgebung reduziert werden können, indem die Fundamente freigelegt werden.

5 Literatur

157 DIN 4150-2:2025-08 *Erschütterungen im Bauwesen. Teil 2: Einwirkungen auf Menschen in Gebäuden*

158 DIN 4150-3:2016-12 *Erschütterungen im Bauwesen. Teil 3: Einwirkungen auf bauliche Anlagen*

159 VDI 2038 Blatt 2:2013-01 *Gebrauchstauglichkeit von Bauwerken bei dynamischen Einwirkungen – Untersuchungsmethoden und Beurteilungsverfahren der*

Baudynamik – Schwingungen und Erschütterungen – Prognose, Messung, Beurteilung und Minderung

160 DIN 4150-1:2022-12 *Erschütterungen im Bauwesen. Teil 1: Vorermittlung von Schwingungsgrößen*

161 E DIN 45672-3:2023-02 *Schwingungsmessung an Schienenverkehrswegen – Teil 3: Prognoseverfahren auf Basis von Terzspektren*

162 DIN 45672-1:2018-02 *Schwingungsmessung an Schienenverkehrswegen – Teil 1: Messverfahren für Schwingungen*

163 VDI 2038 Blatt 1:2012-06 *Gebrauchstauglichkeit von Bauwerken bei dynamischen Einwirkungen – Untersuchungsmethoden und Beurteilungsverfahren der Baudynamik – Grundlagen – Methoden, Vorgehensweisen und Einwirkungen*

164 VDI 3837:2006-03 *Erschütterungen in der Umgebung von oberirdischen Schienenverkehrswegen – Spektrales Prognoseverfahren*

165 DIN 45672-2:2020-11 *Schwingungsmessung an Schienenverkehrswegen – Teil 2: Auswerteverfahren*

166 DIN 45673 *Elastische Elemente des Oberbaus von Schienenfahrwegen*

167 DIN SPEC 45673-3:2014-04 *Mechanische Schwingungen – Elastische Elemente des Oberbaus von Schienenfahrwegen – Teil 3: Messtechnische Ermittlung der Einfügungsdämmung im eingebauten Zustand (Versuchsaufbau und Betriebsgleis)*

168 Mertens, F.; Jorge-Carranza, R. (2024) *Vibration mitigation performance of the integrated floating slab track system for Basle Tram* in van Keulen, W.; Kok, J. [Hrsg.] *Proceedings of the 30th International Congress on Sound and Vibration, Amsterdam, 2024.* International Institute of Acoustics and Vibration (IIAV)

169 Holtzendorff, K.; Rosenquist, M. O. (2012) *Schwingungsminderung durch Abschirmung der Wellenausbreitung im Boden mit vertikal angeordneten elastischen Matten.* 4. VDI-Fachtagung Baudynamik, Kassel, 25./26. April 2012. VDI-Berichte Nr. 2160, ISBN 978-3-18-092160-0, Düsseldorf: VDI-Verlag, S. 129–142

170 Haupt, W. (1980) *Abschirmung von Gebäuden gegen Erschütterungen im Boden.* Vorträge der Baugrundtagung 1980 in Mainz. Essen: DGGT Deutsche Gesellschaft für Geotechnik

171 Haupt, W. (2009) *Erschütterungsabschirmung im Boden.* 3. VDI-Fachtagung Baudynamik, 14./15. Mai 2009, Kassel. VDI-Berichte Nr. 2063, ISBN 978-3-18-092063-4, Düsseldorf: VDI-Verlag, S. 299–212

172 Daiminger, W.; Dolt, M. (2014) *Langzeitqualität von Unterschottermatten nach 30 Jahren.* Der Eisenbahningenieur 06/14

173 Appel, S. (2011) *Einfluss der Steifigkeit von Baugrund und Gründung auf die Abschirmung von Schienenverkehrserschütterungen mit Elastomermatten.* Dissertation, Technische Universität Berlin

174 Keller Grundbau GmbH (2024) *Planungshilfe Rüttelverfahren, Stand 2024*

175 Vrettos, C. (2009) *Erschütterungsschutz* in *Grundbau-Taschenbuch*, Teil 3, 7. Auflage. Berlin: Ernst & Sohn, S. 691–746

176 Achmus, M.; Kaiser, J.; tom Wörden, F. (2005) *Bauwerkserschütterungen durch Tiefbauarbeiten.* Mitteilungen des Institutes für Grundbau, Bodenmechanik und Energiewasserbau der Universität Hannover, Heft 61

177 Achmus, M.; Wehr, J.; Spannhoff, T. (2007) *Bauwerks- und Bodenerschütterungen im Zuge von Tiefenrüttlungen* in Savidis, S. [Hrsg.] *Vorträge zum 3. Hans Lorenz*

Symposium. Veröffentlichung des Grundbauinstitutes der Technischen Universität Berlin, Heft 41

178 Palloks, W.; Zierach, R. (1995) *Zum Problem der Prognose von Schwingungen und Setzungen durch Pfahlrammungen mit Vibrationsbären*. Mitteilungsblatt der Bundesanstalt für Wasserbau Nr. 72

179 Lippok, J. (2006) *Bauwerkssprengungen*. Berlin: Weißensee Verlag

180 DIN 45669-2:2025-2 *Messung von Schwingungsimmissionen. Teil 2: Messverfahren*

6 Weiterführende Literatur

181 VDI 2038 Blatt 3:2013-11 *Gebrauchstauglichkeit von Bauwerken bei dynamischen Einwirkungen – Untersuchungsmethoden und Beurteilungsverfahren der Baudynamik – Sekundärer Luftschall – Grundlagen, Prognose, Messung, Beurteilung und Minderung*

182 Knothe, K. (2001) *Gleisdynamik*. Berlin: Ernst & Sohn

183 Heckl, M.; Müller, H. A. [Hrsg.] (1994) *Taschenbuch der Technischen Akustik*. 2. Auflage, Berlin: Springer